実験医学別冊 **完全版**

ゲノム編集
実験スタンダード

**CRISPR-Cas9の設計・作製と
各生物種でのプロトコールを徹底解説**

Standard Protocols on **Genome Editing** 編集

山本 卓 [広島大学]
Takashi Yamamoto

佐久間哲史 [広島大学]
Tetsushi Sakuma

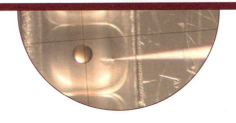

【注意事項】本書の情報について————————————————————————————

　本書に記載されている内容は，発行時点における最新の情報に基づき，正確を期するよう，執筆者，監修・編者ならびに出版社はそれぞれ最善の努力を払っております．しかし科学・医学・医療の進歩により，定義や概念，技術の操作方法や診療の方針が変更となり，本書をご使用になる時点においては記載された内容が正確かつ完全ではなくなる場合がございます．また，本書に記載されている企業名や商品名，URL等の情報が予告なく変更される場合もございますのでご了承ください．

序

CRISPR-Cas9の開発によるゲノム編集の爆発的な広がりから，およそ7年が経ち，ゲノム編集は単にDNAを切断して遺伝子を改変する技術からさまざまな発展技術へと展開してきた．基礎研究では，ゲノム編集ツールの導入技術の改良やCRISPRのさまざまな変異体の作製によって正確な遺伝子改変が可能となり，これまで改変が困難であった生物種への適用がさらに広がっている．塩基配列を改変する技術に加え，DNAやヒストンの修飾レベルを改変するエピゲノム編集因子，人工の脱アミノ化酵素や転写調節因子など，海外を中心とした幅広い技術への展開には驚かされるばかりである．一方，国内においても最近，Casの改変，新しいゲノム編集ツールの開発，遺伝子ノックイン法の開発やCRISPRライブラリーを利用した研究など，海外に負けない際立った研究が展開されている．

ゲノム編集は言うまでもなく，産業分野での利用価値は非常に高く，ゲノム編集によって作出された農水畜産物の市場への展開が目前に迫っている．国内ではさまざまな有用な品種が作出され，産業界から大きな期待が寄せられている．一方，疾患治療におけるゲノム編集の利用は，がん治療のための免疫細胞の改変や遺伝性疾患の治療など，海外を中心に進められている．国内での治療に向けたゲノム編集研究は遅れていると言わざるを得ない．さらに，ヒト受精卵でのゲノム編集を用いた基礎研究が開始され，海外ではヒト胚での遺伝子の発現や機能解析が進められている．国内においても基礎研究に限定したなかでのヒト受精卵を用いた研究を積極的に進めていく必要がある．

このような状況の中，ゲノム編集の基本的な技術にもさまざまな工夫が加えられており，多くの研究者へ基礎技術から応用技術について現時点のスタンダードとなる技術書が必要と感じ，本書を企画した．2014年に羊土社から発刊した「今すぐ始めるゲノム編集」と同じく，基本原理と実験マニュアルから構成されており，トップクラスの研究者にさまざまな分野での可能性を説明していただいた．本書を編集するにあたり，辛抱強くつき合っていただいた羊土社の早河輝幸さんに深く感謝する．

最後に，本書がゲノム編集初心者の実験の立ち上げと専門研究者の研究の発展へつながれば，幸いである．

2019年10月

編者を代表して

山本　卓

実験医学別冊

完全版
ゲノム編集
実験スタンダード

CRISPR-Cas9の設計・作製と各生物種でのプロトコールを徹底解説

目次

◆ 序 ·· 山本　卓 ······ 3

I　基礎編

1 ゲノム編集の原理と応用 ··· 山本　卓 ····· 10

2 新旧ゲノム編集ツール（ZFN・TALEN・CRISPR）の
長所と短所 ··· 落合　博 ····· 17

3 遺伝子改変の戦略①：ノックアウト ······· 佐久間哲史，中前和恭，山本　卓 ····· 26

4 遺伝子改変の戦略②：プラスミドドナーを用いたノックイン
··· 佐久間哲史，山本　卓 ····· 34

5 遺伝子改変の戦略③：一本鎖ドナーを用いたノックイン
··· 中出翔太，相田知海 ····· 41

6 ゲノム編集と応用技術を取り巻く法規制
カルタヘナ法，遺伝子ドライブ ··· 田中伸和 ····· 50

Ⅱ 実践編

Ⓐ ツール作製とアプリケーション

1 CRISPRdirectによるガイドRNA配列の設計 .... 内藤雄樹 65

2 CRISPR-Cas9の作製法と
プラスミドドナーの設計法・作製法 .... 佐久間哲史 74

3 オフターゲット作用の検出・評価 .... 鈴木啓一郎 86

4 CRISPRライブラリーを用いた
遺伝子スクリーニング法 .... 遊佐宏介 99

5 Target-AIDの設計と作製 .... 中井明日也, Ang Li, 西田敬二 ... 112

6 エピゲノム編集：特定領域の
DNA脱メチル化操作を例として .... 森田純代, 堀居拓郎, 畑田出穂 ... 119

7 特定内在遺伝子の転写-核内局在の同時イメージング ..... 落合 博 ... 128

8 CRISPR-Cas9を応用した遺伝子の光操作技術 .... 佐藤守俊 ... 139

Ⓑ 各生物種への適用

9 糸状菌でのゲノム編集 .... 荒添貴之 ... 157

10 培養細胞でのゲノム編集
.... 宮本達雄, 藤田和将, 阿久津シルビア夏子, 松浦伸也 ... 173

11 iPS細胞における欠失挿入導入ゲノム編集実験
.... 北 悠人, 渡邉 啓, 徐 淮耕, 鍵田明宏, 堀田秋津 ... 184

12 ヒトiPS細胞のAAVS1遺伝子座への遺伝子組込み
.... Suji Lee, 香川晴信, 松本智子, Fabian Oceguera-Yanez, Knut Woltjen ... 205

13 小型魚類でのゲノム編集 ……………………………… 川原敦雄，星島一幸 … 221

14 Crispant：両生類における遺伝子機能解析
………………………………………… 鈴木賢一，鈴木美有紀，林　利憲 … 235

15 gRNA/Cas9複合体を用いたマウスでのゲノム編集
………………………………………… 野田大地，大浦聖矢，伊川正人 … 251

16 ラット受精卵でのゲノム編集 ……………………… 吉見一人，真下知士 … 267

17 植物でのゲノム編集 …… 刑部祐里子，原　千尋，橋本諒典，宮地朋子，刑部敬史 … 282

Ⅲ 応用編

1 Cas9/Cas12aの立体構造と機能改変 ……………… 西増弘志，濡木　理 … 301

2 CRISPRを利用した配列特異的なDNAの単離 … 藤田敏次，藤井穂高 … 309

3 ゲノム編集技術を用いた次世代微生物育種 ……… 寺本　潤，西田敬二 … 317

4 移植用臓器作製への応用 …………………………… 渡邊將人，長嶋比呂志 … 325

5 モデル霊長類でのゲノム編集 ………… 佐々木えりか，佐藤賢哉，汲田和歌子 … 332

6 遺伝子治療とゲノム編集 …………………………………… 三谷幸之介 … 340

7 農作物でのゲノム編集 ……………………………… 安本周平，村中俊哉 … 347

8 養殖魚でのゲノム編集 ……………………………… 岸本謙太，木下政人 … 355

9 家禽でのゲノム編集 ………………………… 江崎　僚，松崎芽衣，堀内浩幸 … 364

column

CRISPR-Cas12/13を応用した核酸検出技術 ·········· 西増弘志 ····· 61

ニックを用いた小規模ゲノム編集法 ···················· 中田慎一郎 ···· 63

非分裂細胞での効率的遺伝子ノックイン法 ··············· 鈴木啓一郎 ··· 151

RNA編集ツールとしてのPPR技術の開発
······················· 西　光悦, 八木祐介, 中村崇裕 ··· 154

microRNAを利用した細胞種特異的なゲノム編集法
··························· 齊藤博英, 弘澤　萌 ··· 296

人工染色体とゲノム編集によるヒト化薬物動態モデルラットの作製
··························· 香月康宏, 押村光雄 ··· 299

タンパク質集積技術による高度ゲノム編集・転写調節
··················· 佐久間哲史, 國井厚志, 山本　卓 ··· 372

改変したCas9やsgRNAによる高効率相同組換え ····· 宮岡佑一郎 ··· 374

◆ 索引 ··· 377
◆ 執筆者一覧 ··· 383

カバー画像解説

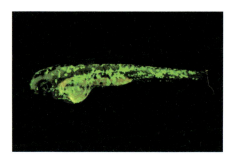

ケラチン-eGFP の表皮での発現
ゼブラフィッシュのケラチン遺伝子座にインフレームでeGFPを挿入し,表皮でのケラチン-eGFPの発現を観察した.本書Ⅱ-13参照.

ゲノム編集ジャガイモの塊茎
ゲノム編集によりステロイドグリコアルカロイド含量を減少させた系統を屋内植物室で生育させた.本書Ⅲ-7参照.

Crispant イモリ
CRISPR-Cas9により色素合成遺伝子をノックアウトした当世代F0胚(Crispant)のイベリアトゲイモリ.左が野生型,右がCrispant.本書Ⅱ-14参照.

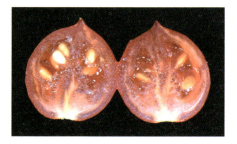

ゲノム編集トマト
CRISPR/Cas9を用いたゲノム編集によって単為結果性を付与したトマト(品種;Micro-Tom).本書Ⅱ-17参照.

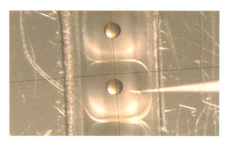

マダイ受精卵へのマイクロインジェクション
微細なガラス針により,受精卵表面にゲノム編集ツールを注入する様子.本書Ⅲ-8参照.

実験医学別冊

完全版
ゲノム編集
実験スタンダード

CRISPR-Cas9の設計・作製と
各生物種でのプロトコールを徹底解説

I 基礎編

1 ゲノム編集の原理と応用

山本 卓

はじめに

　近年，ゲノム編集ツールを用いた，標的遺伝子の精密な改変が可能となってきた．遺伝子ノックアウトや遺伝子ノックインに加えて，一塩基レベルでの改変も効率的になりつつある．加えて，DNA切断ドメインの替わりに，さまざまなエフェクターを連結した新しいツールが開発され，その応用技術の開発は留まるところを知らない．ここでは，ゲノム編集の原理と応用技術について解説し，さまざまな分野での可能性について紹介する．

DNA二本鎖切断の誘導と修復を介した遺伝子改変

　ゲノム編集は，ZFN（zinc-finger nuclease）やTALEN（transcription activator-like effector nuclease）などの人工制限酵素あるいはCRISPR-Cas9（clustered regularly interspaced short palindromic repeats-CRISPR associated protein9）のようなRNA誘導型DNA切断酵素を利用して，標的DNAの塩基配列を改変する技術である[1]．人工制限酵素は，タンパク質のDNA結合ドメインを標的配列に応じて作製するのが煩雑であったが，2012年にCRISPR-Cas9が開発され[2]，短いRNA（ガイドRNA）とそれに結合するCas9ヌクレアーゼによって，研究者であれば簡便にゲノム編集を行うことが現在可能となっている．最近これらの標的DNAを切断する人工酵素やRNA-タンパク質複合体はゲノム編集ツールとよばれている．

　ゲノム編集では，前述のゲノム編集ツールを細胞や受精卵・胚や個体へ導入し，標的DNAへ特異的なDNAの二本鎖切断（double-strand break：DSB）を誘導する．DSBは細胞にとって有害であるため，細胞に備わるDSB修復機構によって修復されるが，この過程で遺伝子の改変が行われる．DSBの修復には複数の修復経路が関与し，それぞれの修復経路の特性を利用してさまざまなタイプの遺伝子改変を実行することが，現在可能となっている（図1）．DSBの多くは，末端をつなぎ合わせる非相同末端結合（non-homologous end-joining：NHEJ）修復によって修復される．NHEJ修復ではDSB末端が削られないように保護され，元通りの塩基配列につなぎ合わされる．しかし，正確に修復が行われた場合は標的配列が現れ，残存するゲノム編集ツールによって再びDSBを誘導される．一般に，NHEJはエラーの起こりやすい修復経路であるため，くり返しの修復過程においては短い欠失や

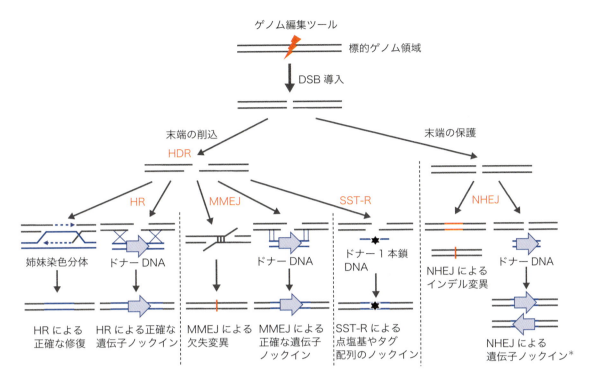

図1 DSBの修復過程を利用したゲノム編集の概要
＊HITI法を使う場合は，方向性を決めることができる．

挿入などの変異（インデル変異）が導入される．インデル変異が遺伝子のコード領域に導入されると，アミノ酸の情報に変化が生じ，多くの場合，遺伝子の機能が破壊される（**遺伝子ノックアウト**）．またNHEJ修復の際に，ドナーDNAを共導入しておくことによって，DSBの起こった箇所に外来DNAが挿入される（**遺伝子ノックイン**）．NHEJを利用した遺伝子ノックインは，さまざまな細胞種や生物種でその効率は高いものの，正確性に欠ける・挿入の方向性が選べないという問題があったが，CRISPRを利用したHITI法によって正確性かつ効率的なノックインが可能となってきた[3]．

DSB末端の保護によるNHEJ修復に対して，DSB末端の削り込みを利用した複数の修復経路〔相同組換え（HR）やマイクロホモロジー媒介末端結合（mocrohomology-mediated end-joining：MMEJ）修復，一本鎖DNA標的修復（single-strand template-repair：SST-R〕が知られている．これらの修復経路は，相同配列を利用する修復であることから相同配列依存的修復（homology-directed repair：HDR）とよばれ，片方の鎖が削り込まれて一本鎖として凸出した配列を利用して，DSBを修復する．HR修復は，姉妹染色分体の修復に利用される正確性の高い修復経路であるが，細胞周期の中期S期からG2期において活性があるため，増殖する細胞において利用される．この経路を利用すると，切断箇所の両側の比較的長い配列を有するドナーベクターを調製し，共導入することによって，DSB箇所へシームレスに外来DNAを挿入できる．一方，分化した神経細胞のような非増殖細胞

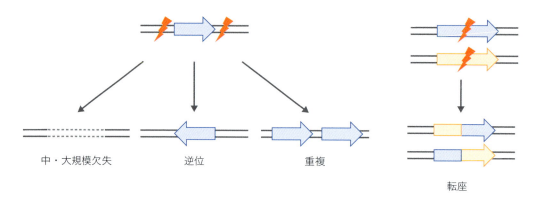

図2 ゲノム編集による染色体レベルでの改変

ではHR活性が低く，HR修復を利用した遺伝子ノックインは困難である．MMEJは，比較的短い相同配列（数十塩基から数百塩基）を利用した修復経路であり，細胞内のDSBがこの経路で修復されると多くの場合欠失変異が導入される．正常な細胞において，MMEJ活性は細胞周期のG1期からS期はじめの長い期間に活性がみられるため，この経路によって修復される頻度も高い．このようにMMEJによる修復は欠失変異を導入するので，正確な修復とは言えないが，この経路をうまく利用すると効率的な遺伝子ノックアウトが可能である．例えば，ゲノム編集ツールによる切断後の欠失によって，確実にフレームシフトやストップコドンが出現する標的配列を選ぶことができる．また，MMEJを介した遺伝子ノックインでは，ドナーDNAに用いる相同配列は数十塩基程度で十分であり，ドナーDNAの構築が簡便である（Ⅰ-5）．さらに，SST-Rは詳細な修復メカニズムは不明であるが，この方法を利用することで一本鎖オリゴDNA（ssODN）や長鎖一本鎖DNA（long ssDNA）を用いて，一塩基改変（SNP導入），タグ配列の挿入などを細胞や個体レベルで実現できる．

前述の一カ所を切断する方法に加えて，複数箇所を同時に切断することによって中規模から大規模な欠失や染色体再編などを行うことも可能である（図2）．複数箇所の改変で利用する修復経路はケースバイケースであるが，同一染色体上の2カ所の標的配列をゲノム編集ツールで切断することによって，大きな欠失や逆位，重複なども可能である．2つの異なる染色体をそれぞれ同時に切断することによって，がん細胞でみられる転座の誘導が細胞や個体のレベルで報告されている．

DNA認識・結合ドメインを利用した新しいゲノム編集技術の体系

ZFNやTALENなどのゲノム編集ツールは，人工制限酵素として高い特異性を有する酵素を開発するために進められてきた．これに対してCRISPR-Cas9は，細菌の有する獲得免疫システムを利用した方法であり，標的とするDNAに特異的に結合するガイドRNAを利用している．両者とも細菌が進化させてきた防御システムを利用している点で非常に興味深い．ゲノム編集ツールは，標的DNAの塩基配列を認識するシステム（DNA認識・結合ド

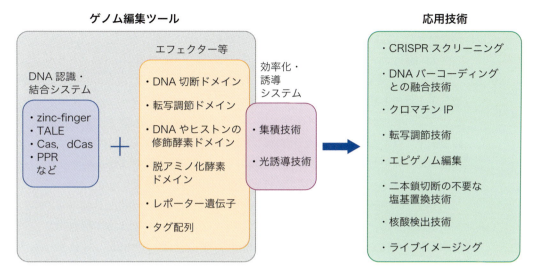

図3　さまざまなゲノム編集ツールと応用技術

メイン）にDNA切断ドメインを融合した技術として発展してきた．このことは，標的DNA認識・結合ドメインにさまざまな機能ドメインを融合することで新しい技術へ発展可能であることを意味している．すでに図3に示すようにゲノム編集ツールで使われているzinc-finger, TALE, CasヌクレアーゼやdCas（ヌクレアーゼ不活性型Cas）にさまざまな機能ドメインを連結した人工のDNA制御システムが開発されている．特にdCas9に転写因子の活性化あるいは抑制ドメインを連結した人工の転写調節因子を利用した転写調節システム（佐久間らのコラム），DNAやヒストンの化学修飾酵素を連結した人工のエピゲノム調節因子（II-6），脱アミノ化酵素を利用した人工デアミナーゼ（II-5）などが，人工酵素として開発が進行している．さらに最近，トランスポゼースと複合体を形成する新しいタイプのCRISPRが発見され，遺伝子ノックインへの適用性が示された[4]．加えて，蛍光遺伝子を連結させたゲノム編集ツールを利用したイメージング技術も開発が競って進められている．PPR（pentatricopeptide repeat）モチーフはRNAの塩基配列特異的に結合するドメインをもつタンパク質として植物から発見され，国産ツールとして期待されている．また，CRISPRの中にはガイドRNA依存的に標的RNAに特異的に結合するタイプ（Cas13aなど）が見つかっている．これらRNAの認識・結合ドメインは，細胞内外の標的RNAの標識や検出技術に利用されている．このような状況から，ゲノム編集は，単に核酸を切断するための技術ではなく，DNAやRNAの認識・結合ドメインを利用した広範な技術を意味する技術へ展開している．組合わせのアイディア次第で，さらに新しい技術が生み出されることが期待される．

　DNAやヒストンの修飾状態（エピゲノム）は遺伝子の転写調節に重要であるが，前述の人工のエピゲノム調節因子を利用してエピゲノム状態を改変することが近年可能になってきた．この技術はエピゲノム編集とよばれ，標的遺伝子のDNAのメチル化やヒストンのアセチル化のレベルを調節することが可能である（II-6）．さらに，エピゲノム修飾因子を含

むさまざまなエフェクターを標的に集積する技術（Sun tagシステム[5]やSAMシステム[6]）が開発され，高効率的な制御を実現するシステムとして進んでいる．

ゲノム編集ツールを利用した発展技術として注目されるのがCRISPRスクリーニングである（Ⅱ-4）[7]．この方法はこれまで，ゲノム編集が単一あるいは複数でも限られた数の標的遺伝子を対象として解析するという戦略から，機能的な遺伝子や領域を全体から探索するという逆の戦略がCRISPRライブラリーによって可能となってきた．この技術は，すべての遺伝子に対するガイドRNAを容易に作製することができるCRISPR-Casではじめて可能になったものであり，今後この技術を利用した機能遺伝子の探索が加速するであろう．特に，創薬ターゲットの遺伝子探索には必須の技術となる可能性がある．

DNAバーコーディングは，短いタグ配列を指標として生物の進化系統を探る方法として利用されてきた．最近この方法とゲノム編集を融合した技術によって細胞系譜を追跡する方法が開発されている．GESTALT（genome editing of synthetic target arrays for lineage tracing）とよばれる代表的な方法[8]は，CRISPRの人工の標的配列をタンデムに連結したターゲットアレイを細胞や個体に導入し，そこから生み出されるさまざまな変異型アレルを系統的に追跡することによって，発生での細胞系譜や複雑な組織・器官での細胞の祖先を追跡する方法である．

この他にも，血液や唾液などの生体試料から，短時間かつ簡便にウイルスや細菌，がんの変異などを検出する技術（SHERLOCK法[9]やDETECTR法[10]．西増のコラム参照），CRISPRを利用したChIP法（Ⅲ-2）など，続々と新しい技術が生み出されている．

ゲノム編集の基礎から応用での可能性

ゲノム編集の魅力は，これまで改変が困難であった生物種において狙って遺伝子改変が可能な点にある．すでにゲノム情報が解読され，遺伝子導入法が確立されている生物種であれば，原理的に標的の遺伝子を選んで改変することが可能である．特にCRISPR-Cas9は，簡便，高効率かつ安価（基礎研究では）に利用できることから，基礎研究においてはすでに基本ツールとなっている．以前は，変異体を扱うことが困難な生物種はモデル生物と言い難かったが，ゲノム編集の開発によって，モデル動物という用語は意味をなさなくなってきた．本書では，さまざまな生物種におけるゲノム編集の詳細が，各章において専門の研究者が原理と実験手法を紹介されている．本書で扱っていない生物種においても，今後続々と基礎研究のために遺伝子ノックアウトがさまざまな生物種を対象とした基礎研究で報告されるであろう．CRISPR-Cas9を利用できれば遺伝子ノックアウトが実現する一方，遺伝子ノックインや塩基レベルでの改変をすべての生物種で遺伝子座に関係なく効率的に行うことは現時点では困難である（さまざまな生物種において改良され高効率にはなってきているが）．遺伝子ノックインの効率化においては，標的遺伝子座のエピゲノム状態も重要であり，利用する細胞株や細胞種，個体であれば発生段階によっても大きく異なる場合もある．今後は，塩基配列の情報，DNAやヒストンの修飾状態の情報を考慮して，機械学

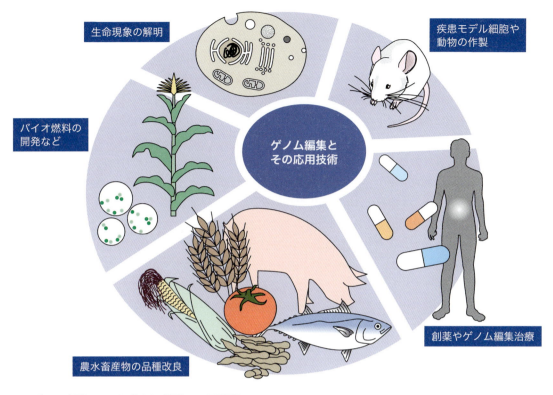

図4 ゲノム編集のさまざまな分野での可能性

習やAIによるゲノム編集効率の予測などもさかんに行われるものと考える．

　ゲノム編集は，この技術の汎用性からさまざまな応用分野においても大きく期待されている．微生物での機能性物質産生，農水畜産作物の品種改良，創薬や疾患治療（図4）など，ゲノム編集の可能性は無限大である．生物工学は，微生物の有効利用を遺伝子組換え技術を含むさまざまな技術開発を通して進められてきた．長年研究が進められてきた大腸菌，出芽酵母や分裂酵母などのモデル微生物では，HR修復を介して自在な遺伝子改変が可能であり，ゲノム編集の必要性は低いと感じている研究者も多い．しかしゲノム編集などの新規技術は，モデル微生物においても新しい展開を与える可能性があり，応用技術を開発するためには積極的に導入すべきである．一方，多くの産業微生物では，ゲノム情報の解読は次世代シークエンサーによって容易になっているが，遺伝子導入方法が確立されておらず，改変技術を確立するための選抜マーカーなども揃っていない状況も見受けられる．このような場合は，ガイドRNAとCasの複合体であるリボ核タンパク質複合体（ribonucleoprotein：RNP）を直接導入するなどの方法の開発が，一つの有効な方法かもしれない．

　農水畜産分野での品種改良においては，食糧問題を解決するためにゲノム編集は導入を必要とすべき技術の一つであることは間違いない．すでに国内外で遺伝子組換えにあたらないゲノム編集によって複数の作物の作出に成功している．遺伝子組換えにあたらないゲノム編集によって作出した作物の安全性については，食品としての安全性（毒性物質やア

レルゲン物質が産生されていないこと）を評価するとともに，環境に与える影響について考察して行く必要がある．

ゲノム編集の医療分野での利用は，応用面で最も期待が大きいと言ってよい．創薬開発用の疾患モデルの細胞や動物作りにゲノム編集技術は不可欠である．例えば，iPS細胞を使った疾患研究や再生医療向け細胞の作製が進められているが，ここでもゲノム編集技術は大きな役割を担う．一塩基レベルでの改変や染色体再編が可能な汎用技術が今後開発されれば，大きなインパクトになると考えられる．ゲノム編集を利用したヒト化哺乳類（香月・押村のコラム）[11]や疾患モデル霊長類（Ⅲ-5）[12]の作製は，日本が高い技術を有しており，創薬に必要な高いレベルの改変技術が開発されている．ゲノム編集を用いた治療については，生体内ゲノム編集と生体外ゲノム編集によって，利用が進められている．特に，生体外ゲノム編集治療では，がん細胞に対して免疫力を高めた免疫細胞をゲノム編集で作製する研究が海外を中心に進んでいる．中国や米国では，本庶佑博士が発見したPD-1（programmed cell death-1）を破壊した免疫細胞を作製し，これを使ったがん治療の臨床研究をすでに進めている．このような状況から，日本国内においてもゲノム編集治療をめざした研究を進めることが急務であり，早急に研究を進めていく必要がある．

おわりに

ゲノム編集技術は，応用技術を中心に今後さらに大きく発展してくことが予想される．本稿を執筆する間にも，トランスポゼースを利用した技術やprime editingなど注目度の高い開発が次々と報告され，国内においても新しいゲノム編集技術の開発が進んでいる．特に，応用技術の開発は未だ進行中であり，常に最新の情報を収集し，自身の研究に生かしていくことが重要であると感じている．一方，安全面や倫理面でゲノム編集技術の解決すべき問題も浮上しており，研究者のみならず社会学者や市民団体を含めた継続的な議論を続けていくことがますます重要になっている．そのため筆者らは日本ゲノム編集学会（http://jsgedit.jp）において，最新の技術についての情報提供や社会受容活動を進めている．本稿がゲノム編集技術のさらなる開発と利用につながれば幸いである．

◆ 文献

1）「ゲノム編集の基礎と応用」（山本 卓/著），裳華房，2018
2）Jinek M, et al：Science, 337：816–821, 2012
3）Suzuki K, et al：Nature, 540：144–149, 2016
4）Strecker J, et al：Science, 365：48–53, 2019
5）Tanenbaum ME, et al：Cell, 159：635–646, 2014
6）Konermann S, et al：Nature, 517：583–588, 2015
7）Shalem O, et al：Science, 343：84–87, 2014
8）McKenna A, et al：Science, 353：aaf7907, 2016
9）Gootenberg JS, et al：Science, 356：438–442, 2017
10）Chen JS, et al：Science, 360：436–439, 2018
11）Kazuki Y, et al：Proc Natl Acad Sci U S A, 116：3072–3081, 2019
12）Sato K, et al：Cell Stem Cell, 19：127–138, 2016

I 基礎編

2 新旧ゲノム編集ツール（ZFN・TALEN・CRISPR）の長所と短所

落合　博

はじめに

　ゲノム編集技術は今日，生命科学分野において広く浸透し，一般的な技術となった．"初代ゲノム編集ツール"であるZFN（zinc-finger nuclease）の最初の報告は1996年と古く，本ツールがヒト細胞にはじめて応用されたのは2003年である[1]．それからTALEN（transcription activator like-effector nuclease）が"第二世代のゲノム編集ツール"として2010年に登場し，ゲノム編集技術の発展に大きく貢献した[2]．そして，2013年に"第三世代のゲノム編集ツール"としてCRISPR-Casシステムがゲノム編集ツールとして応用され，ゲノム編集は誰でも実施可能な技術となった[3][4]．これら3種のゲノム編集ツールは登場順に利用しやすさが格段に向上したため，現在では多くの基礎生命科学分野においてCRISPR-Casシステムが広く利用される．一方で，研究目的によってはCRISPR-Casシステム以外のゲノム編集ツールを使用することが望ましい場合もある．本稿では，3種のゲノム編集ツールの特徴について説明し，それらの長所と短所について概説する．

新旧ゲノム編集ツール

　ここではZFN，TALEN，CRISPR-Casシステムのそれぞれの特徴について説明する．個々の特徴を表にまとめた（表）．

1. ZFN

　ZFNはDNA結合型のC_2H_2型ZF（zinc-finger）ドメインと制限酵素FokIのDNA切断ドメインを融合させた人工タンパク質で，任意DNA領域へ二本鎖切断（DSB）を導入できる（図1A）．一つのZFドメインは30アミノ酸ほどで，二つのβシート構造と一つのαヘリックスからなり，特定の二つのシステインと二つのヒスチジン残基が亜鉛イオンを配位した構造をもつ（図1B）．また，タンパク質間，およびDNA間相互作用に関与すると考えられている[1]．特にDNA結合型は複数のZFドメインが直列した構造をとる（図1A）．このようなモジュール状構造によってさまざまなDNA塩基配列の認識が可能となっている．実際に，ZFは昆虫，魚類や哺乳類などさまざまな生物種において認められるタンパク質ドメインで，ヒトでは700種類以上のZFが知られている[1]．

表 新旧ゲノム編集ツールの比較

特徴	ZFN	TALEN	CRISPR-SpCas9
最初の報告年	1996	2010	2012
最初に哺乳類に使用された年	2003	2011	2013
DNA塩基配列認識分子	タンパク質	タンパク質	RNA
ターゲットサイト長 (bp)	18～36	24～40	17～23
ヌクレアーゼ	FokI	FokI	Cas
ダイマー化の必要性	あり	あり	なし
モノマーサイズ	40 kDa	110 kDa	160 kDa
設計の容易さ	△	○	◎
標的配列の制約	非Gリッチ配列→×	TALEN単量体の5'標的塩基はチミン	プロトスペーサーの他にPAMが必要
治験への応用	++	+	+++

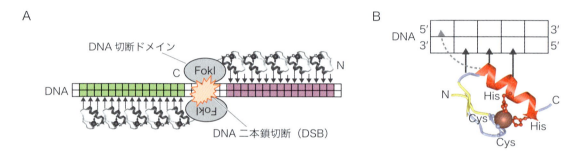

図1　ZFN (zinc-finger nuclease)

A) ZFNによるDNA二本鎖切断（DSB）の導入．ZFNはDNA結合ドメインとしての複数のZFドメインと，DNA切断ドメインとしての制限酵素FokIのヌクレアーゼドメインの融合タンパク質である．FokIドメインが二量体を形成するようにDNAに結合させることで，任意のDNAサイトにDSBを導入できる．ZF（zinc-finger）ドメインによるDNA認識機構．ZFNのDNA結合ドメインはC$_2$H$_2$型のZFドメインから構成される．一つのZFドメインは基本的にDNA3塩基を認識する．ただし，一部のアミノ酸がこれら3塩基とは異なる塩基（異なる鎖側）を認識することがある．

　　　　DNA結合型ZFドメインでは，一つのZFドメインが主に3塩基のDNAを認識する（図1B）．このZFが複数直列に繋がったZFアレイを作製することによってさまざまな塩基配列の認識が可能になる．ZFのDNA認識機構はαヘリックスの開始付近の6アミノ酸によって決まっていると考えられている．特定の3塩基を認識するZFのアーカイブが配布され，特定ZFドメインを繋ぎ合わせることで容易に任意配列を認識可能なZFアレイを調製できた[5]．しかし，後に本法では認識能力の高いZFアレイを効率よく作製することが困難であることが報告されている[6]．この主因として，特定のZFドメインが対応する3塩基の他に，隣のZF認識配列の反対鎖塩基の認識にも関与する場合がある点があげられる（図1B）[1]．このため，単純に個々のZFドメインを繋ぎ合わせただけでは認識配列に互換性がない場合に，機能的なZFアレイを作製できないことになる．また，特定の3塩基を認識するαヘリックスのアミノ酸配列は予測が困難で，基本的に標的配列に対応したZFアレイを

デザインすることは困難である.

　そのため，標的配列を認識するZFアレイを作製するためには，DNA認識に関与するアミノ酸のみをランダマイズしたライブラリから，ファージディスプレー法やbacterial one hybrid法などを利用して標的配列を特異的に認識するZFアレイを選抜する必要がある[1]. ただしこれら手法は，1～2カ月程度を要するきわめて煩雑なものである. また，ZFの特性としてGNNのくり返し配列を好む傾向がある. このため，GNNGNNGNN…のくり返し配列をできるだけ標的とする必要がある. また最終的にZFNとして利用する場合，標的配列を向かい合うように2つ作製する必要があるため（図1A），標的にできる配列は限局されてしまう. これらのことから，ZFNが誰でも使用できる有用なゲノム編集ツールとして広く利用されることはなかった. 一方で，米国サンガモ社はZFNを利用して長い間先端的な研究成果を報告し続け，現在ではZFNを血液性の遺伝性疾患やAIDSの治療法へ応用し，治験まで進んでいる[7]. 彼らは6塩基を認識する2フィンガーライブラリを有していると言われ，それを利用してさまざまな配列を認識可能なZFを作製できるようだ. ただその手法に関しては公開されていないため，どのようにして認識能の高いZFを作製しているかについては謎のままである. 近年彼らのグループによって，フィンガー間のリンカーやZF-FokI間のリンカーを最適化することによってゲノム中のほぼすべての配列を認識可能な自由度をZFNにもたせることが可能になったと報告されている[8].

2. TALEN

　TALENは植物病原細菌 *Xanthomonas* 属が有するTALEとFokIヌクレアーゼを融合させた人工タンパク質である. これもZF同様に，標的DNA配列に対して2つのTALENが必要で，向かい合うように設計する必要がある（図2A）.

　TALEのDNA結合ドメインは配列が類似した33～35アミノ酸のくり返し構造となっている. 個々のモジュールは特定の2アミノ酸以外はほとんど同じである（図2B, C）. この2アミノ酸はRVD（repeat variable diresidue）とよばれ，一つのDNA塩基の認識に関与している（図2B, C）. 特定の塩基に対応したRVDアミノ酸配列は決まっており，周囲の塩基配列や前後モジュールとの干渉がほとんどない（図2C）. このため，特定RVDをもつモジュールを繋ぎ合わせるだけで，任意のDNA配列を認識するTALEを容易に作製できる. また，TALEモジュール内の特定部位のアミノ酸をTALEリピート間で多様性をもたせることで，DNA結合能を高めることができる[9][10]. 認識配列は5'側にTが必要なだけで，その他の自由度はきわめて高い. また，TALEリピート数は変更可能であり，12～20程度がよく利用される（表）. ZFNと比べて作製がより直感的かつ簡易なため，2010年以降はTALENの登場によってゲノム編集技術が基礎生命科学者により身近になった.

3. CRISPR-Casシステム

　CRISPR-Casシステムは，ファージ等の外来核酸を排除するためにさまざまな細菌で利用されている免疫システムである. CRISPR-Casシステムにはさまざまなタイプが存在するが，*Streptococcus pyogenes*（Sp）種のCRISPR-Cas9システムが2013年にはじめて哺

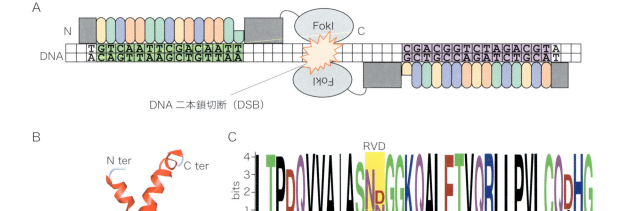

図2　TALEN（transcription activator-like effector nuclease）
A）TALENによるDNA二本鎖切断（DSB）の導入．TALENはDNA結合ドメインとしてのTALEリピートドメインと，DNA切断ドメインとしての制限酵素FokIのヌクレアーゼドメインを含む融合タンパク質である．FokIドメインが二量体を形成するようにDNAに結合させることで，任意のDNAサイトにDSBを導入できる．B）単一のTALEドメインによるDNA認識機構．単一のTALEドメインは基本的にDNA1塩基を認識する．C）TALEドメインの配列保存性．TALEドメインはほとんど同じ配列を有する．ただし，DNA認識にかかわるRVD（repeat variable diresidue）とよばれるアミノ酸配列がリピート間で大きく異なっている．重要なのは，特定のRVD配列が特定のDNA塩基を認識に対応している点である．このため，特定のRVDを含むTALEリピートドメインを連結させることで，標的配列を認識させるTALENを作製できる．

乳類細胞に応用された[3)4)]．本システムでは，crRNAとtracrRNAとよばれる2種類のRNA，およびCas9タンパク質によって構成される複合体が標的配列に結合し，DSBを導入する（図3A）．標的配列は，crRNAのプロトスペーサー配列とよばれる領域に相補な配列とその下流のプロトスペーサー隣接モチーフ（PAM）とよばれるNGG配列となる．すなわち，$5'-N_{20}NGG-3'$となる．PAMおよびPAM近傍のプロトスペーサー配列（シード配列）部分に塩基置換がある場合，Cas9はDNAに結合できない．crRNAとtracrRNAはリンカー配列を介して一つのRNA分子にしても機能することがわかっており，この分子のことをsgRNA（single-guide RNA）とよぶ（図3B）．また近年では，ランダムミュータジェネシスによりPAM認識配列をNGG以外へと改変したCas9変異体が報告されており，標的配列の自由度が高まっている（Ⅲ-1）[11)]．

Sp種の他にもさまざまな生物種からCRISPR-Casシステムが報告されている．別種のCRISPR-Cas9システムではcrRNAおよびtracrRNAの構造やPAMが異なる．また，Cas9とはタイプの異なるCRISPR-Cpf1システムも報告されている[12)]．Cas9は標的配列の5′側にPAMが存在し，DNA切断末端が平滑であるのに対して，Cpf1は3′側にPAMがあり，またDNA切断末端が5′突出となる特徴がある．

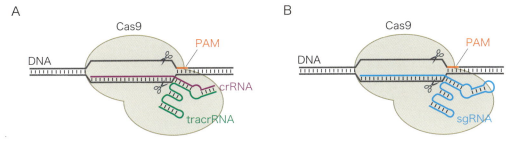

図3　CRISPR-Cas9の構造
A）Cas9はcrRNAおよびtracrRNAと複合体を形成し，標的配列に結合．DSB（DNA二本鎖切断）を導入する．標的配列はcrRNAのスペーサー配列とよばれる部位によって決定される．また，この標的配列の近傍にPAMとよばれる配列が必ず必要となる．SpCas9の場合，PAMはNGGとなる．B）天然のCRISPR-Cas9システムではcrRNAとtracrRNAの二つのRNA分子が揃うことで機能するが，リンカーを介して一つの分子にしても，機能することがわかっている．このRNA分子のことをsgRNA（single-guide RNA）とよぶ．現在ではsgRNAの形で広く利用されている．

CRISPR-Casシステムは，標的配列の変更がZFNやTALENと比較してきわめて容易である．このため，CRISPR-Casシステムの登場によって，多くの研究者にとってゲノム編集技術が身近なものとなり，文字通り生命科学分野に革命をもたらした．また，標的配列の異なる多数のsgRNAを容易に調製可能なことから，特定生物種ゲノム中の全遺伝子に対するsgRNAライブラリを利用して，ゲノムワイドなノックアウトスクリーニングが実施可能である（Ⅱ-4）．

ゲノム編集ツールのオフターゲット作用の低減

ゲノム編集技術を利用する上で最も注意すべき点の一つとして，オフターゲット作用があげられる（Ⅱ-3）．これはゲノム編集ツールが本来標的としている配列（オンターゲット）以外の配列（オフターゲット配列）にDSBを導入し，場合によっては変異を導入したり，細胞毒性を引き起こしてしまう原因となる．そのため，ゲノム中に相同配列が多数あるような領域を標的としないことは大前提である．一方で，各ゲノム編集ツールではオフターゲット作用を低減させるための改善策がいくつか報告されている．

1. FokIヌクレーゼのヘテロダイマー化

ZFNやTALENで使用されるFokIヌクレアーゼドメインは二量体を形成し，DSBを導入する．FokIの構造から，FokIの二量体界面で相互作用するアミノ酸に変異導入することにより，特定の組合わせの二量体のみ活性化する，ヘテロダイマー型のFokI変異体が報告されている（図4A）[13]．これにより，仮にゲノム中に片側のZFN（またはTALEN）の配列が向かい合うように存在していても，そこに結合した同一のFokI変異体同士では活性を示さない．このため，細胞毒性およびオフターゲット作用を低減できる．

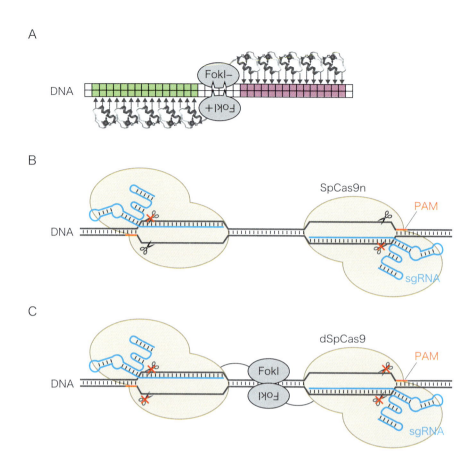

図4　オフターゲット作用の低減

A）ヘテロダイマー型のFokIドメイン．WTのFokIドメインはDNA二本鎖切断（DSB）を導入するために二量体化する必要がある．片方のZFNの標的配列が適度なスペーサーを含む回文状に存在する場合，非意図的にDSBが導入されてしまう．そういった可能性を低減させる目的で，ヘテロダイマー型のFokI変異体が開発された．これは，決まった組合わせのFokI変異体が二量体を形成してはじめてDNA切断活性をもつため，上記のような非意図的なDSBの導入を減らすことができる．B）CRISPRニッカーゼ．Cas9タンパク質の2つのDNA切断ドメインのうち片側のみに変異を入れて不活性化させることで，1本鎖のみ切断させるCas9ニッカーゼとなる．これを利用して，特定の標的配列の近傍で二カ所1本鎖切断を導入することで，最終的にDSBを導入できる．これは，単独ではDSBを導入できないため，オフターゲット作用を低減できる．C）dCas9-FokI．Cas9のDNA結合能は維持しつつも，DNA切断活性を完全に喪失させたものをdCas9とよぶ．このdCas9とFokIドメインを融合させることで，ZFNやTALEN同様に向かい合うように標的配列を設定することで，任意の場所にDSBを導入できる．

2. CRISPRニッカーゼ

　SpCas9のDNA切断活性は種間で保存されたRuvCおよびHNHドメインが担っている．SpCas9では10番目のアスパラギン酸および840番目のヒスチジンをアラニンに置換することで，DNA結合能は維持しつつも，それぞれのドメインのDNA切断活性を喪失させることができる．一方で，これらアミノ酸のうち一方のみをアラニンに置換することで，片方の鎖のみを切断（ニックの挿入が）可能なCas9ニッカーゼ（Cas9n）ができる（図4B）．このため，Cas9nが向かい合うように標的配列を設定し，それぞれのDNA鎖を切断させることで，結果的にDSBを導入できる[14]．これはCas9nが向かい合う場合にのみDSBが導

入されるため，単一Cas9nのオフターゲット配列にはDSBは生じない．その結果，DSB導入領域の特異性を向上させ，オフターゲット作用による細胞毒性を低減できる．

3. dCas9-FokI ヌクレアーゼ

前述したように，Cas9のDNA切断活性に関与する2アミノ酸をアラニンに置換することで，DNA結合能は維持しつつもDNA切断活性を喪失させたdCas9を作製できる．このdCas9とFokIを融合させ，向かい合うように標的配列を設定することで，任意の配列領域にDSBを導入できる（図4C）[15]．dCas9-FokIは単独でのDNA結合ではDSBを導入しないため，オフターゲット作用を低減できる．

4. 短いガイドRNA

SpCas9ではsgRNAのプロトスペーサー配列を短くすることで，結合特異性を高めることができる[16]．また，sgRNAの5′末端にGGの配列を付加することによって，特性が増すことが報告されている[17]．

5. 高特異性Cas9

DNAに結合したsgRNA/Cas9の構造情報を元に，Cas9とDNAの非特異的結合を避けるように設計されたCas9変異体（eSpCas9やSpCas9-HF1など）を利用することで，元のCas9よりもオフターゲット作用を抑えることができる[18][19]．

3種のゲノム編集ツールの長短所

1. 作製の容易さ

3種類のゲノム編集ツールは，登場する順番で，標的配列の選定から実際にゲノム編集実験の開始までに要する時間や労力がより少なくなる傾向がある．CRISPR-Casシステムが最も容易で，現在広く利用されている．前記でも触れたように，ZFNは任意の配列を標的としたものを得るためには基本的にランダマイズしたライブラリからスクリーニングする必要があるため，作製には1〜2カ月ほど要する．一方で，TALENはZFNと比べればはるかに容易で，標的配列が決定すれば，必要なDNA断片をつなぎ合わせるだけでよく，1週間以内で作製可能である．CRISPR-Casシステムはさらに容易で，標的配列が決まれば，必要なオリゴを（依頼）合成し，クローニングするだけですぐにゲノム編集実験にとりかかれる．sgRNAを直接合成するサービスを利用すれば，標的配列を決め，必要な道具や試薬を購入しさえすれば，実験を開始できる．

2. サイズ

ツールの大きさは，ウイルスベクターに載せて導入したい場合などに重要な要素となる．特にアデノ随伴ウイルス（AAV）ベクターでは搭載できる長さがプロモーターも含めて4.8 kbpほどである．AAVで導入する際に，すべての細胞に均等に導入できるわけではな

いため，必要なコンポーネントをできるだけ1つのベクターにまとめるのが望ましい．ZFN cDNA は長さが1,200 bp程度であり，2種類を余裕をもって一つのAAVベクターに搭載できる．一方でTALEN cDNA は，一つだけで3,000 bpほどになるため，2つ導入したい場合には2つのAAVベクターに分ける必要がある．一方でSpCas cDNA は4.2 kbp あるため，単体ではAAVにギリギリ搭載できるくらいである．そのため必要なsgRNA発現ベクターは別途導入する必要がある．最近では*Staphylococcus aureus*から単離されたSaCas9はサイズが小さく，AAVでsgRNAと一緒に導入することができる[20]．

3. 特許

つくりやすさの他にどのツールを利用するべきかの重要なポイントの一つが特許に関する部分である．ZFN は基本的な特許の期限が2018〜2020年には失効することになっている[21]．関連特許は多数出されているものの，ZFN を商用利用する場合には大きなメリットとなり得る．一方TALEN と CRISPR に関しては，基本的な特許がすでに成立しており，商用利用する場合は特許権者に比較的高額なライセンス料を支払う必要がある．このため，商用利用を最終的な目的とする場合，これらの特許の状況を理解しておく必要がある．

おわりに

ここでは3つのツールの特徴を比較し，その長所と短所について概説した．基礎的な研究に使用する場合はCRISPR が第一選択となることは間違いないが，特許や特別な理由によってはZFN や TALEN の方を選択すべき場合がある．ZFN や TALEN は CRISPR と比較すれば，標的を認識するツールを調製することは困難ではあるものの，精度の高いものを作製することは十分可能であり，遺伝子治療への応用例もある．最終的な目的に合わせて，必要なツールを選択することが賢明である．

◆ 文献

1) Klug A：Annu Rev Biochem, 79：213–231, 2010
2) Christian M, et al：Genetics, 186：757–761, 2010
3) Cong L, et al：Science, 339：819–823, 2013
4) Mali P, et al：Science, 339：823–826, 2013
5) Wright DA, et al：Nat Protoc, 1：1637–1652, 2006
6) Ramirez CL, et al：Nat Methods, 5：374–375, 2008
7) Tebas P, et al：N Engl J Med, 370：901–910, 2014
8) Paschon DE, et al：Nat Commun, 10：1133, 2019
9) Miller JC, et al：Nat Biotechnol, 29：143–148, 2011
10) Sakuma T, et al：Sci Rep, 3：3379, 2013
11) Hu JH, et al：Nature, 556：57–63, 2018
12) Zetsche B, et al：Cell, 163：759–771, 2015
13) Miller JC, et al：Nat Biotechnol, 25：778–785, 2007
14) Ran FA, et al：Cell, 154：1380–1389, 2013
15) Tsai SQ, et al：Nat Biotechnol, 32：569–576, 2014
16) Fu Y, et al：Nat Biotechnol, 32：279–284, 2014

17) Cho SW, et al：Genome Res, 24：132-141, 2014
18) Slaymaker IM, et al：Science, 351：84–88, 2016
19) Kleinstiver BP, et al：Nature, 529：490–495, 2016
20) Ran FA, et al：Nature, 520：186–191, 2015
21) Scott CT：Nat Biotechnol, 23：915–918, 2005

I 基礎編

3 遺伝子改変の戦略①：ノックアウト

佐久間哲史，中前和恭，山本　卓

はじめに

　遺伝子ノックアウトは，今日のようにゲノム編集技術が一般化する以前より，国際ノックアウトマウスコンソーシアムの活動[1]などによって，遺伝子の機能解析において中心的な役割を担ってきた．現在では，ゲノム編集技術の成熟（とりわけ遺伝子ノックイン技術の高度化）によって，単なる遺伝子の機能破壊にとどまらず，点変異の再現など，より精密な改変が求められる局面が増えてきたが，特にさまざまな組織に由来するヒト細胞や，ES細胞が樹立されていない動物など，従来技術では遺伝子操作が困難であった細胞や生物において，機能解析のベースとなるのはやはり遺伝子ノックアウトである．本稿では，遺伝子ノックアウトを実現するためのさまざまな方法論について俯瞰的に解説する．なおCRISPR–Casシステムの原理等についてはI-2を参照いただきたい．

総論：遺伝子の機能破壊に対するさまざまなアプローチ

　本稿を執筆するにあたり，「今すぐ始めるゲノム編集」にて筆者が5年前に著した「TALENやCRISPR/Cas9によるターゲティング戦略」の項[2]を読み返した．2014年当時の技術水準で，遺伝子ノックアウトの戦略として記載していたのは，非相同末端結合（NHEJ）のエラーを利用した変異導入と，薬剤耐性遺伝子カセットの挿入による遺伝子破壊の2つの方法のみであった（その他の手法については，「2カ所にDSBを導入し，挟まれる領域を抜きとることも技術的には可能」（DSB：二本鎖切断）との記載を加えるにとどまっていた）．

　現在でもこの2つの方法は，遺伝子ノックアウトにおける第一・第二選択肢を争う基盤的かつ重要な戦略であるが，その後さまざまな検討や解析が積み重なっていくにつれ，第三，第四，第五……と選択肢は増え続け，今ではさまざまな困難さを伴う研究対象（例えば遺伝子導入効率が低い細胞ではどうするか，目的遺伝子の機能を完全に抑制すると致死になる場合はどうするか，あるいはそもそもDSBを誘導するだけで死んでしまうような生物種ではどうするか，など）に対して，解決策を提示可能な代替手法も開発されている．

　それらの多種多様な手法は，世界中で同時多発的に進んでいくゲノム編集技術の開発競争の中で，一定の歴史的背景やその時々のトレンドを抱き込みつつ生まれていったものである．第一に，（2014年当時にも示唆していたように）CRISPR–Cas9の登場により容易と

なった複数箇所の同時切断に依存した効率的かつ／または大規模な遺伝子破壊のシステムが確立された．他方では，当初NHEJのエラーに依存していると考えられていた欠失変異の一部が，別のDSB修復経路であるマイクロホモロジー媒介末端結合（MMEJ）に依存していることが明らかとなり，これを積極的に利用する流れもできていった．遺伝子ノックインの高度化に伴い，従来から行われていた薬剤耐性カセットの挿入によるノックアウトについても技術改良が進んだ．さらにはゲノム編集コンポーネントの発現誘導やタンパク質の分解誘導などに依存したシステム，化学的な塩基の変換に依存したシステム，転写の抑制やエピゲノムの改変に依存したシステムなど，ゲノム編集の周辺技術や関連技術を取り込むことによって進化を遂げた技術が次々と登場した．

これ以降，各論として，それぞれの技術を用いた遺伝子ノックアウトの原理と特徴，長所と短所などについて解説を加えていく．

■ NHEJに依存したドナーDNAを伴わない変異導入および領域欠失

まずは最もシンプルなNHEJ依存的変異導入について記載したい．この方法では，例えば標的とする遺伝子の開始コドン直下辺りを切断し，目的のタンパク質のN末端付近をコードする領域にフレームシフトを誘導することで，遺伝子の機能破壊を狙うことになる（図1左）．多くの場合，この方法によって遺伝子破壊が実現されるが，場合によっては想定外の翻訳産物を生じることもあると報告されている[3]．また，フレームシフトに依存するがゆえに，ノンコーディングRNA遺伝子などの機能解析には利用できない．このようなケースでは，複数箇所を同時に切断する戦略が有効である．実際に，2カ所を同時に切断して**lncRNA遺伝子**を丸ごと抜きとることで，これらの機能解析を培養細胞で行った例が報告されており[4]，動物個体でも同手法は頻繁に利用されている．単一のコード遺伝子に対しても，3カ所を同時に切断することで効率的な遺伝子破壊が誘導できることが示されている[5]．本法の欠点としては，複数のsgRNAを利用することから，オフターゲット変異のリスクが高まることと，抜きとる領域内に解析対象とする遺伝子以外の機能性配列が存在する場合に，その配列も含めて除去される点があげられるだろう．なお，参考までに紹介しておくと，比較的近傍に存在する2カ所を同時に切断しつつ，2点の切断点に挟まれる領域を抜きとることなく独立に変異を誘導できる技術を筆者らは開発している．本書の佐久間らのコラムにて紹介するLoADシステムを利用し，Trex2とよばれるタンパク質を局所的に作用させることで実現できるため，このような編集操作が求められる場合の選択肢として頭に入れておくとよいだろう．

---

lncRNA遺伝子：long non-coding RNA遺伝子の略．一般に，200塩基以上のノンコーディングRNA遺伝子をさす．転写や翻訳など，細胞内のさまざまな機構に関与することが明らかとなりつつある．

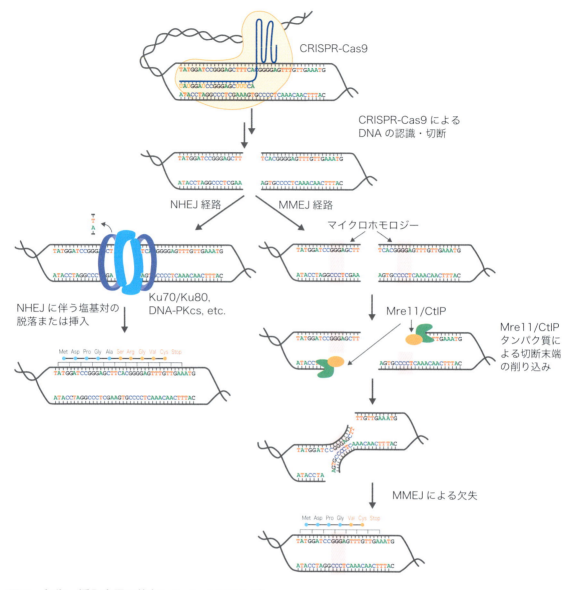

図1 欠失・挿入変異に依存したノックアウト法
NHEJ経路あるいはMMEJ経路に依存した欠失・挿入変異により，フレームシフトを誘導できる．

MMEJを活用したドナーDNAを伴わない変異導入

　テンプレートフリーのゲノム編集において，MMEJの寄与が示唆されるデータは2014年前後より多数報告されてきた[6)7)]．旧来の考え方では，DSBを導入した後にみられる短い欠失変異等はNHEJのエラーによってランダムに生じるものとされてきたが，配列を精査すると，数bp程度の短い相同配列（マイクロホモロジー）が修復過程で利用された痕跡が

しばしばみられ（図1右），ゲノム編集におけるMMEJの貢献の大きさがさまざまな細胞や生物で示唆されてきたわけである．このことから，ドナーDNAに依存しない変異導入においてMMEJを活用する向きがこの数年で特に強まっており，sgRNAを設計する段階で，その後の修復パターンを予測することも可能になってきた．このような目的の設計ツールも乱立している状況にあり，2014年に韓国のグループが開発したMicrohomology-Predictor（http://www.rgenome.net/mich-calculator/）[8]に端を発し，MENTHU（http://genesculpt.org/menthu/）[9]やinDelphi（https://www.crisprindelphi.design/）[10]，RIMA（https://github.com/Ghahfarokhi/RIMA）[11]などが現時点で利用可能である．実際には，MMEJのみならずNHEJにおいても，挿入変異や欠失変異のパターンは完全にランダムというわけではなく，一定の傾向があるようである．昨今の予測ツールでは，機械学習を活用することにより，このようなNHEJ変異の傾向をも取り込んだ形で，予測精度を向上させることに成功している．テンプレートDNAを利用せずに変異を導入することを目的とする際には，これらの予測ツールによってフレームシフト率などをあらかじめチェックしておくことが，実験の確度を高める上で今後重要となるであろう．

薬剤耐性カセットやレポーター遺伝子カセットの挿入によるノックアウト

　薬剤耐性カセットを挿入し，薬剤選抜によって耐性クローンを樹立する方法は，ターゲティングベクターを構築する必要があり，また少なくとも一週間程度の薬剤選抜に係る期間を要することから，時間も手間も掛かる方法として敬遠されがちである．とりわけCas9タンパク質や化学合成crRNA/tracrRNAなどのマテリアルが容易に入手可能となり，これらを利用したRNPのトランスフェクションによる変異導入のための試薬やプロトコールの整備も進んでいる昨今の状況にあっては，単純な遺伝子破壊ならばRNPの導入で簡便にすませてしまいたいと考えるのが，ごく自然な発想である．しかしながら本法が必ずしも万能ではないことには注意が必要である．テンプレートを用いない変異導入では，前述の想定外の翻訳産物が生じる可能性があるだけでなく，薬剤耐性のような変異導入の有無に伴う確実な指標が存在しないために，目的の変異株のスクリーニングに多くの労力を払う必要が生じる場合がある．

　これらの理由から，培養細胞で確実な遺伝子ノックアウトを実行するためには，依然として古典的な概念である（ただしさまざまな改良が進んだ）遺伝子ノックイン依存的ノックアウトの手法をとることが推奨される．ノックアウトを目的とした遺伝子ノックインにもさまざまな手法があるが，次項のⅠ-4でその背景も含めて詳説するPITChシステムに立脚したターゲティング法として筆者らが開発したPITCh-KIKO法（PITChによるノックイン・ノックアウトの意）[12]は，設計が自動化されており，最小限の労力でドナーベクターを構築できることから，特に推奨できる手法である．

　PITChシステムの原理に関する解説は次項に譲るとして，ここではPITCh-KIKO法の概要について記載する．PITCh-KIKO法では，緑色蛍光タンパク質遺伝子であるEGFPと，

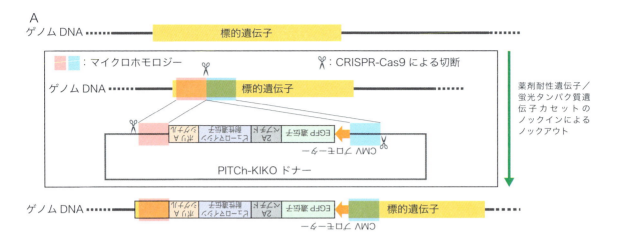

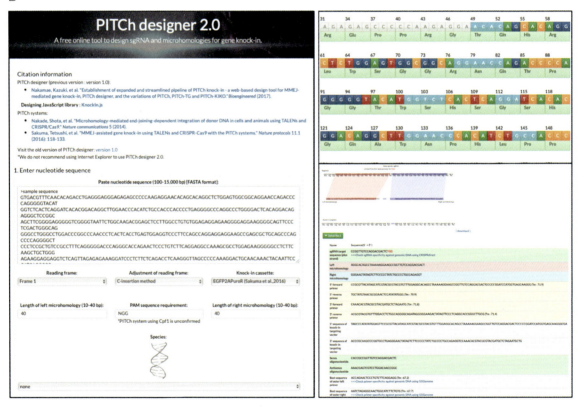

図2 遺伝子ノックインに依存したノックアウト法（PITCh-KIKO法）
A）PITCh-KIKO法によるノックイン依存的ノックアウト法の概要．B）PITCh-designer 2.0の配列入力・パラメーター設定画面（左パネル），ノックイン部位選択画面（右上パネル），および配列出力画面（右下パネル）．

ピューロマイシンの耐性遺伝子（Puro^R）を，2Aペプチドのコード配列を介して連結した融合遺伝子を発現する恒常発現カセットをノックインする（図2A）．およそ2.5 kbの外来遺伝子発現カセットが挿入されることによって，標的遺伝子はほぼ確実にノックアウトされる．選抜にはピューロマイシンによる薬剤処理の他，緑色蛍光を指標としてセルソーターによる分離を行うこともできるが，ピューロマイシン耐性遺伝子，EGFP遺伝子ともに，導入から少なくとも数日間は一過的発現が持続するため，やはり選抜に係る期間がある程度必要となる．一方で，PITChシステムの特色でもあるが，ターゲティングベクターの設計と作製はきわめて簡便化されており，フリーで利用可能なウェブツール「PITCh designer」（http://www.mls.sci.hiroshima-u.ac.jp/smg/PITChdesigner/index.html）を用いることで，sgRNAやホモロジーアームは元より，ドナーベクターを作製するためのプライマーやノックイン株をジェノタイピングするためのプライマーに至るまで，自動設計に委ねることができる（図2B；詳細はⅡ-2参照）．実際のベクター作製においても，従来のHR依存的な手法のようにゲノムDNAからホモロジーアームを増幅してクローニングする必要はない．自動設計されるプライマーの中に，ホモロジーアームに相当する数十bpの相同配列がすでに含まれており，この短い配列を介して遺伝子座特異的にターゲティングすることができるのである．

　ただし，どのノックイン法を採用するかにかかわらず，細胞種によっては両アレルへのノックインをなかなか効率的に実行できない場合がある．このようなケースでは，片方のアレルに外来遺伝子をノックインして薬剤や蛍光による選抜を掛けつつ，もう片方のアレルは挿入・欠失変異で破壊するという戦略が有効である．実際に，片方のアレルへのノックインに成功した細胞では，多くの場合，残りのアレルにはNHEJやMMEJに依存した変異が入る．樹立した片アレルノックインクローンのすべてで残りのアレルが無傷である場合には，標的遺伝子が破壊されると致死になる性質をもっていることを疑った方がよい．

その他のノックアウト戦略

1. 誘導型ノックアウト

　単純な完全遺伝子破壊ではなく，特定の条件下でのみ遺伝子の機能を損なわせる，いわゆるコンディショナルノックアウトが求められる局面も多い．マウス個体でのCre/loxPシステムを用いた組織特異的なノックアウトはその最たる例であり，そのためのマウス作製にもゲノム編集が汎用されている．その他にも，遺伝子の機能破壊／回復をリバーシブルに制御可能なCOIN[13]や，Cas9そのものの発現を誘導型プロモーターで制御するiCRISPR[14]，また同様の誘導型Cas9カセットを，PiggyBacを用いて除去可能にしたCRONUS[15]など，関連する応用技術をあげれば枚挙に暇がない．本書のⅡ-8で紹介されている光操作技術も，誘導型ノックアウトを可能にする技術の一つである．

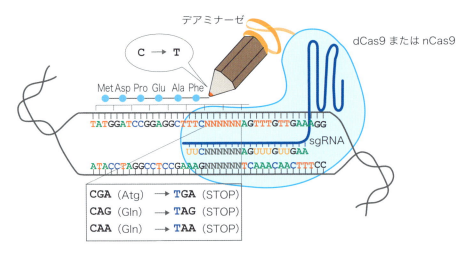

図3 CRISPR-STOP法による遺伝子ノックアウト
デアミナーゼによるCからTへの変換により，終止コドンを出現させる．

2. 化学的な塩基変換

　　本書のⅡ-5にて紹介される，デアミナーゼを用いた塩基置換技術を遺伝子ノックアウトに利用することも可能である（図3）．具体的には，CからTへの置換によって終止コドンを生じさせるように塩基置換を誘導する（このことから，本手法を最初に報告したグループは，本法をCRISPR-STOPと名付けている[16])．その後，本法によってマウスでの複数遺伝子の破壊を効率的に実行可能であることが示された[17]．本法はDSBを誘導しないことから，後述する転写抑制システムと同様に，DSBによって致死的になるような細胞・生物種における遺伝子機能の解析にも利用が広がるかもしれない．

3. 転写の抑制とエピゲノムの改変

　　厳密な意味での遺伝子ノックアウトとは言えないが，配列を書き換えずに転写を抑制する**CRISPRi**などのシステムを恒常的に機能させれば，実質的に遺伝子ノックアウトと同等のほぼ完全な機能抑制を実現できる．この手法は，DSBの誘導によって致死的となる微生物での遺伝子機能の解析において特に有用である[18]．また，細胞分裂を経ても引き継がれるDNAメチル化などのエピゲノムの改変によっても，同様の効果を得られるケースがあるだろう（エピゲノム編集の詳細は本書Ⅱ-6を参照のこと）．

CRISPRi：CRISPR interference（CRISPR干渉）の略．dCas9またはdCas9に転写抑制ドメインであるKRABを融合したdCas9-KRABを用いて，標的遺伝子を切断することなく転写を阻害する手法．

おわりに

　本稿では，遺伝子ノックアウトにまつわる多様な技術を紹介してきたが，テンプレートに依存しない変異導入と薬剤耐性カセットの挿入によるノックアウトという二大手法を脅かすほどの抜本的な技術革新は，この5年間では生まれていない．一方で，設計を支援するウェブツールなどの周辺整備は日進月歩で進んでおり，代替可能な選択肢も増え続けていることは，本稿にて解説したとおりである．気軽に試すことのできる方法もあれば，着実な成果が期待できる方法もあり，また細胞種・生物種や遺伝子座にかかわる特殊事情に依存して，とるべき方法が異なる場合もある．一つの手法でうまくいかなければ別の手法を試すことも容易になっている昨今では，さまざまな選択肢に対する知識やノウハウをどれだけ有しているかが，ゲノム編集を使いこなせる人材か否かを分かつ分水嶺と言えるだろう．

◆ 文献

1 ）International Mouse Knockout Consortium, et al：Cell, 128：9-13, 2007
2 ）佐久間哲史, 山本 卓：基本編 5. TALEN や CRISPR/Cas9 によるターゲティング戦略.「実験医学別冊 今すぐ始めるゲノム編集」（山本 卓/編）, pp36-41, 羊土社, 2014
3 ）Makino S, et al：Sci Rep, 6：39608, 2016
4 ）Zhu S, et al：Nat Biotechnol, 34：1279-1286, 2016
5 ）Sunagawa GA, et al：Cell Rep, 14：662-677, 2016
6 ）Yasue A, et al：Sci Rep, 4：5705, 2014
7 ）Li HL, et al：Stem Cell Reports, 4：143-154, 2015
8 ）Bae S, et al：Nat Methods, 11：705-706, 2014
9 ）Ata H, et al：PLoS Genet, 14：e1007652, 2018
10）Shen MW, et al：Nature, 563：646-651, 2018
11）Taheri-Ghahfarokhi A, et al：Nucleic Acids Res, 46：8417-8434, 2018
12）Nakamae K, et al：Bioengineered, 8：302-308, 2017
13）Andersson-Rolf A, et al：Nat Methods, 14：287-289, 2017
14）González F, et al：Cell Stem Cell, 15：215-226, 2014
15）Ishida K, et al：Sci Rep, 8：310, 2018
16）Kuscu C, et al：Nat Methods, 14：710-712, 2017
17）Zhang H, et al：Development, 145：doi:10.1242/dev.168906, 2018
18）Sato'o Y, et al：PLoS One, 13：e0185987, 2018

I 基礎編

4 遺伝子改変の戦略②： プラスミドドナーを用いた ノックイン

佐久間哲史，山本　卓

はじめに

多様化の一途を辿るゲノム編集技術の中でも，遺伝子ノックインの手法にはとりわけ多くの選択肢がある．ゲノムDNAにDSBを入れるかニックを入れるか，ドナーにDNAを使うかRNAを使うか，DNAの場合は二本鎖か一本鎖か，二本鎖の場合は環状か直鎖状か，ホモロジーアームをつけるかつけないか，つける場合はどのくらいの長さにするか，ドナーを切断するかしないか，切断する場合はどのように切断するか（二本鎖を切断するのか，両方の鎖にニックを入れるか，片方の鎖だけにニックを入れるか），などなど分岐する項目を挙げていけば枚挙に暇がない．裏を返せば，それだけ多くの手法が開発される必然性があったわけであり，ゲノム編集における遺伝子ノックインの重要性が如実に表れているとともに，それがしばしば技術的困難さを伴うものであることも強く示唆されると言えるだろう（それだけ工夫が必要ということである）．もはや報告されているすべての手法を網羅して解説することは不可能に近いが，本稿では特にプラスミドドナーを用いたノックインの主たる手法とその特徴について，可能な限りの情報を提供する．

遺伝子ノックインの概要

冒頭に記したように，遺伝子ノックインの戦略は多種多様である．材料や手法に基づいて分類するとすれば，前述のようにきわめて細分化されてしまい，体系的に記述することは困難となる．3年前の実験医学増刊号『All Aboutゲノム編集』における拙稿「さまざまな遺伝子ノックインシステム」[1]では，挿入する配列の長さに応じて，「100 bp程度までの小規模遺伝子ノックイン」「10 kb程度までの中規模遺伝子ノックイン」「数十kb以上の大規模遺伝子ノックイン」とカテゴリー分けをして解説した．本稿では，一本鎖ドナーを用いたノックイン（主として5 kb程度以下までのノックイン）を他稿（I-5）に譲ることも踏まえ，主にDSB修復経路を中心としたノックインの原理に基づいて分類し（表，図1），詳説していくこととする〔DSB修復経路に関する用語（HR, NHEJ等）の解説は基礎編I-1を参照のこと〕．なお，以降の各論でも折に触れ取り上げていくが，遺伝子ノックインにおいてはゲノム編集を施す生物材料によっても大きく事情が異なるので注意されたい（本来ならば，生物種や細胞種ごとの解説が必要である）．本稿では，一般的な培養細胞での遺伝

34　完全版　ゲノム編集実験スタンダード

表 さまざまな遺伝子ノックイン法のまとめ

	HR依存的手法	SSA依存的手法	MMEJ依存的手法	NHEJ依存的手法
一般的呼称	−	HMEJ法	PITCh法	HITI法
ホモロジーアームの長さ	1 kb程度	1 kb程度（原著論文では800 bp）	≦ 40 bp	なし
ドナーの切断	なし	あり	あり	あり
標的配列の残存	なし	なし	なし/あり*1	あり
特徴	ノックインの正確性が高いが、HRの活性が低い生物種・細胞種には不向き	HR法よりも高効率だが、HR法と同様に比較的長鎖のホモロジーアームを必要とする	正確性はHR法には及ばないが、ドナーの作製が簡便であり、HR法と比べて一般に効率も高い	非分裂細胞や生体内でのノックインに適するが、切断に利用したsgRNAの標的配列が残存する

DSB修復機構ごとに主要な手法についてまとめた．
*1 CRISPR-Cas9を用いたPITChでは残存なし，TALENを用いたPITChでは残存あり

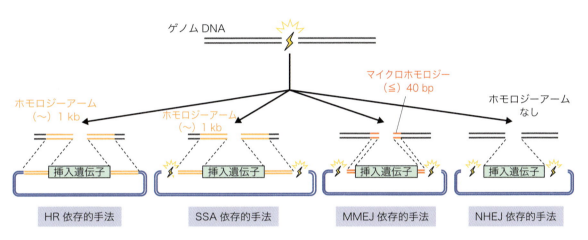

図1 さまざまな遺伝子ノックイン法の模式図
表とあわせて参照されたい．

子ノックインを中心に据え，随時補足情報を加えつつ解説していく．

HRに依存したプラスミドノックイン

　ゲノム編集が一般化する前からマウスES細胞で行われていたように，比較的長い相同配列（ホモロジーアーム）を付与したプラスミドドナーを用いて，HR依存的な遺伝子ノックインを誘導する手法が，ゲノム編集を用いる場合でも最もオーソドックスな手法としてあげられる．ただしホモロジーアームの長さは一般に1 kb前後でよく，ゲノム編集（標的ゲノム領域の切断）によって格段に効率が上昇することが，マウスES細胞での遺伝子ターゲティングと大きく異なる点である．一方で，効率が高まるとはいえ何も選抜を掛けずにノックイン細胞を樹立することは困難であり，薬剤選抜や蛍光による選抜を介してノックインクローンを得るのが一般的である．このためには標的ゲノム領域に薬剤耐性遺伝子や蛍光

タンパク質遺伝子を挿入する必要があるが，これらが邪魔になるケースでは，後述する手法によって選抜カセットを抜き取る必要が生じる．マウスES細胞のようなもともと相同組換え活性の高い細胞であれば，ゲノムDNAに組込まない一過的な選抜で事足りる場合もあるが，すべての細胞に適用できる手法とは言い難い．なお，動物の受精卵で遺伝子ノックインを行う場合には，ほぼ確実に個々の受精卵にゲノム編集ツールおよびドナー核酸が導入される前提の実験系となるため，選抜を行うことはごく稀である．また，マウス受精卵でのHR依存的遺伝子ノックインにおいては，世界最高水準の効率でのノックインマウスの作製実績を誇る東京医科歯科大学のグループによれば，左右2 kbほどのホモロジーアームを付与するのが望ましいようである[2]．

MMEJ/SSAに依存したプラスミドノックイン

　一般的な培養細胞を用いる実験系であり，一定以上の遺伝子導入効率が保障され，薬剤選抜を掛けられる（幹細胞や不死化細胞，がん細胞等であって増殖限界がない）場合においては，前述のHRに依存したプラスミドノックインを，通常第一選択肢として問題はない．一方で，さらに効率を高める必要性がある場合や，実験のスループットを上げたい場合などにおいては，異なる手法を試すのも一手である．

　HR法を少し改変した手法としてまず紹介したいのが，ドナーベクターに1 kb前後のホモロジーアームを付与しつつ，その外側を細胞内で切断する手法である．古くはショウジョウバエで行われ[3]，その後ウニ胚でもその効果が確かめられた[4]が，最近になって中国のグループがHMEJ（homology-mediated end joining）法と名付け，本法の有効性が"再発見"された[5]．ただしHMEJという表現はMMEJをもじった造語であり，このような修復経路は存在しないため注意が必要である．実際には，細胞内で相同配列を有する二本鎖DNAの末端が露出することで，HRに加えてSSA（single strand annealing）が働きやすくなり，効率を上げているものと思われる．いずれにせよ，本法によって通常のHR法よりも遺伝子ノックインの効率が上昇することは，さまざまな細胞種や動物胚で確かめられており，確かな現象のようである．

　長さの境界は曖昧であるが，SSAよりも短い相同配列を利用して同様の修復が起こる（二本鎖DNAの片方の鎖が削り込まれ，一本鎖DNAの相補的な部分がアニーリングして修復される）場合，これを一般にMMEJ（またはalt-NHEJ, alt-EJ）とよぶ．MMEJ経路は，（DSB発生直後のステップは共通であるものの）基本的にHRとは独立した経路であり，HRの活性が低い細胞や生物においても有効に働く可能性がある．I-3でも紹介したように，筆者らはPITCh法と名付けたMMEJ依存的ノックイン法（図2）を考案し，わずか数十bp以内の短い相同配列で，例えばHeLa細胞ではHR法のおよそ2.7倍のノックイン効率を実現した[6][7]．また，本法を用いることで，従来法ではノックインが困難であったカイコやツメガエルにおける遺伝子ノックインも可能になることを証明した．MMEJを利用した遺伝子ノックインは，その後ゼブラフィッシュ[8]やメダカ[9]などの小型魚類やマウス[10][11]でも

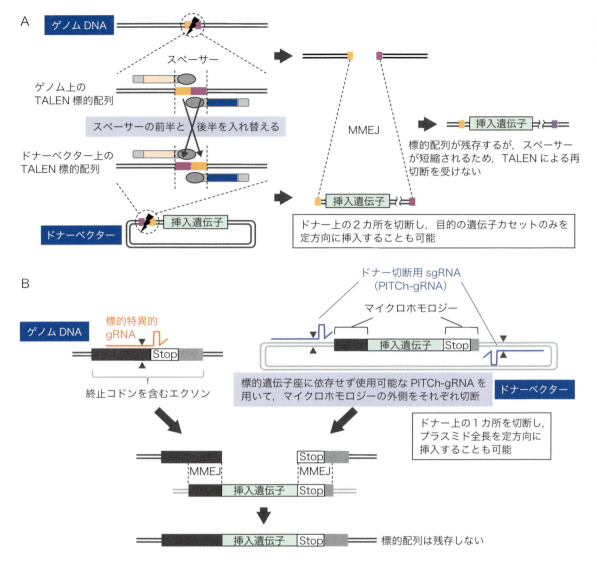

図2 PITCh法の概略図
A) TALENを用いたPITCh法の概要．B) CRISPR-Cas9を用いたPITCh法の概要．内在遺伝子の終止コドン直前に外来遺伝子を挿入する場合のイメージを示す．

実施例が報告された．さらに筆者らは本法の効率を上げる改良法を開発しているが，これについては佐久間らのコラムを参照されたい．

NHEJに依存したプラスミドノックイン

HR，SSA，MMEJと，利用する修復経路の違いによって付与すべき相同配列の長さが異なることをこれまで述べてきたが，相同配列自体が不要なノックイン法も開発されている．

文字通り相同配列に依存しない修復経路であるNHEJに依存した手法がそれにあたる．古くはZFNやTALENによって生じる突出末端の"のりしろ"を利用し，*in vitro*での制限酵素の切り貼りをイメージさせる手法での遺伝子ノックインが，2010年代初頭頃より報告されてきた．その派生法として，ヘテロダイマー型のヌクレアーゼドメインをうまく利用したObLiGaRe法や，（プラスミドドナーではないが）Cas9ニッカーゼによるダブルニッキングと組合わせた手法，さらにゼブラフィッシュでのCRISPR–Cas9を用いたNHEJ依存的ノックインの報告等が相次いだが，決定的だったのは，当時ソーク研究所のBelmonte研究室に所属していた鈴木氏らによるHITI法[12]の開発である．HITI法は，相同配列を付与することなく，また平滑末端を生じるCRISPR–Cas9を利用するにもかかわらず，ノックインの方向性を規定できる点が画期的であった．HITI法に代表されるNHEJ依存的ノックイン法は，特に非分裂細胞でのノックインにおいて威力を発揮する（詳細は鈴木のコラムを参照）．また，プラスミドバックボーン内にみられる配列を利用したVIKING法なども開発されている．

　加えて，最近鈴木氏より報告されたSATI法[13]は，ノックインの際に生じる2つの連結部の片方をNHEJで，もう片方をHDR（SSA？）でつなぐHITI法の変法である．SATI法については本稿執筆時点でまだ初出の報告が出たばかりであり，その優位性や汎用性については未解明な部分が多く，今後の報告が待たれるところである．

その他のプラスミドノックイン法

　これまでに挙げてきたHR，MMEJ/SSA，NHEJのカテゴリーに収まらないプラスミドのノックイン法としては，中田のコラムに詳しいSNGD法[14]や，プラスミドをドナーとして使用しつつ連結部を一本鎖オリゴDNAで橋渡しをする2H2OP法[15]があげられる．前者は標的ゲノムDNAとドナーの両方にニックを導入することでノックインを可能にしており，後者はプラスミドを利用しつつ修復経路はSST-Rに依存するという，いずれもユニークなアイデアに基づく手法である．現時点でSNGD法は培養細胞で，2H2OP法はマウスおよびラット受精卵で成功例が報告されている．

　その他にも，ドナーの構造としては一般的な相同組換え用プラスミドを用いるものの，ゲノムDNAの切断を通常の野生型Cas9ではなくダブルニッキングに依存することで特異性を上げた例や，シングルニッキングでさらに安全性を高めた例（ただしノックイン効率は大きく低下する）もある．

　プラスミドノックインの範疇には収まらないが，遺伝子ノックインにおける最近のユニークな事例として，RNAをドナーとして利用した例も報告されつつある．この背景として，欠失・挿入変異の誘導を意図してゲノム編集を施した際に，内在のRNAが取り込まれた痕跡がみられる現象がたびたび報告されてきた．具体的には，内在のレトロトランスポゾンやスプライシングを受けたmRNAの部分配列が，DSB部位に挿入される形で修復されるわけである．このことから，メカニズムはあまり明確でないものの，DSBの修復過程でRNA

が鋳型となり二本鎖DNA配列が形作られる可能性が示唆されていた．他方で，酵母やヒト細胞で合成オリゴRNAを鋳型としたDSB修復の報告もなされていた．このような状況の中，2014年に酵母で，また2019年に植物で，細胞内で転写させたRNAを鋳型にしたノックインが報告された．特に転写のプロセスを介する手法は，ドナーのコピー数を細胞内で増大させることができる点から，注目に値する技術である．本稿執筆時点では報告例に乏しい状況ではあるが，特に植物などドナー核酸のデリバリーが困難な生物種において，大きな可能性を秘めたノックイン法であると言えよう．そしてごく最近，sgRNAの一部をドナーテンプレートとして利用しつつ，逆転写酵素を局所的に作用させることで，正確かつ高効率な遺伝子改変を可能にしたPrime editing法[16]が開発された．RNAをドナーとして利用する方向は，遺伝子ノックイン法の開発における今後のトレンドとなるかもしれない．

選抜カセット等の除去を伴うプラスミドノックイン

これまで述べてきたように，培養細胞での遺伝子ノックインにおいては，一般に，目的のcDNA等とともに薬剤や蛍光に依存した選抜カセットを導入するのが，効率的なノックイン株の樹立のための鉄則といえる．しかしながら，ノックインの目的によっては，選抜カセットを伴わないノックインが必要となるケースも少なからず存在する．その最たる例が，一塩基多型の再現または修復である．遺伝性疾患の原因となる変異の多くは一塩基多型に基づいており，この多型を導入ないし修復した細胞は，疾患研究における有用性が非常に高い．このようなケースにおいて，一塩基多型とともに選抜カセットが導入されてしまっては，余分な選抜カセットが目的の多型以上の影響を及ぼしかねない．

これを回避する一つの方法は，最初から選抜カセットを導入しないことであるが，これがあまり推奨できないことはすでに述べたとおりである．もう一つは，目的の一塩基多型とともに一度選抜カセットを挿入し，ノックインされたクローンを樹立した後で，何らかの方法でカセットのみを除去する戦略もとりえる．除去の際には結局選抜カセットは残らないこととなるが，一段階目のノックインの際に，hsv-tk等のネガティブ選抜カセットまたは蛍光タンパク質遺伝子のカセットを組み込んでおくことにより，ネガティブ選抜またはフローサイトメトリーを用いた非蛍光細胞の分取によって，カセット除去のステップでも選抜を実施することが可能となる．このことから，作業工程が増え，やや煩雑になるものの，一塩基多型の改変等の精密なノックインを確実に実施するための手法としてたいへん有用である．なお，カセットの除去においても，Cre/loxPを使う手法，PiggyBacトランスポザーゼを使う手法，二段階のゲノム編集を使う手法（HR法とMMEJ法）などさまざまな派生法が存在するが，選抜カセットを一度入れて抜くというコンセプト自体はいずれも共通である．

おわりに

　本稿では，執筆時点で紹介できる遺伝子ノックインのさまざまな手法について概説した．紙面の都合上，広く浅くの解説とせざるを得ず，各手法の長所・短所などについては全く解説しきれていない．各手法についてより詳細な情報が必要な場合は，引用文献等を当たっていただければ幸いである．また，遺伝子ノックインにおけるもう一つの大きなトピックとして，効率化の手法もきわめて重要である．文中でも少し触れたように，佐久間らのコラムにおいてその一部を紹介しているので参考にされたい．惜しむらくは，本書のⅡ実践編においてプラスミドドナーを用いた遺伝子ノックインのプロトコールがカバーできなかった点である．プラスミドのノックインは，本稿で俯瞰したとおり多様性に富む実験手法であるがゆえに，ケースバイケースでプロトコールを検討する必要があり，一般化することはなかなか困難である．一例として，PITCh法の設計やドナーベクターの作製法については，Ⅱ-2に記載したが，それを細胞に導入する方法や条件，選抜法などについては，過去の実施例等を参照して各自実験を組み立てていただきたい．

◆ 文献

1 ）佐久間哲史, 他：実験医学, 34：3321–3327, 2016
2 ）Aida T, et al：Genome Biol, 16：87, 2015
3 ）Beumer K, et al：Genetics, 172：2391–2403, 2006
4 ）Ochiai H, et al：Proc Natl Acad Sci U S A, 109：10915–10920, 2012
5 ）Yao X, et al：Cell Res, 27：801–814, 2017
6 ）Nakade S, et al：Nat Commun, 5：5560, 2014
7 ）Sakuma T, et al：Nat Protoc, 11：118–133, 2016
8 ）Hisano Y, et al：Sci Rep, 5：8841, 2015
9 ）Murakami Y, et al：Zoological Lett, 3：10, 2017
10）Aida T, et al：BMC Genomics, 17：979, 2016
11）Nakagawa Y, et al：Biol Open, 6：706–713, 2017
12）Suzuki K, et al：Nature, 540：144–149, 2016
13）Suzuki K, et al：Cell Res, 29：804–819, 2019
14）Nakajima K, et al：Genome Res, 28：223–230, 2018
15）Yoshimi K, et al：Nat Commun, 7：10431, 2016
16）Anzalone AV, et al：Nature, https://doi.org/10.1038/s41586-019-1711-4, 2019

I 基礎編

5 遺伝子改変の戦略③：一本鎖ドナーを用いたノックイン

中出翔太，相田知海

はじめに

CRISPRに一本鎖DNAドナーを組合わせたノックインは，手軽さ，効率の高さ，低細胞毒性等から，現在のゲノム編集技術で最も汎用される手法の一つであり，ヒト培養細胞から動物個体作出まで広く用いられている（図1）[1]．最もシンプルなSNPノックインでは，CRISPR（各種CasとガイドRNA）にオリゴDNAを混ぜ，細胞または受精卵に導入するだけである（図2）．一本鎖DNAドナーの適応範囲も当初のSNPやペプチドタグなどから，CreやGFPなどのトランスジーンあるいはfloxなどのコンディショナルアレルなどまで拡張されている．本稿ではヒト培養細胞とマウス受精卵での一本鎖DNAドナーノックインの基礎を紹介する．

一本鎖DNAドナー

3〜4年前まで一本鎖DNAドナーと言えば，化学合成されたオリゴDNA（single strand DNA or oligodeoxynucleotide：ssDNAまたはssODN）を指していた．現在ではこれに加えて，分子生物学的に作製される長鎖一本鎖DNA（long single strand DNA：lsDNA）も汎用されている（図1, 2）．一般的な一本鎖DNAドナーの範疇ではないものの，一本鎖DNAウイルスであるアデノ随伴ウイルス（AAV）ドナーも特にヒト初代T細胞[2]や*in vivo*での非分裂細胞ノックイン[3][4]に用いられている．

ノックインの原理

CRISPRによるDNA二本鎖切断（DNA double strand break：DSB）誘導後，DSBから5′末端削り込みにより露出した3′突出末端に対して，DNAドナーの相同配列（ホモロジーアーム）がハイブリダイズし，DNA修復の鋳型となる．この修復反応はFanconi anemia経路に依存するSSTR（single-stranded template repair）とされ[5]，Rad51に依存する二本鎖DNAドナーを用いた古典的相同組換えとは異なる原理の修復である．どちらもHDR（homology-directed repair）に分類されるが，その作用原理は大きく異なる[6]．

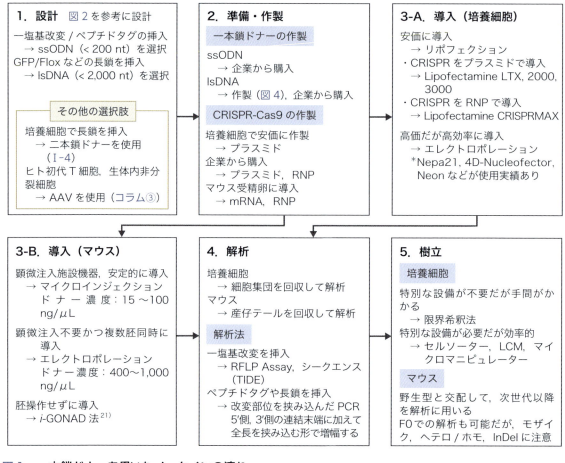

図1　一本鎖ドナーを用いたノックインの流れ

ssODNを用いたノックインドナーの設計

ここから実際に，ノックインに使用するドナーやガイドRNA（single guide RNA：sgRNA）の設計について紹介する．まず最も重要になるのは最適なsgRNAとssODNを設計することだ．以下にあげるポイントを指針に設計してほしい．また，SpCas9に加えて特異的なPAMや切断末端をもつCas9タンパク質の選択を視野に入れるとより適切な編集が可能になる．なおfloxマウス作製を目的とした，2つのssODNを用いたloxPの同時ノックインはうまくいかない．lsDNAか二本鎖DNAドナーの使用を推奨する．

1. sgRNAの設計

ノックインに使用するsgRNAは改変部位と切断箇所が離れるほど効率が低下するため〔5塩基（nucleotide：nt）離れると50％低下〕，これらは可能な限り近い位置に設計する[7]．これより離れる場合は，ssODNの設計に記載された"改変部位"の項を参照する．注意点として，Cas9がPAMの3'末端から6 nt離れた部分を切断するということを念頭に置いて

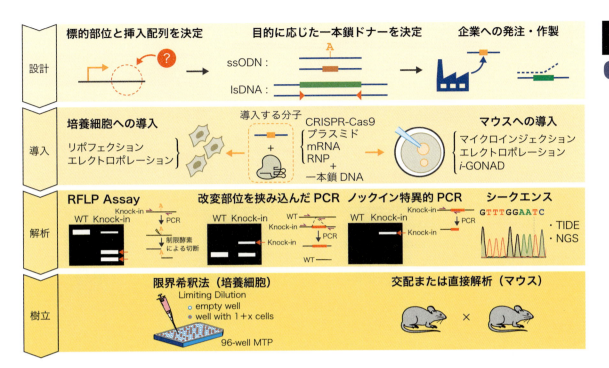

図2　一本鎖ベクターを用いたノックインの概要

おくこと．またgRNAの切断活性は基本的に使用するまで分からないため，あらかじめ複数個を作製する．

2. ssODNの設計

　ssODNの設計で注意を払うべきポイントは，大きく分けて相同配列の長さ，改変部位の位置，再切断の防止，化学修飾の4つになる（図3）．

　まず，最適な相同配列は，左右対称に30〜60 nt程度で設計すること．化学的に合成できるssODNの最大長は200 nt程度のため，長い塩基を挿入するときは合計の長さが200 ntを超えないようにデザインする．もしこれより長くなる場合，次項に示すlsDNAを利用することも可能だ．

　また改変部位の位置については切断箇所の5 bp以内に設計するのがベストだが，それが難しい場合は，改変したい塩基を切断位置から〈ドナー上〉で5′側に位置するように設計する[8]．

　続いて考慮すべきなのは，改変後に生じる再切断を防止することである[7]．最も理想的なのは，PAM内に改変部位を設計することだ．この設計が難しいとしても，PAMやスペーサー配列にアミノ酸変異のないサイレント変異を導入する設計は有効な戦略になるだろう．もしスペーサー配列にサイレント変異を導入する場合は，切断部位になるべく近い領域に導入すること．ただし，この戦略は改変部位がタンパク質のコード領域内にある場合のみでしか用いることができない．また，サイレント変異を導入した場合，スプライシング等により転写翻訳に影響を与える可能性があることには留意しておく．諸事情でサイレント

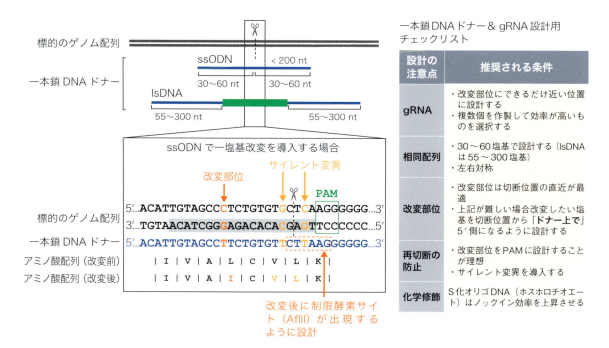

図3 ssODNの設計

変異を入れることが難しいときは，下記のオプションを参考にしてほしい．

化学修飾については必ずしも適用する必要はないが，ドナーの末端をS化オリゴDNA（ホスホロチオエート）で修飾することで効率が2倍以上上昇することが報告されている[9]．元々S化オリゴDNAはアンチセンスオリゴヌクレオチドの構造を安定化させるために利用されてきた経緯があり，企業を通じて受注作製することが可能なので，改変効率が低いと感じたときは利用を検討してもよい．

もし可能ならば，ノックイン後に制限酵素の切断サイトが出現するようにドナーを設計することがオススメだ．この小さな工夫によってRFLP Assayが適用できるため，変異導入後のジェノタイピングが非常に簡単になる．また補足事項として，ssODNの配列についてはセンス鎖もしくはアンチセンス鎖のいずれに対して設計しても効率にあまり変化はない．下記に示す特別な場合を除き，留意する必要はない．

3. オプション

サイレント変異の導入が難しいときは，片側鎖のみを切断するように改変したCas9ニッカーゼを用いることが可能だ[10]．この手法に限っては，ssODNはニックを入れた側の鎖で設計することが推奨されている．また同法は原理的にどうしても改変効率が落ちてしまうことが欠点だが，ごく最近Cas9ニッカーゼとhRad51の変異体を融合させることで，高効率にssODNを用いた改変を誘導できることが報告された[11]．

RFLP：Restriction Fragment Length Polymorphism，制限酵素断片長多型．ノックイン部位に野生型には存在しない制限酵素認識配列を組込むことで，PCR産物の制限酵素処理によりノックインアレルのみが切断され，ゲル上で短い断片としてノックインを検出できる．

ssODNの作製方法

　200 nt以下の一本鎖DNAであれば，DNAの受託合成を行う企業に発注するのが最も簡便である．マウス受精卵用にはPAGEまたはHPLC精製を用いる．培養細胞でも同様の精製が望ましい．企業については国内外で数多くの会社が合成サービスを提供しているため，コストを比較しながら検討するのがよいだろう．

lsDNAを用いたノックインドナーの設計

1. lsDNAの作製手法

　東海大学の大塚・三浦[12]および大阪大学の真下・吉見[13]ら（所属はいずれも当時）によるユニークなlsDNA作製とマウス・ラット受精卵での高効率な長鎖DNAノックインの成功は，日本発のゲノム編集ブレークスルーにあげられよう．lsDNAの自作には三つの手法が用いられている：**大塚法**（*in vitro* RNA transcriptionと逆転写によるcDNA合成），**真下法**（ニック制限酵素によるプラスミドからのlsDNAの切り出し），および**相田法**（未発表，片側リン酸化PCR産物のExonuclease Iによる片鎖分解，タカラバイオ社から同様のキットが販売）（図4，lsDNA作製法）．作製に際しては各々の利点や注意点・制約があるものの，ドナーとしてはいずれもほぼ同等である．相田法ではドナーのさまざまな化学修飾や標的部位への集積[14]による効率アップが可能である．Integrated DNA Technologies社，ファスマック社，GENEWIZ社などがlsDNA受託合成を展開している．

2. lsDNAの設計

　lsDNAの基本的なデザインはssODNと同様である（図3）．ノックインするインサート（CreやloxP–エキソン–loxPなど）の両端に55〜300 nt程度のホモロジーアームを付加したプラスミドまたはPCR産物を用意する．インサート長は1,500〜2,000 nt程度までが数十％のノックイン効率を得られる上限であり，それ以上では効率が低下することが多い．細胞種によってノックイン効率は大きく異なる[15] [16]．ノックイン後にCRISPRの標的サイトがインサートにより分断されるか，サイレント変異の導入を含むようにデザインする．

3. lsDNAの作製

　作製手法，精製手法により最終収量率は大きく異なる．予備実験で目的のlsDNA量を得るためのスタート量を決定する．われわれは40〜60 µgのリン酸化PCR産物から一度に大量のlsDNAを作製し，最終収量はPCR産物の20〜30％である．いずれの手法においても，最終的に二本鎖DNAの混入と変異のない，ピュアなlsDNAであることを，ゲル泳動とシークエンス（lsDNAは片側のプライマーでしか読めない）等で確認することが重要である．

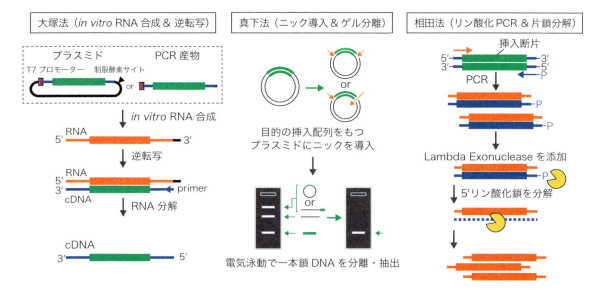

図4 lsDNA作製法

ヒト培養細胞への導入方法

　　　ssODNを用いたノックインを実施するときは，CRISPR–Cas9に加えてssODNも同時に導入する必要がある．Cas9とgRNA，一本鎖ドナーを一度に細胞に導入できる手法を選択すること（図1, 2）．

　　　リポフェクション試薬はそれぞれ導入可能な分子が異なるため，その選択には注意が必要だ．サーモフィッシャーサイエンティフィック社が販売している試薬を例にあげると，Cas9とsgRNAをプラスミドDNAで導入する場合はLipofectamine™ 2000, 3000, LTXが最適だ．一方でこれらをRNPの形で導入する場合は，Lipofectamine™ CRISPRMAX™ Cas9 Transfection Reagentが適している．詳細な条件については細胞株によって異なるため，使用する株で過去にノックインを適用した論文を参考にするのがベストだ．また，エレクトロポレーションならばある程度どのような組合わせにも対応している．ゲノム編集分野で使用実績があるのはNepa21エレクトロポレーター，4D-Nucleofector™ system，Neon Transfection Systemなどだ．

ヒト培養細胞でのジェノタイピング

　　　一塩基改変の確認にはRFLP Assayやサンガーシークエンスが有効である（図1, 2）．ゲノム編集におけるRFLP Assayは，ノックインによって新規の制限酵素切断サイトが出現するようなssODNを設計することで，その切断バンドから改変効率を推定する手法だ．また現在では，標的領域のサンガーシークエンスを実施することでも推定は可能である．サン

ガーシークエンスを用いた場合，TIDE（https://tide.deskgen.com/）とよばれるwebツールを使えばシークエンス波形を配列の頻度によって分離できる．長い塩基を挿入した場合は，改変部位を挟み込むプライマーを用いたPCRを実施するだけでノックインバンドを検出することが可能だ．

ヒト培養細胞でのクローン細胞株確立

改変株は，実験の安定性と信頼性を保つために必ず改変細胞を単離，増殖させたもの（クローン化）を使用すること．細胞のクローン化についてはシングルセル・クローニングを用いるのが一般的だ（図1，2）．その中でも限界希釈法は，特別な設備を必要としないため容易に立ち上げができる．具体的には，細胞懸濁液を1ウェルあたり1細胞程度になるように希釈して96ウェルプレートに蒔くか，もしくは100細胞ほどの懸濁液をディッシュに蒔くことによって一細胞由来のコロニーを取得する．改変株がうまく取得できないときは，sgRNAを変えるかもしくは改変効率を上げるような手法を再検討すること．また，薬剤耐性遺伝子やGFPを同時に導入することで，あらかじめ導入細胞のみを選抜しておくのも有効な手段だ．

マウス受精卵への導入方法 （図1，2）

1. ssODNノックイン

CRISPR（各種CasとガイドRNA）に，ssODNを加えて受精卵に導入する．マイクロインジェクション法では15～100 ng/μL程度で用いられる．毒性は低く，高濃度の方がノックイン効率も高い傾向にある．前核，細胞質のいずれにインジェクションしても同等の効率であるが，細胞質の方が産仔数は多い傾向にある．エレクトロポレーション法ではさらに高濃度（400～1,000 ng/μL程度）のssODNが用いられることが多い[17][18]．

2. lsDNAノックイン

基本的にはssODNと同様である．濃度は5～20 ng/μL程度で用いられる[12][13][19][20]．lsDNAによるノックイン効率は10％程度であるが，crRNA/tracrRNA/Cas9タンパク質からなるcloning-free CRISPR[21]と組合わせることで50％以上の高効率を実現することができる[19][20]．

3. 応用編

1） 胚操作フリー遺伝子改変マウス作製

東海大学の大塚が開発したi-GONAD法（妊娠0.7日目マウスの卵管エレクトロポレーション）は，遺伝子改変マウス作製に必須であった一連の高度な胚操作を一切不要にした革命的な技術である[22][23]．ノックアウト，ssODNによるSNPノックイン，そして驚くべ

きことにlsDNAによる長鎖DNAノックインさえ可能である．cloning-free CRISPRが高効率の基盤になる．マウス以外の動物種への応用も進められている．

2）ホモノックイン

われわれは，cloning-free CRISPRとRAD51の共導入による相同染色体間のDNA修復経路の活性化を通じて，高効率なホモノックインを実現した[24]．ssODNを用いた野生型マウス受精卵へのホモノックイン，またドナーDNAなしでヘテロマウス受精卵のホモ化が可能である．

マウスのジェノタイピング方法

産仔テールからゲノムDNAを精製し，PCRとサンガーまたは次世代シークエンスにより，ノックインアレルを判定する（図1, 2）．プライマーはホモロジーアームの外側に設計する．長鎖DNAノックインでも，外側プライマーとインサート内プライマーによる5′側，3′側のPCRに加えて，全長PCRも行うことが望ましい．コンディショナルアレルの場合，標的エキソンの両端付近を2つのガイドRNAで切断するため，全長のPCRを行い，2つのloxPが同一アレル上に乗っていることを必ず確認する．ヘテロまたはモザイク個体の場合には，非ノックインアレルのInDelの確認も有用である．野生型マウスと交配し，F1世代も同様に解析を行う．必要に応じて，標的遺伝子のオフターゲットやサザンブロッティングなどのゲノム解析に加えmRNA/タンパク質レベルの解析も行う．

おわりに

本稿では一本鎖DNAドナーを用いたノックインについて，ヒト培養細胞とマウス受精卵を例にできるだけ具体的にその基礎と実験計画の実際を解説してきた．ゲノム編集によるノックインの需要は基礎研究から臨床応用まで増す一方であるが，その効率を含めいまだ改良の余地は大きく，日々新しい技術が開発され続けている．特にBase Editing（Ⅱ-5）を皮切りとして，DSBそしてDNAドナーに依存しない新たなゲノム編集手法が，2019年に入り急速な発展を遂げている．Feng ZhangラボとSamuel Sternbergラボからほぼ同時に発表されたトランスポゾン型CRISPR[25][26]は，DSB非依存的な長鎖外来遺伝子の正確なノックインを可能にした（ただし本稿執筆時点では哺乳類細胞での検証は未報告）．David Liuラボから発表されたPrime Editing[27]は，Cas9ニッカーゼに逆転写酵素を，ガイドRNAにノックイン配列を融合することで，DSBおよびDNAドナー非依存的なノックインを各種哺乳類細胞で可能にし，大きな反響を呼んだ．ゲノム編集がある程度成熟しつつある現在でも，それらを一掃しうる破壊的な技術革新が断続的に報告されており，これからも続いていくだろう．これらの新たなゲノム編集手法がメインストリームとなり，本稿の一本鎖DNAドナーを用いたノックイン手法が「過去の遺物」となる日もそう遠くはない．論文，学会，ウェブ，ツイッターなどで最新の情報を収集してほしい．

ご質問は aidat@mit.edu または snakade@mit.edu までお尋ねください．最近，MIT日本人研究者会を立ち上げました．留学，見学，紹介，求人，就職などのご相談もお気軽にどうぞ．

◆ 文献（太字は重要参考文献）

1) **Bollen Y, et al：Nucleic Acids Res, 46：6435-6454, 2018**
2) Dever DP, et al：Nature, 539：384-389, 2016
3) Suzuki K, et al：Nature, 540：144-149, 2016
4) Nishiyama J, et al：Neuron, 96：755-768.e5, 2017
5) Richardson CD, et al：Nat Genet, 50：1132-1139, 2018
6) **Danner E, et al：Mamm Genome, 28：262-274, 2017**
7) **Paquet D, et al：Nature, 533：125-129, 2016**
8) **Paix A, et al：Proc Natl Acad Sci U S A, 114：E10745-E10754, 2017**
9) Renaud JB, et al：Cell Rep, 14：2263-2272, 2016
10) Davis L & Maizels N：Proc Natl Acad Sci U S A, 111：E924-E932, 2014
11) Rees HA, et al：Nat Commun, 10：2212, 2019
12) Miura H, et al：Sci Rep, 5：12799, 2015
13) Yoshimi K, et al：Nat Commun, 7：10431, 2016
14) Gu B, et al：Nat Biotechnol, 36：632-637, 2018
15) Roth TL, et al：Nature, 559：405-409, 2018
16) **Li H, et al：bioRxiv：doi：https://doi.org/10.1101/178905, 2017**
17) Wang W, et al：J Genet Genomics, 43：319-327, 2016
18) Hashimoto M, et al：Dev Biol, 418：1-9, 2016
19) Quadros RM, et al：Genome Biol, 18：92, 2017
20) Miyasaka Y, et al：BMC Genomics, 19：318, 2018
21) Aida T, et al：Genome Biol, 16：87, 2015
22) Ohtsuka M, et al：Genome Biol, 19：25, 2018
23) Gurumurthy CB, et al：Nat Protoc, 14：2452-2482, 2019
24) Wilde JJ, et al：bioRxiv：doi：https://doi.org/10.1101/263699, 2018
25) Strecker J, et al：Science, 365：48-53, 2019
26) Klompe SE, et al：Nature, 571：219-225, 2019
27) Anzalone AV, et al：Nature, https://doi.org/10.1038/s41586-019-1711-4, 2019

I 基礎編

6 ゲノム編集と応用技術を取り巻く法規制
カルタヘナ法, 遺伝子ドライブ

田中伸和

はじめに

　ゲノム編集では, 人工ヌクレアーゼによるゲノム上の標的の二本鎖DNA配列の切断と修復を介してピンポイントで塩基配列の改変ができる. ゲノム編集生物には, 標的配列の切断と末端間の直接の連結で短い塩基の挿入・欠失（indel）や置換が起きたもの, 細胞外でDNAの塩基配列にindelや置換などを加えた相同な配列で置き換えられたもの, 細胞外で異種のDNA配列が繋がれた相同な配列で組換えられる際, 異種配列も同時に組込まれたもの（ノックイン）などが存在する. これらは, 従来の遺伝子組換え生物とどう違うのだろう. 本稿では2019年2月に環境省と6月に文部科学省から示されたゲノム編集生物の取扱い方針およびゲノム編集を利用した新たな遺伝子拡散技術である遺伝子ドライブへの対応について解説する.

遺伝子組換え生物

1. 生物多様性条約とカルタヘナ法

　地球の陸上と海洋に生息する植物, 動物, 菌類は約870万種[1], 微生物は1兆種と推定されている[2]. この生物の多様性は, 自然環境の変化, 特に人間による改変や環境汚染などで毀損の危機に陥っている. 生物の多様性を包括的に保全し, 生物資源の持続可能な利用を行うための国際的な枠組みとして1993年12月に生物多様性条約（CBD）が発効した. この条約の目的は, ①生物多様性の保全, ②生物多様性の構成要素の持続可能な利用, ③遺伝資源の利用から生ずる利益の公正かつ衡平な配分で, ③に実効性を与えたのが名古屋議定書である. さらに, 遺伝子組換え生物の使用による生物多様性の保全及び持続可能な利用への悪影響を防止するため, 2000年1月に「バイオセーフティに関するカルタヘナ議定書」が採択され, この国内実施法として2004年2月に「**カルタヘナ法**」が施行された.

カルタヘナ法：「遺伝子組換え生物等の使用等の規制による生物の多様性の確保に関する法律」の通称で, カルタヘナ議定書にちなんでカルタヘナ法とよんでいる.

50　　完全版　ゲノム編集実験スタンダード

2. 遺伝子組換え生物の定義

　ここで，遺伝子組換え生物の定義をもう一度見直す．カルタヘナ法では，「細胞外で核酸を加工する（遺伝子組換え）技術，または異なる分類学上の科に属する生物の細胞を融合する（科間細胞融合）技術によって得られた核酸又はその複製物を有する生物」，と定義されている．すなわち，外来異種遺伝子を保有するものが遺伝子組換え生物である．一方，同種の核酸のみを用いるセルフクローニングと，異種の核酸でも自然条件で核酸を交換する種の核酸のみを用いるナチュラルオカレンス並びに自然条件で核酸を交換するウイルス及びウイロイドを用いるナチュラルオカレンスは法の対象にはならない．しかし，これらの判断は難しく，個別の検討が必要である．

　生物多様性影響が評価されていない遺伝子組換え生物は，閉鎖された施設等での適切な管理方法で拡散防止措置を執る第二種使用等を行う．これは「**二種省令**」で規定されており，生物種は病原性と伝播性を鑑みクラス1〜4に分類され，「**二種告示**」でリスト化されている．これに応じて施設等の構造と設備が規定されており，例えば，微生物の場合，P1，P2，P3の順に拡散防止措置のレベルが上がり，必要な構造（前室など）や設備（安全キャビネット，オートクレーブ，排気設備など）が加わっていく．一方，産業利用などを目的として遺伝子組換え生物を環境中で使用する第一種使用等では，個別に生物多様性影響評価を行い，その使用と生物多様性影響を防止するための措置等を記載した第一種使用規程を策定し，主務大臣の承認を受ける必要がある．法令の詳細については，環境省のバイオセーフティクリアリングハウス（J–BCH）[3]および文部科学省の遺伝子組換え実験のホームページ[4]等をご覧いただきたい．

ゲノム編集生物の取扱い

1. カルタヘナ法の対象外となるゲノム編集生物

　ゲノム編集生物の作製については，人工ヌクレアーゼのツール（DNA，RNAもしくはタンパク質）を移入し，標的配列の切断とNHEJやMMEJによる修復で短い挿入・欠失（indel）を起こさせる方法（SDN-1），標的配列近傍の相同配列に塩基の欠失・挿入・置換などを加えたDNA断片を人工ヌクレアーゼツールと共に移入し，標的配列の切断後の相同組換え（HR）による修復で組込む方法（SDN-2），標的配列の切断部位の左右の相同配列で挟むように外来異種遺伝子を繋いだDNA断片を人工ヌクレアーゼツールと共に移入し，標的配列切断後のHRによる修復で組込む方法（SDN-3）がある（図1）．SDN-1では修復後に短いindelか点変異しか残らないはずなので，カルタヘナ法の対象外と考えらえれるが，これまで国の判断が示されてこなかった．しかし，2018年6月に閣議決定された「統合イノベーション戦略」[5]に記載のゲノム編集生物のカルタヘナ法上の取扱いについての明

二種省令：「研究開発等に係る遺伝子組換え生物等の第二種使用等に当たって執るべき拡散防止措置等を定める省令」の略称
二種告示：「研究開発等に係る遺伝子組換え生物等の第二種使用等に当たって執るべき拡散防止措置等を定める省令の規定に基づき認定宿主ベクター系等を定める件」の略称

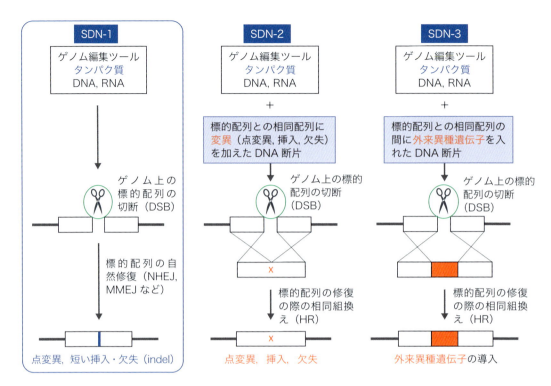

図1　SDN-1，SDN-2，SDN-3の違い
ハサミは人工ヌクレアーゼを示す．NHEJ（非相同末端結合），MMEJ（マイクロホモロジー媒介末端結合），DSB（二本鎖切断），HR（相同組換え）．

確化を受けて，環境省は同年8月に「中央環境審議会自然環境部会遺伝子組換え生物等専門委員会」の下に「カルタヘナ法におけるゲノム編集技術等検討会」を設置し，ゲノム編集技術で得られた生物をカルタヘナ法に照らして整理し，法の対象外のものについて取扱方針を検討した．筆者も委員として参加したので，ここで議論の経緯を含めて解説する．この検討会では，特にSDN-1がカルタヘナ法の規制対象外になるかが検討の中心となった．

2. ゲノム編集技術で作製された生物の取扱い

　　SDN-1では，理論上は人工ヌクレアーゼによる切断とNHEJやMMEJなどによる修復で数塩基程度の変異が生じるため，外来異種遺伝子の挿入はないという前提で，カルタヘナ法の対象外にできるというのが当初の見解であった．確かに，ZFNやTALENなどの人工ヌクレアーゼをタンパク質として用いるなら，タンパク質合成に使用されたDNAやmRNAの混入がない限りは核酸の関与はなく，遺伝子組換え生物には該当しない．しかし，人工ヌクレアーゼのツールでDNAやmRNAを用いる場合はどうであろうか．細胞にDNAを移入すると生物種によっては容易にゲノムに挿入されることが知られている．RNAでは，当初は移入後に分解されて消失するとの推測から対象外にできるとの考えもあったが，検討を進める中でmRNAが逆転写されcDNAとして挿入された例や，CRISPR-Cas9でsgRNA

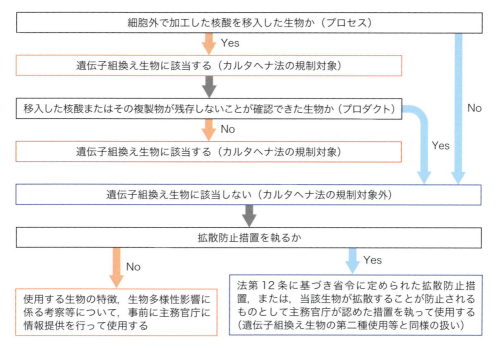

図2　ゲノム編集生物か否かを判断するフローチャート

由来と思われるDNA配列がゲノム編集部位に組込まれていた例があげられた[6]．結局，ゲノム編集生物の作製プロセスで，DNA，RNAを問わず細胞外で加工した核酸を用いる場合は，それ自体あるいは複製物がゲノムに挿入されることを考慮し，まずは遺伝子組換え生物としてカルタヘナ法の対象になるものとした．つぎに，プロダクトベースで，個々のゲノム編集生物のゲノムに作製に用いられた移入核酸またはその複製物が残存していないことを証明すれば，カルタヘナ法の対象外になるものとした．例えば植物のゲノム編集の場合は，人工ヌクレアーゼツールを含むDNA配列をいったんゲノム配列に組み込んで発現させる場合が多い．得られたゲノム編集植物は遺伝子組換え生物であるが，交配によりツールのDNAが除去された個体（ヌルセグリガント）は対象外となる．なお，この扱いはSDN-1のみ適用され，HRのために細胞外で加工した核酸を同時に移入するSDN-2には適用されない．この判断の手順を図2に示す．

3. ゲノム編集生物の取扱いのルール

一方，ゲノム編集技術の歴史が浅いことから，どのようなリスクが潜在しているか明らかでないため，カルタヘナ法の対象外とされたゲノム編集生物をそのまま環境中で使用するのは時期尚早と判断された．ゲノム編集生物の利用目的によって規制を担当する省庁（主務官庁）が異なることから，カルタヘナ法に記載された拡散防止措置もしくは主務官庁が認めた拡散防止措置を引き続き執ることが要求されることになった．一方，環境中（開放系）で使用するなら，以下の情報を主務官庁に報告することが求められている．すなわち，

(a) カルタヘナ法に規定される細胞外で加工した核酸又はその複製物が残存していないことが確認された生物であること（その根拠を含む）

(b) 改変した生物の分類学上の種

(c) 改変に利用したゲノム編集の方法

(d) 改変した遺伝子及び当該遺伝子の機能

(e) 当該改変により付与された形質の変化

(f) (e) 以外に生じた形質の変化の有無（ある場合はその内容）

(g) 当該生物の用途

(h) 当該生物を使用した場合に生物多様性影響が生ずる可能性に関する考察

環境省はこれらの情報のうち，案件ごとに一定の情報をJ–BCHのウェブサイト[3]に年度ごとに掲載することになった．

以上が取扱い方針としてまとめられ，2019年2月8日に環境省から『ゲノム編集技術の利用により得られた生物であってカルタヘナ法に規定された「遺伝子組換え生物等」に該当しない生物について（環自野発第1902081号）』[7]が主務官庁（農林水産省，経済産業省，厚生労働省，文部科学省，国税庁）に通知された．

4. 研究段階での各機関における取り扱いルールの基本

環境省の通知を受け，2019年6月13日付で文部科学省研究振興局長名で「研究段階におけるゲノム編集技術の利用により得られた生物の使用等に係る留意事項について」の通知（元受文科振第100号，以下，文科省通知）[8]が発出された．文科省通知に関する照会等の窓口は，ライフサイエンス課生命倫理・安全対策室（以下，生命倫理・安全対策室）である．2019年10月1日より文科省通知に従う必要があるので，以下に各研究段階で各機関が執るべきゲノム編集生物の取り扱いルールの基本を記載する．

ゲノム編集生物の取り扱いにおいては①カルタヘナ法の規制対象外にできるか，②開放系で使用するか，について機関内の審査組織での審査を行うことが望ましい．カルタヘナ法の規制対象外となるゲノム編集生物（以下，規制対象外ゲノム編集生物）の取り扱いのためには，機関内の遺伝子組換え実験の規定等の改定や「申し合わせ」の作成による運用での対応が考えられる．また，規制対象外ゲノム編集生物に関する項目を加えた遺伝子組換え実験計画書の書式改定やゲノム編集用実験計画書の書式の作成のみでの対応もありうる．審査組織については，既存の遺伝子組換え実験安全委員会でよいと思われるが，ゲノム編集生物に特化した委員会（以下，ゲノム編集実験安全委員会）の設置も考えられる．

審査手順の例として次のようなものが考えられる．

① まず，すべてのゲノム編集生物の使用実験を遺伝子組換え実験とみなして，遺伝子組換え実験計画書を遺伝子組換え実験安全委員会に提出する．遺伝子組換え実験安全委員会は，ゲノム編集生物の作製において核酸を使用するか否かを基に，遺伝子組換え実験に該当するかの判断を行う．譲受や購入などで入手した規制対象外ゲノム編集生物を使用する場合は，情報提供書などを精査して判断する．カルタヘナ法の規制対象外と認定されれば，閉鎖系実験として遺伝子組換え実験と同様な拡散防止措置が執られるか確認する．

② 核酸を用いて作製されたゲノム編集生物をカルタヘナ法の規制対象外としたいなら，実験責任者は細胞外で加工した核酸もしくはその複製物が存在しないことを証明するデータを添えて，遺伝子組換え実験計画書の変更申請あるいはゲノム編集用実験計画書を作成して提出する．遺伝子組換え実験安全委員会で審査し，カルタヘナ法の規制対象外と認定されれば，引き続き遺伝子組換え実験と同様の拡散防止措置が執られるか確認する．

③ 開放系で使用したいなら，実験責任者は文部科学省通知[8]の「別紙様式・ゲノム編集技術の利用により得られた生物の使用等に係る実験計画報告書」をカバーできる内容（特に，生物多様性影響についての考察が重要）を記載した遺伝子組換え実験計画書あるいはゲノム編集用実験計画書を提出し，遺伝子組換え実験安全委員会あるいはゲノム編集実験安全委員会が審査し，開放系での使用が可能か判断する．可能と判断されれば，まず所属機関が生命倫理・安全対策室に相談し，上記の「別紙様式」をまとめて使用の前に提出する．

開放系での使用においては，細胞外で加工した核酸を含まないことが条件であるため，②と③の審査をまとめて行うことがあるだろう．提出された「別紙様式」での情報は，文部科学省から環境省に送られJ–BCHのウェブサイト[3]に掲載される．なお，開放系での使用が全く想定されないのなら，対象外ゲノム編集生物を含めすべてのゲノム編集生物の使用を遺伝子組換え実験扱いにする手もあるだろう．

閉鎖系での対象外ゲノム編集生物の使用においては，二種省令を参照し当該生物の病原性等に合わせた拡散防止措置を設定できるが，執るべき拡散防止措置が参照できない場合（遺伝子組換え生物であれば大臣確認実験に相当）は要注意であり，事前に生命倫理・安全対策室に照会することが必要である．また，セルフクローニング，ナチュラルオカレンスについても判断が難しいので，生命倫理・安全対策室に照会する．

規制対象外ゲノム編集生物を譲渡する場合は，①細胞外で加工した核酸を含まない生物である旨，②閉鎖系で使用している旨（該当する場合），③生物の種類と名称，④すでに主務官庁に届出をしている旨（開放系），⑤氏名，住所，の情報を譲渡先に提供することが必要である．

なお，規制対象外ゲノム編集生物の閉鎖系での使用のための実験計画書および譲渡の際の情報提供書の書式例は，全国大学等遺伝子研究支援施設連絡協議会のウェブサイトからダウンロードすることができる[9]．

さて，ゲノム編集生物に作製時に使用された細胞外で加工された核酸が含まれないことをどのようにして証明するかの問題は大きい．文科省通知[8]には，①PCR法，②サザンハイブリダイゼーション法，③その他，と記載されているが，これらを組合わせるなど複数の手法による証明が必要と思われる．さらに，生物種ごとに手法や判断が異なると思われるので，各々での基準の作成が急務である．また，生物多様性影響評価の考察のハードルも高い．すでに同種の生物で第一種使用等の実績があれば考察も比較的容易と思われるが，参考になる事例がほとんどない場合はどのように考察すべきか悩ましいことになる．これらについては，環境省通知を受けて発出された経済産業省の要請（20190627商局第2号）[10]や農林水産省の通知（元消安第2743号）[11]が参考になるかもしれない．

遺伝子ドライブ

1. 遺伝子ドライブとは

　ゲノム編集を利用した技術に遺伝子ドライブがある．遺伝子ドライブはメンデルの法則に従わず，特定の遺伝子（DNA配列）が子孫の集団に拡がっていく自然現象であり，**ホーミングエンドヌクレアーゼ**遺伝子などが例示される．この現象を参考に，人工的な遺伝子ドライブが作製されている（図3）．まず，sgRNA/Cas9複合体が切断する標的配列を中心に左右に広がる領域からそれぞれ約1 kbの配列を用意し，その間にsgRNAおよびCas9が転写されるカセット（sgRNA–Cas9カセット）を挟み込んだ遺伝子ドライブツールを作製する（図3A）．細胞に移入し，標的配列の切断後の修復でツール内の相同配列によりHRが起これば，SDN-3の原理でsgRNA–Cas9カセットが組込まれることになる（図3B）．次に，このsgRNA/Cas9が相同染色体上の標的配列を切断し，同様にHRによる修復が起これば相同染色体の双方にカセットが存在することになる（図3C～F）．このような人工遺伝子ドライブツールを，例えば蚊に移入し，野生型の蚊の集団に投入すれば，人工遺伝子ドライブを保有する蚊の子孫がどんどん増えていく（図3G）[12]．

2. 遺伝子ドライブの利用

　人工遺伝子ドライブの標的を構造遺伝子にするなら，その遺伝子は破壊されるので，ホモの遺伝子ノックアウトの集団が容易に作出される．また，人工遺伝子ドライブの中に外来異種遺伝子を連結しておけば，人工遺伝子ドライブとともに対立遺伝子中にも挿入されるので，外来異種遺伝子をホモでもつ集団が迅速に作出される．これらより，標的遺伝子あるいは外来異種遺伝子の選択によって子孫の集団の状態をコントロールすることができる．すなわち，標的遺伝子あるいは外来異種遺伝子にその生物の生殖，発生，生育と無関係のものを選んで人工遺伝子ドライブを作製すれば，子孫の集団では標的遺伝子がホモでノックアウトされた集団あるいは外来異種遺伝子がホモで保有される集団が作出される（標準ドライブ法，図4A）[12]．一方，標的遺伝子あるいは外来異種遺伝子にその生物の生殖，発生，生育と関係するものを選んで人工遺伝子ドライブを作製すれば，子孫の集団は生殖できないか発生・発育不良で死に至るため個体数が減少し，やがては消滅する（抑制ドライブ法，図4B）[12]．用途によって有効なドライブ法を選択すればよい．例えば，マラリア原虫を媒介する蚊では，人工遺伝子ドライブの標的遺伝子として雌性不稔性に関わる遺伝子をノックアウトする抑制ドライブ[13]や，マラリア原虫の寄生を阻止する抗体遺伝子を組込む標準ドライブ[14]を用い，数代後の子孫の集団の状況を報告した例がある．前者では蚊の集団の個体数が減少していくが，後者では集団が抗体遺伝子をもつ個体で占められていく．

ホーミングエンドヌクレアーゼ：遺伝子のイントロン部分にコードされるか，あるいはタンパク質のインテイン部分（タンパク質スプライシング　で切り出されるアミノ酸配列）に存在し，特定の塩基配列を切断するエンドヌクレアーゼの一種．

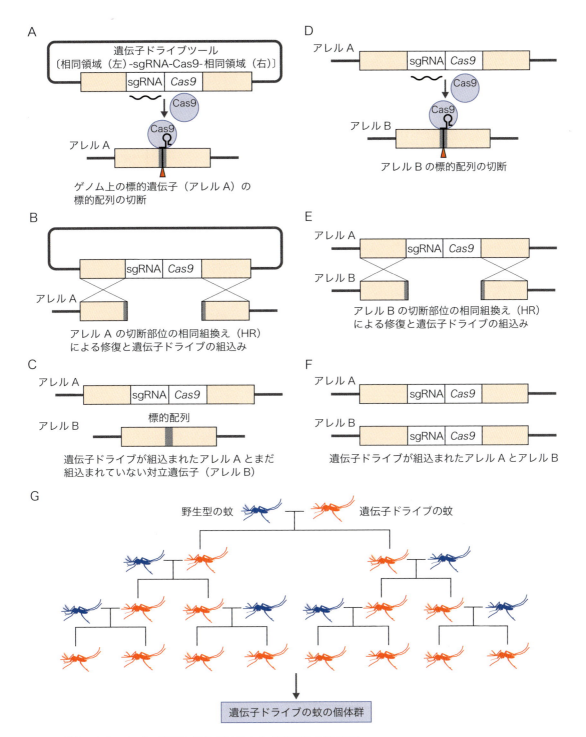

図3 遺伝子ドライブの原理と遺伝子ドライブが拡散する集団
A〜Fは遺伝子ドライブが拡散する原理を示す.Gは遺伝子ドライブが導入された蚊の子孫での遺伝子ドライブの拡散の状態を示す.

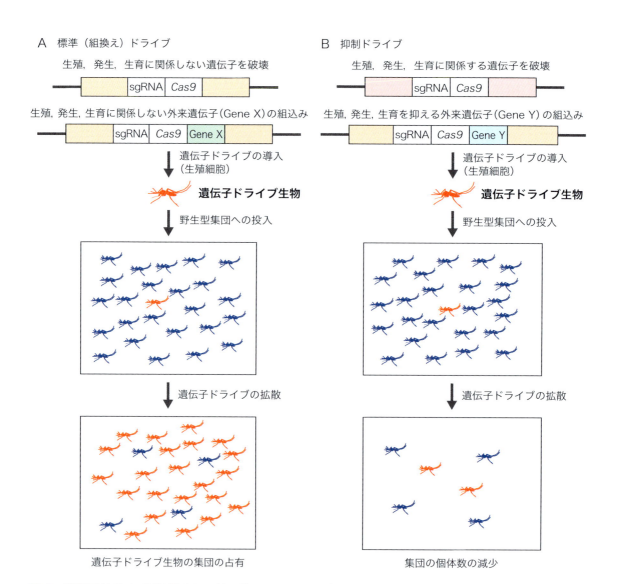

図4 遺伝子ドライブが拡散された蚊の集団における子孫の状態
A）標準（組換え）ドライブでは子孫の集団の個体数には影響がないが，B）抑制ドライブでは子孫の集団の個体数が減少する．

3. 遺伝子ドライブのリスクと管理

　　　　　人工遺伝子ドライブ保有生物は遺伝子組換え生物であり，これが漏出すると環境中の同種の生物と交配し，子孫集団で標的遺伝子の破壊や外来異種遺伝子の拡散が起こる可能性がある．しかし，現行のカルタヘナ法では，例えば蚊のようなクラス1の動物の拡散防止措置のレベルはP1Aであり，P2A以上は必要とされない．もちろん，実験室などから逃がさないことが前提で，そのための手法をとるにしても，これだけでは心もとない．そこで，通常の遺伝子組換え生物より厳密に管理するための追加の拡散防止措置を執ることが必要

表　遺伝子ドライブ生物の拡散防止措置等の具体例（文献16より引用）

A　拡散防止措置の強化の例

施設・設備・機器等	実験実施の際の注意事項
・多重ドア，エアカーテン，エアロックなどの設置. ・ブラストエアファン，エアシャワーなどの空気流による遮断. ・空調機器や換気口などへのフィルター設置. ・飼育容器，飼育機器の多重化. ・生物の飼育機器を低温室に設置する. ・生物の飼育容器をミネラルオイルや粘着シートで囲う. ・殺虫剤の常備. ・実験室専用の作業着，履物等の準備. ・遺伝子ドライブ生物の飼育容器には「遺伝子ドライブ生物」の表示を貼付. ・遺伝子ドライブ生物の取扱作業中は「遺伝子ドライブ実験実施中」の表示を掲示.	・遺伝子ドライブ生物の取扱作業中は関係者以外の入室を禁止とする. ・実験室専用の作業着，履物等の着用と実験終了後の脱衣（植物の種子や昆虫の衣類への付着による実験室外への持ち出しを防ぐ）. ・遺伝子ドライブ実験と他の実験を同時に実施しない. ・熟練者のみが実験を行う. ・遺伝子ドライブ生物は他の生物と区別して飼育する. ・飼育容器から生物を取り出す前に不活化や麻酔を施す. ・生物の特性に合わせた管理状況の把握（マウスの場合は飼育数，酵母の場合はバイアル数の管理など）. ・実験記録の徹底.

B　付加的安全対策の例

分　類	考　え　方	具　体　例
遺伝子工学技術等	・遺伝子ドライブに必要な遺伝因子を分離する（分離ドライブ系）. ・野生系統に存在しない塩基配列をRNA依存型ヌクレアーゼのターゲットとする. ・プロモーターを利用してRNA依存型ヌクレアーゼの発現を制御する. ・遺伝子ドライブの阻害因子を利用する. ・野生生物との交配では子孫が生まれないようにする.	・Cas9とsgRNAの配列を別の遺伝子座に配置する. ・GFP遺伝子配列をCas9のターゲットとする. ・「誘導型プロモーター＋Cas9」カセットによるCas9の発現制御. ・抗Cas9抗体またはCas9阻害タンパク質を利用したCas9の活性制御. ・異常染色体をもったショウジョウバエの利用.
実験室の立地	・該当生物が生育できない環境（気候や時期を含む）に立地した施設で実験を行う. ・周辺に交配できる野生種が存在しない地域で実験を行う. ・環境中に逃亡しても，拡散範囲が限定される場所で実験を行う.	・ネッタイシマカの実験を冬の札幌で行う. ・海水魚を用いた実験を内陸部で行う. ・隔離された場所（離島等）で実験を行う.

である．人工遺伝子ドライブ研究の先駆けとなった昆虫の研究者たちは，この技術がもつリスクを懸念し，自主的な安全管理基準を設けている．彼らは，人工遺伝子ドライブ保有生物が漏出しないための物理的な封じ込めだけでなく，漏出したらすぐ死滅するような外部環境の選択や生物学的封じ込めなどを数種組合わせることを提案している[15]．これを基に全国大学等遺伝子研究支援施設連絡協議会では，日本の実状にあった拡散防止措置（表）[16] を提案しているので参考にしてほしい．

おわりに

　ゲノム編集生物の産業的な利用は急速に伸びていくとも思われ，2019年10月1日より，日本でもゲノム編集技術応用食品及び添加物の上市が可能となった[17]．一方，本技術の歴史が浅く知見も十分でないため，想定外のリスクが潜んでいないとも限らない．社会の十分な理解を得られるよう，しばらくは時間をかけた検証が必要であると思われる．また，遺伝子ドライブについては応用に向けた研究が緒に就いたばかりであり，危険性のみが喧伝

されて有用な技術の発展が阻害されないよう十分な備えが必要と思われる.

◆ 文献

1 ）Mora C, et al：PLoS Biol, 9：e1001127, 2011
2 ）Locey KJ & Lennon JT：Proc Natl Acad Sci U S A, 113：5970–5975, 2016
3 ）バイオセーフティクリアリングハウス（J-BCH）．http://www.biodic.go.jp/bch/
4 ）文部科学省 ライフサイエンスの広場：生命倫理・安全に対する取組．ライフサイエンスにおける安全に関する取組．http://www.lifescience.mext.go.jp/bioethics/anzen.html#kumikae
5 ）内閣府 統合イノベーション戦略（平成30年6月15日）．https://www8.cao.go.jp/cstp/tougosenryaku/tougo_honbun.pdf
6 ）Ono R, et al：Sci Rep, 5：12281, 2015
7 ）環境省通知（環自野発第190208号）：ゲノム編集技術の利用により得られた生物であってカルタヘナ法に規定された「遺伝子組換え生物等」に該当しない生物の取扱いについて（平成31年2月8日）．https://www.env.go.jp/press/20190208_shiryou1.pdf
8 ）文部科学省通知（元受文科振第100号）：研究段階におけるゲノム編集技術の利用により得られた生物の使用等に係る留意事項について（通知）（令和元年6月13日）．https://www.lifescience.mext.go.jp/files/pdf/n2189.pdf
9 ）全国大学等遺伝子研究支援施設連絡協議会：ゲノム編集に関する書式例．http://www.idenshikyo.jp/manuals_forms/genome-edit_forms/genome-edit_forms.html
10）経済産業省要請（20190627商局第2号）：ゲノム編集技術の利用により得られた生物であってカルタヘナ法に規定された「遺伝子組換え生物等」に該当しない生物の取扱い及び当該生物を拡散防止措置の執られていない環境中で使用するに当たっての情報提供について（要請）（令和元年7月10日）．https://www.meti.go.jp/policy/mono_info_service/mono/bio/cartagena/genome_yoryo.pdf
11）農林水産省通知（元消安第2743号）：農林水産分野におけるゲノム編集技術の利用により得られた生物の生物多様性影響に関する情報提供等の具体的な手続について（令和元年10月9日）．http://www.maff.go.jp/j/press/syouan/nouan/attach/pdf/191009-2.pdf, 2019
12）田中伸和：遺伝, 72：591–598, 2018
13）Hammond A, et al：Nat Biotechnol, 34：78–83, 2016
14）Gantz VM, et al：Proc Natl Acad Sci U S A, 112：E6736–E6743, 2015
15）Akbari OS, et al：Science, 349：927–929, 2015
16）全国大学等遺伝子研究支援施設連絡協議会：Gene Driveの取り扱いに関する声明（平成29年9月20日）．http://www.iden-shikyo.jp/genome-editing/genome-editing_2.html
17）大臣官房生活衛生・食品安全審議官決定：ゲノム編集技術応用食品及び添加物の食品衛生上の取扱要領（令和元年9月19日）．https://www.mhlw.go.jp/content/000549423.pdf

column

CRISPR-Cas12/13を応用した核酸検出技術

西増弘志

はじめに

II型CRISPR-Cas系に関与するRNA依存性DNAエンドヌクレアーゼCas9は革新的なゲノム編集ツールと利用されている．Cas9に続き，Cas12やCas13といったCRISPR-Cas酵素が発見され，さまざまな新規技術が開発されている．本コラムでは，CRISPR-Cas12/13を利用した核酸検出技術について紹介したい．

Cas12とCas13

Cas12a（Cpf1）はV型CRISPR-Cas系に関与するRNA依存性DNAエンドヌクレアーゼとして2015年に報告された[1]．Cas12aはガイドRNAと複合体を形成し，ガイドRNAのガイド配列（20塩基）と相補的な2本鎖DNAを切断する．Cas12aはTTTV（VはA，C，Gのいずれか）という塩基配列をPAM（protospacer adjacent motif）として認識し，RuvCドメインを用いて2本鎖DNAの両鎖を切断するため，Cas9とは異なる性質をもつゲノム編集ツールとして利用されている．さらに，Cas12aはガイドRNAと相補的な標的DNAを認識すると，配列非依存的に1本鎖DNAを切断するという特徴をもつ（図）[2]．一方，Cas13a（C2c2）はVI型CRISPR-Cas系に関与するRNA依存性RNAエンドヌクレアーゼとして2016年に報告された[3]．Cas13aはガイドRNAと複合体を形成し，ガイド配列（28塩基）と相補的な1本鎖RNAを認識すると，HEPNドメインを用いて配列非依存的に1本鎖RNAを切断する（図）．

SHERLOCK

2017年，ZhangラボからCas13a（LwaCas13a）を

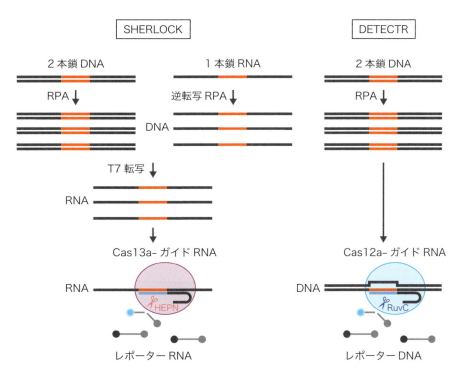

図　SHERLOCKとDETECTR

用いた核酸検出技術SHERLOCK（Specific High-Sensitivity Enzymatic Reporter UnLOCKing）が報告された（図）[4]．蛍光基と消光基をもつ1本鎖RNA（レポーターRNA）の存在下において，Cas13a-ガイドRNA複合体が標的RNAを認識すると，レポーターRNAの切断が起き蛍光シグナルが生じる．したがって，試料中にガイドRNAと相補的な1本鎖RNAが存在するかどうかを蛍光シグナルの有無として判別できる．Cas13aのみを用いた場合の検出感度は50 fMであるが，リコンビナーゼポリメラーゼ増幅（RPA）と組合わせることにより，aM濃度で存在する標的核酸の検出が可能である．SHERLOCKを用いることにより，①微量（aM濃度）のウイルスや病原性細菌の検出，②ヒト唾液由来DNAに含まれる一塩基多型の検出，③血中循環DNAに含まれるがん変異の検出などが可能である[4]．2018年には，利便性の向上したSHERLOCKv2が報告された[5]．SHERLOCKv2では，1本鎖RNAに対する配列特異性の異なる3種のCas13（LwaCas13a，PsmCas13b，CcaCas13b）および1本鎖DNAを切断するCas12a（AsCas12a）と4種の蛍光レポーターを組合わせることにより，4種の核酸を同時に検出することが可能となった．さらに，ラテラルフロー技術と組合わせることにより，蛍光検出器を用いることなく，レポーターの切断を試験紙上のバンドとして検出することが可能となった．したがって，SHERLOCKv2は，野外におけるウイルス検出やジェノタイピングへの応用が期待されている．

DETECTR

SHERLOCKv2の報告と同日に，Doudnaラボから，Cas12a（LbCas12a）を利用した核酸検出技術DETECTR（DNA Endonuclease-Targeted CRISPR Trans Reporter）が報告された[2]．DETECTRの基本原理はSHERLOCKと同様である（SHERLOCKv2では，Cas13に加えてAsCas12aも利用されている）．DETECTRでは，Cas12a-ガイドRNA複合体が標的DNAを認識すると1本鎖DNAを非特異的に切断する性質を利用し，標的DNAの存在を蛍光シグナルとして検出する．DETECTRを用いることにより，2種のパピローマウイルスを識別，高感度（aM濃度）で検出可能なことが示された．

おわりに

SHERLOCKやDETECTRを用いたCRISPR診断（CRISPR-Dx）はウイルス検出やジェノタイピング，リキッドバイオプシーなどさまざまな分野への応用が期待されている．すでにスタートアップ企業Sherlock Biosciences社やMammoth Biosciences社が大型資金調達を行っており，近い将来，CRISPR-Dxが実用化されるのは間違いないだろう．

◆ 文献

1）Zetsche B, et al : Cell, 163 : 759-771, 2015
2）Chen JS, et al : Science, 360 : 436-439, 2018
3）Abudayyeh OO, et al : Science, 353 : aaf5573, 2016
4）Gootenberg JS, et al : Science, 356 : 438-442, 2017
5）Gootenberg JS, et al : Science, 360 : 439-444, 2018

column

ニックを用いた小規模ゲノム編集法

中田慎一郎

はじめに

CRISPR-Cas9を用いたゲノム編集において問題となるのが，オンターゲットおよびオフターゲットにおけるヌクレオチド挿入・欠失（InDel）の発生である．これは，DNA2本鎖切断（DSB）と修復（非相同末端結合：NHEJ）がくり返されるうちに，mutagenicなNHEJによる修復が起こり，固定化してしまうことが原因である．この問題の最も単純な解決方法は，DSBを発生させないことである．筆者らは，DNA1本鎖切断（ニック）を発生させるCas9変異体であるニッカーゼを利用し，InDel発生頻度を大きく抑制した小規模（数塩基程度の置換・挿入・除去などの）ゲノム編集法〔SNGD（a combination of single nicks in the target gene and donor plasmid）法〕を開発した[1]．この手法において発生させるニックは，ゲノムの標的ヌクレオチド付近に1つ，ドナープラスミドのバックボーンに1つである．これにより，RAD51非依存的な相同組換えを誘導することにより，ゲノム配列を修復鋳型配列に書き換える方法である．ドナーにプラスミドを利用するので，長い修復鋳型を容易かつ安価に作製することができる[1]．

手法の開発過程や実績，メカニズムについては文献1を参照していただくこととして，本稿では，実践するための「方法」をお示しする．

必要な材料

① ドナープラスミド
② Cas9D10A（発現ベクター，タンパク質，mRNAのいずれか）
③ 標的遺伝子特異的ガイドRNA（sgRNA発現ベクター，合成／精製sgRNA，tracrRNA＋gRNA）
④ ドナープラスミドのバックボーンに特異的なガイドRNA

各材料のデザイン

① ドナープラスミド：標的ヌクレオチドを中心に，上下流に合計1,000 bpほどの長さの修復鋳型をクローニングする．この際，③の標的遺伝子特異的ガイドRNAに対応するPAM配列"NGG"の"GG"のどちらかを他の塩基に置換してもアミノ酸置換を起こらないように変異を導入する（図）．一般的なクローニングベクターを用

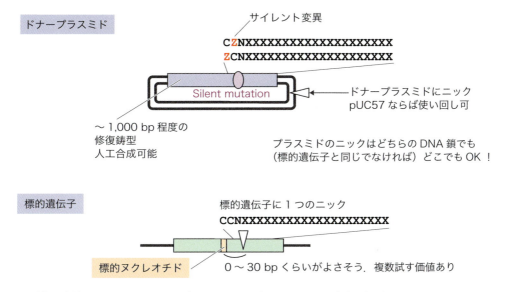

図　SNGD法を実施するためのドナープラスミド，ガイドRNA設計法の概略図

いればよい（筆者はpUC57を利用している）.

②Cas9D10A：発現ベクターを利用する場合，Addgene より入手可能である．蛍光タンパク質遺伝子を含むベクターを利用する場合，トランスフェクションに成功した細胞のみをソーティングすることが可能である．タンパク質やmRNAのフォーマットのCas9D10Aが多数の会社から発売されているので，これらを利用することも可能である.

③標的遺伝子特異的ガイドRNA：標的ヌクレオチドの近く（0〜30 bp程度）に標的配列を1カ所設定する（図）.

・PAM配列がExon上にあることが前提となる．"NGG"の"GG"のどちらかを他の塩基に置換してもアミノ酸置換を起こさないことが条件となる.

・PAM配列をIntronに設計する場合には，PAM配列の破壊により，転写やスプライシング等に影響が出る可能性があるので注意が必要となる.

④ドナープラスミドのバックボーンに特異的なガイドRNA：鋳型配列ではなく，クローニングベクターに特異的なガイドRNAを設計する．ニックが入るのはどちらのstrandでもよい．ベクターによりCas9D10Aを発現させる場合，この発現ベクターが本ガイドRNAに認識されることがないようにデザインすることが望ましい．一度デザインが決定すれば，そのデザインを継続的に利用することができる．pUC57を利用するならば，文献1に示したN1，N2，C1といったガイドRNAが利用可能である（N1，N2，C1配列を含むなら，別のプラスミドに対しても有効）.

細胞への導入

筆者らは，Cas9D10AとsgRNAとを1つのベクターから発現可能なpSpCas9n（BB）-2A-Puro（PX462）（Addgene #62987）[2] を利用している．293T細胞の場合の具体例を示す.

ゲノムを標的とするPX462 40 ng，ドナープラスミドを標的とするPX462 40 ng，ドナープラスミド400 ngをQiagen Effectene Transfection Reagentを用いて24 wellフォーマットでトランスフェクトする.

iPS細胞において成功したとの報告が筆者の元には届いている．細胞の種類によって，各プラスミドのブレンド比を変えた方が高い編集効率が得られる場合があるようなので，各研究者で最適化を実施することが望ましい.

◆ 文献

1）Nakajima K, et al：Genome Res, 28：223–230, 2018
2）Ran FA, et al：Nat Protoc, 8：2281–2308, 2013

Ⅱ 実践編

1 CRISPRdirectによる
ガイドRNA配列の設計

内藤雄樹

はじめに

　CRISPR–Cas9によるゲノム編集は，ゲノムの任意の部位を配列特異的に編集することのできる技術として注目されている．しかし，本来の標的（オンターゲット）以外の部位（オフターゲット）が意図せず編集され，望まない変異がゲノムに生じる場合もある（オフターゲット作用）．オフターゲット作用を防ぎ，本来の標的部位に特異的なゲノム編集を行うためには，ゲノム全体を検索して特異性の高いガイドRNAを選択することが重要なポイントとなる．本稿では，著者らの公開するガイドRNA設計ソフトウェアCRISPRdirect（https://crispr.dbcls.jp/）[1]を用いて，特異性の高いガイドRNAを設計する方法を解説する．

準　備

1. ガイドRNAを設計する遺伝子またはゲノムの領域を定める

　特定の遺伝子のエキソンを標的とする場合は，塩基配列データベースに登録されている転写産物のアクセッション番号を調べる．エキソン以外の領域（プロモーターやエンハンサーなどの調節領域やイントロンなど）を標的とする場合は，ゲノムの領域を特定する．

　塩基配列のアクセッション番号は，AB123456のようにアルファベットと数字を組合わせた形式をしている．配列は修正される場合があるため，バージョンを区別するためには"AB123456.1"のように小数点の後のバージョン番号まで記載する必要がある．

　ゲノムの領域については，例えばヒトゲノムであれば"hg38"（アセンブリの名称）"chr7"（染色体）"900000–901234"（塩基配列の範囲）を記載することにより塩基配列が一意に定まる．

　ここでは，一例としてヒトのCBFB[*1]遺伝子のエキソンのうちコーディング領域（CDS）を標的とするガイドRNAを設計する．CDSをゲノム編集することにより，フレームシフト変異による遺伝子破壊やアミノ酸配列の置換が期待される．

*1 core-binding factor sub-unit beta.

2. 標的遺伝子に関する情報収集

　遺伝子に関する情報は，NCBI Gene[*2]やUCSC Genome Browser[*3]などから入手できる．著者らの公開する，遺伝子や転写産物をGoogleのようにすばやく検索できる統合遺伝子検索GGRNA[*4] [2)]も役立つかもしれない．これらのサイトを活用し，遺伝子を特定するための情報（遺伝子名，Gene ID等）と，転写産物を特定するための情報（RefSeq ID等）の関係に留意しながら標的遺伝子に関する情報を整理する．例えば，ヒトCBFB遺伝子（Gene ID: 865）には6種類の転写産物のバリアントがNCBI RefSeq[*5]に登録されており，それぞれにRefSeq IDが付与されている（図1）．

　このように複数の転写産物のバリアントが存在する場合，なるべく多くのバリアントに共通なガイドRNAを設計するのか，それとも特定のバリアントに特異的なガイドRNAを設計するのかを，実験の目的に応じて検討する．

　ここでは，ヒトCBFB遺伝子の6種類の転写産物のうち，すべてのエキソンを含むNM_001755.3[*6]を標的とするガイドRNAをまず設計し，それらが残りの5種類の転写産物を標的とするかを調べることにする．

　また，今回はCDSを標的とするので，各転写産物のCDSの範囲を確認しておきガイドRNAの選択時に利用する．

[*2] https://www.ncbi.nlm.nih.gov/gene
または"NCBI Gene"を検索．

[*3] https://genome.ucsc.edu/
または"UCSC Genome Browser"を検索．

[*4] https://GGRNA.dbcls.jp/
または"GGRNA"を検索．読み方は"ぐぐるな"．

[*5] Reference Sequenceの略で，リファレンスとなる配列情報を提供するデータベース．

[*6] RefSeq IDについても，アクセッション番号と同様に小数点の後のバージョン番号まで含めて扱うこと．

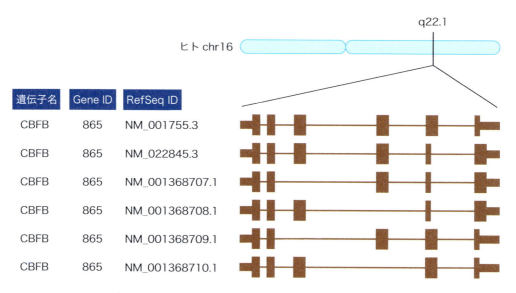

図1　RefSeqに登録されたヒトCBFB遺伝子の転写産物

プロトコール

1. CRISPRdirect によるガイド RNA の設計

❶ CRISPRdirect[*7]にアクセスする（図2A）

❷ ガイドRNAを設計しようとする遺伝子のアクセッション番号またはゲノムの領域を図2A①に入力し［retrieve sequence］を押すと，②に塩基配列が自動的に入る

ここでは，ヒトCBFB遺伝子の転写産物のRefSeq ID[*8]"NM_001755.3"を入力する．なお，RefSeq IDやアクセッション番号ではなく，ヒトゲノム（hg38）上の領域を指定する場合は"hg38:chr16:67029149–67029485"のように入力する．

❸ または，直接②に塩基配列を入力する

FASTA形式[*9]または塩基配列そのものを直接入力できる．

❹ PAM[*10]を指定する（③）

SpCas9では"NGG"とする．

❺ 生物種をメニューから選択する（④）

ここでは，ヒトゲノム"Human（Homo sapiens）genome, GRCh38/hg38"を選択する．メニューには350種を超える生物種がリストアップされている．数が多くて選択しにくい場合はメニューをクリックすると文字を入力できるようになり，生物種名や学名の一部を"homo"のように入力すると候補を絞り込むことができる（④）．

❻ ［design］（⑤）を押すとガイドRNAが設計される（図2B）

指定したPAMに隣接するガイドRNAの標的部位の候補がすべて表示される（図2B）．ガイドRNAの標的部位を選択することが実質的に「ガイドRNAを設計する」ことになるため，ガイドRNAの配列といった場合にsingle guide RNA（sgRNA）全体の配列（図2C）をさす場合のほかに，便宜上20mer+PAMの部分の配列をさす場合がある．

□ CRISPRdirectによる設計結果の表（図2B）

● ガイドRNAの標的部位の位置と方向および塩基配列

位置および塩基配列はPAMを含む．［gRNA］をクリックすると，対応するsgRNAの配列（図2C）が表示される．

● PAMを除く20塩基のGC含量およびTm

これらが極端に高かったり低かったりするものは，コンストラクト作製に支障をきたしたり，ガイドRNAとして十分な活性が得られない場合があるため避けることが望ましい．

[*7] https://crispr.dbcls.jp/ または "CRISPRdirect" を検索．

[*8] RefSeq IDもアクセッション番号と同様に入力できる．

[*9] 塩基配列データのフォーマット．1行目は ">" からはじまるコメント行で，遺伝子名やIDなどの情報を含めることができる．2行目以降に塩基配列を記載する．

[*10] protospacer adjacent motifの略．ガイドRNAではなくCas9によって認識される短い配列．

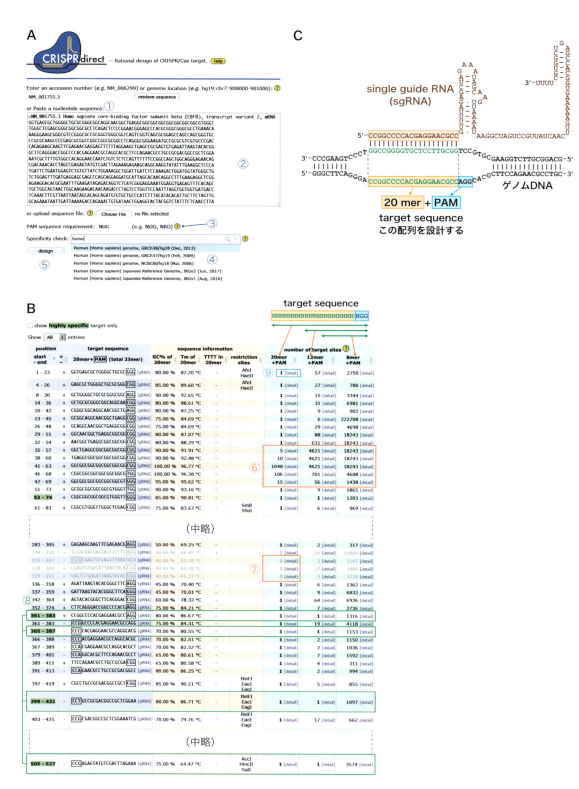

図2 CRISPRdirectを利用したガイドRNAの設計

● TTTT配列の有無

polⅢ系のプロモーターによりsgRNAを発現させるベクターでは，途中にTTTTが存在すると転写が終結してしまう場合があるため避ける必要がある．

● 制限酵素サイトの有無

標的部位に制限酵素サイトがある場合は，ゲノム編集の成否を制限酵素による切断の有無により簡便に確認できる場合がある．

● ゲノム上に存在する標的部位の数

設計の際にメニューから選択した生物種のゲノム上に存在する標的部位の数を示す．"20mer+PAM"の列に"1"と表示されている場合は本来の標的（オンターゲット）のみと相補的であるが，"2"以上となっている場合は他にも相補的な領域（オフターゲットサイト）が存在する．

また，ガイドRNAの標的認識に寄与の大きいシードとよばれる領域（PAMに隣接する8〜12塩基程度の配列）と相補的なサイトの数が"12mer+PAM"および"8mer+PAM"*11の列に表示される．これらの数ができるだけ少ないものを選択することにより特異性の高いガイドRNAを設計できると考えられる．

*11 ゲノムの大きい生物種では"8mer+PAM"の少ないものを選択することが難しいため，この列は考慮しなくてよい．

❼ ガイドRNAを選択する

下記の条件を考慮してガイドRNAを絞り込む．これらの条件は，実験の目的に応じて変更あるいは追加する．

● オフターゲットサイトの多いガイドRNA（図2B⑥）は避ける．

● "20mer+PAM"の列が"0"となっているガイドRNA（⑦）は，標的配列が2つのエキソンにまたがる位置に設計されている場合が多い．ゲノム上ではイントロンによって分断され，配列が存在しないため"0"と表示される．それらは候補から除外する．

● "20mer+PAM"および"12mer+PAM"の列がともに"1"であり，かつTTTT配列のないガイドRNAは緑色にハイライトされる（⑧）．CRISPRdirectが推奨する特異性の高いガイドRNAの候補である．

● CDSの範囲内にあるものを選択する．

以上を満たすように，ヒトCBFB遺伝子の転写産物NM_001755.3のCDSを標的とするガイドRNAを4種類選択した（⑧）．

なお，1つの遺伝子に対して，標的配列の異なる複数のガイドRNAを設計して独立に実験を行えば，オフターゲット作用による影響か否かを実験的に判断することができる．

2. オフターゲット候補サイトの確認

CRISPR–Cas9によるオフターゲット作用は，ガイドRNAとの間にミスマッチがある場合や塩基の挿入や欠失（ギャップ）がある場合にも起こりうることが報告されている．CRISPRdirectではこのようなオフターゲット候補サイト[*12]の探索も可能である．

❶ オンターゲットサイトの確認

CRISPRdirectによる設計結果の表（図2B）から"20mer+PAM"の右側の[detail]（⑨）をクリックすると，"20mer+PAM"の配列を完全一致検索したときの結果が表示される（図3A）．本来の標的である16番染色体上のCBFB遺伝子に1カ所ヒットしており，これがオンターゲットサイトである．

❷ オフターゲット候補サイトの確認

検索で許容するミスマッチとギャップの最大数をボタンから指定することにより（図3B①），ミスマッチやギャップを含むオフターゲット候補サイトを表示することができる（図3B）．ミスマッチやギャップの位置は，それぞれ赤文字や赤のハイライトで示され一目瞭然となっている．

得られたオフターゲット候補サイトのリストは，オフターゲット作用の有無を実験的に検証する際にも活用できる．オフターゲット作用の実験的な確認はⅡ-3を参照されたい．

CRISPRdirectによるオフターゲット候補サイトの探索には，高速塩基配列検索GGGenome[*13][3)]の技術が使われているが，GGGenomeを直接利用してオフターゲット候補サイトを詳細に検索することもできる．例えば，N，R，Yなどあいまいな塩基を含む検索や，配列全体の4分の1程度までミスマッチやギャップを含む検索，ギャップを含まずにミスマッチのみを許容する検索など，さまざまな条件下で漏れのない検索が可能である（図3C）．

また，GGGenomeは図3C②に示す簡単な規則により検索の内容が固有のURLと1対1で対応している．検索に必要な情報をURLのなかですべて指定できるため，大量の検索を自動化するのに便利だ．詳しい使い方については，統合TV[*14][4)]による解説動画が用意されており，ヘルプページから確認することもできる．

3. 選択したガイドRNAの情報をまとめる

CRISPRdirectによる設計結果の表は，ページ最下部にあるタブ区切りテキストの出力を利用してExcel等に取り込むこともできる．このような機能を利用しながら，選択したガイドRNAの情報をまとめた一覧表を作製すると便利である．

[*12] 配列類似性が高くてもミスマッチやギャップがある場合には必ずしもオフターゲット作用が起こるわけではないため，実際のオフターゲットサイトと区別してここではオフターゲット候補サイトとよぶことにする．

[*13] https://GGGenome.dbcls.jp/
または"GGGenome"を検索．読み方は"ゲゲゲノム"．

[*14] https://togotv.dbcls.jp/
または"統合TV"を検索．

A Results:

Showing first 200 results for each strand of the query sequence.
Matches are highlighted with blue background. Mismatches and indels are marked in red.

chr16:67029149-67029171　▼67029149
GCGGCGGCGGCGGCGGCGGCGGCCGGGGGCGGTGAGCGCTGGGGCTGCGCGGGCGGCAGGCAACGGCTGAGGCGGCGGCGGCG

B

(0 mismatch/gap) | (≤1 mismatch/gap) | ① (≤2 mismatches/gaps) | more: 2 [show]

Results:

Showing first 200 results for each strand of the query sequence.
Matches are highlighted with blue background. Mismatches and indels are marked in red.

chr5:53480656-53480677　▼53480656
GACGTCCATTGAATCGCGCGGGCGGCCGGCGGCGAGCGC-GGGGCTGCGCCGGGATCGCTGCGCCCTCCGCCGCTGGCCTCTG

chr7:575274-575295　▼575274
TGTTGACACTGGGCATTCACGGCTGTGCTGGCTGAG-GCTGGGGCTGCGCTGGCTGGGTATGCGTCTCAGAGCACAGCTGCTG

chr8:121667509-121667529　▼121667509
GAGCCGTGGAACGGGGAGCGGCGCTTGTCTGG-GAG-GCTGGGGCTGCGCAGGAGCCCCCGGCGGGGGCGGGGCGGGGGCGAC

chr9:2017207-2017227　▼2017207
TTATCCGGGTTGCCGTTTGCTGCGGATGGTGGTGAGCGC-GGGGCTG-GCTGGGCTGCTTGGGGGGTGGGGTGGAGGGAAGTT

chr10:6580240-6580261　▼6580240
CCTGGAGCGAGCACGGCGCCGCTGCTGCCCGGTG-GCGCTGGGACTGCGCGGGGACTGCGCGGGGACTGCGCGGGGACTGGCG

C

超絶高速ゲノム配列検索　Help | English
GGGenome

[ ] (検索)

データベース：
[Human genome, GRCh38/hg38 (Dec, 2013)　　　　　🔍 ▾]

⦿ミスマッチ/ギャップを許容 ○ミスマッチのみ許容 ： [0] 塩基まで（検索する配列長の25%まで）
⦿双方向を検索 ○＋方向のみ検索 ○－方向のみ検索

検索例：

- [TTCATTGACAACATT] …… 塩基配列を検索
- 詳細な使い方

検索結果へのリンク：

② https://GGGenome.dbcls.jp/db/k/[str]/[nogap]/seq[.format][.download]
　　db：データベース；hg19, mm10, TAIR10, refseq 等
　　k：許容するミスマッチおよび挿入・欠失の数（未指定の場合0）
　　str：特定の方向のみ検索；＋，－（オプション）
　　nogap：挿入・欠失を考慮せずに検索（オプション）
　　seq：塩基配列
　　format：データベース；html, txt, csv, bed, gff, json（オプション）
　　download：ファイルとしてダウンロード（オプション）

Examples:
https://GGGenome.dbcls.jp/TTCATTGACAACATT
　　ヒトゲノム hg19 から TTCATTGACAACATT を検索

https://GGGenome.dbcls.jp/mm/2/nogap/TTCATTGACAACATTGCGT.txt
　　マウスゲノム mm10 からミスマッチのみ2塩基まで許容して
　　TTCATTGACAACATTGCGT を検索しタブ区切りテキストで出力

図3　塩基配列検索によるオフターゲット候補サイトの確認

□ 選択したガイドRNAの一覧表（表1）

● CRISPRdirectの結果（抜粋）

● 標的配列（PAMを3′側に統一）

　CRISPRdirectでマイナス方向に設計された標的配列については相補鎖をとり，PAMを3′側に揃えた．

● 遺伝子上の位置

　遺伝子名，Gene ID，転写産物のID，転写産物ごとの標的配列の位置，CDSの範囲にあるかどうかを記載．

● ゲノム上の位置

　アセンブリ，染色体，標的配列の位置，方向を記載．

　ここでは，図2B⑧で選択した4つのガイドRNAの情報をまとめた（表）．このうち3つはCBFB遺伝子の6種類の転写産物すべてを標的とし，残り1つは4種類の転写産物のみを標的としている．

　標的配列の位置に関する情報はCRISPRdirectの設計結果の表から得られるが，前述のGGGenomeを用いてRefSeq RNA（転写産物）またはゲノムに対して"20mer＋PAM"の配列を検索することにより簡便に確認できる．

おわりに

　CRISPRdirectは，PAMに隣接する特異性の高い配列を選択することによりCRISPR–Cas9のガイドRNA設計を支援するウェブツールである．CRISPRdirectはあえて多機能とせず，ガイドRNA設計に必要な最も基本的な機能のみを実装しているため，利用者側でさまざまな設計方針を考慮して候補を絞り込めるようになっている．また，ゲノム配列が公開されている生物種に広く対応しており，現在350種以上の生物種に対してガイドRNAを設計できる．

　特異性の高いガイドRNAの選択については，ガイドRNAの標的となる長さ20塩基の配列の特異性だけでなく，標的認識に寄与の大きいシード配列の特異性を重視しており，CRISPRdirectが推奨する特異性の高いガイドRNAの候補は緑色のハイライトで表示される．さらに，各ガイドRNAが認識しうるミスマッチやギャップを含むオフターゲット候補サイトを表示することにより，特異性の高いガイドRNAの設計や，設計されたガイドRNAの検証を可能としている．

　詳しい使用方法については，統合TVによる解説動画が公開されており，ヘルプページから確認することもできる．

◆ 文献

1 ）Naito Y, et al：Bioinformatics, 31：1120–1123, 2015
2 ）Naito Y & Bono H：Nucleic Acids Res, 40：W592–W596, 2012
3 ）内藤雄樹：実験医学, 32：3263–3264, 2014
4 ）小野浩雅：実験医学, 32：3209–3211, 2014

表　CBFB遺伝子に対するガイドRNA設計結果のまとめ（例）

| CRISPRdirectの結果 | | 標的配列 | ヒト遺伝子（RefSeq release 96）上の位置 | | | | | | | ヒトゲノム（hg38）上の位置 | | |
position +/-	taget sequence (PAMに下線)	(20mer + PAM)	遺伝子名	Gene ID	RefSeq ID	CDSの範囲	標的の位置	+/-	標的の分類	染色体	標的の位置	+/-
361-383　+	CCGGCCCCACGAGGAACGCCAGG	CCGGCCCCACGAGGAACGCCAGG	CBFB	865	NM_001755.3	260-808	361-383	+	CDS	chr16	67029750-67029772	+
					NM_022845.3	260-823	361-383	+	CDS			
					NM_001368707.1	260-706	361-383	+	CDS			
					NM_001368708.1	260-706	361-383	+	CDS			
					NM_001368709.1	260-691	361-383	+	CDS			
					NM_001368710.1	260-691	361-383	+	CDS			
365-387　−	CCCCACGAGGAACGCCAGGCACG	CGTGCCTGGCGTTCCTCGTGGGG	CBFB	865	NM_001755.3	260-808	365-387	−	CDS	chr16	67029754-67029776	−
					NM_022845.3	260-823	365-387	−	CDS			
					NM_001368707.1	260-706	365-387	−	CDS			
					NM_001368708.1	260-706	365-387	−	CDS			
					NM_001368709.1	260-691	365-387	−	CDS			
					NM_001368710.1	260-691	365-387	−	CDS			
399-421　−	CCTGCCGCGACGGGCCGCTCGGAA	TTCCGAGCGGCCCGTCGCGGCAGG	CBFB	865	NM_001755.3	260-808	399-421	−	CDS	chr16	67029788-67029810	−
					NM_022845.3	260-823	399-421	−	CDS			
					NM_001368707.1	260-706	399-421	−	CDS			
					NM_001368708.1	260-706	399-421	−	CDS			
					NM_001368709.1	260-691	399-421	−	CDS			
					NM_001368710.1	260-691	399-421	−	CDS			
505-527　−	CCGAGAGTATGTCGACTTAGAAA	TTTCTAAGTCGACATACTCTCGG	CBFB	865	NM_001755.3	260-808	505-527	−	CDS	chr16	67036719-67036741	−
					NM_022845.3	260-823	505-527	−	CDS			
					NM_001368708.1	260-706	505-527	−	CDS			
					NM_001368710.1	260-691	505-527	−	CDS			

Ⅱ 実践編

2 CRISPR-Cas9の作製法とプラスミドドナーの設計法・作製法

佐久間哲史

はじめに

CRISPR-Cas9によるゲノム編集の黎明期と言える2013年に，化膿レンサ球菌に由来するSpCas9のシステムが確立された．その後，より小型のCas9や，異なるタイプのCasタンパク質などさまざまな派生技術が生まれたが，オリジナルのSpCas9を凌駕する技術はいまだ存在せず，本稿執筆時点においても依然としてSpCas9がゲノム編集ツールのゴールドスタンダードとして君臨している．それゆえゲノム編集の技術開発を専門とする筆者らの研究室においても，2013年にブロード研究所のFeng Zhang博士らによって開発され[1]，Addgeneに寄託されたpX330ベクターを，（いくつかの独自の改変を加えつつ）現在も愛用している．したがって，本稿の前半で紹介するCRISPR-Cas9の作製法にも『今すぐ始めるゲノム編集』発刊当時[2]から特段の更新はなく，本項目については当該書籍のほぼ完全な再録となることをご了承いただきたい．

他方で，Ⅰ-4においても解説したように，SpCas9を用いた遺伝子ノックイン法については効率化や簡便化が進んでおり，ノックインの設計やドナーの作製を支援するツールも開発されている．そこで本稿では，ゲノム編集の基本となるCRISPR-Cas9ベクターの作製法を再録しつつ，ウェブツールを用いた遺伝子ノックインの設計法とドナーの作製法について，新たに詳細なプロトコールを提供する．

CRISPR-Cas9の作製法

SpCas9という基本システムが2013年当時から不変であるとはいえ，その使用においては状況が変化している面もある．大きく変わったのは，CRISPR-Cas9の「作製」そのものが不要になるケースが多くなっていることであろう．Cas9は組換えタンパク質を購入することができ，ガイドRNAについても化学合成されたcrRNAとtracrRNA，またはin vitro転写により作製されたsgRNAを受託合成によって得ることが可能となった．本書でも紹介されているように，動物胚でのゲノム編集や，培養細胞での変異導入ならば，これらのマテリアルを用いるのが常套手段とも言える状況となっており，もはや「作製法」の項目を必要としない用途も増えてきた．

しかしながら，特に培養細胞においてプラスミドドナーを用いた遺伝子ノックインを行

74　完全版　ゲノム編集実験スタンダード

う際には，ドナーをプラスミドベクターで導入する以上，CRISPR-Cas9もプラスミドベクターで調製し，混合して導入するのが最善策となる．また，本書でも紹介されているさまざまな応用技術（デアミナーゼによる塩基編集，エピゲノム編集，核酸イメージング，光操作など）を用いる場合には，改変が容易なプラスミドベクターを用いることが基本となる．

準　備

1. 大腸菌コンピテントセル

□ XL1-BlueやXL10-Goldなど

一般的なコンピテントセルであれば何でもよい．

2. プラスミド

□ pX330-U6-Chimeric_BB-CBh-hSpCas9（Addgene，#42230）

SpCas9に2A-GFPを融合させたpX458（#48138）や2A-Puroを融合させたpX459 V2.0（#62988）も利用可能である．また，複数箇所の同時改変や，後述するPITCh法によるノックインを行いたい場合は，Multiplex CRISPR-Cas9 Assembly System Kit（#1000000055）[3]またはそれに含まれる個々のプラスミドを入手して利用されたい．いずれのプラスミドもpX330をベースとしたものであり，ガイドRNAの鋳型配列を挿入する過程は共通である．ただしベクターによって使用すべき抗生物質が異なる場合があるため注意が必要である．

3. 合成オリゴDNA

標的とするゲノム配列に応じて設計（II-1）・注文する．

4. 酵素・キット類

□ DNAリガーゼ：Quick Ligation Kit（ニュー・イングランド・バイオラボ社，#M2200S）

本プロトコールでは，バッファーは付属の2×バッファーではなく，下記の10×T4 DNA ligaseバッファーを使用する．

□ バッファー：T4 DNA Ligase Reaction Buffer（ニュー・イングランド・バイオラボ社，#B0202S）

単独で購入する場合は上記カタログ番号で注文するとよい．カタログ番号M0202のT4 DNA Ligaseに付属するバッファーと同一である．

□ 制限酵素：BpiI（サーモフィッシャーサイエンティフィック社，#ER1011）

□ プラスミド抽出キット：GenElute HP Plasmid Miniprep Kit（シグマ アルドリッチ社，#NA0160-1KT）

5. その他試薬類

以下は分子生物学グレードであればメーカーは問わない.

□ Tris-HCl（pH 8.0）
□ 塩化マグネシウム（MgCl$_2$）
□ 塩化ナトリウム（NaCl）
□ 抗生物質（アンピシリン）
□ LB（Luria-Bertani）培地
□ Agar 粉末

プロトコール

　CRISPR-Cas9ベクターの作製は，合成オリゴのアニーリングとベクターへの挿入によって完了する. 設計が確定し，合成オリゴを発注した日を0日目とすると，届くのが翌日（1日目）であり，アニーリングからベクターへの挿入，大腸菌への形質転換までをその日のうちに済ませれば，プラスミドが得られるのは最短で3日目である.

　本稿で紹介するCRISPR-Cas9の作製法は，いわゆる一般的な制限酵素消化とライゲーションによるクローニング法とは異なり，TALENの作製においてよく用いられるGolden Gate法の変法とも言うべき手法を採用している. すなわちベクターとなるpX330プラスミドをあらかじめ制限酵素処理・電気泳動・抽出精製するのではなく，未処理のpX330プラスミドとアニーリングした合成オリゴを混合した溶液中に，制限酵素とリガーゼを同時に加え，消化とライゲーションを一括で行う手法である. この手法を用いれば，pX330の下処理の必要がなく，大腸菌に形質転換するまでの全作業をPCRチューブ内で済ませられる上，成功率も非常に高い.

1. 合成オリゴの設計

　標的とするゲノム配列に対応する合成オリゴDNAを設計し，任意の受託合成業者に発注する. 合成オリゴを設計する際には，PAM（NGG）の5′側に隣接する20塩基に，BpiIの突出末端に合うようにアダプター配列を付加すればよい（PAMを含めないよう注意する）. また，PAMの上流20塩基目がG以外である場合には，U6プロモーターからの転写に必要なGを標的配列の5′側（PAMの上流21塩基目に相当する位置）に付加する必要がある（図1）.

76　　完全版　ゲノム編集実験スタンダード

PAM の上流 20 塩基目が G の場合　　　　　PAM の上流 20 塩基目が G 以外の場合

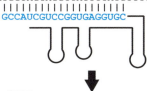
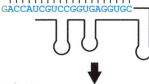

図 1　合成オリゴ DNA の設計法
赤文字で示した PAM 配列の 5′側 20 塩基分（青文字）＋付加配列が基本となるが，標的配列によっては G の付加が必要となる（右パネル，緑文字）．文献 2 より引用．

2. 合成オリゴのアニーリング

❶ 合成したセンス鎖，アンチセンス鎖の 2 本のオリゴ DNA を，PCR チューブ内で以下の組成で混合する．

10×アニーリングバッファー*1	1 μL
センスオリゴ（50 μM）*2	1 μL
アンチセンスオリゴ（50 μM）*2	1 μL
滅菌水	7 μL

❷ チューブをサーマルサイクラーにセットし，以下のプログラムを実行する．

3. pX330 ベクターへの挿入

2. で調製したアニーリング済オリゴを用いて，CRISPR–Cas9 の発現ベクターを作製する．

❶ PCR チューブ内で以下の組成の反応液を調製する．まず } で囲った溶液以外を，全サンプル分チューブに加えていき，最後に } 内の酵素・バッファーについて必要量分のプレミックスを作製し，1.2 μL ずつ各サンプルに添加するとよい．

*1　400 mM Tris-HCl（pH 8），200 mM MgCl₂, 500 mM NaCl
*2　TE または滅菌水に溶解．

□ 変法Golden Gate反応

pX330ベクター (25 ng/μL)	0.3
アニーリング済オリゴ	0.5
10×T4 DNA ligaseバッファー	0.2 ⎫
BpiI	0.1 ⎬ プレミックス
Quick ligase	0.1 ⎭
滅菌水	0.8
Total	2 (μL)*3

❷ ❶の反応液を含むPCRチューブをサーマルサイクラーにセットし,以下のプログラムを実行する*4.

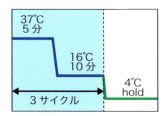

❸ チューブを取り出し,下記のプレミックスを作製して各サンプルに加える.バッファーはBpiIに付属する.

10×Gバッファー	0.2 μL
BpiI	0.1 μL

❹ 再びサーマルサイクラーにチューブをセットし,以下のプログラムを実行する.

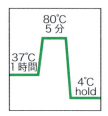

❺ チューブを取り出し,反応産物の一部(0.5〜1 μL程度でよい)を用いて大腸菌(XL1-BlueやXL10-Goldなど)を形質転換し,アンピシリンプレート上で一晩培養する.

❻ 各サンプルにつきコロニーを2つ程度ずつ拾い,一晩ミニカルチャー後,プラスミドを抽出する.

4. BpiIによるオリゴの挿入の確認

オリゴの挿入によるpX330ベクター上の塩基長の変化はごくわずかであり,コロニーPCR等によってカルチャー前にオリゴの挿入の有無を確認することは困難である.よって筆者らは目的のオリゴが挿入されているかどうかをプラスミド抽出後の制限酵素処理によって確認している.オリゴが挿入されると,pX330上のBpiI認

*3 この条件でうまく動かない場合は,4〜10 μLにスケールアップする.
*4 この条件でうまく動かない場合は,サイクル数を増やす.

識配列が取り除かれるため，BpiIで切断されなくなる．これによって簡易的にオリゴの挿入を確認できる．実験結果の項に実際の泳動像を示す．より確実に挿入した配列を確認したい場合は，DNAシークエンシングを行うことが望ましい．

トラブルへの対応

■目的のオリゴが挿入された産物が得られない

実験系そのものが動いていない場合は，プロトコール中の注釈にも記載したように，スケールアップしたりサイクル数を増やしたりして対処する．また本法では，プラスミドの切断とライゲーションを同じチューブ内で一気に行うため，プラスミドの精製度や制限酵素・リガーゼの活性変化の影響を受けやすい．キットや酵素は推奨のものを使用し，活性の低下が疑われる場合は酵素を新調するとよい．

特定のオリゴだけがうまく入らない場合は，標的配列中にBpiIの認識配列が存在する可能性がある．この場合は，標的配列を変更するか，本法ではなく常法による制限酵素消化・ライゲーションを行うことで対処する．常法によるオリゴの挿入法については，II-6等を参考にされたい．

実験結果（CRISPR-Cas9の作製）

合成オリゴ挿入後のBpiIによるチェックの実施例を図2に示す．合成オリゴを挿入したベクターはBpiIによる切断を受けないため，プラスミドのスーパーコイルの状態に応じて移動度の異なる複数のバンドが現れる．本実験を行う際には，BpiIがきちんと活性を有するかどうかを確認するため，コントロールとして必ずオリゴ挿入前のpX330ベクターを同時にBpiI処理し，完全消化されることを確認する必要がある．

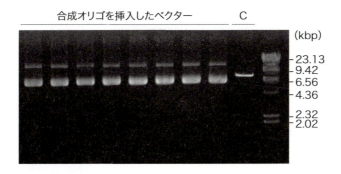

図2　CRISPR-Cas9作製の実施例
完成したCRISPR-Cas9の発現ベクターとコントロールのpX330ベクターをBpiI処理し，アガロースゲル電気泳動によって分離した．コントロールでは消化されて1本のバンドが得られるのに対し，オリゴを挿入したベクターでは無傷のプラスミドを泳動したパターンとなっている．文献2より転載．

プラスミドドナーの設計法・作製法

レポーター遺伝子の挿入など，外来遺伝子のノックインのためには，CRISPR–Cas9 とともにドナーDNA が必要となる．ここからは，筆者らが開発したウェブツール「PITCh designer 2.0」[4] を利用した遺伝子ノックインの設計法と，In-Fusion 法を利用したプラスミドドナーの作製法（図3A）について記載する．

準備

1. 大腸菌コンピテントセル

☐ XL1–Blue や XL10–Gold など
一般的なコンピテントセルであれば何でもよい．

2. プラスミド

☐ pCRIS–PITChv2–FBL（Addgene，#63672）
内在遺伝子座に EGFP–2A–Puro を挿入する場合は本ベクターを用いるとよい[5]．挿入したい配列に依存して，任意のプラスミドドナーを準備する．なお，実際に培養細胞で遺伝子ノックインを行う際には，ドナーベクターとともに CRISPR–Cas9 ベクターが必要になる．特にわれわれは，Cas9，ゲノム切断用 sgRNA，ドナー切断用 sgRNA

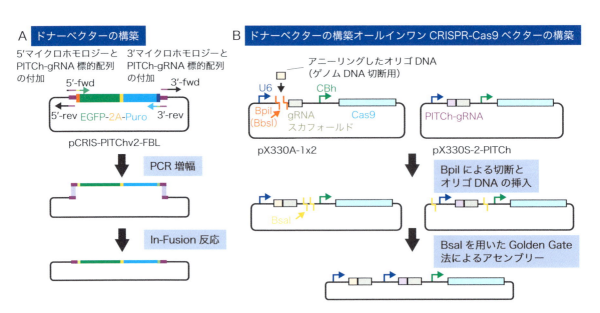

図3 A）PITCh 法に用いるドナーベクターと B）オールインワン CRISPR-Cas9 ベクターの作製法
本稿では，Aの作製法とBの一段階目（BpiI による切断とオリゴDNAの挿入）のプロトコールを記載する．

をすべて単一のプラスミドから発現するオールインワン CRISPR–Cas9 ベクター（図 3B）の使用を推奨している．本ベクターの作製法については文献[5]を参照されたい．

3. 合成オリゴ DNA（プライマー）

　　PITCh designer 2.0 によって自動設計されるドナーベクター作製用プライマーおよびジェノタイピング用プライマーが必要となる．CRISPR–Cas9 をプラスミドベクターで発現させる場合は，前述のプロトコールで使用する sgRNA の鋳型オリゴも必要である（この配列も自動設計される）．さらに，作製したドナーベクターの配列を確認するためのシークエンシング用プライマーがあるとよい（この配列は自動設計されない）．

4. 酵素・キット類

□ PCR 酵素：PrimeSTAR Max DNA Polymerase（タカラバイオ社，#R045A）

ハイフィデリティー酵素を使用する．PrimeSTAR GXL DNA Polymerase（タカラバイオ社，#R050A）や KOD One PCR Master Mix（東洋紡社，#KMM–101）なども使用可能．サイクル条件は選択する酵素によって最適化が必要となる．

□ DNA 精製キット：Wizard SV Gel and PCR Clean–Up System（プロメガ社，#A9281）

□ In–Fusion キット：In–Fusion HD Cloning Kit（タカラバイオ社，#639648）

同様の原理の他社キット（ニュー・イングランド・バイオラボ社の Gibson Assembly マスターミックスなど）も使用可能である．

□ プラスミド抽出キット：GenElute HP Plasmid Miniprep Kit（シグマ アルドリッチ社，#NA0160–1KT）

細胞に導入する手法やスケールに依存して，適切なキットを選択する（Miniprep, Midiprep, Maxiprep など）．

5. その他試薬類

　　以下は分子生物学グレードであればメーカーは問わない．

□ 抗生物質（pCRIS–PITChv2–FBL を用いる場合はアンピシリン）

□ LB（Luria–Bertani）培地

□ Agar 粉末

□ Agarose 粉末

□ 泳動バッファー（TAE, TBE など）

□ 核酸染色試薬（エチジウムブロマイドなど）

> ▓▓▓ プロトコール ▓▓

本稿では，ヒト細胞において任意タンパク質のC末端にEGFPを融合させる目的で，内在遺伝子座の終止コドン直前にEGFP–2A–Puroを挿入する場合の手順を記載する．

1. PITCh designer 2.0 を用いたノックインの設計

❶ PITCh designer 2.0ウェブサイト（http://www.mls.sci.hiroshima–u.ac.jp/smg/PITChdesigner/index.html）[*5]にアクセスする．

❷ ノックインしたい領域周辺のゲノム配列[*6]を入力する．

❸ 目的に応じて下記のパラメーターを設定し，Submitする．
- ・Reading frame：入力した配列がコード配列である場合，本項目で読み枠を設定することで，アミノ酸配列を参照しながら設計を検討することができる．コード配列でない場合は「No frame」を選択する．
- ・Adjustment of reading frame：例えばコード領域にEGFPを挿入する場合，元のゲノム遺伝子の読み枠とEGFPの読み枠を合わせる必要がある．その際にCの挿入によって調整するのが「C–insertion method」であり，余剰な塩基を削除する形で調製するのが「Codon deletion method」である．
- ・Knock–in cassette：pCRIS–PITChv2–FBLを用いる場合は「EGFP2APuroR」を選択する．その他のベクターの選択や任意配列の定義も可能である．
- ・Length of left microhomology, Length of right microhomology：10〜40 bpの範囲で設定できる．デフォルトは40であり，特別な理由がない限り40のままでよい．
- ・PAM sequence requirement：デフォルトはNGGであり，SpCas9を使用する限り本項目も変更する必要はない．
- ・Species：入力する配列の生物種を選択しておくと，Ⅱ–1に記載のCRISPRdirectを用いた特異性チェックが可能となる．設計するだけであれば入力は必須ではない．
- ・Advanced options：ジェノタイピング用プライマーのTm値やCG％を変更したい場合に設定する．

❹ 画面下部に，入力した配列がボタンとなって現れる．灰色の部分（入力した配列の末端部分）はマイクロホモロジーの設計ができないため選択できない．また，水色の部分は周辺にPAM配列が存在しないため選択できない．ノックインしたい領域において選択可能なポジションのボタンを押下する．

❺ ノックインの自動設計が完了し，sgRNAやマイクロホモロジー

*5 「PITCh designer」と検索すれば左記ページがヒットする．キャプチャー画像はⅠ–3を参照されたい．

*6 入力できる配列の長さは，100 bpから15,000 bpまでである．ノックインしたい箇所の上流50 bpおよび下流50 bpの配列は最低限含まれるように入力することが好ましい．ジェノタイピング用プライマーの設計も行う場合は，上流・下流ともに数百bp程度の配列が必要となる．

82　　完全版　ゲノム編集実験スタンダード

のイメージ図が表示される．「Detail」ボタンを押下すると，設計された配列が画面上で確認でき，後述するドナーベクター作製用プライマーによるsgRNA標的配列とマイクロホモロジー配列の付加のイメージも表示される．また，「Download summary」ボタンより，同配列情報をCSVファイルで保存できる．自動設計される配列には下記の情報が含まれる．

- sgRNA target sequence（plus strand）：PAMを含むsgRNAの標的配列を示す．画面上ではPAMが赤字で表示される．また，設計の際に生物種を入力していれば，sgRNAの特異性チェックのためのリンクも表示される．
- Left microhomology, Right microhomology：それぞれ左側と右側のマイクロホモロジーの配列をあらわす．
- 5′ forward primer, 5′ reverse primer, 3′ forward primer, 3′ reverse primer：ドナーベクターの作製に用いるプライマーの配列が出力される．
- 5′ sequence of knock-in targeting vector, 3′ sequence of knock-in targeting vector：上記プライマーによって形成されるドナーベクターの5′側および3′側の配列が表示される．ドナーベクター作製後の配列確認の際に有用である．
- Sense oligonucleotide, Antisense oligonucleotide：本稿前半に記載したpX330ベクターに挿入するオリゴDNAの配列を示す．なお，これらのオリゴDNAはゲノム遺伝子上の標的配列を切断するためのものであり，PITCh法による遺伝子ノックインを適用する際には，ドナーベクターを切断するためのsgRNAを別途発現させる必要がある点に注意が必要である．
- Best sequence of outer left primer, Best sequence of outer right primer, Best sequence of inner left primer, Best sequence of inner right primer：自動設計されたジェノタイピング用プライマーのうち，最も推奨されるプライマーが表示される．ページ最下部「Primer View for genotyping」にて，その他のプライマー配列候補も確認することができる．
- Whole sequence of knock-in targeting vector：ドナーベクター全長の完成配列が出力される．

2. ドナーベクターの作製

❶ pCRIS-PITChv2-FBLプラスミドを鋳型として，設計された配列のプライマーを用いた下記のPCR反応液を調製する．

pCRIS-PITChv2-FBL（1 ng/μL）	0.5
計10 μM（各5 μM）プライマーセット[*7]	1
PrimeSTAR Max Premix（2×）	5
滅菌水	3.5
Total	10（μL）

❷ 上記の反応液を含むPCRチューブをサーマルサイクラーにセッ

[*7] 5′ reverseプライマーと3′ forwardプライマーの組合わせでベクターを，5′ forwardプライマーと3′ reverseプライマーの組合わせでインサートを，それぞれ別々に増幅する．

トし，以下のプログラムを実行する．

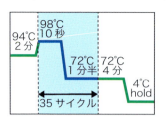

❸ 1％アガロースゲルで分離し，エチジウムブロマイド染色後，目的のベクターとインサートのバンドを切り出す．

❹ Wizard SV Gel and PCR Clean-Up Systemを用いてベクターとインサートのDNAを精製する．

❺ In-Fusion HD Cloning Kitを用いて精製したベクターDNA断片とインサートDNA断片を連結する．

❻ 反応産物の一部を用いて大腸菌を形質転換し，アンピシリンプレート上で一晩培養する．

❼ コロニーを数個程度ずつ拾い，一晩ミニカルチャー後，プラスミドを抽出する．

 トラブルへの対応

■**PITCh designer 2.0で，ノックインしたい領域周辺が選択不可（水色）になる**

　　目的の領域周辺にPAM配列（NGG）が存在しないことが原因である．この場合はより上流で設計可能な箇所を探すとよい．この場合，切断箇所以降のcDNA配列をノックインするインサート配列に含める必要が生じる．また，これによりゲノム切断用のsgRNAがしばしばドナーベクター上にも出現するので，ドナーベクターの当該箇所が切断されないように，付加したcDNA配列内にはサイレント変異を導入しなければならない．この辺りは自動設計ではカバーできないので，各自でPITCh designer 2.0の設計を調整し，対応されたい．

■**ドナーベクター作製用PCRによってベクター断片とインサート断片をうまく増幅できない**

　　サイクル条件やPCR酵素の変更によって対応する．マイナーバンドが出た場合でも，目的の位置に出現したバンドを切り出して用いることで，目的のドナーベクターを作製可能である．

実験結果

　　本稿に記載の手法でドナーベクターを作製し，ヒト細胞での遺伝子ノックインを行った結果（蛍光顕微鏡像）を図4に示す．この例では，*FBL*遺伝子座にEGFP-2A-Puroカセットを挿入することで，核小体を可視化している．

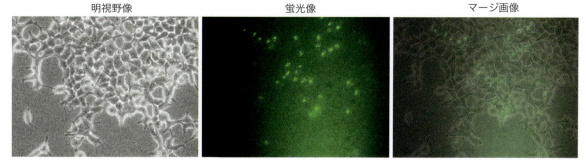

図4 本プロトコールに基づいて作製したドナーベクターを用いた遺伝子ノックインの実施例
HEK293T細胞において，*FBL*遺伝子座へEGFP-2A-Puro遺伝子を挿入し，共焦点レーザー顕微鏡を用いて観察した．

おわりに

　本稿では，プラスミドDNAをベースとしたCRISPR-Cas9の発現ベクターとノックイン用ドナーベクターの作製方法を紹介した．RNPや一本鎖ドナーの利用がトレンドとなっている状況ではあるが，レポーター細胞を確実に作製したい場合や，複雑な遺伝子カセットを挿入したい場合など，プラスミドを選択すべき局面は依然として多く，今後もそのニーズがなくなることはないだろう．特にPITCh法では長鎖のホモロジーアームを付加する必要もなく，高効率なノックイン法を簡便に利用することができる．ゲノム編集では新たな手法が次々と報告されるために，魅力的なシステムが発表されるたび，とかく新手法に気移りしがちであるが，実際には確立された手法に基づいて着実に実施することが，何よりの近道であることもしばしばである．各々の実験目的に基づいて，とるべき選択肢を見極めた上で実験を行っていただきたい．

◆ 文献

1) Cong L, et al : Science, 339 : 819-823, 2013
2) 佐久間哲史：今すぐ始めるゲノム編集（山本 卓／編），pp46-60, 2014
3) Sakuma T, et al : Sci Rep, 4 : 5400, 2014
4) Nakamae K, et al : Bioengineered, 8 : 302-308, 2017
5) Sakuma T, et al : Nat Protoc, 11 : 118-133, 2016

Ⅱ 実践編

3 オフターゲット作用の検出・評価

鈴木啓一郎

はじめに

　CRISPR-Casをはじめとする人工ヌクレアーゼは，ゲノム中の標的配列を特異的に切断することができる．DNA切断により細胞内在性のDNA修復機構が活性化されるが，これを利用し標的遺伝子の改変を可能とする『ゲノム編集技術』が開発されてきた．当該技術の登場により，多種多様な生物・細胞種で標的遺伝子の破壊や遺伝子挿入が容易にできるようになってきた反面，標的配列以外の別のゲノム上の配列を切断してしまう現象が知られてきた．これは人工ヌクレアーゼによるオフターゲット作用とよばれ，意図せぬ突然変異が生じ，細胞・組織・器官・個体レベルで予想できない結果を引き起こす可能性がある．このため，当該リスクを最小限に抑えることやオフターゲット作用を正確に評価することが，ゲノム編集を利用した基礎研究や応用研究において大きな課題となっている．

　ゲノム編集ツールとして最もよく用いられているCRISPR-Casシステムは，ガイドRNA（gRNA）とよばれる標的配列と相同なRNA配列を含む短いRNAによって切断部位が誘導されるRNA誘導性のゲノム編集ツールであり，この中でも特に化膿レンサ球菌（*S. pyogenes*）由来のCas9（SpCas9）を利用したCRISPR-Cas9システムが最も多く使用されている[1) 2)]．SpCas9を用いた場合，PAM配列とよばれるNGG配列の5′側20塩基を認識してゲノムの標的配列を特異的に切断できる．その一方で，20塩基の標的配列のうちPAM配列に近い7〜12塩基のみが特異性を決定するために重要な配列であり，巨大なゲノムDNAを保持する哺乳動物細胞などでは十分特異性が得られず，非特異部位に切断や変異を生じさせるオフターゲット作用がみられる例が数多く報告されてきた[1) 3) 〜6)]．

　オフターゲット効果を評価する際に，まずデザインしたgRNAの標的配列に注目する．CRISPR-CasシステムはgRNAの標的配列に類似した配列を切断しやすい傾向があるためであり，gRNAをデザインする際にも，できるだけ類似配列がゲノムに存在しない配列を選定する必要がある．実際に，ヒトゲノムのプロモーターおよびエキソン領域に対してSpCas9を用いたゲノム編集を行う場合，デザイン可能なgRNAの内98.4％もの候補gRNAは3 bp以下のミスマッチをもつオフターゲット配列がゲノム上に存在することが知られている[7)]．このような標的配列と類似したゲノム上のオフターゲットの候補部位は，後述するオンラインツールを用いることで容易に予測可能である．

　しかしながら，実際にはオンラインツールで予測できる類似配列以外の部位に数多くの

86　　完全版　ゲノム編集実験スタンダード

オフターゲット部位が存在することが示された[8]〜[13]. ヌクレアーゼ活性をもつ部位に変異を入れた不活性型Cas9（dCas9）と標的配列を認識するgRNAを細胞内で共発現させ，抗体でdCas9を回収し，これに結合するゲノムDNAの配列を解析するChIP-seq法が開発され，dCas9/gRNAの結合する配列をバイアスなくゲノムワイドで解析することが可能となった. この結果，オンラインツールで予測できる類似配列以外の部位に数多くのオフターゲット部位が存在することが示された[8][9]. この結果を受け，これまでに多くの次世代シークエンサーを用いたバイアスのないゲノムワイドな解析方法が開発されてきた. 具体的には，ゲノム編集を施した細胞内で直接オフターゲット変異部位を検出するIDLV capture法，HTGTS法，GUIDE-seq法，DISCOVER-Seq法と，試験管内でCas9/gRNA複合体などのヌクレアーゼとゲノムDNAを混和し変異部位を検出するDigenome-seq法，SITE-seq法，CIRCLE-seq法等が開発されてきた. しかしながら前者は細胞にCas9/gRNAをトランスフェクション発現させるため，トランスフェクション効率に左右され細胞種間での再現性が不明である. 一方セルフリーシステムである後者はtransfection効率等さまざまなパラメーターを無視でき，よりdeepに解析が可能なため再現性に問題はないと考えられている. しかしながら細胞内でのクロマチン構造などの影響を受けないため，実際に細胞内でのオフターゲット部位と一致するかどうか不明な点もある.

　前述した方法の中で，特にGUIDE-seq法，Digenome-seq法，CIRCLE-seq法，DISCOVER-seq法はオフターゲット部位同定法として一般的な方法となりつつある（図1）[10]〜[13]. 一方で，こういったゲノムワイドなオフターゲット部位の解析には大容量の解析リード数が必要であり，例えばゲノム編集効率が低い生体内でゲノム編集を行った場合，直接ゲノム編集を施した組織由来のゲノムDNAを解析対象とし未知のオフターゲット部位を検出することは困難である. このため，生体内でのオフターゲットを評価するために，まずCIRCLE-seq法でgRNAのオフターゲット候補配列を同定し，それらの候補配列を後に解説するアンプリコンシークエンス法で変異率を決定するVIVO（verification of *in vivo* off-targets）法が開発されてきた[14].

　本稿では，CRISPR-Cas9システムのうち最も解析が進んでいる化膿レンサ球菌由来のCas9（SpCas9）を用いた実験系に対して，オフターゲット部位の同定法，ならびに実際のオフターゲット作用を評価するための次世代シークエンサーを用いた変異率同定法について解説する.

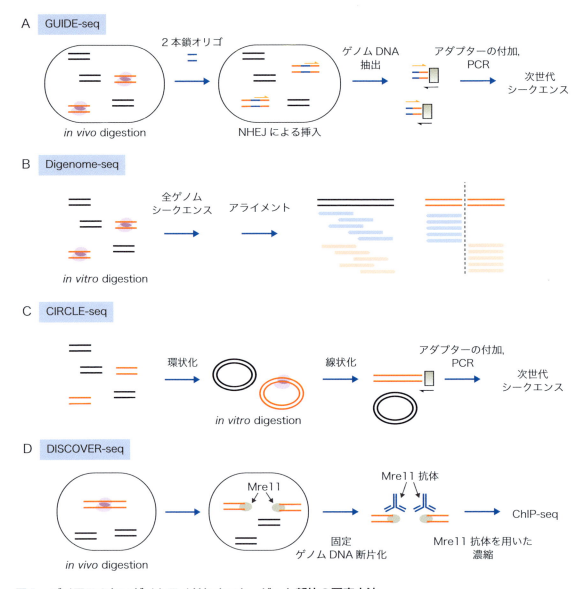

図1 バイアスのないゲノムワイドなオフターゲット部位の同定方法

A) GUIDE-seq (genome-wide, unbiased identification of DSBs enabled by sequencing): 修飾した2本鎖オリゴが染色体内のDSB部位に非相同末端結合 (NHEJ) により挿入される特性を利用した方法．2本鎖オリゴの挿入部位を同定するため，抽出したゲノムDNAを鋳型としてLAM-PCR (linear amplification mediated PCR) を行う．これを次世代シークエンスで解析することで，ゲノムワイドにオフターゲット配列が同定できる．B) Digenome-seq (in vitro nuclease-digested genomes whole genome sequencing): 細胞から抽出したゲノムDNAを試験管内でCas-gRNA複合体と反応させ，全ゲノムシークエンスを行う．Cas-gRNA複合体によって切断されるとシークエンスリードがそこで停止するため，高頻度でみられるシークエンスリードの末端部位をDSB部位として特定でき，オフターゲット配列が同定できる．C) CIRCLE-seq: 細胞から抽出したゲノムDNAを適当な大きさに切断し，ライゲース等処理により環状2本鎖DNAとする．Cas-gRNA複合体と反応させ，線状化されたDNA末端にアダプターを付加し，PCRで増幅する．これを次世代シークエンスで解析することで，ゲノムワイドにオフターゲット配列が同定できる．D) DISCOVER-Seq (discovery of in situ Cas off-targets and verification by sequencing): CasとgRNAを細胞内で発現させ，切断部位を含むゲノムDNAを抽出する．DSB末端周辺に集積するMre11タンパク質を認識する抗Mre11抗体を用いて回収し，そこに付随するゲノムDNA配列を次世代シークエンスで解析することで，DSB末端形成がみられるオフターゲット部位を同定できる．

> 準　備

1. オフターゲット候補部位の同定

オフターゲット作用を評価する際に，デザインしたガイドRNA (gRNA) の標的配列を基に，①ゲノムデータベースから標的配列と類似した配列を抽出し，オフターゲット候補配列とする方法と，②実験的にゲノムワイドなオフターゲット候補配列を同定する方法の2通りの方法がある．

1) オンラインツールを用いた予想されるオフターゲット部位の同定

オンラインツールを用い，標的配列と類似したゲノム上のオフターゲットの候補部位を同定する．これまでに公開されたCRISPR関連のオンラインツールは2019年7月現在で95個あり，WeReview (https://bioinfogp.cnb.csic.es/tools/wereview/crisprtools/) にリスト化されている．この中でも，すでにデザインしたgRNAに対するオフターゲット候補部位を調べるためには，Cas–OFFinder (http://www.rgenome.net/cas-offinder/)，CRISPOR (http://crispor.tefor.net)，CRISTA (http://crista.tau.ac.il/findofftargets.html) が有効である．図2にCRISTAを用いて同定したオフターゲット候補部位の検索例を示す．

2) バイアスのないゲノムワイドなオフターゲット部位同定方法

前述したオンラインツールを用いたオフターゲット部位同定法は，DNA配列情報を基にオフターゲット候補配列を検出できるバイアスのかかった解析方法である．一方で，バイアスなくゲノムワイドにオフターゲット部位を実験的に同定する方法が開発されてきている．この方法では，DNA導入効率の高い培養細胞もしくはセルフリー系でCasタンパク質とgRNAを反応させ，実際に2本鎖DNA切断もしくはindelの生じた配列を網羅的に同定する．この中でも，VIVO法にも応用されているCIRCLE–seq法の詳細なプロトコールが報告されており[15]，最近開発されたDISCOVER–Seq法の詳細なプロトコールもweb上に公開されている（https://www.protocols.io/view/discover-seq-mre11-chip-seq-uvuew6w）．紙面の都合からもこれらのプロトコールを参照していただきたい．

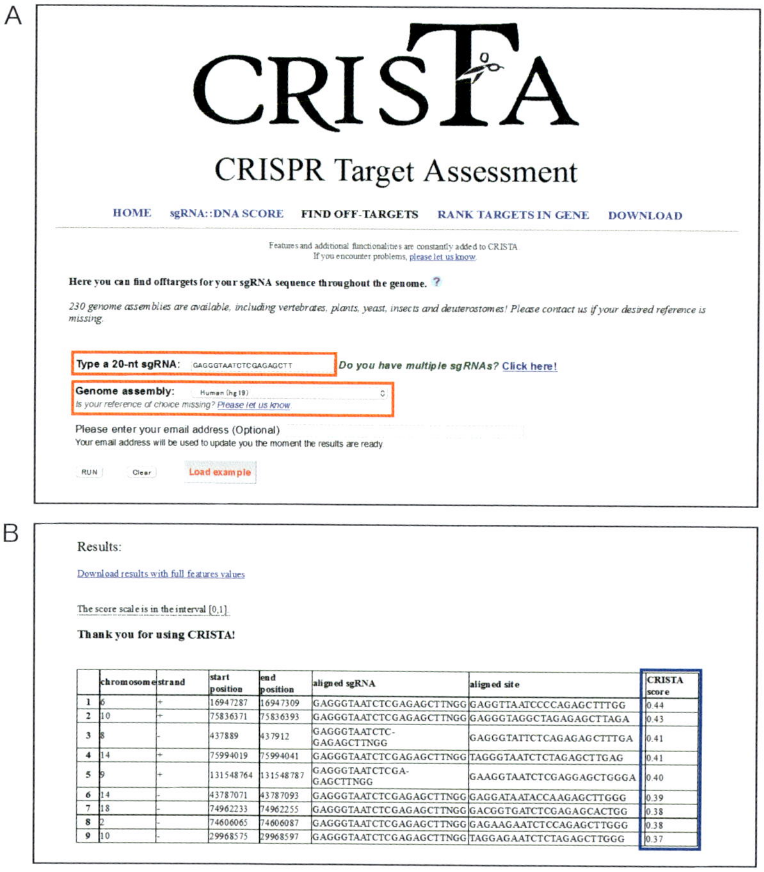

図2 CRISTAを用いたオフターゲット候補部位の同定

A）オンラインツールCRISTAにgRNA標的配列とReference genomeを入力することで，予想されるオフターゲット候補部位が表示され，結果をCSVファイルにダウンロードできる．CRISTA scoreの高い標的配列をオフターゲット候補配列とする．図中の赤で示したカラムに評価したいgRNA配列と参照としたい生物種を入力する．B）図中の青で示したカラムにスコアが表示される．

2. アンプリコンシークエンス法を用いた変異率同定の試薬と装置

前述のどちらかの方法で同定したオフターゲット候補部位を，それぞれPCRで増幅し，次世代シークエンスを用いることで，変異率を決定できる高感度の解析法であり，アンプリコンシークエンス法ともよばれる．本稿では一例として，Ion GeneStudio S5を用いた次世代シークエンサーを用いた解析法のプロトコールを解説する．

□ 標的配列増幅用オリゴDNA（サーモフィッシャーサイエンティフィック社）[*1]

1. オンターゲット部位（gRNAの標的部位）とオフターゲット部位

[*1] 通常の脱塩クレードでよい．

を含む形でPCR産物が200 bp以内となるようそれぞれ1対ずつ
のプライマーをデザインする．プライマーのデザインにはOligo
7（Molecular Biology Insights社）やプライマー3（http://
bioinfo.ut.ee/primer3-0.4.0/）を用い，Target Forwardと
Target Reverseとする．

2. デザインしたプライマー（Target ForwardとTarget Reverse）
に使用する次世代シークエンサーIon GeneStudio S5でサンプ
ル間を識別するバーコードとして10 ntの特異的な配列（Ion
Xpress Barcode＋GAT）をTarget Forwardに付加する．また
アダプター配列としてForwardプライマーにA adapterを，
ReverseプライマーにtrP1 adapterを付加する（図3）．

□ ゲノム編集した細胞，組織
□ DNeasy Blood & Tissue Kit（キアゲン社，#69504）
□ 小型微量高速遠心機Microfuge 20（ベックマン・コールター社）
□ NanoDrop One（サーモフィッシャーサイエンティフィック社）
□ T100サーマルサイクラー（バイオ・ラッド ラボラトリーズ社）
□ UltraPure DNase/RNase-Free Distilled Water（サーモフィッ
　シャーサイエンティフィック社，#10977015）
□ dNTP Mixture（各2.5 mM）（タカラバイオ社，#4030）
□ Q5 Hot Start High-Fidelity DNA Polymerase（ニュー・イン
　グランド・バイオラボ社，#M0493S）
□ 50×TAE（ニッポンジーン社，#313-90035）
□ アガロース（ナカライテスク社，#02468-66）
□ 10 mg/mL EtBr Solution（ニッポンジーン社，#315-90051）
□ 100 bp DNA Ladder（ニュー・イングランド・バイオラボ社，
　#N3231S）
□ 6×Gel Loading Dye（ニュー・イングランド・バイオラボ社，
　#B7024S）
□ 電気泳動装置Mupid-exU（Mupid社）
□ NucleoSpin Gel and PCR Clean-up（マッハライ・ナーゲル社，
　#740609.50）
□ 1×TE buffer（ニッポンジーン社，#314-90021）
□ 0.1×TE buffer（1×TE bufferをUltraPure DNase/RNase-
　Free Distilled Waterで10倍に希釈）
□ 2100バイオアナライザ（アジレント・テクノロジー社）
□ Agilent High Sensitivity DNAキット（アジレント・テクノロジー
　社，#5067-4626）
□ 次世代シークエンサーIon GeneStudio S5（サーモフィッシャー
　サイエンティフィック社）

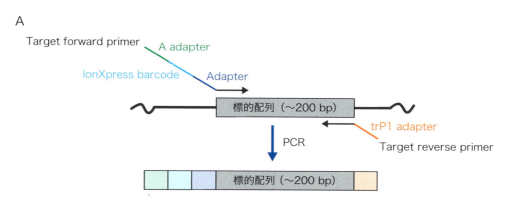

Name	Sequence
A adapter	CCATCTCATCCCTGCGTGTCTCCGACTCAG
trP1 adapter	CCTCTCTATGGGCAGTCGGTGAT
Adapter	GAT
IonXpress barcode	
1	CTAAGGTAAC
2	TAAGGAGAAC
3	AAGAGGATTC
4	TACCAAGATC
5	CAGAAGGAAC
6	CTGCAAGTTC
7	TTCGTGATTC
8	TTCCGATAAC
9	TGAGCGGAAC
10	CTGACCGAAC
11	TCCTCGAATC
12	TAGGTGGTTC
13	TCTAACGGAC
14	TTGGAGTGTC
15	TCTAGAGGTC
16	TCTGGATGAC

図3　PCRを用いたオフターゲット候補部位へのアダプター配列の付加
A) オンターゲット（標的配列）・オフターゲット候補配列に対し，末端にアダプター配列を付加したオリゴを用いて，標的部位をPCRで増幅する．B) 配列情報．IonXpress barcodeは複数のサンプルを同時にシークエンスする際に，区別するバーコード配列であり，サンプルごとに変える．

- ☐ ION 540 Kit-OT2（サーモフィッシャーサイエンティフィック社，#A27753）
- ☐ Ion OneTouch 2システム［Ion OneTouch 2 Instrument＋Ion OneTouch ES］（サーモフィッシャーサイエンティフィック社，#4474779）
- ☐ Dynabeads MyOne Stereptavidin C1 Megnetic Beads（サーモフィッシャーサイエンティフィック社，#65001）
- ☐ 低接着Non-stick RNase-free Microfuge Tubes 1.5 mL（サーモフィッシャーサイエンティフィック社，#AM12450）
- ☐ 0.2 mL 8連PCRチューブ＆キャップ（FastGene社，#FG-0028DC/SE）
- ☐ DynaMag-2 Magnet（ベリタス社，#DB12321）
- ☐ 電気泳動用2％アガロースゲル[*2]

*2 電気泳動する直前に作製する．

		（最終濃度）
50×TAE	100 mL	
アガロース	2 g	（2％）

↓
家庭用電子レンジでアガロースを完全に溶解
↓
60〜65℃に冷やす
↓

10 mg/mL EtBr Solution	5 μL	（0.5 μg/mL）

↓
電気泳動装置Mupid-exU付属のゲルメーカーに流し込み30分間静置

プロトコール

　次世代シークエンサーを用いたアンプリコンシークエンス法によりオフターゲット候補部位の変異率と同定し，オフターゲット作用を評価する．

1. DNA抽出

❶ オフターゲット作用を評価したいゲノム編集を行った細胞株や組織から，DNeasy Blood & Tissue Kitを使用し，製品プロトコールに従いゲノムDNAを抽出する[*3]．

❷ NanoDrop Oneを用い抽出したゲノムDNAの濃度を測定し，30 ng/μLに調整する．

*3 シークエンスやPCRの際に生じるエラー率を考慮に入れるため，コントロールとしてゲノム編集を施していないサンプルも準備することが望ましい．

2. ライブラリ調製

❶ 標的部位を増幅するため，PCR反応液を調製する．

UltraPure DNase/RNase-Free Distilled Water	29.5 μL
5×Q5 buffer	10 μL

2.5 mM each dNTP	4 μL
10 μM Forward プライマー	2.5 μL
10 μM Reverse プライマー	2.5 μL
Q5-HS polymerase	0.5 μL
30 ng/μL ゲノム DNA	1 μL
Total	50 μL

❷ 下記のサイクルでサーマルサイクラーを用いて PCR を行う．

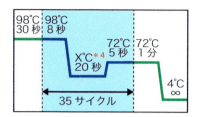

❸ 2.5 μL の PCR 産物に 0.5 μL の 6×Gel Loading Dye を加え，2% gel で泳動する．一番左のレーンに 2.5 μL の 100 bp DNA Ladder を泳動し，予想されるサイズのバンドのみが出現することを確認する．

❹ 残り 47.5 μL の PCR 産物を NucleoSpin Gel and PCR Clean-up kit を用い，製品プロトコールに従い精製する．最後は 30 μL の 0.1×TE buffer に溶出し，低接着 1.5 mL チューブに回収する[*5]．

❺ 上記の PCR 産物を UltraPure DNase/RNase-Free Distilled Water で 10 倍に薄め，Agilent High Sensitivity DNA キットを用い，製品プロトコールに従いサンプルをバイオアナライザ分析用に調製する．

❻ 2100 バイオアナライザを用い，PCR 産物のサイズ分布解析，定量，品質管理を行う（図 4）．

3. テンプレート調製

❶ ION 540 Kit-OT2 に含まれている Ion OneTouch 2 反応液調製試薬を用い，製品プロトコールに従い反応液を調製する．使用するライブラリーの濃度は上記のバイオアナライザの定量結果に従い，すべての sample を 100 pM に UltraPure DNase/RNase-Free Distilled Water を用いて調製し，すべての Sample を等量ずつ混合し[*6]，8 μL を使用する．

❷ 調製したライブラリを Ion OneTouch 2 instrument にアプライし，エマルジョン PCR を行う．

❸ サンプルを回収し，製品プロトコールに従い Ion OneTouch ES を用いて濃縮する．

*4 ゲノムにアニーリングする領域の Tm 値．NEB Tm Calculator（http://tmcalculator.neb.com/#!/main）で計算し，65℃ 以上にする．

*5 −20℃ で長期保存可能．

*6 PCR 産物に付加されているアダプター配列の違いによりサンプルを識別する．複数のライブラリーを混合することによりサンプルあたりのリード数は減少するが，数 10 サンプルであれば十分な量の解析データが得られるため，同時にシークエンス解析を行う．

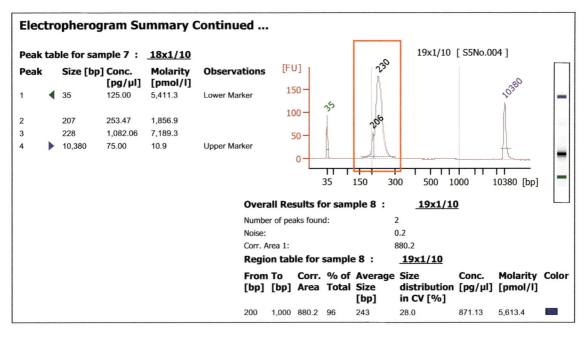

図4 バイオアナライザーを用いたクオリティーチェック
予想されるサイズ（赤い四角）のみPCR産物が増幅されているか確認する．同時にDNA濃度も測定する．

4. シークエンス

❶ 濃縮したサンプルを15分以内に回収し，ION 540 Kit-OT2に含まれる試薬を用いて製品プロトコールに従い反応液を調製し，付属の半導体チップにロードする．

❷ Ion GeneStudio S5を用いシークエンシングランを行う．

❸ 得られたシークエンスリードに含まれているIon Xpress Barcodeの配列情報を基に，付属のソフトにより自動でサンプルごとにシークエンスリードが分別される．分別された各サンプルのFASTQ fileを以降の解析に用いる．

5. 解析[*7]

❶ リードフィルタリング．fastp (https://github.com/OpenGene/fastp)[16] により，リードのクオリティフィルタリングを行う．一例としてフィルタリングはオプション '-l 50 -q 20 -5 -3' により，長さ50 bp以上，平均Phredクオリティスコア20以上でフィルタリングし，さらに両末端の低クオリティ配列をトリミングする．

❷ 変異解析．CRISPRpic (https://bioinformatics.chat/crisprpic)[17] により，リードに含まれる変異の分類および集計を行う．一例と

[*7] 解析の目的やシークエンスクオリティに合わせてその都度パラメーター等を変更する．今回は一例を示す．

して変異ウィンドウはオプション '-w 3' により，二本鎖切断から±3 bp のサイズで解析し，変異率を算出する．

トラブルへの対応

■**バンドが検出されない**

プライマー自体をデザインし直し，PCRをやり直す．もしくはPCR試薬をタカラバイオ社PrimeSTAR GXL DNA Polymeraseなど増幅効率の高いPCRキットに変更し，PCRをやり直す．それでも増幅されない場合はゲノムDNAを抽出し直す．

■**複数のバンドがみられる**

原因として，デザインしたプライマーがゲノム中の複数の部位に結合する可能性が考えられる．電気泳動し，予想されるサイズのバンドのみを回収し精製するか，プライマー自体をデザインし直し，PCRをやり直す．特にSINEやLINEなどのrepetitive sequence（くり返し配列）上にプライマーが結合すると非特異的に増幅された複数のPCR産物が現れる．あらかじめRepeatMasker（http://www.repeatmasker.org）等オンラインツールを用いくり返し配列をマークしておくことで，これを避けることができる．

実験結果

標的（オンターゲット）部位と図2で示したオンラインツールを用いて予想されたトップ4のオフターゲット部位をアンプリコンシークエンスし，変異率を算出した（図5）．この結果，オンターゲット部位では高効率にゲノム編集が起こっていたが，予想されたオフターゲット候補部位に対して変異はほとんど挿入されていない（コントロールとして同時に測定したゲノム編集してないサンプルの変異率とほぼ同程度である）ことが示唆された．

おわりに

オフターゲットのリスクをできるだけ抑えるためにも，まずWeReview（https://bioinfogp.cnb.csic.es/tools/wereview/crisprtools/）にリストアップされているgRNAデザインツールの中で複数のツールを使用し，オフターゲット配列ができるだけ少ないgRNAを選択することが推奨される．残念ながら，現時点ではCRISPR–Casのオフターゲット部位を完全に予測・抑制するオンラインツールは存在しないため，より詳細な解析が必要であればCIRCLE–seqなどゲノムワイド解析を行い，実験的にオフターゲット候補部位を同定する必要がある．最終的に，これらのオフターゲット候補部位を一つひとつアンプリコンシークエンス法を用いて実際の変異頻度を決定することでオフターゲット作用を正確に評価できるが，実際にどの程度の変異頻度なら安全であるかなど明確な基準は現時点では存在しない．このため，今後集積されるオフターゲットに関するデータから明確な基準が設定さ

A

	Name	on_target.cont	on_target.editing	off_target1.cont	off_target1.cont	off_target2.cont	off_target2.cont	off_target3.cont	off_target3.cont	off_target4.cont	off_target4.cont
Raw data	Total reads	4,794,062	3,978,641	723,007	2,050,851	1,914,815	3,493,565	2,772,400	3,728	2,678,663	3,643,310
	Mean length [bp]	121	119	81	78	103	103	95	89	100	98
	Q20 bases [%]	67.8	67.2	62.4	61.9	63.8	64.2	61.9	60.7	63.3	63.5
	Q30 bases [%]	0.7	0.7	0.8	0.8	0.9	0.9	1.1	0.9	0.6	0.7
Filtering	Filtered reads	3,650,393	2,933,634	244,592	626,365	1,237,202	2,286,300	1,414,441	1,703	1,673,300	2,290,356
	Q20 bases [%]	72.8	72.5	70.1	69.9	71.3	71.5	70.3	70.7	72.2	72.4
	Q30 bases [%]	0.8	0.8	1.2	1.1	1.0	1.0	1.4	1.2	0.8	0.8
CRISPRpic ±3bp selection	Analyzed reads	2,884,567	2,280,068	181,127	442,028	843,348	1,564,281	710,236	700	492,763	604,904
	WT [%]	99.909	78.289	99.696	99.699	99.904	99.890	99.548	99.286	99.663	99.644
	Substitution [%]	0.046	0.279	0.063	0.072	0.052	0.063	0.125	0.286	0.056	0.085
	Insertion [%]	0.040	2.415	0.064	0.072	0.034	0.035	0.091	0.143	0.082	0.066
	Deletion [%]	0.004	17.785	0.117	0.102	0.008	0.009	0.234	0.286	0.192	0.200
	Complex [%]	0.000	1.227	0.060	0.055	0.002	0.003	0.003	0.000	0.007	0.003
	NA [%]	0.000	0.005	0.000	0.000	0.000	0.000	0.000	0.000	0.000	0.000
Mutation (%)		0.091	21.711	0.304	0.301	0.096	0.110	0.452	0.714	0.337	0.356

B

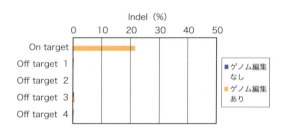

Target name	Sequence	Indel (%) −ゲノム編集	Indel (%) +ゲノム編集
On target	CAGGGTAATCTCGAGAGCTTAGG	0.091	21.711
Off target 1	GAGGTTAATCCCCAGAGCTTTGG	0.304	0.301
Off target 2	GAGGGTAGGCTAGAGAGCTTAGA	0.096	0.110
Off target 3	GAGGGTATTCTCAGAGAGCTTTGA	0.452	0.714
Off target 4	TAGGGTAATCTCTAGAGCTTGAG	0.337	0.356

図5 シークエンス結果
A）シークエンスread数とCRISPRpicによる解析結果．B）オンターゲット部位とTop4オフターゲット候補部位の変異率．赤色の配列はgRNA認識配列と一致しない配列，アンダーバーはPAM配列を示す．

れることが望まれる．また，こういったオフターゲット作用の評価は，ゲノム編集技術を用いた個々の研究内容に対して必要不可欠な場合と重要度が低い場合に分けられる．例えば医療応用など予期せぬ変異を許容しない目的に対しては必要不可欠な検査項目だが，基礎研究目的では，クローン間もしくは異なったgRNA間で共通なオフターゲット作用はほとんどみられないことから，標的配列が編集されたクローンを複数細胞（個体）解析すること，もしくは複数のgRNAで編集したクローンを比較することでオフターゲット効果による影響をほぼ排除できる．このように目的に応じてオフターゲット解析法を選択することが重要である．

◆ 文献
1) Cong L, et al：Science, 339：819–823, 2013
2) Mali P, et al：Science, 339：823–826, 2013
3) Jinek M, et al：Science, 337：816–821, 2012

4) Sapranauskas R, et al：Nucleic Acids Res, 39：9275–9282, 2011
5) Semenova E, et al：Proc Natl Acad Sci U S A, 108：10098–10103, 2011
6) Jiang W, et al：Nat Biotechnol, 31：233–239, 2013
7) Bolukbasi MF, et al：Nat Methods, 13：41–50, 2016
8) Wu X, et al：Nat Biotechnol, 32：670–676, 2014
9) Kuscu C, et al：Nat Biotechnol, 32：677–683, 2014
10) Tsai SQ, et al：Nat Biotechnol, 33：187–197, 2015
11) Kim D, et al：Nat Methods, 12：237–243, 2015
12) Tsai SQ, et al：Nat Methods, 14：607–614, 2017
13) Wienert B, et al：Science, 364：286–289, 2019
14) Lazzarotto CR, et al：Nat Protoc, 13：2615–2642, 2018
15) Akcakaya P, et al：Nature, 561：416–419, 2018
16) Chen S, et al：Bioinformatics, 34：i884–i890, 2018
17) Cho SW, et al：bioRxiv：doi：http://dx.doi.org/10.1101/416768, 2018

Ⅱ 実践編

4 CRISPRライブラリーを用いた遺伝子スクリーニング法

遊佐宏介

はじめに

　順遺伝学的手法は，既知の情報に基づいた作業仮説を設定せずに，着目している表現型にかかわる遺伝子群を網羅的に同定する研究手法であり，順遺伝学的スクリーニング（forward genetic screening）ともよばれる．酵母や線虫，ショウジョウバエ等の下等モデル生物において1960〜1970年代に特によく用いられ，細胞周期や形態形成等の真核生物の基礎的生命現象にかかわる多くの遺伝子が発見され，その後の機能解析を通して分子基盤が明らかとされていった．実験手順としては，遺伝子の破壊（loss of function）あるいは過剰発現（gain of function）を全遺伝子に対して行い，着目している表現型を示した変異個体あるいは細胞を分離し，どの遺伝子が破壊あるいは過剰発現していたかを同定し，表現型と遺伝型との因果関係を確立させる．もっぱらloss of functionスクリーニングを通して劣性形質にかかわる遺伝子の同定を行うことが多いが，この場合，表現型を観察するには各遺伝子の全コピーを破壊する必要がある．これは，一倍体世代のある酵母ではランダム変異法により容易に行うことができるが，その他の二倍体生物では導入されたヘテロ接合型変異を交配を通してホモ接合型にする必要がある．線虫やショウジョウバエでは比較的簡単に交配を行うことができるが，哺乳類モデル動物マウスではかなり大掛かりな施設が必要となり，哺乳類培養細胞に至っては交配を行うことができない．

　このように，哺乳類培養細胞では遺伝子破壊を通した順遺伝学的手法の適用が難しく，RNA干渉による転写産物の配列特異的分解を通した遺伝子不活化法を用いたRNAiスクリーニングが2004年以降広く行われてきた．しかし，不完全な発現抑制やオフターゲット効果のため，期待されたほどの成果をあげたとは言えない．

　2013年に発表され，哺乳類細胞におけるゲノム編集技術に革命をもたらしたCRISPR–Cas9システムは，こうした哺乳類培養細胞において順遺伝学的手法を妨げる諸々の問題を一気に解決するツールであった．つまり，その高い配列特異性と高いDNA切断活性により各遺伝子の全コピー（がん細胞では3コピー以上の場合がある）を一気に破壊することが可能となった．またガイドRNA（gRNA）により配列特異性が規定されるため，ゲノム上の任意の位置への変異導入がZFNやTALENに比べ格段に容易になり，また低コストでのスケールアップも行えるようになった．

　われわれはこうしたCRISPR–Cas9システムがもつ優位性に着目し，これを順遺伝学的ス

クリーニングを実行するためのツールとして応用し，CRISPRスクリーニング法を開発するに至った[1]．スクリーニングツールの根幹となるのがレンチウイルスベクターを用いたCRISPRガイドRNA（gRNA）ライブラリーである．通常，各遺伝子あたり4〜6個のガイドRNAが設計されており，全遺伝子をカバーするライブラリーでは約10万種類のガイドRNAがプールされている[2]．

CRISPRスクリーニングの応用としては，次の3つにカテゴライズされる．

① 細胞の生存・増殖にかかわる遺伝子のスクリーニング
② 選択圧（薬剤，毒素，ウイルス等）のもとで，生存・増殖に影響を及ぼす遺伝子のスクリーニング
③ セルソーティングを用いて，マーカー（ノックインGFPレポーター，表面抗原等）の発現に影響を及ぼす遺伝子のスクリーニング

①の方法では，例えばがん細胞の増殖に必須の遺伝子を同定することができ，創薬の標的となる遺伝子を見つけることが可能である．また，②の方法では，毒素やウイルスの細胞表面受容体，ウイルスの複製にかかわる宿主因子，また抗がん剤に対する耐性や感受性を亢進させる遺伝子を同定することができる．③の方法は応用範囲が広く，フローサイトメトリーを用いて観察することのできるあらゆる表現型に適用することが可能である．一例をあげれば，マウスES細胞における未分化維持機構に関する遺伝子の同定で，われわれは，未分化特異的に発現するGFP（*Rex1*–GFP）を指標にGFP陽性，陰性分画を取得し両者を比較することでGFP発現を維持するのに必須な遺伝子，つまり未分化を維持するのに必須な遺伝子を同定した[3]．

スクリーニングを成功させるために特に重要となる因子が，ライブラリーのカバー率（集団中に，各gRNAあたり何個の分子あるいは細胞があるか）である．カバー率が低くなると，サンプリングエラーが大きくなり，gRNAが表現型を出したかどうかにかかわらずgRNAのカウントが大きく変動し，ノイズが高くなる．理論的には，常に500細胞/gRNA以上を常に保つことができればノイズはかなり抑えられるとされる[4]．しかし実際には，細胞の性質（単位面積あたりの細胞数や増殖速度，不均一性）やスクリーニングの内容（特にソーティングによる選択）によっては，このような高いカバー率を達成することは困難な場合が多い．本稿で示すプロトコール中でライブラリーのカバー率に注意を払う必要のあるステップは，**3.❶**ライブラリーの導入，**3.❸**感染細胞の濃縮，**3.❹**目的分画のソーティング，**4.❶**PCRに使用するゲノムDNA量である．実際には，実行可能性とスクリーニング精度の兼ね合いで各ステップのカバー率を決める必要があり，本プロトコールを参考にしてほしい．

また，細胞培養が比較的大規模となるので，15 cm dishやマルチレイヤーフラスコ等を使用し，あらかじめ実現可能な培養スケジュールを決めておく必要がある．

本稿では，さまざまな表現型解析が可能となるセルソーティングを用いたCRISPRスクリーニング法の手順を，われわれが実際に行ったレトロウイルスサイレンシング因子の同定を例[5]に紹介する．培養スケジュールは図1の通りである．

100　　完全版　ゲノム編集実験スタンダード

```
Day 0 ── ウイルス感染     *あらかじめ前日に細胞を捲き込むよりも，細胞とウイルスを同時に
                              捲き込む方が，再現性高く感染効率をコントロールすることができ
    1 ── ウイルス除去         る．捲き込み細胞数を調整して，2日後にコンフルエントになるよ
                              うにするとよい．ただし，BFP の発現が遅い場合は，日数を伸ばす．
    2 ── 細胞継代，感染細胞の濃縮（sort/puromycin）
    3 ──                   *本稿ではソーティングにより感染細胞の濃縮を行ったが，puromycin での
                              濃縮の方がより一般的である．ただし，puromycin の選択条件に関し，選
    4 ──                    択率と培養面積を検討し，効率のよい培養スケジュールを組むようにする．
    5 ── ソーティングによるスクリーニング
                          *本稿では，感染後5日目にソーティングによる選択を行った．
    *5日目以降も細胞を継代する場合，500 cells/gRNA（10万 gRNA ライブラリーなら各レプリケー
      ト 50×10^6 cells）を毎回捲き込み，ライブラリーカバー率を確保しつつ細胞を継代していく．
```

図1　培養スケジュール

ウイルスライブラリーの感染からソーティングに基づく選択までの培養スケジュール．ポジティブコントロール遺伝子のノックアウトの解析から5日目には MSCV-GFP サイレンシングが解除し GFP 陽性細胞が現れるとの予備実験より，ソーティングによるスクリーニングをライブラリーウイルス導入後5日目とした．

準　備

☐ Cas9 発現レポーターマウス ES 細胞

Cas9 発現 ES 細胞に MSCV-GFP レトロウイルスを感染させ，その後 GFP 発現が抑制されたクローンを複数選択し，既知のサイレンシング因子 Setdb1 をノックアウトすることで GFP が再び発現することが確認されたクローンをスクリーニング用に選んだ．文献5参照．この ES 細胞はフィーダー依存であるが，プロトコール中へのフィーダーの記載は省略した*1.

☐ マウス genome-wide CRISPR ライブラリー v2（Addgene，#67988；18,424 genes, 90,230 gRNAs）*2 2)

☐ ヒト genome-wide CRISPR ライブラリー v1（Addgene，#67989；18,010 genes, 90,709 gRNAs）*2 2)

☐ 293FT 細胞（サーモフィッシャーサイエンティフィック社，#R70007）

☐ ESC 培養液（マウス ES 細胞用）

KnockOut DMEM（サーモフィッシャーサイエンティフィック社，#10829018）
15％ FBS
1％ NEAA（サーモフィッシャーサイエンティフィック社，#11140050）
1％ GlutaMAX（サーモフィッシャーサイエンティフィック社，#35050061）
0.1 mM 2-mercaptoethanol（シグマ アルドリッチ社，#M3148）
1,000 U/mL LIF（メルク社，#ESG1107）

☐ D10 培養液（293FT 用）

DMEM（サーモフィッシャーサイエンティフィック社，#10313021）
10％ FBS
1％ GlutaMAX

*1　使用する細胞株はあらかじめ Addgene #68343, pKLV2-EF1a-Cas9Bsd-W 等を用いて Cas9 を発現させる必要がある．Cas9 活性レポーター〔Addgene #67980, pKLV2-U6gRNA5（gGFP）-PGKBF-P2AGFP-W〕を用いて，細胞集団中の Cas9 陰性細胞のコンタミをモニターし，80％以上が Cas9 陽性であることを確認しておく．表現型の検出に高い感度が必要な場合，さらに高い Cas9 陽性が望ましい．

*2　入手後，一度大腸菌に導入してライブラリーを増幅する必要がある．方法は Addgene のライブラリーのページ参照．

- □ (参考) 3-layer flask, 525 cm^2（コーニングインターナショナル社，#353143）
- □ (参考) 5-layer flask, 875 cm^2（コーニングインターナショナル社，#353144）
- □ トリプシン-EDTA（サーモフィッシャーサイエンティフィック社，#25200056）
- □ Lipofectamine LTX Reagent with PLUS Reagent（サーモフィッシャーサイエンティフィック社，#15338100）
- □ レンチウイルスパッケージングプラスミド

  psPAX2（Addgene，#12260）と pMD2.G（Addgene，#12259）
- □ カートリッジフィルター, 0.45 μm（サーモフィッシャーサイエンティフィック社，#723-2545）
- □ 0.1% gelatin（シグマ アルドリッチ社，#G1890；milliQ水 500 mL に 0.5 g gelatin を加えオートクレーブ）
- □ Polybrene, 10 mg/mL（サンタクルーズバイオテクノロジー社，#sc-134220）
- □ セルストレーナー, 40 μm（コーニングインターナショナル社，#352340）
- □ Blood & Cell Culture Maxi Kit（キアゲン社，#13362）
- □ DNeasy Blood & Tissue Kit（キアゲン社，#69504）
- □ Q5 Hot Start High-Fidelity 2x Master Mix（ニュー・イングランド・バイオラボ社，#M0494L）
- □ QIAquick PCR Purification Kit（キアゲン社，#28104）
- □ Elution buffer（キアゲン社のキットに添付のもの）
- □ KAPA HiFi HotStart ReadyMix（ロシュ・ダイアグノスティックス社，#KK2602）
- □ SPRI ビーズ, Agencourt AMPure XP beads（ベックマン・コールター社，#A63881）
- □ DynaMag-96 Side Magnet（サーモフィッシャーサイエンティフィック社，#12331D）
- □ 1st-round PCR プライマー[3][4]

  U1：5'-ACACTCTTTCCCTACACGACGCTCTTCCGATCTCT TGTGGAAAGGACGAAACA-3'

  L1：5'-TCGGCATTCCTGCTGAACCGCTCTTCCGATCTCTAA AGCGCATGCTCCAGAC-3'
- □ 2nd-round PCR プライマー：PE1.0 と mutiplexing PE2.0（文献6，Supplementary Table 1 参照）[3][4].
- □ gRNA シークエンスプライマー：5'-TCTTCCGATCTCTTGTGGA AAGGACGAAACACCG-3' [3][4]

[3] IDT の PAGE 精製グレードを使用.

[4] これらのプライマーは pKLV2-U6gRNA5-PGK-puroBFP-W を用いて作られたマウス/ヒト CRISPR ライブラリー v2 においてのみ有効. 他の研究者により作られたライブラリーには使えない.

□ index シークエンスプライマー：5′–AAGAGCGGTTCAGCAGGAA
TGCCGAGACCGATCTC–3′ *3*4

プロトコール

1. レンチウイルス作製

　細胞種に応じて必要なウイルス量は大きく異なる．あらかじめ予備実験を行って，必要量を概算し，適切なスケールでウイルスを作製する．異なる日に作ったウイルスはそれぞれタイター測定が必要になる．細胞数，DNA量，液量は表1を参照．

❶ －1日目：15～17時に293FT細胞を捲き込む．培養容器は0.1％gelatinコート（室温10分間）しておく．

❷ 0日目：15～17時に293FT細胞が70～90％コンフルエントであることを確認し，トランスフェクションを行う．まず，Opti-MEMにレンチウイルスベクター，psPAX2，pMD2.G，PLUS Reagentを加え，軽くボルテックスして，5分間室温にて静置．

❸ Lipofectamine LTXを加え，軽くボルテックスして，30分間室温にて静置．

❹ ❸の間に，培養液を交換しておく．

❺ DNA/Lipofectamine溶液を293FT細胞上に滴下し，最後にプレートを揺すって撹拌し，培養器へ戻す．

❻ 1日目：翌朝，培養液を新しいD10に交換し，培養を続ける *5.

❼ 2日目：15～17時ごろ，培養上清をシリンジで吸いとり，0.45 μm

*5　この時点でレンチウイルスが培養上清中に出てきているので，取り扱いに注意する．

*6　これらの捲き込み数で70～90％コンフルエントにならない場合は，細胞数を調整する．

表1　レンチウイルス作製のための各試薬量

Step	細胞／試薬	6 well plate (per well)	10 cm dish	15 cm dish
❶	293FT 細胞 *6	8×10^5	5×10^6	14×10^6
❷	Opti-MEM	500 μL	3 mL	8 mL
	レンチウイルスベクター	0.9 μg	5.4 μg	14.4 μg
	psPAX2	0.9 μg	5.4 μg	14.4 μg
	pMD2.G	0.2 μg	1.2 μg	3.2 μg
	PLUS Reagent	2 μL	12 μL	32 μL
❸	Lipofectamine LTX	6 μL	36 μL	96 μL
❹	D10 培養液	1.5 mL	5 mL	15 mL
❻	D10 培養液	2 mL	5 mL	25 mL

103

のカートリッジフィルターを付けて，培養上清をフィルターに通す．適宜，分注し，−80℃フリーザーに保存する[*7]．

2. ウイルスタイターの測定

❶ 1日目：Cas9発現ES細胞をトリプシン–EDTA処理によりディッシュから剥がし，ESC培養液で$4×10^6$ cells/mLに細胞濃度を調整し，polybreneを$8\ \mu$g/mLになるように加え，撹拌する[*8]．

❷ 1.5 mL tube 6本用意し，**1.❼**で得たウイルス溶液とESC培養液を表2の通り各チューブへ加える．

❸ 各チューブへ❶の細胞懸濁液を$250\ \mu$L（$1×10^6$ cells）ずつ分注し，ピペッティングで混合する．

❹ チューブを培養器へ入れ，30分間インキュベートする．10分ごとに軽くタッピングで撹拌する[*9]．

❺ 6 well plateに1.5 mL/wellでESC培養液を加えておき，インキュベートの終わった細胞/ウイルス懸濁液$500\ \mu$Lを各wellに加え，培養器に戻す．

❻ 2日目：翌朝，培養上清を除き，新しいESC培養液2 mLを加え，さらに培養を続ける．

❼ 3日目：細胞をトリプシン–EDTAで剥がし，遠心後，ESC培養液に再懸濁してフローサイトメトリーでBFPの発現を調べる[*10]．

❽ wellあたりのウイルス量とBFP陽性パーセンテージで検量線を描き，30％BFP陽性が得られるウイルス量$x\ \mu$L（6 well plateの1 wellあたり）を計算する．これに基づいて，表3を参考にスケールアップした場合に必要なウイルス量を算出する．

[*7] トランスフェクションがうまくいっている場合，多核細胞が観察される．これはVSV-Gが細胞表面に発現し，近傍の細胞と融合するためである．また，BFPの発現を観察することもできる（Leica Filter cube AやOlympus cube U-FUWを使用）．

[*8] マウスES細胞には最終濃度$4\ \mu$g/mL polybreneを用いているが，通常$8\ \mu$g/mLで使われることが多い．

[*9] フィーダーを用いるES細胞では，効率よくウイルス感染させるために必要なステップ．フィーダー非依存ES細胞や単一細胞培養の場合はこのステップを省略し，細胞とウイルスを直接培養容器で混合し培養器へもどす．

[*10] BFPが十分に発現するのにかかる日数は細胞種によって異なる．分裂の遅い細胞種では長くなる傾向があり，まず経時観察により最適の日数を調べる必要がある．一度も継代せずにBFPが発現するまで待つか，一度継代するかを決め，巻き込み細胞数を調整する．

表2 マウスES細胞でのタイトレーション（ウイルス量）

	Tube 1	Tube 2	Tube 3	Tube 4	Tube 5	Tube 6
Medium	$0\ \mu$L	$125\ \mu$L	$188\ \mu$L	$219\ \mu$L	$234\ \mu$L	$250\ \mu$L
Virus	$250\ \mu$L	$125\ \mu$L	$62.5\ \mu$L	$31.3\ \mu$L	$15.6\ \mu$L	$0\ \mu$L

表3 スケールアップ計算表

	培養面積	細胞数[*11]	培養液	ウイルス量
6 well plateの1 well	9.5 cm²	$1×10^6$	2 mL	$x\ \mu$L
15 cm dish	152 cm²	$16×10^6$	32 mL	$16x\ \mu$L
T875（5-layer flask）	875 cm²	$92×10^6$	184 mL	$92x\ \mu$L

[*11] ここではマウスES細胞の数を示す．使用する細胞株によって適切な細胞数を使う．

3. 変異細胞ライブラリーの作製からソーティングによるスクリーニング

❶ 0日目：ライブラリーの感染．Cas9発現ES細胞をトリプシン–EDTAで剥がし，遠心後，細胞ペレットをESC培養液に懸濁して細胞カウント．50 mL tubeに32×10⁶細胞と必要なウイルス量を合わせて16 mLになるようにESC培養液を加える（液量が多くなる場合は，ウイルスを加える前に細胞を再遠心して濃縮する）．Polybreneを最終濃度4 µg/mLになるように加え，培養器内37℃で30分間インキュベート．10分ごとに軽く撹拌する．あらかじめ2枚の15 cm dishに24 mLのESC培養液を加えておき，それぞれに8 mLの細胞/ウイルス液を加え，撹拌し，培養器へ戻す（表3の通り，合計の液量32 mL per 15 cm dish）．

❷ 1日目：翌朝，ウイルスの入った培養液を除き，新しいESC培養液32 mLを加え，さらに培養．

❸ 2日目：感染細胞の濃縮．各15 cm dishにトリプシン–EDTA 4 mLを加え，37℃，5分間インキュベートし，培養液10 mLを各ディッシュに加えて細胞を剥がし，50 mLチューブへ集める．10 mLの培養液に懸濁し（10〜15×10⁶ cells/mL），ストレーナーに通した後，ソーターにてBFP⁺/GFP⁻細胞（図3A参照）を回収し，培養を続ける．ソートを行う時にBFP⁺細胞が25〜40％の範囲内であることを確認する．必要に応じて，継代し，細胞を増やす[*12][*13]．

❹ 5日目：細胞をトリプシン–EDTAで剥がし，遠心後上清を除いて，ESC培養液に懸濁し（〜20×10⁶ cells/mL），100×10⁶ cellsをpre-sortとして，PBS wash後，ペレットにして−20℃保存する．細胞をストレーナーに通した後，ソーターにてBFP⁺/GFP⁺分画（図3B参照）を回収する．細胞を遠心し，上清を除いた後，−20℃で保存する[*14][*15]．

❺ pre-sort細胞はBlood & Cell Culture Maxi Kit（20〜100×10⁶ cellsからの抽出）を，ソート細胞はDNeasy Blood & Tissue Kit（〜5×10⁶ cells）を用いて，ゲノムDNAを抽出する．

4. gRNAの増幅とイルミナライブラリーの作製

このステップでは，次の2点に留意する．

1）PCRに用いるゲノムDNAの量．

前述のように，ライブラリーのカバー率が高ければ高いほどノイズを低減させ，S/N比を上げることができるが，現実的にPCRにも

[*12] 細胞種によっては感染後48時間ではBFPやpuromycin耐性遺伝子が十分発現しないものがあるので，その場合，培養期間を伸ばす．

[*13] コンタミの危険性があるので，全量を1 dishに撒き込まずに，複数のwellに撒き，コンタミしたwellを捨てる等することで，実験を継続する．

[*14] Pre-sortサンプル100×10⁶ cellsとソートサンプル200×10⁶の計300×10⁶ cellsがこの時点で必要となる．

[*15] 長時間のソーティングとなるので，途中でシグナル強度が変わり，ゲートがずれてしまうことがある．頻回にチェックして，ゲートがずれているようであれば修正し，常に5％が維持できるようにする．

ち込めるゲノムDNAの量を考える必要がある．例えば，がん細胞の増殖に着目したスクリーニングでは 3 µg/reaction で 24 PCR反応を立てて合計 72 µg（10⁹細胞/gRNA）を用いても十分な感度のデータがとれることを確認している[7]．5 µg/reaction でも PCRは走ることを確認しているので，DNA量を増やしカバー率を上げてもよい．一方，ソート分画のゲノム DNAはすべて PCRに使う必要がある．

2）イルミナシークエンスとの互換性

まず，シークエンス受託会社が本プロトコールに記載のアダプター配列に対応できるか確認する必要がある．また，low-complexity問題をどう回避するか決める必要がある．これは，通常通りインサートの1塩基目から読むとはじめの23塩基はすべてのクラスターに共通の配列であり，このような場合シークエンスが正常に行われない．これを避けるため，われわれはカスタムシークエンスプライマーを使い，gRNA配列の一塩基目からシークエンスを開始するようにしている．シークエンス受託会社がカスタムプライマーの使用を許可するか確認する必要がある．もし通常のイルミナシークエンスを用いる場合，他の無関係なサンプルと混合したり，最初の23塩基分のデータをとらない等，何らかの対策をとる必要がある．

❶ 1st-round PCR．ゲノム DNAをテンプレートにプライマーU1 とL1を用いてPCRを行う．

各レプリケイトから抽出されたゲノムDNA量は異なるであろうから，一反応あたりのゲノム DNA量が等量になるよう反応本数を変えて PCR反応液を調製し，各チューブにおいて同じサイクル数で同程度の PCR増幅が得られるようにするとよい[*16]．

Reagent	Amount/volume per rxn
2x Q5 HS HF	25 µL
Primer mix（10 µM each）	1 µL
Genomic DNA	Up to 5 µg
H₂O	Up to 50 µL

❷ 下記のプログラムで1st-round PCRを行う[*17]．

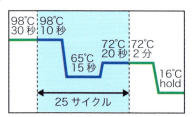

❸ 反応後，5 µLを2％agaroseゲルに流し，5 µLあたり5〜10 ngの目的産物（263 bp）が得られたことを確認する．収量が満たない場合には，さらに数サイクル PCRを追加する．

*16 マスターmixの分注は正確に行う．❹で再プールを行うので，ここで分注量がばらつくとノイズを上げる原因となる．

*17 サイクル数はテンプレート量により調整する．3〜5 µg/reactionの場合25サイクル程度が目安．

❹ 1st-round PCR産物をサンプルごとにプールし，計120 μLを得る[*18]．

❺ PCR Purification Kitを用いて，PCR産物を精製し，50 μL elution bufferに溶出．1 μLを2％agaroseゲルに流し，分子量マーカーとの比較から目的PCR産物の濃度を推定する[*19]．

❻ 2nd-round PCR．1st-round PCR産物を約200 pg/μLに希釈し，下記のPCR反応液を調製する[*20]．

Component	Volume
2x Kapa	25 μL
Primer PE 1.0, 10 μM	1 μL
Primer PE 2.0, 10 μM[*21]	1 μL
1st PCR product	5 μL（1 ng）
H_2O	18 μL

❼ 下記のプログラムで2nd-round PCRを行う．

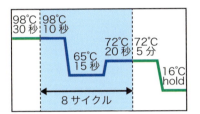

❽ 反応後，5 μLを2％agaroseゲルに流し，5 μLあたり5～10 ngの目的産物（330 bp）が得られたことを確認する．収量が低い場合には，数サイクル，さらにPCRをかける．

❾ 31.5 μLのSPRIビーズ（PCR反応液の0.7 volume）をPCR反応液に加え，ピペッティングにてよく撹拌し，5分静置．

❿ マグネットプレートにPCRプレートを乗せて，3分間静置．

⓫ 溶液をできるだけとり除き，80％エタノールを150 μL加える．この時PCRプレートはマグネットプレートに乗せたまま，30秒，静置．

⓬ エタノールを除き，もう一度80％エタノールを150 μL加え，30秒，静置．

⓭ エタノールを完全にとり除き，5分間，風乾させる．

⓮ PCRプレートをマグネットプレートからとり除き，Elution buffer 35 μLを加えて，ビーズをよく撹拌し，5分間静置．

⓯ PCRプレートを再びマグネットプレートに乗せて，3分間静置．

⓰ ビーズが入らないように30 μLを取り出し，新しいチューブにDNAを移す．

[*18] 各PCR tubeより正確に等量ずつサンプリングすること．例えば24 reactionの場合5 μLずつのサンプリングとなるが，600 μL PBバッファーに直接加え，さらにピペッティングによりチップ内部にPCR産物が残らないようにする等，注意を払う．

[*19] ゲノムDNAの混入があるため，吸光度計では目的産物の濃度が測れない．そのためマーカーのDNA量から目的産物の濃度を推測する．

[*20] NEB Q5 Hot Start High-Fidelity 2x Master Mixを用いてもよい．

[*21] PE2.0プライマーはサンプルごとに異なるindexを使用し，必ずサンプルIDとtag IDを記録する．

5. シークエンスおよび解析

精製されたライブラリーをシークエンス受託会社に送り，カスタムシークエンスプライマーを用いてsingle-end 19-bpシークエンスにかける．シークエンスQC，gRNAのカウントを行い，MAGeCK[8]等によりスクリーニングの統計解析を行う．

トラブルへの対応

■より簡単なウイルス感染法

フィーダー依存マウスES細胞の場合は，前述の方法で感染させている．フィーダー細胞の必要のない細胞株では，まず適切な細胞数を6 wellプレートに2 mLの培養液（polybreneを含む）で撒いておき，そこに直接ウイルスを加え，オーバーナイトで感染させる．翌朝，培養液交換を行い，ウイルスを除くようにすると，簡便にウイルス感染を行うことができ，また感染効率の再現性も高い．細胞株によっては多くのウイルス液量を必要とするものがあるので，液量が2 mLを大きく越えるときは全体の容量が2 mLになるように調整する．

■Puromycinによる感染細胞の濃縮

簡便性を考えるとpuromycin選択による感染細胞の濃縮がより実用的であるが，いくつか注意する点がある．選択にかけようとしている細胞集団は30％程度がpuromycin耐性であり，この場合，稀な耐性細胞を拾ってくる場合と比べ，抗生物質の効きが弱くなり，非感染細胞を十分に除けないことが多い．また，培養スケールがさらに大きくなる場合があるので，あらかじめ予備実験を行い細胞濃度，puromycin濃度等の条件を決めておく．細胞とpuromycinを同時に捲き込み，3～4日後にコンフルエントとなってBFP陽性細胞が90％以上になるようにするのが実際的な培養スケジュールである．

■ゲートの設定

GFP強度のtop 5％をソートするようなゲート設定を推奨する（右下図）．遺伝子変異がGFP発現を誘導し完全にゲート内に移動する場合20倍，表現型が弱く半分がゲート内に移動する場合10倍の濃縮が得られるはずである．実際の変異細胞プール中には表現型を示す細胞はごくわずかであるため，FACSプロットは見かけ上，野生型細胞と全く変わらない（10遺伝子が表現型を示すとして，0.05％）．この分画からソートされた細胞もある程度のライブラリーカバー率を満たす必要があり，少なくとも20細胞/gRNAを達成したい．ゲノムDNA抽出時の回収率も考慮に入れて，3×10^6細胞はソートすることを推奨する．標準的方法では，200×10^6細胞を10 mLに懸濁し（20×10^6 cell/mL），30分あたり1 mL流す速度で5時間かけてトップ5％を回収している．高細胞濃度サンプルを扱うためソート効率が高くならず，半分程度の細胞を失う．全細胞数が少ないときは，細胞濃度を薄くして，できるだけ長い時間をかけて高回収率でソートする，または，6～7％あるいは10％へゲートを広げる

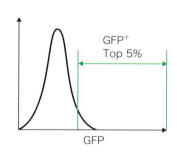

等，ソーティングの条件を調整して，カバー率を上げる．

また，コントロールとしてpre-sortかGFP陰性集団かの選択肢があるがpre-sortを使うことを推奨する．GFP⁻, 95％とGFP⁺, 5％の2-way sortは，ドロップが正確にコレクションチューブに入らずクロスコンタミやサンプルロスが起きやすく，実際にはかなり難しいソーティングである．GFP⁺の細胞数が少なすぎた場合，ノイズの高いデータが得られるだけで，そのレプリケートは無駄になってしまう．

実験結果

図2にウイルスタイター測定の結果例を示す．二つの異なる細胞株で30％BFP陽性細胞を得るための6 well plateの1 wellあたりのウイルス量が大きく異なることがわかる．このマウスES細胞とライブラリーウイルスバッチの組合わせでは1 wellあたり212 μLが必要であり，表3に基づいて15 cm dishにスケールアップするには3.4 mLのウイルスが必要となる．

図3Aはステップ3.❷の感染細胞の濃縮時のプロットを示す．SpontaneousにMSCV-GFPが再活性化された細胞をとり除くため，感染細胞濃縮時にBFP⁺/GFP⁻分画をソートした．15 cm dish一枚あたり60〜70×10⁶ cellsが得られ，ソーティングにより4〜5×10⁶ BFP⁺/GFP⁻ cellsを回収できた．

図3Bはステップ3.❹のGFP陽性細胞（top 5％）のソーティング時のプロットを示す．大部分がBFP陽性であるが，BFP陰性もみられ，その原因としてはステップ3.❷のソーティング純度，レンチウイルスのサイレンシング等が考えられる．BFP⁺/GFP⁺分画より，

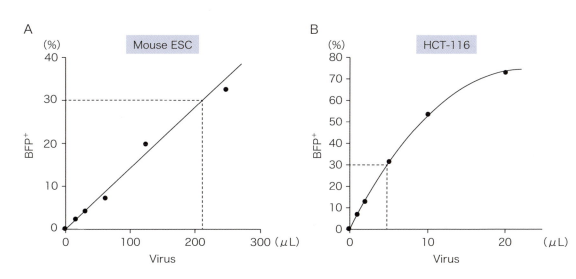

図2　ウイルスタイターの検量線
A）マウスES細胞での例．B）ヒト大腸がん細胞株HCT-116での例．BFP⁺ 30〜40％まではウイルス量と比例的に増加する．扱う細胞株がどのくらいの感染効率を示すか予備実験を行い，適切なウイルス量の範囲でタイター測定を行う必要がある．

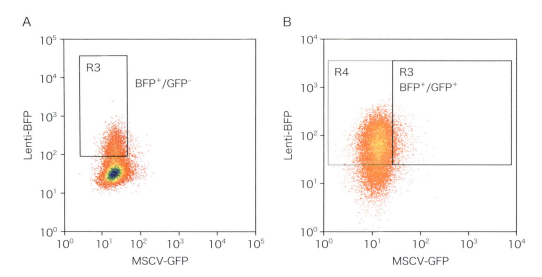

図3 ソーティング
A）感染細胞の濃縮．B）今回着目する表現型であるMSCV-GFP再活性化細胞のソーティング．GFP$^+$ top 5％のゲートを作り，ソーティングの間，5％が安定的に維持されているかどうか確認する．

$2\sim3\times10^6$ cells を回収できた．

今回の例では，BFP$^+$/GFP$^+$分画の低いライブラリーカバー率を原因とするノイズを低減させるために，4レプリケートを用い良好なスクリーニング結果を得られた[5]．少ないレプリケート数でも強い表現型を示す遺伝子は同定できるだろうが，弱いものはとれないかもしれない．最低3レプリケートとることを推奨する．

おわりに

CRISPRスクリーニングはすでに，がん細胞株の増殖に必須の遺伝子の探索において成功を収めており，新しい創薬候補が発見されつつある[7]．ソーティングを用いたスクリーニングは，さまざまな生命現象，シグナル経路，細胞分化等へ応用することができ，順遺伝学的解析を通してより多くの知見が得られると考えられる．順遺伝学的解析の強みは遺伝子が同定されればすでに表現型と遺伝子の因果関係が確立している点であり，逆遺伝学的手法のように「ノックアウトをしたが思った表現型が出なかった」等の失敗はない．CRISPRスクリーニングは，解析したい表現型を読み出す方法（レポーター等）があれば，比較的簡単に実施できるので，ぜひチャレンジしてほしい．

◆ 文献
1) Koike-Yusa H, et al：Nat Biotechnol, 32：267-273, 2014
2) Tzelepis K, et al：Cell Rep, 17：1193-1205, 2016
3) Li M, et al：Cell Rep, 24：489-502, 2018
4) Doench JG：Nat Rev Genet, 19：67-80, 2018

5） Fukuda K, et al：Genome Res, 28：846–858, 2018
6） Quail MA, et al：Nat Methods, 9：10–11, 2012
7） Behan FM, et al：Nature, 568：511–516, 2019
8） Li W, et al：Genome Biol, 15：554, 2014

Ⅱ 実践編

5 Target-AIDの設計と作製

中井明日也，Ang Li，西田敬二

はじめに

ZFN, TALEN, CRISPRなどの一般的なゲノム編集は，各酵素のヌクレアーゼ活性が標的配列に二本鎖切断を入れることを基本動作とし，真核細胞では主に非相同末端修復（non homologous end joining：NHEJ）機構により修復するが，切断末端において塩基が欠失あるいは挿入されること（Indel）により変異が生じる．Indel挿入ではフレームシフトを引き起こすことでの遺伝子破壊をもっぱら期待するが，生体内では異常な翻訳産物が生じて免疫原性を生じる可能性もある．また多数の標的を同時に破壊する場合においては，ヌクレアーゼによる毒性や染色体再編の懸念が顕在化しうる．特にNHEJ活性のない細胞ではIndelは期待できず細胞死に至る．より精密に配列変換を行う場合は相同配列を含む鋳型DNA断片を導入し，相同組換え修復（homology directed repair：HDR）を誘導する．ただし実際には優先的にHDRが起こるとは限らずNHEJが混じった結果となること，また鋳型DNA断片をデリバリーすることの技術的問題，DNA切断による細胞死の誘発およびDNA修復異常細胞の濃縮など，応用局面における種々の課題が出てきている．

このような切断型のゲノム編集技術の問題に対し，神戸大学を中心とするグループとHarvard大学のグループは別々に，脱アミノ化塩基変換による切らないゲノム編集技術を開発した[1)2)]．DNA塩基の脱アミノ化は，自然界においても生じる変異原であり，例えばシトシンの脱アミノ化はウラシルを生じ，ウラシルはDNAポリメラーゼにチミンに誤認されるため，CからTへの変異が生じる（図1）．

このような脱アミノ化反応による変異を積極的に利用する機構として，脊椎動物の獲得免疫がある．獲得免疫においては抗体がさまざまな抗原を認識できるよう，抗体遺伝子座の配列を多様化する体細胞超変異とよばれる現象があり，そこで中心的な役割を果たしているのが，シチジン脱アミノ化酵素であるAID（activation-induced cytidine deaminase）である．AIDの抗体遺伝子特異的な変異導入の分子機構としては，抗体遺伝子のmRNAが高頻度に転写される際に露出した一本鎖DNAのR-loop構造を認識していると考えられている．この活性を自在に標的領域へターゲティングすることができれば切らずに狙った点変異を導入することができるわけであるが，本質的に変異原としての危険性があり，その活性は厳密に制御されなければいけない．

CRISPRも元来バクテリアのもつ獲得免疫であるが，生理的な役割に加えて，分子メカニ

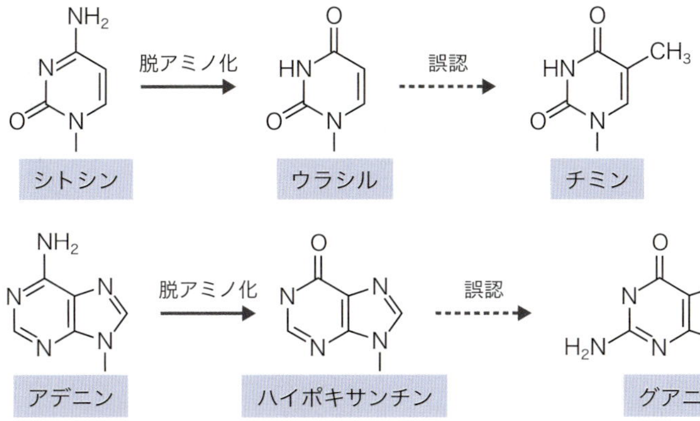

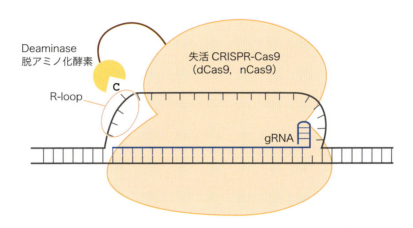

図1 脱アミノ化による塩基変換

図2 塩基編集酵素の基本構造

ズムにおいてもきわめて都合のよい共通性がある．それはCRISPR-Cas9は標的DNA二重鎖を開いてガイドRNAのアニーリングにより配列認識を行うため，ガイドRNAと対合しない一本鎖DNAがR-loop構造をとることである．そこでR-loop構造を好んで作用するAIDとCRISPR-Cas9のヌクレアーゼを不活性化したもの（dCas9またはnCas9）とを融合させることによって，標的配列特異的にDNA脱アミノ化を引き起こすことが可能となる（図2）．

このような脱アミノ化反応とCRISPRの組合わせによって切らずに点変異を導入する技術は塩基編集（base editing）とよばれ，神戸大学を中心とした筆者らのグループはAIDのオルソログであるヤツメウナギ由来のPmCDA1を用いるTarget-AIDを，Harvard大学のグループはラット由来のrAPOBECを用いるBE（base editor）をそれぞれ発表している．これら2つは変異導入パターンが若干異なることが報告されているが，基本的なコンセプト

および使い方は共通するため，ここではTarget–AIDを中心に実際の実験手法について解説したい．またさらに2017年にはアデニンを改変できるABE（adenine base editor）が開発されており，C：GからT：Aの変異とともに，A：TからG：Cの変異も可能になった[3]．

準　備

　Target–AIDを中心に塩基編集技術は幅広い生物での実証が進んでおり，動物，植物，菌類，酵母，バクテリアなど，基本的にほとんどすべての生物で有効であると考えられるが，どのようにして細胞内に送達させるかは個別の課題となる．プラスミドベクターからの発現が最も一般的であり，d/nCas9と脱アミノ化酵素の融合タンパク質のコード領域については適宜にコドン最適化を施し，また真核生物においては核移行シグナルペプチドを末端に配置することが必要である．プロモーターについては動物や植物などの高等真核生物では高発現が求められる一方で，微生物ではむしろ過剰になりがちなため，発現を抑制的に制御できるほうがよい．gRNAの発現はCRISPRと共通するが，いずれも高発現が望ましく，真核生物においてはcap構造を付加しないsmall RNA用のプロモーターを用いる必要がある．

　またCRISPR同様にRNAあるいはタンパク質RNA複合体（RNP）の導入も可能であるが，やはり細胞内へのデリバリー方法は個々に検討すべき課題である．

プロトコール

1. 標的配列の一般的なデザイン

　Target–AIDによって点変異を導入できる範囲はPAM配列の上流16〜20塩基の，表鎖上にあるシトシンである．特に17〜19塩基の場所が高効率であり，18塩基で最も高い効率で変異が導入される．BEやABEもそれぞれに異なる編集パターンを示す（図3）．標的配列内に複数の対象塩基がある場合，すべてに変異が導入されるわけではなくクローンによってバリエーションが生じうる．また，低頻度ではあるもののこれらの範囲以外にも変異が入る場合がある．標的配列の設定にはPAM配列（NGG）が必要であるため，変異を導入したいシトシンの下流にPAM配列があること，PAM配列からシトシンまでの距離が前述の範囲内に含まれるかどうかを確認する（図3）．PAM配列の制約により変異を導入したい部位に標的配列を

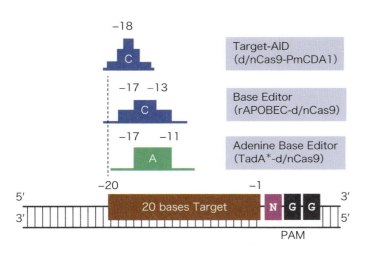

図3 塩基編集可能領域

設計できない場合，PAM配列の異なる改変Cas9や他のCRISPRの検討もできるが，特に東京大学の濡木研究室が開発した，PAM配列が一文字のみのNG-Cas9がTarget-AIDとの組合わせでよく機能することが示されている[4]．また，実際の効率はガイドRNA配列によって上下するため，可能であれば複数の配列を試す方が望ましい．

2. 変異のデザイン

すでに知見のある一塩基置換を導入する場合においては，その変異部位が前記のデザインに一致するかどうかでその可否が判断されるが，必ずしも理想的な位置になくとも望む変異が得られる可能性はある．また複数の変異が付随的に導入されてしまう場合もあり得るが，遺伝子機能に影響がなければ許容されることもあるだろう．実際の配列のデザインにおいては，イントロンを考慮する必要があるので，コーディング配列ではなくゲノム配列をベースに標的配列を設計する必要がある．CRISPR用の一般的なオンラインツール（CRISPRdirectなど）によって特定の配列領域からPAM配列やGC含有量またゲノム中のオフターゲット領域まで抽出できる（II-1）．塩基編集は多くの場合，コード領域においてアミノ酸置換の導入を想定するが（表1），開始コドン除去，終始コドン導入やスプライシング変異による遺伝子破壊を行うこともできる．また選択的スプライシングを操作することも可能である．

表1　シチジンデアミナーゼによってコドン変換可能なアミノ酸

変換できるアミノ酸コドン					
元のアミノ酸	変換後のアミノ酸				
Thr（T）	Ile（I）				
His（H）	Tyr（Y）				
Leu（L）	Phe（F）				
Asp（D）	Asn（N）				
Glu（E）	Lys（K）				
Cys（C）	Tyr（Y）				
Met（M）*	Ile（I）				
Pro（P）	Leu（L）	Phe（F）			
Ala（A）	Val（V）	Thr（T）			
Val（V）	Ile（I）	Met（M）			
Ser（S）	Phe（F）	Leu（L）	Asn（N）		
Gly（G）	Asp（D）	Glu（E）	Asn（N）	Lys（K）	
Arg（R）	STOP	Cys（C）	Trp（W）	His（H）	Gln（Q）　Lys（K）
Trp（W）	STOP				
Gln（Q）	STOP				
変換できないアミノ酸コドン					
Tyr（Y）	Phe（F）	Ile（I）	Asn（N）	Lys（K）	STOP

グレー表示はアンチコドン（裏鎖への標的）の変換.
*開始コドンの変換は翻訳開始点を変えることになる.

3. 編集酵素の選択

　Target-AIDの構成として複数のバージョンがあり，シンプルな dCas9と脱アミノ化酵素の組合わせは大腸菌などのバクテリアでは 有効であるが，真核生物では効率が不十分な場合が多い．一本鎖切 断能（nickase）をもつnCas9を用いると真核生物での効率は大幅 に改善されるが，動物や植物などでは短い欠損，あるいはC：Gか らT：A以外の変異が無視できない頻度で生じるようになる．そこ で塩基除去修復を阻害する小さいタンパク質UGI（uracil DNA glycosylase inhibitor）を融合した形で用いると，そのような欠損 が抑えられると同時に，C：GからT：Aへの変異導入効率もより 一層に増強されるが，一方でゲノムワイドな非特異的な変異の上昇 もみられるため材料と目的に応じて慎重に用いるのがよい（表2）.

4. 変異導入と編集結果の評価

　実際のプラスミドやRNA，RNPの導入はそれぞれの生物の実験

表2　編集酵素による変異導入効率

Target-AIDタイプ	変異導入効率			
	大腸菌	出芽酵母 （一倍体）	哺乳類細胞 （二倍体）	高等植物 （二倍体）
dCas9-CDA	5〜50	1〜20	0.5〜5	0〜2
dCas9-CDA-UGI	〜100	〜100	1〜20	—
nCas9-CDA	不適	5〜50	1〜20*	2〜40*
nCas9-CDA-UGI	不適	〜100	40〜75	—

*インデルが生じる場合がある.

系および一般的なCRISPRの手法に準拠するが，変異が固定される
にはヌクレアーゼ型よりも少し時間を要する場合もある．編集結果
の評価としては標的領域をPCRで増幅してシークエンス解析を行う
のが一般的であるが，多細胞生物や細胞集団をクローン化していな
い場合は，ヘテロな状態であることも想定されるのでサブクローニ
ングするか次世代シークエンサーによってアンプリコン解析を行い
変異の頻度とパターンを明らかとすることができる．変異導入効率
が不十分である場合は培養期間を延ばすなどして改善を図るが，全
く変異がみられない場合は標的配列やコンストラクトを見直す必要
がある．またオフターゲットに関しては，CRISPRに準じた高リス
ク領域を深く解析するか，あるいは全ゲノム解析を行うかであるが，
特に後者は自然に生じる変異との区別が難しいところがあるため，
有意に変異が上昇していないかどうかという統計的な判断になり，
また結果として副作用が生じているかどうかという実質的な評価も
重要であろう．

5. ゲノム編集生物の取り扱い

　ゲノム編集生物の取り扱いに関しては各国地域での制度整備が現
在進行中であるが，塩基編集はドナー核酸を用いずに，自然界にお
いて生じる変異と同じ形で数塩基の変異を導入しているため，取り
扱いのレベルとしては最も懸念の低い，いわゆるSDN1にあたる．
ただしプラスミドベクターなどを用いているプロセスにおいては遺
伝子組換えの規制にあたるので，そのようなベクターDNA配列が
除去されたことが確認される必要がある．

⚠️ トラブルへの対応

■ベクターが作製できない，形質転換されない
→高効率なコンピテントセルを用いる
→抑制的な誘導プロモーターを用いる
→gRNA とエディターのベクターを別にする

■目的の塩基での変異デザインが組めない
→PAM の異なる CRISPR システムを検討する

■目的の塩基以外の場所にも変異が入る
→異なるクローンを解析する
→ガイド RNA の長さを短くする

■Indel が入る
→UGI を用いる，あるいは増やす
→dCas9 を用いる

■ゲノムワイドに非特異変異が生じる
→UGI を用いない
→投与量や時間を減らす

■特定の標的で効率がよくない
→gRNA の長さを変える（17～22塩基）
→可能であれば標的を変える

おわりに

　　塩基編集は従来のゲノム編集技術の課題への解決策を提示し，ヌクレアーゼ型との使い分けによって，より自在なゲノム改変を実現することを可能とした．また一方で塩基編集における変異パターンの制約やオフターゲットといった課題も存在し，今後も応用展開と並行して技術革新の努力が続けられるであろう．

◆ 文献
1 ）Nishida K, et al：Science, 353：doi：10.1126/science. aaf8729, 2016
2 ）Komor AC, et al：Nature, 533：420–424, 2016
3 ）Gaudelli NM, et al：Nature, 551：464–471, 2017
4 ）Nishimasu H, et al：Science, 361：1259–1262, 2018

Ⅱ 実践編

6 エピゲノム編集：特定領域の DNA脱メチル化操作を例として

森田純代，堀居拓郎，畑田出穂

はじめに

エピジェネティクスとは，DNAの塩基配列の変化を伴わずに遺伝子発現を制御・伝達するシステムであり，DNAメチル化やヒストン修飾がかかわっている．それらの修飾情報をエピゲノムという[1]．これまでにエピゲノムは生命の発生や分化などにおける遺伝子発現に重要な役割をもつことが明らかとなってきた．さらにエピゲノムの異常は生活習慣病やがん，神経変性疾患などのさまざまな疾患の基盤となることも報告されている．そのため，エピゲノムを制御する薬剤としてアザシチジンやデシタビンが研究や治療において使用されてきたが[2]，これらの化合物はエピゲノムの変化を広範囲に引き起こしてしまうという問題があった．

これまでエピゲノムの状態を解析する技術はあっても，特定の領域のエピゲノムを操作する技術がなかったことが研究の推進を妨げていた．ところがゲノム編集技術の登場により事態は変わった．特定のDNA配列に結合できるドメインとエピゲノムを修飾する酵素を連結することで，特定の領域のエピゲノムを操作する「エピゲノム編集」は可能となったのである．

dCas9にDNAメチル化・ヒストン修飾を行う酵素を連結して，特定の遺伝子のエピゲノムを編集する試みが行われている[3]~[5]．これらのエピゲノム編集によって特定の遺伝子発現を活性化したり，あるいは抑制したりすることが可能であることが示されている．例えば，DNMT3aによってDNAメチル化を導入すると遺伝子発現は減少し，逆にTET1などによってDNA脱メチル化すると遺伝子発現は上昇することが確認されている．またG9aやSUV39H1によってヒストンH3の9番目リジン（H3K9）のメチル化を行うと遺伝子発現が減少する．H3の4番目リジン（H3K4）の脱メチル化酵素であるLSD1を用いて転写抑制を行うことも可能である．またH3K27のアセチル化を行うp300を用いて遺伝子を転写活性化した報告もある．

私たちはこれまでCRISPR-Cas9の技術を応用し，特定のDNAメチル化領域を脱メチル化する方法の開発を行ってきた．dCas9とDNA脱メチル化酵素TET1の融合タンパク質（図1A）では効率的にDNA脱メチル化することができなかったが，dCas9とSunTag法の組合わせにより（図1B）DNA脱メチル化の効率を上げることに成功した[6]．ここではエピゲノム編集の例として，dCas9とSunTag法の組合わせにより特定領域のDNA脱メチル化を行う操作について説明する．

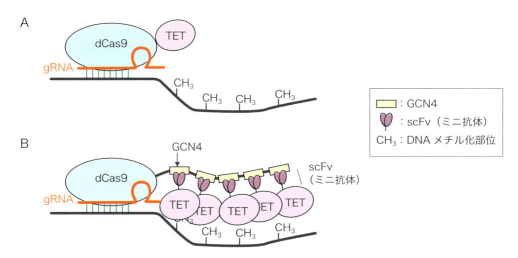

図1 dCas9とTET1直結型およびdCas9とSunTag法の組合わせのモデル図

A）dCas9とTET1直結型，B）dCas9とSunTag法の組合わせたもの．SunTagは複数コピーのGCN4ペプチドから構成されており，GCN4をミニ抗体が認識するシステムである．つまり，①dCas9の後ろにGCN4を連結したものと②GCN4を認識して結合するミニ抗体にTET1を融合したものを同時に細胞に導入し，複数のTET1をリクルートすることにより効率よくDNA脱メチル化することができる．

準　備

Plasmids

- □ pCAG-dCas9-5×Plat2AfID [*1]（Addgene, #82560）
- □ pCAG-scFvGCN4sfGFPTET1CD [*1]（Addgene, #82561）
- □ gRNA Cloning Vector BbsI（Addgene, #128433）
- □ pCAG-hCas9（Addgene, #51142）

試薬

- □ BbsI（ニュー・イングランド・バイオラボ社）
- □ QIAquick Gel Extraction Kit（キアゲン社）
- □ DNA Ligation Kit Ver.2.1,（タカラバイオ社）
- □ Transfection試薬

    例えばLipofectamine 2000（サーモフィッシャーサイエンティフィック社）

- □ Opti-MEM（サーモフィッシャーサイエンティフィック社）
- □ 細胞用培地
- □ ゲノムDNA抽出キット
- □ DNA bisulfite 反応用キット

    例えばEpiTect Plus DNA Bisulfite Kit（キアゲン社）

[*1] 私たちはdCas9-5×Plat2AfID, scFvGCN4sfGFPTET1CDが1つのベクターにのっているall-in-oneのベクターも作製している（pPlatTET-gRNA2, Addgene, #82559）．このベクターにgRNAを挿入する方法は文献12を参考にしてください．

□ TOPO TA Cloning Kit（サーモフィッシャーサイエンティフィック社）

□ GeneArt Genomic Cleavage Detection Kit（サーモフィッシャーサイエンティフィック社）

プロトコール

1. gRNAベクターの構築

1）標的配列の選択とオリゴのデザイン

❶ DNAメチル化を外したい領域の配列をUCSC Genome Browser（https://genome.ucsc.edu/cgi-bin/hgGateway）などから入手する.

❷ CRISPRデザインツール（http://crispr.mit.edu/）を用いてDNA脱メチル化したい領域の標的配列の候補（20 mer）を選択する. 1つのgRNAで標的配列の前後, 200〜400 bpを脱メチル化することができる. より広い領域を脱メチル化したい場合は複数の標的を選択する. 選んだ標的配列の5′端がGでなければGに入れ替えこれを配列Sとする. またこれと相補的な配列をASとする. 下記のオリゴヌクレオチドを合成する.

XgRNA-S：5′-CACC**S**-3′
XgRNA-AS：5′-AAAC**AS**-3′

2）オリゴヌクレオチドのアニーリング

下記の混合液を作製し, オリゴヌクレオチドをアニールさせる.

10×PCR buff	1
XgRNA-S（100 pmol/μL）	4.5
XgRNA-AS（100 pmol/μL）	4.5
	10（μL）

95℃で5分間, 37℃で15分間, 室温で15分間インキュベートし, 図2のようなDNAを作製する.

3）gRNA挿入用のベクターを準備する

"gRNA cloning vector BbsI" をBbsIで37℃3時間制限酵素処理した後, アガロース電気泳動により切り出す. 切り出しはQIAquick Gel Extraction Kitなどを用いる.

4）ライゲーション反応

2）の反応液, 3）の制限酵素処理したベクターをDNA Ligation Kit Ver.2.1などによりligationする. その一部を大腸菌にトランスフォーメーションし, カナマイシン入りのプレートに播く.

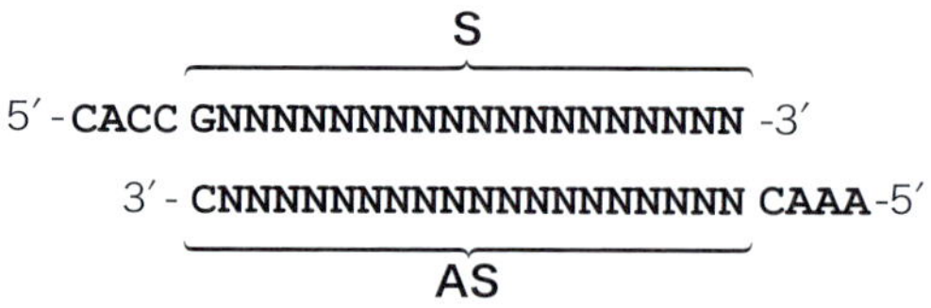

$$\overset{\displaystyle S}{\overbrace{\text{5}'\text{-CACC GNNNNNNNNNNNNNNNNNNNN -3}'}}$$

$$\underset{\displaystyle AS}{\underbrace{\text{3}'\text{- CNNNNNNNNNNNNNNNNNNNN CAAA-5}'}}$$

図2　XgRNA-SとXgRNA-ASがアニールしたときの模式図

5）プラスミドの研究

　　4）で生えてきたコロニーを，下記のプライマーを用いてコロニーPCRをし，ダイレクトシークエンスをして標的配列が入っていることを確認する．

□ コロニーPCRのプライマー
　　Universal M13 Forward（–20）：GTAAAACGACGGCCAG
　　Universal M13 Reverse：CAGGAAACAGCTATGAC

□ 標的配列周辺の塩基配列（赤字が標的配列）
　　TGTACAAAAAGCAGGCTTTAAAGGAACCAATTCAGTC
　　GACTGGATCCGGTACCAAGGTCGGGCAGGAAGAGGG
　　CCTATTTCCCATGATTCCTTCATATTTGCATATACGATA
　　CAAGGCTGTTAGAGAGATAATTAGAATTAATTTGACTGTA
　　AACACAAAGATATTAGTACAAAATACGTGACGTAGAAAG
　　TAATAATTTCTTGGGTAGTTTGCAGTTTTAAAATTAT
　　GTTTTAAAATGGACTATCATATGCTTACCGTAACTT
　　GAAAGTATTTCGATTTCTTGGCTTTATATATCTTGTG
　　GAAAGGACGAAACACCGxxxxxxxxxxxxxxxxxxxxGTTTTA
　　GAGCTAGAAATAGCAAGTTAAAATAAGGCTAGTCCGTTAT
　　CAACTTGAAAAAGTGGCACCGAGTCGGTGCTTTTTTT
　　CTAGACCCAGCTTTCTTGTACAAAGTTGGCATTA

6）標的配列の入っているプラスミドを培養する

2. 特定領域をDNA脱メチル化する

1）細胞にトランスフェクションする

　　ここでは，24 well プレートで，Lipofectamine 2000を用いてマウスES細胞にトランスフェクションする例を示す（図3）．

❶ pCAG–dCas9–5×Plat2AfID，pCAG–scFvGCN4sfGFP–TET1CD，gRNAを重量比にして1.25：2.25：1の比で混ぜ，500 ngにする．

❷ 細胞をはがし，24wellに1×10⁵個程度播く．Mediumは500 μLとする．

❸ (a) Opti-MEM 50 μLにプラスミド混合液500 ngを混ぜたも

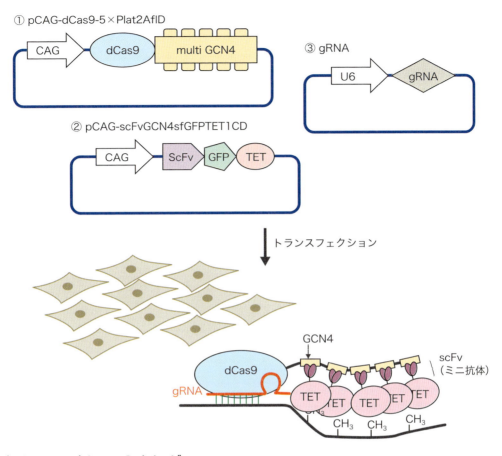

図3 トランスフェクションのイメージ
① dCas9の後ろにGCN4を連結したものを発現するベクター，② ミニ抗体とTET1が融合したものを発現するベクター，および ③ gRNAを発現するベクターの3種類を細胞にトランスフェクションする．

の，（b）Opti-MEM 50 μLにLipofectamine 2000を2 μL 混ぜたものを用意し，（a）と（b）をミックスし5分おく．その後，これを❷に加える．

❹ 次の日にmedium交換し，さらにもう1日後に細胞を回収し，DNAを抽出する．

2) DNA脱メチル化の検定

❶ Bisulfite反応をする[*2]

細胞より抽出したDNAを用いて，EpiTect Plus DNA Bisulfite Kit（キアゲン社）などのキットを用いてbisulfite反応を行う．

❷ 調べたい領域をPCRにより増幅する．bisufite処理後のDNAを用いたprimerの設計はMeth Primer（http://www.urogene.org/cgi-bin/methprimer/methprimer.cgi）を利用するとよ

*2 Bisulfite処理とは，DNAを亜硫酸水素塩で処理することでシトシン（C）はウラシル（U）に，メチル化されたシトシン（5mC）はその影響を受けず，5mCのままである．Bisulfite処理したDNAをPCRすると，UはTとして，5mCはCとして増幅されるため，Bisulfite処理していないDNAと配列を比較すると，配列が異なってくる．

い．増幅したPCR産物を用いて，CORBRA（combined bisulfite restriction analysis）法[7] *3，あるいはBisulfite sequencing法[7] *4によりDNAメチル化の程度を調べる．DNAメチル化解析にはQUantification tool for Methylation Analysis（QUMA, http://quma.cdb.riken.jp/top/index.html）を用いるとよい．

*3 CORBRA法の原理は，制限酵素の認識部位がBisulfite処理により配列が変化することを応用したものである．つまりBisulfite処理によって新しい制限酵素認識部位ができたり，消失したりすることを利用したものである．CORBRA法でよく利用される制限酵素は
BstUI：CG/CG
ClaI：AT/CGAT
MluI：A/CGCGT
TaqI：T/CGA
などである．

*4 Bisulfite sequencing法はBisulfite処理したDNAをPCRした後，クローニングして配列を決定する．メチル化されたCはCとして，非メチル化CはTとして増幅されるので，ここからメチル化状態を調べることができる．

 トラブルへの対応

■ **DNA脱メチル化が起こらない**

① gRNAがうまく機能していない

　それを調べるために，pCAG-hCas9とgRNAを細胞にトランスフェクションし，DNA切断が起こるかどうかを調べる．DNA切断効率はGeneArt Genomic Cleavage Detection Kitなどを用いて調べる．

② gRNAがDNAに結合できない

　DNAメチル化の度合いの高い領域はクロマチンが凝集しており，gRNAがターゲットとする領域に結合できない可能性がある．そのような場合は，少しずらした領域にgRNAを再度設定し，DNA脱メチル化を試みてみる．

実験例

　私たちはマウスES細胞においてGfap（Glial Fibrillary Acidic Protein）の転写調節領域のDNA脱メチル化を試みた．この領域はマウスES細胞において高度にDNAメチル化されている．Gfapはアストロサイトの分化に重要な遺伝子であり，胎生中期では神経前駆細胞においてGfapの転写調節領域は高度にDNAメチル化されている．しかし胎生後期ではこの領域でDNA脱メチル化が起こり，神経前駆細胞はアストロサイトに分化できるようになる[8]．私たちはこの領域でDNA脱メチル化を試みた．dCas9とDNA脱メチル化酵素TET1

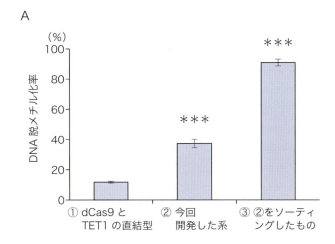

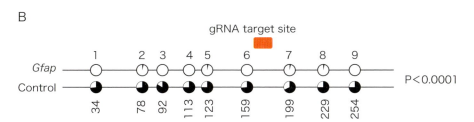

図4 マウスES細胞におけるGfap転写調節領域のDNA脱メチル化
A）①dCas9とTET1の直結型，②今回私たちが開発した系（dCas9とSunTag法の組合わせたもの），③②をsortingしたもののDNA脱メチル化率〔（コントロールにおけるDNAメチル化率－サンプルのDNAメチル化率）/コントロールにおけるDNAメチル化率〕．CORBRAにより定量した．B）Aにおける③のサンプルをBisulfite sequencingにてDNAメチル化割合を示した．黒：DNAメチル化されている割合，白：DNA脱メチル化している割合．

の直結型によるDNA脱メチル化は10％程度であったのに対し，私たちが開発した系では，その割合は40％と上昇した（図4A）．さらにこれらの遺伝子導入した細胞を，ベクターに組込まれているGFPを指標にしてフローサイトメーターによりソーティングしたところ，DNA脱メチル化効率は90％を超えていた（図4A）[6]．このシステムでは複数のTET1をターゲット領域によびこむことができるため，ターゲットを含んだ少なくとも200 bp以上の範囲で効率的にDNA脱メチル化が可能になると考えられる（図4B）．また他の遺伝子において，肺腺癌細胞や293細胞など用いて検討したところ，DNAメチル化は効率よくはずれ，発現が上昇することが確認された[6]．

DNAメチル化編集について

DNAメチル化酵素であるDnmt3aを用いることで，DNAメチル化することが可能である[5]．dCas9とDnmt3aを直結したシステムやSunTagのシステム[9]を用いて特定領域を

表　エピゲノム編集に用いられたヒストン修飾酵素の例

ヒストン修飾酵素	機能	転写活性↑↓
G9A	H3K9 methyltranferase	↓
SUV39H1	H3K9 methyltranferase	↓
LSD1	H3K4 demethylase	↓
p300	H3K27 acethyltransferase	↑
PRDM9	H3K4 methyltranferase	↑
DOT1L	H3K79 methyltranferase	↑
EZH2	H3K27 methyltranferase	↓
FOG1	H3K27 methyltranferase	↓
HDAC3	H3K27 deacethyltransferase	↓

DNAメチル化することができる．さらにDnmt3a, Dnmt3l, KRABを組合わせて使用することで，DNAメチル化を長期間にわたって維持することが可能であるとの報告がある[10]．

ヒストンのエピゲノム編集について

これまでにDNAメチル化だけでなく，ヒストン修飾をエピゲノム編集することで，遺伝子発現を操作しようとする試みが報告されている（表）[5]．遺伝子発現を安定して上昇させるためにはヒストン修飾を操作するだけでは制御できないという報告や，周囲のエピゲノムの状態により遺伝子発現が影響されるという報告がある．また編集したヒストンがどの程度安定であるかについてはあまり情報がない．最近Ezh2, Dnmt3a, Dnmt3lを組合わせることで，遺伝子発現を長期にわたって抑制したという報告があった[11]．

おわりに

エピゲノム編集が可能になったことで，発生や分化等における個々のエピゲノムの役割やクロマチンの構造，遺伝子発現に与える影響など，多くのメカニズムが解明できる状況になった．これまでに，DNAメチル化やヒストン修飾をエピゲノム編集することで，特定の遺伝子発現を活性化，あるいは抑制することが可能であることが報告されてきている．さらに特定の遺伝子のエピゲノムを編集する試みは細胞レベルのみならず，個体におけるエピゲノム治療をという観点で研究が進められているようだ．アデノ随伴ウイルスベクターやレンチウイルスベクター，アデノウイルスベクターなどによって体内でエピゲノム編集を行う試みが報告されてきているが[5]，遺伝子導入効率やその特異性などまだまだ課題は多い．しかし体内におけるエピゲノム治療は，ゲノム編集と違ってゲノムの変化が起きないため，より安全な治療となるであろうと考えられる．

◆ 文献

1）「エピジェネティクス」（田嶋正二/編），化学同人，2013
2）Biswas S & Rao CM：Pharmacol Ther, 173：118-134, 2017
3）Liao HK, et al：Cell, 171：1495-1507.e15, 2017
4）Liu XS, et al：Cell, 172：979-992.e6, 2018
5）Lau CH & Suh Y：Transgenic Res, 27：489-509, 2018
6）Morita S, et al：Nat Biotechnol, 34：1060-1065, 2016
7）「実験医学別冊 エピジェネティクス実験プロトコール」（牛島俊和，眞貝洋一/編），羊土社，2008
8）Takizawa T, et al：Dev Cell, 1：749-758, 2001
9）Huang YH, et al：Genome Biol, 18：176, 2017
10）Liu XS, et al：Cell, 167：233-247.e17, 2016
11）O'Geen H, et al：Epigenetics Chromatin, 12：26, 2019
12）森田純代，他：CRISPR/Cas9ゲノム編集を応用したエピゲノム編集法．実験医学，35：1497-1502，2017

Ⅱ 実践編

7 特定内在遺伝子の転写−核内局在の同時イメージング

落合　博

はじめに

　ヒト細胞内では，長さ約2 mのゲノムDNAが折り畳まれ，直径約10 μmの細胞核内に保存されている．この「折り畳み」はランダムではなく，細胞種特異性を示す．Chromosome Conformation Capture（3C）やその関連技術（4C，5C，Hi−C）等の技術革新によって，高次ゲノム構造の細胞種特異性が明らかにされてきた[1]．高次ゲノム構造は，DNAの転写，修復，複製と密接に関係していると考えられており，その理解は生命現象の理解へと直結するためきわめて重要である．しかし，高解像度でゲノム領域間相互作用を明らかにするためには，多数の細胞（〜10^6細胞）からゲノムDNAサンプルを回収することが必要となる．近年，1細胞Hi−C法の確立により，1細胞レベルでゲノム領域間相互作用の解析が可能となった[2]．しかし，二倍体細胞には特定ゲノム領域が（細胞周期間期では）基本的には1ないし2コピーしか存在せず，調製過程でのサンプル損失は技術的に避けられないため，1細胞Hi−Cから得られるデータは非常に粗くなる傾向がある．対照的に，sequential−DNA−FISH法は，多数の蛍光プローブでくり返しDNA−FISHイメージングを行うことで，1細胞中の特定ゲノム領域の空間情報の取得が可能である[3]．これによって得られる平均距離は，Hi−Cによって得られた相互作用頻度と有意な相関を示すこと，また重要なことに，高次ゲノム構造は細胞間で大きな多様性を示すことが明らかとなり，細胞周期間期における高次ゲノム構造は少数の静的安定構造ではなく，むしろ非常に動的である可能性が示唆された[3]．そのような細胞—細胞間の高次ゲノム構造の変動は，細胞間の遺伝子発現量多様性に寄与しうることが報告されている[4]．Hi−Cおよび数理モデリングによって遺伝子発現と細胞集団における高次ゲノム構造の動的性質の関係を理解するための試みがなされてきたが，これまでに詳細な洞察を得るには至っていない．

　近年の技術的進歩により，内在遺伝子の転写および核内局在化の同時イメージングを行うことが可能となり，上記の問題への糸口が示された[5]．詳細は後述するが，本系では転写（RNA）の可視化としてMS2およびPP7システムを利用している．MS2およびPP7システムは，転写を可視化する方法として古くから利用されてきた（図1）[6]．MS2およびPP7はバクテリオファージ由来の配列であり，それらの転写産物は特異的ステムループ構造を形成する．さらに，MS2/PP7コートタンパク質（MCP/PCP）は，二量体として当該ステムループ構造に特異的に結合する．したがって，MS2/PP7リピート配列を事前に標的遺伝子

128　　完全版　ゲノム編集実験スタンダード

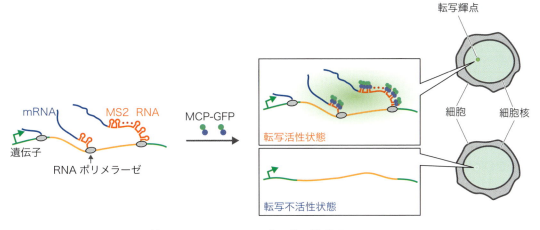

図1　MS2/MCPシステムを利用したRNAイメージングの模式図

標的細胞において，標的遺伝子領域へ事前にMS2リピートを挿入し，さらにMCP-蛍光タンパク質（ここでは緑色蛍光タンパク質，GFP）を発現させておく．MCP-GFPは転写されたMS2 RNAが形成するステムループ構造を特異的に認識して結合するため，標的RNA部位に多数のGFPが集まることで，個々のRNAを輝点として可視化できる．特に転写されている領域では複数のRNAが同時に転写されるため，より輝度の強い輝点（転写輝点）が認められる．転写輝点から乖離した個々のRNA分子は拡散によって高速に移動するため，取得速度の早い顕微鏡設定でないと検出は難しい．

に挿入し，さらにMCPまたはPCPと蛍光タンパク質（FP）との融合体を発現させることによって，特定RNA分子を可視化できる（図1）．特に核内で明るい蛍光輝点が観察されることがあり，転写輝点とよばれる．これは，RNAポリメラーゼによって標的遺伝子がさかんに転写されているため，多数の蛍光分子が集合することに起因する．一般的に転写はRNAポリメラーゼによって頻繁に転写される期間と，転写を受け付けない期間がくり返される，転写バーストとよばれる転写様式を示す[7]．転写バーストによって一過性に転写がさかんに行われている際に転写輝点が認められる．

特定ゲノム遺伝子座の可視化技術（図2）については複数の手法が確立されている．*lacO*/LacI-FPおよび*tetO*/TetR-FPシステムはその代表例で，多くのモデルシステムで使用されてきた[8]．また近年，ParB-INTシステムが開発されており，これは*lacO*/LacIおよび*tetO*/TetRシステムに代わる可能性があると期待されている[9]．詳細は割愛するが，これらの系ではMS2システムと同様に特定配列の標的遺伝子領域への事前挿入が必要で，対象とする系によっては大きな欠点となっていた．一方，FPとCas9のヌクレアーゼ活性を欠く融合タンパク質（dCas9-FP）を利用したシステムでは，あらかじめ特定の配列を宿主ゲノムに挿入する必要がないことから，上記方法の有用な代替手法として期待されている．2013年に，本系を用いて，生細胞内の特異的内在性ゲノム遺伝子座を蛍光標識することが可能となった[10]．dCas9は，シングルガイドRNA（sgRNA）依存的に特定のDNA配列に結合することが知られている．したがって，ゲノム遺伝子座を標的とする少なくとも約30種のsgRNAを導入することによって，その遺伝子座が非反復配列で構成されている場合でも，その遺伝子座を蛍光標識することができる[10]．

近年われわれは，内在遺伝子の転写および核内局在の同時イメージング技術ROLEX（Real-

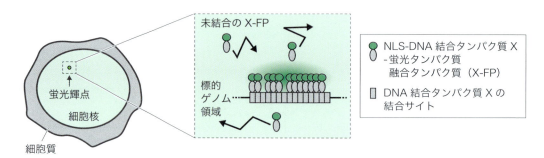

図2　特定DNA領域のライブイメージング技術

特定DNA領域のライブイメージング法の模式図．標的ゲノムDNA領域に十分な数のDNA結合タンパク質Xの結合配列を有する細胞に，核移行シグナル（NLS）付きのXと蛍光タンパク質の融合タンパク質（X-FP）を発現させることで，特定ゲノムDNA領域を蛍光輝点として可視化できる．核移行シグナルによって細胞核全体に蛍光シグナルが認められるものの，標的ゲノム領域に多数のX-FPが集合し，局所的に高い蛍光輝度を示すようになり，蛍光顕微鏡下で輝点として認識可能となる（文献16より引用）．

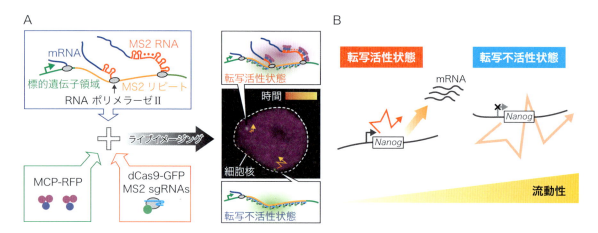

図3　特定内在遺伝子の核内局在と転写活性の同時ライブイメージング（ROLEX）システム

A）ROLEXシステムの模式図．MS2リピートを標的遺伝子領域へ事前に挿入しておくことで，MCP-RFPで転写の可視化が，dCas9-GFP/MS2 sgRNAによってMS2領域の可視化が可能となる．これによって，標的遺伝子が核内のどこに存在し，転写依存的にどのような挙動を示すかを解析可能となる．B）ROLEXシステムを利用して，マウスES細胞において多能性維持に重要な*Nanog*遺伝子の挙動を調べたところ，転写活性状態に比べて，不活性状態では遺伝子領域の流動性が著しく上昇することがわかった（文献16より引用）．

time Observation of Localization and EXpression）システムを確立した（図3A）[5]．本系では，MS2/MCPとdCas9-FPシステムを組合わせることにより，特定内在遺伝子の転写状態と核内局在のイメージングを実現した．本システムでは，特定標的遺伝子へMS2リピートを挿入しておき，近赤外赤色蛍光タンパク質（iRFP）と融合したMCPを使用した転写の可視化に加えて，dCas9-GFPによる遺伝子の核内局在も決定できる．本系を利用してわれわれは，マウス胚性幹細胞（mESC）の転写活性状態に応じた*Nanog*遺伝子座の核内流動性の劇的な変化を検出した[5]．本系によって高次ゲノム構造と遺伝子発現動態の関連解明が今後期待される．

本稿では，mESCを利用したROLEXイメージングを行うための一連のプロトコールを紹介する．

準　備

1. 細胞培養

☐ ROLEXイメージングに対応したmESC株：構成的にMCP–iRFPを発現し，またDoxycycline（Dox）誘導的にdCas9–GFPを発現する細胞株（トラブルへの対応①～④参照）

☐ mESC培地[*1]
- Dulbecco's modified Eagle's medium supplemented with 4,500 mg/mL glucose, 110 mg/L sodium pyruvate（富士フイルム和光純薬社，#197-16275）
- 15 % fetal bovine serum
- 0.1 mM β-mercaptoethanol（富士フイルム和光純薬社，#198-15781）
- 1×MEM nonessential amino acids（富士フイルム和光純薬社，#139-15651）
- 2 mM L-alanyl-L-glutamine（富士フイルム和光純薬社，#016-21841）
- 1,000 U/mL leukemia inhibitory factor（富士フイルム和光純薬社，#195-16053）
- 20 μg/mL gentamicin（富士フイルム和光純薬社，#078-06061）
- 3 μM CHIR99021（ケムシーン社，#CS-0181）
- 1 μM PD0325901（富士フイルム和光純薬社，#518-91701）

☐ 0.1 %（w/v）ゼラチン液

☐ PBS

☐ 60 mmカルチャーディッシュ（サーモフィッシャーサイエンティフィック社，#150462）

☐ 15 mL遠沈管（サーモフィッシャーサイエンティフィック社，#339650）

☐ 0.25 %トリプシン–EDTA

☐ 遠心機

☐ CO_2インキュベーター

☐ ウォーターバス

2. ROLEXイメージング

☐ 24ウェルカルチャープレート（サーモフィッシャーサイエンティフィック社，#142475）

☐ Lab-Tek™ II chambered coverglass（8 well）[*2]（サーモフィッシャーサイエンティフィック社，#155409PK）

☐ PBS（+）：100 mg/L $CaCl_2$および$MgCl_2$-$6H_2O$を含むPBS

*1　別のmESC細胞株を使用する場合は，適切な培地を使用すること．

*2　本容器は底面が#1.5のカバーガラス（～170 μm厚）となっており，蛍光顕微鏡に最適である．別の容器を使用する場合，底面が#1.5のカバーガラスでないと蛍光輝点を観察するのは難しい可能性がある．

- [ ] Laminin 511（ベリタス社，#BLA-LN511-03）
- [ ] Laminin 511 コーティング液：5 μg/mL Laminin-511希釈液〔溶媒：PBS（＋）〕
- [ ] Lipofectamine 3000 Transfection Reagent（サーモフィッシャーサイエンティフィック社，#L3000015）
- [ ] トランスフェクショングレードに精製された sgRNA 発現プラスミド（200 ng/μL 以上；トラブルへの対応③〜⑤参照）
- [ ] Opti-MEM Reduced Serum Medium（サーモフィッシャーサイエンティフィック社，#31985088）
- [ ] Doxycycline（Dox, 1 mg/mL）
- [ ] Puromycin（2 mg/mL）[*3].
- [ ] mESC イメージング培地[*4].
  - ・FluoroBrite™ DMEM（サーモフィッシャーサイエンティフィック社，#A1896701）
  - ・15 % fetal bovine serum
  - ・0.1 mM β-mercaptoethanol
  - ・1×MEM nonessential amino acids
  - ・2 mM L-alanyl-L-glutamine
  - ・1,000 U/mL leukemia inhibitory factor
  - ・20 μg/mL gentamicin
  - ・3 μM CHIR99021
  - ・1 μM PD0325901
- [ ] GFP および iRFP チャネルの画像を取得可能で，油浸100倍対物レンズ[*5]およびステージトップインキュベーターを備えた蛍光顕微鏡．特に高速撮影可能なピエゾ Z ステージ（エーエスアイ社，#MS-2000など）を備えた共焦点顕微鏡〔特にCSU-W1共焦点ユニット（横河電機社）を備えた顕微鏡〕の使用を推奨する（トラブルへの対応⑥参照）．

[*3] sgRNA 発現ベクターが puromycin耐性遺伝子を発現する場合のみ使用する．そうでない場合は不要.

[*4] 本培地は培地由来の自家蛍光成分が少なくなっているため，低輝度のイメージングに適している．至適培地が異なる細胞を使用する場合，本培地を無理に使用する必要はない.

[*5] #1.5のカバーガラス（〜170 μm厚）を使用し，100倍対物レンズを利用して観察することを推奨する．対象のシグナル・ノイズ比や蛍光強度によっては，60倍対物レンズでも観察可能な場合もある.

3. 画像解析

- [ ] ImageJ（https://imagej.net/ImageJ1）
- [ ] Imaris Cell and Measurement Pro モジュールを含む Imaris（Bitplane 社）

プロトコール

　本稿では，MCP-iRFP および dCas9-GFP がそれぞれ構成的および Dox 誘導的に発現する MS2 リピートノックイン細胞系を用いた ROLEX システムおよびデータ解析の方法論を紹介する．CRISPR を用いたノックインの一般的な方法は以前に詳細に記載されているので[12)]，ここでは MS2-ノックイン細胞株の樹立方法については説明しない．ただし，ROLEX システムに関する注意事項については，ト

ラブルへの対応①〜⑥で詳細に説明する.

1. ROLEXイメージングに対応したマウスES細胞株の解凍（所要時間〜48時間）

❶ 60 mmカルチャーディッシュに0.1％ゼラチン溶液を入れる. 室温で少なくとも30分間インキュベートする.

❷ mESC培地5 mLをあらかじめ37 ℃に加温しておく.

❸ 液体窒素タンク等から，ROLEXイメージング対応ES細胞株（従来のDMSO含有凍結溶液中）を凍結したクライオチューブをとり出す.

❹ 細胞が完全に解凍される直前に，mESC培地10 mLを入れた15 mL遠沈管にピペットで移す.

❺ 190×gで2分間室温で遠心分離する.

❻ 上清を除去し，細胞を5 mLのmESC培地中に再懸濁させる. 上記ステップ❶で準備した60 mmカルチャーディッシュからゼラチン液をとり除き，細胞懸濁液をディッシュに移す.

❼ 細胞をCO_2インキュベーター中，37℃，5％CO_2下で2日間インキュベートする.

2. ES細胞の維持（所要時間〜72時間）

❶ 60 mmカルチャーディッシュに0.1％ゼラチン溶液2 mLを加える. 室温で少なくとも30分間インキュベートする.

❷ mESCを培養している60 mmカルチャーディッシュからmESC培地を吸引し，5 mLのあらかじめ37℃に加温したPBSで1回洗浄し，吸引する.

❸ あらかじめ37℃に加温した1 mLの0.25％トリプシン–EDTAを細胞に加え，37℃で2分間インキュベートする.

❹ mESCコロニーをピペッティングによって単一細胞に分離する.

❺ 細胞懸濁液を2 mLのmESC培地が入った15 mL遠沈管に移す.

❻ 190×gで2分間室温で遠心分離する.

❼ 上清を除去し，細胞を1 mLのmESC培地中に再懸濁させる.

❽ 細胞数をカウントする.

❾ 上記ステップ❶で準備した60 mmカルチャーディッシュからゼラチン液をとり除き，4 mLのmESC培地を加える.

❿ このディッシュにmESCを$5×10^5$細胞加える.

⓫ 細胞を CO_2 インキュベーター中，37℃，5％ CO_2 下で2または3日間インキュベートする.

3. ROLEX イメージング（所要時間〜60時間）

❶ ROLEX イメージング対応 mESC 株（2.5×10^5/500 μL mESC 培地）（トラブルへの対応①〜④参照）をゼラチンコートした24ウェルカルチャープレートにまき，5％ CO_2 下で37℃で1時間インキュベートする.

❷ Lipofectamine 3000 を用いて1 μg の sgRNA 発現ベクターで mESC をトランスフェクションする．まず，1.5 mL チューブに1 μg の sgRNA 発現ベクター（トラブルへの対応③〜⑤参照）を調製する.

❸ プラスミド DNA を含むチューブに，25 μL の Opti-MEM™ 培地および Lipofectamine 3000 キットに含まれる1 μL の P3000 試薬を添加する.

❹ 新しい1.5 mL チューブを用意し，Opti-MEM™ 培地25 μL および Lipofectamine 3000 1.8 μL を加え，ピペットでよく混合する.

❺ プラスミド DNA と Lipofectamine 混合物を合わせ，ピペットでよく混合し，室温（25℃）で15分間インキュベートする.

❻ 上記ステップ❶で調製した mESC にプラスミド–Lipofectamine 混合物を全量加え，ピペットで穏やかに混合し，37℃，5％ CO_2 下で12時間インキュベートする.

❼ mESC を含む24ウェルカルチャープレートから mESC 培地を吸引除去し，適切な濃度（トラブルへの対応②参照）の Dox を含む新鮮な mESC 培地1 mL を加える．sgRNA 発現ベクターが puromycin 耐性遺伝子を発現する場合のみ，最終濃度2 μg/mL の puromycin も加える.

❽ 23時間後，Laminin 511 コートした Lab-Tek™ Ⅱ chambered coverglass（8 well）を調製する．まず，Laminin 511 コーティング液120 μL を Lab-Tek™ Ⅱ chambered coverglass（8 well）の各ウェルに添加する．37℃で1時間インキュベートする.

❾ mESC を含む24ウェルカルチャープレートから mESC 培地を吸引除去した後，1 mL の PBS で1回洗浄し，吸引する.

❿ 0.5 mL の0.25％トリプシン–EDTA を加え，37℃で2分間インキュベートする.

⓫ Lab-Tek™ Ⅱ chambered coverglass（8 well）から

134　完全版　ゲノム編集実験スタンダード

Laminin 511コーティング液を吸引し，200 μLのPBS（＋）を加えて洗浄する．

⑫ mESCをピペッティングして単一細胞に解離させる．

⑬ 細胞懸濁液を1 mLのmESCイメージング培地を入れた15 mL遠沈管に移す．

⑭ 190×gで2分間室温で遠心分離する．

⑮ 上清を除去し，細胞を250 μLのmESCイメージング培地に再懸濁させる．

⑯ 細胞数をカウントする．

⑰ Laminin 511コートしたLab-Tek™ II chamberedcover-glass（8 well）からPBS（＋）を除去し，200 μLのmESCイメージング培地を加える．

⑱ 1つのウェルに5×10⁴細胞になるようにまく．

⑲ 適切な濃度のDoxを加える（トラブルへの対応②参照）．

⑳ 細胞を37℃，5％ CO_2 下で12時間インキュベートする．

㉑ 翌日，mESCを含む容器からmESCイメージング培地を吸引し，適切な濃度のDoxを含む新鮮なmESCイメージング培地0.2 mLを加える．

㉒ GFPおよびiRFPチャネルの撮影に適した設定を用いて，油浸100倍対物レンズを備えた蛍光顕微鏡を用いて，ライブイメージングを行う．共焦点顕微鏡，特に高速イメージング（トラブルへの対応⑥参照）に適したのニポウディスク型共焦点ユニット（横河電機社，CSU-W1など）およびピエゾZステージ（エーエスアイ社，MS-2000など）を備えた顕微鏡の使用を推奨する．特定遺伝子領域の核内動態および転写活性を分析する場合，10秒間隔で，z軸方向に10 μmにわたって，46のz軸焦点面（各zステップ＝200 nm）を撮影する．これを500秒間ほど撮影する．

4. 画像解析（～1時間）

❶ ImageJを使用して，取得した画像を開き，Process→Filters→Gaussian blur 3Dを選択，X, Y, Zのsigmaを1に設定し，OKをクリック．この処理によって，ノイズを除去する．

❷ 次に，Process→Subtract Background…を選択し，Rolling ball radiusを5 pixel，その他のチェックをすべて外してOKをクリック．これにより，取得したdCas9-GFPおよびMCP-RFPイメージのバックグラウンド減算を実行する．

❸ 次に，ImarisのSpot機能を用いて，輝点径0.8 μmとして蛍光輝点を検出させる．これにより各輝点のXYZ座標を解析できる．

❹ ImarisのCell機能を用いて，cell smooth filter widthおよびcell background subtraction widthをそれぞれ1 μmおよび0.64 μmに設定して，各核の質量中心を核局在化MCP-tdiRFP蛍光から推定する．細胞は少なからず撮影中に並進移動または回転することがある．そのため，各遺伝子局在の動態を調べる場合，これらの影響を排除する必要がある．この影響を除去するためには，各輝点の座標を核の重心座標で補正するとよい．

トラブルへの対応

①ノックイン細胞のセレクション

　一般的に，ゲノム編集による遺伝子ノックインは哺乳動物細胞では効率が悪い．そのため，タンパク質コード遺伝子の3'非翻訳領域（UTR）へMS2リピートをノックインする場合，MS2リピートに加えてセレクション用のレポーター遺伝子（薬剤耐性遺伝子や蛍光タンパク質遺伝子など）を一緒に挿入しておくとよい．そうすることで，レポーター遺伝子を利用してノックインに成功した細胞のセレクションが可能となり，ノックイン細胞の取得が容易になる．しかしながら，レポーター遺伝子はノックインすることによって標的内在遺伝子の発現量を減少させる可能性があるため，Cre/loxPシステム等でセレクション後に除去できるように工夫しておくとよい．

②発現レベルの調節

　ROLEXイメージングを進めるためには，MS2リピートノックイン細胞の樹立の後に，MCP-iRFPとdCas9-GFPを発現する細胞株の樹立が必要である．MCP-FPおよびdCas9-FP発現ベクターは，Addgeneから入手可能である[5]．これらのタンパク質の発現レベルが高すぎると，標的DNAまたはRNAに未結合の蛍光タンパク質が過剰となってバックグラウンドシグナルが高まり，標的蛍光輝点の認識が困難になる．逆に，発現レベルが低すぎると，蛍光シグナル強度が不十分なために標的蛍光輝点を検出できない．したがって，適度な発現量を示す細胞株を選抜する必要がある．適度な発現量は，使用する細胞株や顕微鏡の種類等によって異なり得るため，経験的に適度な発現量を調べる必要がある．特にROLEXシステムでは，dCas9-GFP標的蛍光スポットのシグナル・ノイズ比が比較的低いため，dCas9-GFPの発現を特に低く抑える必要がある．そのため，dCas9-GFPの発現はDox誘導的に調節することが推奨され，最適発現量を得るために，適切なDox濃度を滴定して決定する必要がある[5,10]．

③sgRNAの標的部位

　オリジナルのROLEX法はMS2リピート内の配列を標的とする3つのsgRNAを使用したが，標的遺伝子の転写活性が高い場合，dCas9-GFPスポットの明るさが弱まる傾向があった[5]．これは，dCas9-GFPがRNAポリメラーゼの通過によって結合部位から剥がされたためと考えられる．近年，CARGOとよばれる手法で1つのプラスミドに多数のsgRNAを搭載しておき，3〜4種類のプラスミドを一過的に導入することで，内在の非リピート領域を容

易にdCas9-FPでラベリング可能なことが報告された[11]．このアプローチを採用し，オリジナルのROLEX法で使用されたMS2 sgRNA発現ベクターの代わりに，CARGO法によって作製された（遺伝子内部ではない）標的遺伝子付近を標識するsgRNA発現ベクターを導入することによって，上記の問題を解決できる可能性がある．

④ MS2 sgRNA の一過的発現

MS2 sgRNAが細胞内で構成的に発現されると，MS2/MCPの転写輝点が認識できなくなることがわかった．MS2 sgRNAの構成的発現によって標的タンパク質およびmRNA発現量には変化がないことを確認したことから，MS2 sgRNAの構成的発現による安定供給によって，MS2ステムループの形成が阻害される可能性が考えられる．したがって，MS2リピートを標的とするsgRNAを導入する場合は，一過的な発現が推奨される．

⑤ MS2 sgRNA の配列

オリジナルのsgRNA発現ベクターはAddgeneから入手可能である（Addgene プラスミド#62348）[5]．われわれが利用したものと同じMS2リピートを使用している場合，MS2 sgRNAとして以下の3つの標的配列を使用することでROLEX イメージングが可能である．MS2_1：GGCTGATGCTCGTGCTTTCT，MS2_2：CGTCGTTTGAAGATTCGACC，およびMS2_3：TCTGATGAACCCTGGAATAC．sgRNAの標的MS2配列は，宿主ゲノムにノックインされたMS2の種類に応じて異なり得ることに留意されたい．特に，われわれが使用したものとは異なるMS2配列を使用する場合，異なるMS2 sgRNAが必要になる可能性がある[5]．解析の目的によっては，他の内在遺伝子座を標的とするsgRNAをMS2 sgRNAと同時に導入することも可能である[5]．

⑥ ROLEX イメージングに適した細胞の選定

dCas9-GFPの発現レベルは，クローン化した細胞株に由来する細胞間でさえ異なる場合がある．また，dCas9-GFPの蛍光輝点の蛍光強度が比較的低いため，dCas9-GFPの発現レベルが高すぎると，未結合のdCas9-GFPによってバックグラウンドが上昇し，輝点を検出できなくなる．したがって，ROLEX イメージングに適切な発現レベルを示す最適な細胞を見定める必要がある．また，dCas9-GFP蛍光スポットは，場合によっては，短時間のコマ撮り画像を撮影し，それらを［画像解析］に記載されるように処理することによって検出することができることがある．

実験結果

このシステムを用いて，マウスES細胞の多能性維持に重要な*Nanog*と*Oct4*遺伝子のライブイメージングを行った[5]．*Oct4*遺伝子は転写活性状態依存的な遺伝子領域の核内流動性の変化は認められなかった．一方，*Nanog*遺伝子では，核内流動性が転写不活性状態において顕著に増加するという興味深い現象を見出した（図3B）．ここでは詳細には触れないが，本現象の根底にはゲノム領域間の長距離相互作用が関与していると考えられる[13]．

おわりに

　近年ではRNAおよびDNA–FISHを連続して行うことによって，1細胞レベルで特定の遺伝子座の高次ゲノム構造および遺伝子発現状態を明らかにできるようになってきた[14]．しかし，これらの方法では基本的に細胞を固定する必要があるため，動的挙動は依然として解析することはできない．一方ROLEXシステムでは，特定遺伝子の転写と核内動態を解析可能だが，基本的には1遺伝子の動態しか解析できない．原理的には，異なる種由来のCas9やMS2/MCPシステムと同様のシステムであるPP7/PCPシステムなどを併用し，またカラーバーコーディング[15]を利用することで，複数遺伝子座を解析できる可能性がある．こういった解析に加えて，特定遺伝子領域におけるRNAポリメラーゼや特定転写因子の結合状態を同時に定量することで，複雑な遺伝子発現調節の理解が促進されると期待される．

◆ 文献

1) Dekker J, et al：Nature, 549：219–226, 2017
2) Nagano T, et al：Nature, 547：61–67, 2017
3) Bintu B, et al：Science, 362：doi：10.1126/science. aau1783, 2018
4) Noordermeer D, et al：Nat Cell Biol, 13：944–951, 2011
5) Ochiai H, et al：Nucleic Acids Res, 43：e127, 2015
6) Tyagi S：Nat Methods, 6：331–338, 2009
7) Chubb JR, et al：Curr Biol, 16：1018–1025, 2006
8) Straight AF, et al：Curr Biol, 6：1599–1608, 1996
9) Saad H, et al：PLoS Genet, 10：e1004187, 2014
10) Chen B, et al：Cell, 155：1479–1491, 2013
11) Gu B, et al：Science, 359：1050–1055, 2018
12) Koch B, et al：Nat Protoc, 13：1465–1487, 2018
13) Shinkai S, et al：bioRxiv：doi：https://doi. org/10.1101/574962, 2019
14) Mateo LJ, et al：Nature, 568：49–54, 2019
15) Ma H, et al：Nat Biotechnol, 34：528–530, 2016
16) 落合 博：実験医学, 34：61–68, 2016

II 実践編

8 CRISPR-Cas9を応用した遺伝子の光操作技術

佐藤守俊

はじめに

　CRISPR-Cas9システムに基づくゲノム編集技術の登場以来，同技術は世界中の研究室に普及し利用されている．CRISPR-Cas9システムを用いることで，あらゆる細胞のゲノムの塩基配列を狙って書き換えることができるようになった．このようなゲノム編集技術の黎明期と時を同じくする形で，筆者のグループでは，光などの外部刺激により生命現象を時間的・空間的に制御する技術に強い関心をもっていた．この関心を実現すべく，さまざまなタンパク質の活性を細胞内で自由自在に光操作するために，アカパンカビの小さな青色光受容体（Vivid）にプロテインエンジニアリングを施し，Magnetシステムという光スイッチタンパク質を開発した（図1）[1]．さらに筆者らは光操作の基盤技術であるMagnetシステムの応用先としてゲノムに狙いを定め，CRISPR-Cas9システムやCre-loxPシステムとMagnetシステムを組合わせて，光刺激で自由自在に操作可能なゲノムエンジアリングツール（PA-Cas9[2]，PA-Cpf1[3]，Split-CPTS2.0[4]，PA-Cre[5]）を開発してきた．本稿では特に，ゲノムにコードされた遺伝子の発現を光操作できるSplit-CPTS2.0について，実験プ

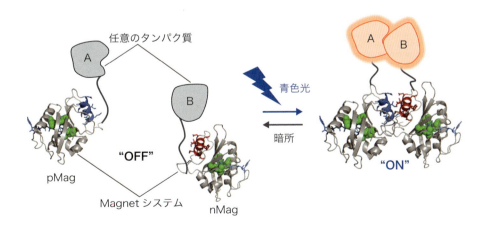

図1　光スイッチタンパク質"Magnetシステム"
青色の光を照射すると二量体を形成し，光照射をやめると元の単量体に戻る．その分子量は緑色蛍光タンパク質（GFP）の3分の2程度と非常に小さい．Magnetシステムを連結すれば2種類のタンパク質（A，B）の相互作用や活性を光照射のON/OFFでコントロールできる

ロトコールや実験例を詳しく紹介する．加えて，ゲノムの塩基配列を光刺激で改変するPA-Cas9やPA-Creについても，その原理や実験例を紹介したい．

Split-CPTS2.0の原理

　分化や発生など，生体でみられる多様な生命現象は，ゲノムにコードされたさまざまな遺伝子の働きによって制御されている．それぞれの遺伝子がどのように生命現象の制御にかかわっているのかを明らかにするには，ゲノム遺伝子の発現を自由自在にコントロールする技術が必要である．筆者らは，CRISPR-Cas9システムを用いてゲノムにコードされた遺伝子の発現を強力に光操作する技術（Split-CPTS2.0）を開発した（図2）[4]．Split-CPTS2.0を開発するために，まずCas9にアミノ酸変異を導入してDNA切断活性を欠失させたdCas9を作製し，これを二分割したタンパク質（split-dCas9）に光スイッチタンパク質のMagnetシステムを連結した．青色光を照射すると，Magnetシステムが作動し，split-

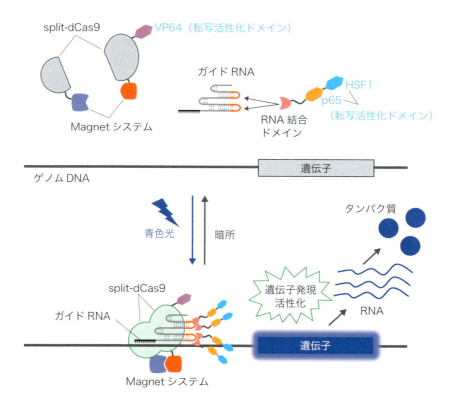

図2　Split-CPTS2.0の原理
dCas9の二分割体（split-dCas9）とMagnetシステムを用いて，3種類の異なる転写活性化ドメイン（VP64，p65，HSF1）を9つ，標的ゲノム遺伝子の転写開始点の上流領域に光刺激によって集積することにより，そのゲノム遺伝子の転写を高い効率で活性化できるのがSplit-CPTS2.0．筆者らが開発した先行技術（CPTS，図3）よりも桁違いに高い効率でゲノム遺伝子の光操作が可能になった．

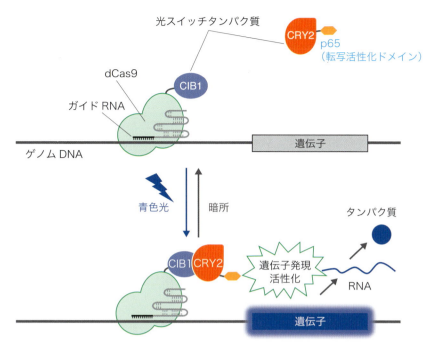

図3 先行技術（CPTS）の原理
1種類の転写活性化ドメイン（p65）を1つだけ，dCas9が結合するゲノム遺伝子の上流領域によび寄せて，当該遺伝子の発現を光操作するのが先行技術のCPTS．

dCas9の両断片が結合する．光刺激で結合したsplit-dCas9は，ガイドRNAが指定する標的遺伝子のDNA塩基配列をゲノムの全塩基配列の中から見つけ出し，そこに結合する．そして，split-dCas9とガイドRNAに結合させた3種類の転写活性化ドメイン（VP64, p65, HSF1）の働きにより，標的遺伝子の転写を活性化し，RNAの転写とタンパク質の翻訳を経て標的遺伝子の機能を発現させることができる．光照射をやめると，Magnetシステムが結合力を失ってsplit-dCas9とガイドRNAは再びバラバラになり，標的遺伝子の転写は停止する．このように，光照射の有無によって，標的遺伝子の発現をコントロールできるのがSplit-CPTS2.0である．

なお，筆者らが開発した一世代前の技術（CPTS）（図3）[6]では，光刺激により，1種類の転写活性化ドメイン（p65）を1つだけ，ゲノム遺伝子の上流領域によび寄せていたが，Split-CPTS2.0では，3種類の異なる転写活性化ドメイン（VP64, p65, HSF1）を9つ同時にゲノムに集めたため，著しく高い効率でゲノム遺伝子の発現を光操作できるようになった（図4）．Split-CPTS2.0の開発によって，CPTSでは不可能だった，高いレベルでの遺伝子発現が必要なアプリケーションを実現することが可能になった．もちろん，Split-CPTS2.0の最大の特徴は，その高いターゲティング能力にある．Split-CPTS2.0はCRISPR-Cas9システムを使っているため，ガイドRNAの塩基配列を設計することにより，ゲノムにコードされた全遺伝子のうちどの遺伝子を光操作するのかを，あらかじめプログラムすることが

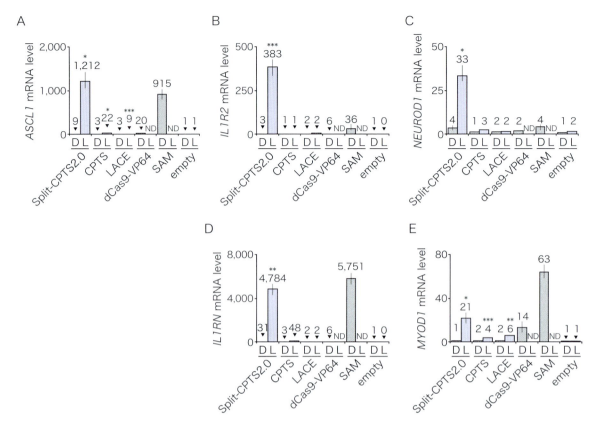

図4 Split-CPTS2.0によるゲノム遺伝子の発現の光操作
5種類のゲノム遺伝子の発現を指標として，Split-CPTS2.0とその他の関連技術をHEK293T細胞で比較．A) *ASCL1*遺伝子，B) *IL1R2*遺伝子，C) *NEUROD1*遺伝子，D) *IL1RN*遺伝子，E) *MYOD1*遺伝子．CPTSは筆者らが開発した先行技術．LACEはDuke Universityのグループが開発した先行技術[6]．dCas9-VP64とSAMは光制御能がない先行技術．D：暗所，L：光照射．Split-CPTS2.0はどのゲノム遺伝子でもその発現を効率よく光操作できる．

できる．また，塩基配列の異なる複数のガイドRNAを細胞に導入して，さまざまな標的遺伝子の発現を同時に光で操作することも可能である．

準備

- □ 細胞，培地など
- □ Split-CPTS2.0，sgRNA2.0[*1]の各種プラスミド
- □ LED照明装置[*2]
- □ リアルタイムPCR[*3]

*1 Split-CPTS2.0ではMS2 RNAアプタマーを挿入したガイドRNA（sgRNA2.0）を用いる．
*2 筆者らはシーシーエス社の青色小型LED照明パネルを利用している．
*3 筆者らはサーモフィッシャーサイエンティフィック社のStepOnePlusを利用している．

プロトコール

1. ガイドRNA（sgRNA2.0）の設計と作製

　sgRNA2.0は次の3つのポイントを参考に設計するとよい．最初のポイントは，sgRNA2.0を結合させるゲノム領域である．標的とするゲノム遺伝子によっても異なるが，筆者らの経験では，転写開始点から200塩基程度までの上流領域にsgRNA2.0を結合させると，遺伝子発現の効率が非常によい．ポイントの2つ目として，sgRNA2.0が結合するゲノムの標的配列にはPAMとよばれる塩基配列が近接している必要がある．Split–CPTS2.0には*Streptococcus pyogenes*由来のCas9を利用しているため，PAMの塩基配列はNGGである．ポイントの3つ目は，ゲノムに対するsgRNA2.0の結合選択性である．特異性が低い配列を用いると，オフターゲットが問題になることがあるので，注意が必要である．以上の3つのポイントを考慮して，sgRNA2.0の5′末端の塩基配列（20塩基程度）を設計する[*4]．なお，sgRNA2.0の作製については，制限酵素（Bbs I）とオリゴDNAを用いて，sgRNA2.0の5′末端に任意の塩基配列を導入する方法を利用している[*5]．

2. 細胞へのプローブ等の導入と遺伝子発現の光操作

1）HEK293T細胞での実験手順

❶ 1ウェルあたり2.0×10^4個のHEK293T細胞を96ウェルプレートに播種し，37℃のインキュベーターで24時間程度培養する．

❷ Split–CPTS2.0，sgRNA2.0をそれぞれコードするプラスミドを細胞にトランスフェクションし，37℃のインキュベーターで24時間程度培養する[*6]．

❸ 青色LEDで光照射を施す[*7〜*9]．光照射を施さないコントロールも準備する．

❹ 細胞を破砕してRNAを抽出し，逆転写反応によりDNAに変換する[*10]．

❺ TaqManプローブを用いたリアルタイムPCRを行い，標的遺伝子のmRNAを計測する[*11]．このとき，*GAPDH*等のハウスキーピング遺伝子のmRNAを内部コントロールとして利用する．

2）iPS細胞での実験手順（iPS細胞での実験例は実験例1に記載）．

❶ iPS細胞を培養する[*12]．

[*4] 標的とするゲノム遺伝子の上流領域に対して，複数の異なるガイドRNA（sgRNA2.0）を同時に結合させることにより，より強く当該遺伝子の発現を誘導することも可能である．さらに，複数の標的遺伝子のそれぞれの上流領域に結合するsgRNA2.0を同時に利用することにより，当該遺伝子の発現を同時に光操作することも可能である．

[*5] sgRNA2.0ベクターの作製にあたっては，筆者らはAddgeneから入手できるpSPgRNAベクター（plasmid #47108）にMS2 RNAアプタマーを導入したsgRNA2.0を導入し，この制限酵素（Bbs I）サイトを利用して，sgRNA2.0の5′末端に任意の塩基配列を導入している．

[*6] トランスフェクション試薬として，筆者らはサーモフィッシャーサイエンティフィック社のLipofectamine 3000を用いている．

[*7] $0.10 \, \mathrm{mW/cm^2}$で細胞を光刺激．

[*8] 標的とする遺伝子ごとに光刺激による発現誘導の効率は異なる．短時間の光照射でも十分な発現が得られる遺伝子もあれば，十分な発現を得るには長時間の光照射を必要とする遺伝子もある．まずは12時間以上の十分な時間の光照射で実験を行って，その結果を見て，照射時間を最適化することをお勧めする．なお，光照射の時間によって遺伝子発現のレベルを調節可能である．

[*9] 筆者の研究室では，HEK293T細胞に24時間程度の光照射を施す場合，特に培地交換を行っていないが，光照射がさらに長時間に及ぶ場合には，培地交換を行った方がよいかもしれない．

❷ ヌクレオフェクションによりSplit-CPTS2.0，sgRNA2.0をそれぞれコードするプラスミドをiPS細胞に導入し，10 μM ROCK inhibitorを添加したmTeSR1培地で6時間程度培養する[*13]．

❸ 37℃のインキュベーターの中で青色LEDを用いて光照射を施す[*14]．

❹ 前述のようにリアルタイムPCRを行って，標的遺伝子のmRNAを計測したり，蛍光抗体法によりiPS細胞の分化を評価する．

[*10] サーモフィッシャーサイエンティフィック社のCells-to-CTキットを利用．
[*11] ΔΔCt法により，光照射依存的に発現するmRNA（標的遺伝子）の相対量を評価．
[*12] iPS細胞はマトリゲル基底膜マトリックス（コーニングインターナショナル社，#354230）でコートされた6ウェルプレートでmTeSR1培地（STEMCELL Technologies社，#ST-05850）を用いて培養．
[*13] 装置は4D-Nucleofector（Lonza社），キットはP3 primary cell 4D-Nucleofector X kit S（Lonza社），プログラムはCA-137 programを利用．
[*14] 実験が数日に及ぶ場合には毎日新しい培地（10 μM ROCK inhibitorを加えたmTeSR1培地）を添加するようにしている．

トラブルへの対応

■十分な遺伝子発現が得られない

大きな要因として，ガイドRNA（sgRNA2.0）の設計が適切でない可能性がある．新しく標的遺伝子のsgRNA2.0を設計する場合には，転写開始点から200塩基程度までの上流領域に結合するsgRNA2.0をいくつか作製し，それらの遺伝子発現効率を調べた上で，最適なsgRNA2.0を実験に用いるのがよい．

■青色光照射による細胞毒性が観察される

筆者らは青色LED光源を用いて0.10 mW/cm^{2}で光照射を行っている．細胞毒性が観測される場合には，光照射の強度が強すぎる可能性があるので，光照射の実際の強度を照度計で測定して，適切な強度で光照射を行うことをお勧めする．また，水銀光源などの，細胞毒性の大きな紫外線を多く含む光源を利用する場合には，フィルターを用いるなどして紫外線をカットする必要があるが，筆者としては，そのような対応の必要がない青色LEDの利用をお勧めしたい．

実験例1：Split-CPTS2.0による細胞分化の光操作

それでは，Split-CPTS2.0を使うとどのような応用が可能になるのだろうか．前述のように，さまざまな生命現象が遺伝子の発現によってコントロールされている．例えば，私たちの体では，脳の神経細胞，筋肉の細胞，皮膚の細胞，内臓の細胞というように，200種類以上の細胞が役割を分担している．これらの細胞は，たった一つの受精卵からスタートして，いくつかの段階を経てできている．このように，ある細胞が別の働きをもつ細胞に変化する現象を細胞分化というが，細胞分化には遺伝子発現が重要であることが知られている．ということは，もしSplit-CPTS2.0を使って遺伝子発現をコントロールすれば，細胞分化を光で制御できるかもしれない…と筆者らは考えた．

細胞分化は再生医療等に応用されているが，最近最も期待されているのが人工多能性幹細胞（iPS細胞）であろう．筆者らは，ヒト由来のiPS細胞にSplit-CPTS2.0を導入し，青色光を照射して，2番染色体にコードされた*NEUROD1*とよばれる遺伝子の発現を活性化してみた．そうすると，iPS細胞が4日程度で神経細胞に分化する様子が観察された（図5）．iPS細胞から神経細胞への分化を光で制御できることを世界ではじめて実証できたのだ．

ちなみに，Split-CPTS2.0は，前述の先行技術（CPTS）と比べて2,000倍強く，*NEUROD1*遺伝子の発現を光刺激で活性化できる．このため，Split-CPTS2.0ではiPS細胞を光刺激で神経細胞に分化させることが可能になった．一方，CPTSでは，*NEUROD1*遺伝子の発現を光刺激で操作することはできるが，その効率が十分でないため，iPS細胞を神経細胞に分化させることはできなかった．このように，遺伝子発現の効率を著しく高めたSplit-CPTS2.0を用いることにより，ゲノム遺伝子発現の光操作に基づく新たな応用が可能になっている．

なお，細胞分化を制御する遺伝子は*NEUROD1*だけではない．筋肉の細胞や脂肪細胞，血液の細胞などへの分化をコントロールする遺伝子が次々と明らかになっている．Split-CPTS2.0を使ってこれらの遺伝子をそれぞれ光操作すれば，神経細胞以外にも，さまざま

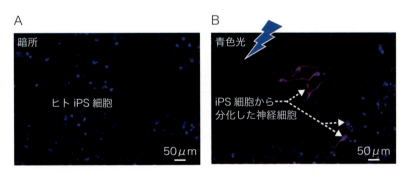

図5　iPS細胞から神経細胞への分化の光操作
Split-CPTS2.0を用いてiPS細胞の*NEUROD1*遺伝子の発現を光操作すると，iPS細胞から神経細胞への分化を自在にコントロールできる．A）暗所，B）4日間の光照射後．細胞をDAPI（青）と神経細胞のマーカーであるβ-Ⅲ tublinの抗体（マジェンタ）で染色．

な種類の細胞を光刺激で生み出すことができるかもしれない。さらに、細胞分化以外にも、さまざまな生命現象が遺伝子発現によって制御されていることを忘れてはならない。Split–CPTS2.0を用いて、ヒトのゲノムに書き込まれた約22,000種類の遺伝子の発現を光で操作すれば、さまざまな生命現象をコントロールできるかもしれない。

実験例２：PA-Cas9によるゲノム編集の光操作

　筆者らは、前述のSplit–CPTS2.0に加えて、CRISPR–Cas9システムとMagnetシステムを組合わせて、光刺激でゲノムを構成するDNAの塩基配列を書き換える技術（PA–Cas9）も開発している（図6）[2]。PA–Cas9を開発するために、まず、Cas9自体を二分割してそのDNA切断活性を不活性化した。さらに、このCas9の二分割体（split–Cas9）の両断片にMagnetシステムを連結した。青色光を照射するとMagnetシステムが結合し、これに伴って、split–Cas9も互いに近接し結合する。これにより、split–Cas9は本来のCas9のようにDNA切断活性を回復し、ガイドRNAが指定するDNAの塩基配列を切断できるようになる。一方、光照射を止めるとMagnetシステムは結合力を失うため、split–Cas9は元のようにバラバラになり、DNA切断活性は消失する。このようにPA–Cas9は、DNA切断活性を光照射で自在にコントロールできるツールである。

　PA–Cas9の開発により、ゲノム編集自体を光刺激でコントロールできるようになった。例えば、正常な遺伝子の塩基配列を光刺激で書き換えてその機能を破壊したり、壊れていた遺伝子の塩基配列を光刺激で書き換えて正常な遺伝子に戻すことが可能になった。PA–Cas9を用いれば、組織を構成する多数の細胞の一部に青色光を照射することで、狙った細胞単位でのゲノム編集を実行できる。また、例えば、受精卵から成体になる過程の狙ったタイミングで青色光を照射することで、個体発生の任意の段階でゲノム編集を実行することも可能だろう。このようにPA–Cas9の開発により、ゲノム編集の応用の可能性が大きく拡大し、既存の技術では不可能だったさまざまなアイディアを実現できるようになった。なお、紙面の関係で紹介できなかったが、筆者らは最近、PA–Cas9よりもさらにオフターゲット効果が低いゲノム編集の光操作技術（PA–Cpf1）[3]を開発している。興味のある読者は、ぜひ原著論文をご覧いただきたい。

実験例３：PA-CreによるDNA組換え反応の光操作

　前述のSplit–CPTS2.0とPA–Cas9は、いずれもCas9タンパク質を二分割して両断片の会合をMagnetシステムでコントロールするというアプローチに基づいて開発されている。ツール開発のためにわれわれが導入したこのアプローチはきわめて一般性が高く、Cas9以外のタンパク質を利用した光操作ツールの開発にも応用できる。この観点から、今やライフサイエンスには欠くことのできないツールとなったCre-*loxP*システムとMagnetシステムを組合わせてDNA組換え反応の光操作を可能にするツール（PA–Cre）を開発している

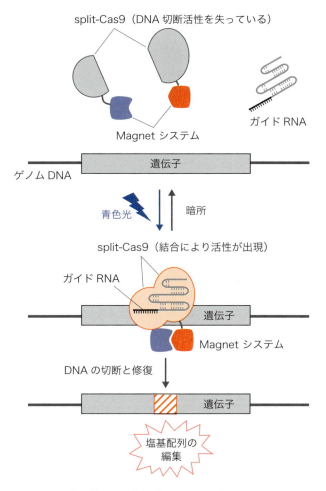

図6 ゲノムの塩基配列を光刺激で書き換える技術（PA-Cas9）

二分割により活性を失わせたsplit-Cas9のN末端側断片（N-Cas9）とC末端側断片（C-Cas9）にMagnetシステムを連結する．青色光を照射すると，Magnetシステムの二量体化に伴ってN-Cas9とC-Cas9も互いに近接し結合する．これにより，N-Cas9とC-Cas9は本来のCas9タンパク質のようにDNA切断活性を回復し，標的の塩基配列を切断できるようになる．光照射を止めるとMagnetシステムは結合力を失うため，N-Cas9とC-Cas9も離れ離れになり，DNA切断活性は消失する．このため光を照射している間だけ，ゲノム編集を実行できる．

（図7）[5]．

　Cre-*loxP*システムはバクテリオファージP1が有するDNA組換えシステムであり，DNA組換え酵素のCreは*loxP*とよばれる34 bpの塩基配列に結合して2つの*loxP*配列の間での組換え反応を触媒する．筆者らは，Cas9タンパク質のケースと同様に，まず，Creタンパク質を二分割してそのDNA組換え活性を不活性化した．次に，二分割により活性を失った"Split-Cre"のN末端側断片（N-Cre）とC末端側断片（C-Cre）のそれぞれにMagnetシステムを連結した．筆者らは，培養細胞での評価系でこのツール（PA-Cre）をテストするとともに，マウスでの検証も行っている（図8）．

　マウスでの検証では，まず，PA-Creをコードするプラスミドとレポーターのプラスミド

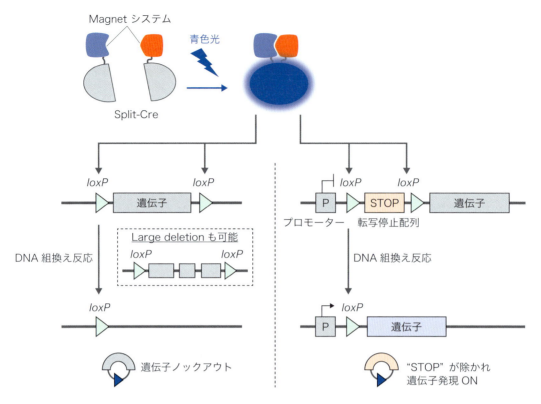

図7　PA-Creの原理
Split-CreとMagnetシステムからなるPA-Creは青色光で活性化するDNA組換え酵素である（上図）．遺伝子もしくは遺伝子群をloxPで挟むことにより，当該遺伝子・遺伝子群を光刺激でノックアウトできる（左下図）．また，転写停止配列（STOP）をloxPで挟むことにより，遺伝子の発現を光刺激で活性化できる（右下図）．

をマウスの尾静脈に導入して，肝臓に当該プラスミドを導入した．レポーターはDNA組換え反応によりルシフェラーゼが発現するように設計しているので，マウスの肝臓の細胞の中でPA-Creが活性化すれば，その様子をEM-CCDカメラを用いて可視化できる．PA-Creは非常に感度がよいため，生体外からの光照射でもDNA組換え反応をコントロールできる．青色LEDをアレイ化した光源（470±20 nm）を用いてマウスの腹側から光照射したところ，ルシフェラーゼの明るい生物発光が肝臓から観察された．興味深いことに，30秒間程度のパルス照射を生体外から施すだけでも，PA-Creの活性化を十分に誘起できることが分かった．一方，暗所ではルシフェラーゼの生物発光は全く観察されず，DNA組換え反応は起こらない．また，通常の部屋の明るさでも，暗所の場合と同様に，マウスの肝臓ではPA-Creは活性化せず，DNA組換え反応は全く起こらないことが分かった．このツール（PA-Cre）は，暗所ではほとんど活性を示さず，青色光を照射するとすみやかに強いDNA組換え活性が出現する．つまり，PA-Creを使えば光刺激によって自由自在にDNA組換え反応を時空間制御できる．

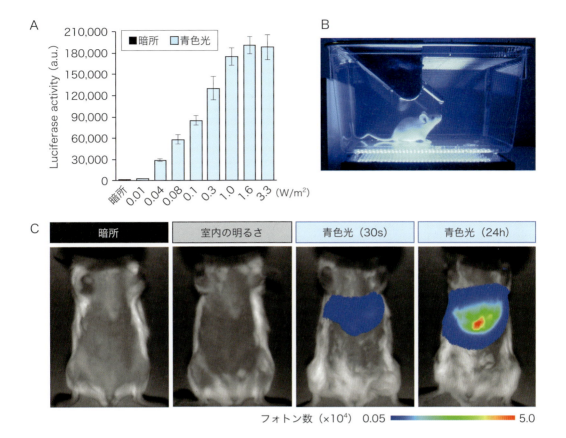

図8 PA-Creを用いて生体深部の遺伝子の働きをコントロール
A) DNA組換え反応によりルシフェラーゼを発現するレポーターを用いて，PA-CreによるDNA組換え反応の青色光依存性を培養細胞で評価．B) DNA組換え反応によりルシフェラーゼを発現するレポーターとPA-CreをコードするcDNAをマウスの肝臓に導入した後，LEDを用いてマウスに生体外からの非侵襲的に青色光を照射．C) 青色光によりマウスの肝臓でDNA組換え反応が誘起されレポーターからルシフェラーゼが発現する様子を可視化．24時間の光照射はもとより，30秒間という短時間の光照射でも肝臓で遺伝子発現が観察された．一方，暗所や室内の明るさでは全くルシフェラーゼの発現は観察されなかった．

おわりに

　本稿では，筆者らが開発したゲノム遺伝子の発現を光操作する技術について紹介した．CRISPR-Cas9システムに基づくSplit-CPTS2.0は，ガイドRNAの塩基配列を設計するという非常にシンプルかつ簡便な方法で，標的遺伝子を自由自在に選択できる．しかもその効率は筆者らの先行技術（CPTS）に比べて桁違いに高いのが最大の特長である．前述のように筆者らは，Split-CPTS2.0を応用した実験例としてiPS細胞の神経細胞への分化の光操作を示したが，遺伝子発現の光操作技術の応用は細胞分化に限定されるものではない．また，本稿では，PA-Cas9やPA-Creのように，光刺激でゲノムの塩基配列を改変する技術についても紹介した．本稿が読者の皆さんのアイディアを刺激し，ゲノムの光操作が新しい研究スタイルにつながることを期待したい．

◆ 文献

1) Kawano F, et al : Nat Commun, 6 : 6256, 2015
2) Nihongaki Y, et al : Nat Biotechnol, 33 : 755-760, 2015
3) Nihongaki Y, et al : Nat Chem Biol, 15 : 882-888, 2019
4) Nihongaki Y, et al : Nat Methods, 14 : 963-966, 2017
5) Kawano F, et al : Nat Chem Biol, 12 : 1059-1064, 2016
6) Nihongaki Y, et al : Chem Biol, 22 : 169-174, 2015

非分裂細胞での効率的遺伝子ノックイン法

鈴木啓一郎

はじめに

ゲノム編集技術は近年急激な進歩を遂げており，培養細胞のみならず生体内の組織や臓器での遺伝子改変が可能となり，モデル動物の遺伝子改変や難治性疾患治療への医療応用が期待されている．しかしながら，外来遺伝子挿入により標的ゲノム配列を自由自在に改変することができる汎用性の高いゲノム編集方法『遺伝子ノックイン』は，一般的に高い細胞分裂活性が必要な相同組換え法を用いるため，神経細胞など生理的に細胞分裂を行っていないほとんどの生体内の細胞への応用は非常に困難であり，非分裂細胞での遺伝子ノックイン法の開発が急務であった．本コラムでは，近年相次いで開発されてきた非分裂細胞における遺伝子ノックイン技術に関する最新の報告を紹介する．

従来の生体内遺伝子ノックイン方法

近年CRISPR-Casの登場により，ゲノム編集技術を用いた遺伝子ノックアウトや遺伝子ノックインといった遺伝子改変が多種多様な生物で容易に行えるようになってきた．ヒトやマウスなど高等真核生物でも，さまざまな培養細胞株で容易に遺伝子改変することが可能となってきた一方で，生体組織中での遺伝子操作『生体内ゲノム編集』の成功例も報告されてきている．一例として，血友病や高チロシン血症モデルマウスの肝臓で相同組換えを起こし，『生きたままの』のマウスで変異遺伝子の直接的な修復に成功した[1)2)]．しかしながらこれらの報告では肝細胞など分裂能の高い細胞組織を標的としており，生体内の大部分を構成する非分裂細胞組織に有効な遺伝子ノックイン技術は最近まで報告例がなかった．

非分裂細胞に有効な遺伝子ノックイン方法

2016年以降になり，非分裂細胞で効率よく遺伝子ノックインを起こせる技術が相次いで報告されてきた（図1）．

①HITI法

2016年に筆者らは，非分裂細胞でも活性があるが遺伝子ノックインには応用できないと考えられていた非相同末端結合機構（NHEJ）とよばれる別のDNA修復経路を巧みに利用した遺伝子改変技術『HITI（Homology-Independent Targeted Integration）』を開発した[3)]．本技術は，生体内外の非分裂細胞でゲノム標的部位に高効率に遺伝子ノックインできた世界初の技術であり，実際に，従来の相同組換え修復法では不可能であった非分裂細胞であるマウス胎仔脳由来の初代培養神経細胞やマウスの脳への遺伝子ノックインに成功した．さらに，網膜の異常により視野狭窄や失明を引き起こす網膜色素変性症の原因遺伝子の一つとして知られている*Mertk*遺伝子に先天的変異をもつ網膜色素変性症モデルラットを用いて，ゲノム編集技術を用いた治療『ゲノム編集治療』を行った．その結果，*Mertk*遺伝子の発現量は正常ラットの4％まで回復し，視覚障害の部分的な回復がみられた．以上の結果から，HITI法がさまざまな遺伝病に対する新しいゲノム編集治療法となりうる可能性が示唆された．

②vSLENDR法

前述したように，既存の相同組換え法（HDR）は非分裂細胞に応用できないと考えられてきた．マックスプランクフロリダのグループは，アデノ随伴ウイルス（AAV）ベクターを用いて標的配列に相同な1本鎖ドナーDNAを細胞内に導入することで，マウス培養神経細胞や脳においてHDRに成功し，vSLENDR法と名付けた[4)]．同様の方法を用いて同じく非分裂細胞である培養心筋細胞で相同組換え法の成功例も大阪大学のグループから報告された[5)]．これらの原理は不明であるが，AAVベクターは1本鎖DNAを細胞内に運搬するため，最近報告されてきたファンコニ経路依存的なSSTR（single-strand template repair）[6)]や他の未知の相同組換え修復経路を使用した組換えを誘発した可能性が考えられる．

③HMEJ法

挿入したい外来遺伝子の両側に数100 bp程度の長い相同配列を付加し，その外側を切断することで，HDRでもNHEJでもどちらの経路を使っても遺伝子ノックインされるHMEJ（homology-mediated end-joining）法も開発され，当該方法による培養神経細胞やアストロサイトへの応用も報告されてきた[7)]．

④PITCh法

2014年，広島大学のグループにより，挿入したいドナーの両側に数10 bp程度の短い相同配列『マイクロホモロジー』を持たせることで，HDR，NHEJに次ぐ第3のDSB修復経路であるMMEJ（microhomology-mediated end joining）を利用した遺伝子ノックイン方法（Precise integration into target chromosome：PITCh）法が開発された[8)]．2017年に中国のグループから，培養神経細胞

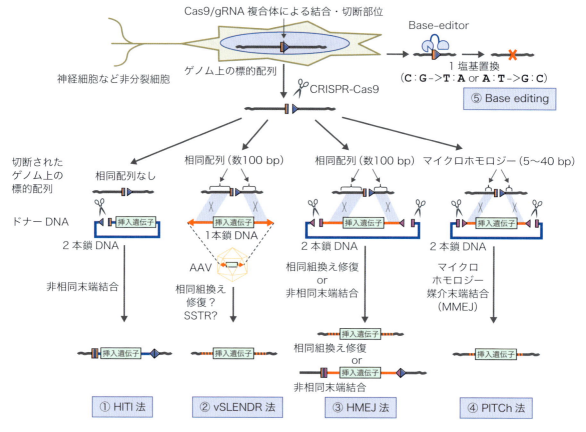

図1 非分裂細胞で有効な最新の遺伝子ノックイン技術

①HITI法：ゲノム上の標的配列と同じCRISPR-Cas認識配列を挿入したドナーDNAを細胞内に導入する．導入されたドナーDNAおよびゲノムDNA部位の標的部位が，CRISPR-Cas9システムによって細胞内で同時に切断されることで，非相同末端結合因子が集積し，ドナーDNAの挿入を伴いゲノムの切断末端が修復される．②vSLENDR法：従来の相同組換え修復（HDR）法と同様に挿入したい遺伝子の両側に，標的部位に対する相同配列を配置する．1本鎖DNAを運搬するアデノ随伴ウイルス（AAV）ベクターをドナーとして用いることで，非分裂細胞における相同組換えが可能となる③HMEJ法：挿入したい外来遺伝子の両側に数100 bp程度の長い相同配列を付加し，その外側をCRISPR-Cas9システムで切断する．相同組換え修復もしくは非相同末端結合で外来遺伝子が挿入される．④PITCh法：挿入したい外来遺伝子の両側に数10 bp程度の短い相同配列を付加し，その外側をCRISPR-Cas9システムで切断する．マイクロホモロジー媒介末端結合で外来遺伝子が挿入される．⑤Base-editing：1塩基置換法ともよばれ，C＞TもしくはA＞Gの1塩基置換が可能となる．

やアストロサイトで当該方法を用いた遺伝子ノックインの応用例が報告された[9]．

⑤ Base editing

近年，2本鎖切断を介さずC＞TもしくはA＞Gの一塩基置換（Base editing）を引き起こすBase-editor[10,11]やTarget-AID[12]が開発されてきた．この技術をデュシェンヌ型筋ジストロフィーモデルマウスの骨格筋に応用することで，病変組織で直接一塩基置換し，形態的改善がみられた[13]．

⑥ SATI法

HITIでは外来遺伝子を標的配列に挿入することはできても，ゲノム中に元々存在する変異を取り除くことができないため，治療応用可能な変異が非常に限定的であることが大きな課題であった（図2左）．この問題を解決するため，2019年に筆者らはさまざまなタイプの遺伝子変異をさまざまな臓器で修復できる『SATI（intercellular linearized Single homology Arm donor mediated intron-Targeting Integration）法』を開発した[14]．具体的には，HITI法を改良し，ゲノムに存在する変異の直前のイントロンに正常遺伝子の一部を非相同末端結合で組込むことで，さまざまなタイプの変異を治せるゲノム編集技術とした（図2右）．実際にさまざまな細胞種でHITI法と同様にNHEJによる遺伝子組換えが起こっていたが，驚くべきことに，非分裂細胞では相

同配列を介した組込みがみられた．この組込みは2本のホモロジーアームを必要とする従来の相同組換え修復法とは異なり，1本のホモロジーアームを利用した新規のノックイン機構であるためoaHDR (one armed Homology-Directed Repair) と名付けた（図2右）．挿入する外来DNAの構造を工夫することで，NHEJとoaHDRどちらの経路を介してノックインしても遺伝子修復可能であり，実際に優性突然変異を有し病的に老化が促進する早老症を発症するプロジェリア症候群のモデルマウスに応用し，短縮した寿命を延長することに成功した．

おわりに

このように非分裂細胞や生体内組織で，ゲノムを自由に改変する遺伝子ノックインが可能となってきたが，各組織に対して最適な方法は不明である．今後各技術間の比較や再改良が進むことで，非分裂細胞や生体組織におけるより最適な遺伝子ノックイン方法の開発が期待される．

◆ 文献

1) Li H, et al：Nature, 475：217-221, 2011
2) Yin H, et al：Nat Biotechnol, 32：551-553, 2014
3) Suzuki K, et al：Nature, 540：144-149, 2016
4) Nishiyama J, et al：Neuron, 96：755-768. e5, 2017
5) Ishizu T, et al：Sci Rep, 7：9363, 2017
6) Richardson CD, et al：Nat Genet, 50：1132-1139, 2018
7) Yao X, et al：Cell Res, 27：801-814, 2017
8) Nakade S, et al：Nat Commun, 5：5560, 2014
9) Yao X, et al：EBioMedicine, 20：19-26, 2017
10) Komor AC, et al：Nature, 533：420-424, 2016
11) Gaudelli NM, et al：Nature, 551：464-471, 2017
12) Nishida K, et al：Science, 353：doi：10.1126/science. aaf8729, 2016
13) Ryu SM, et al：Nat Biotechnol, 36：536-539, 2018
14) Suzuki K, et al：Cell Res, 29：804-819, 2019

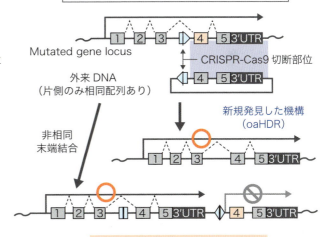

図2　非分裂細胞で有効な最新の遺伝子ノックイン技術
HITI法（左）：NHEJを利用し方向性を持たせた外来DNAの組み込み方法．この方法では，元々ゲノム上に存在する配列を除けない．SATI法（右）：点突然変異など存在するエクソンより上流のイントロンに，変異のない遺伝子の一部をもたせた外来DNAをノックインする．ゲノムの切断部位に対し，ドナーDNAが片側のみに相同配列を有する1本のホモロジーアームを持つ構造であると，新規相同組換え経路（oaHDR）でノックインされる．oaHDRかNHEJのどちらで挿入されても変異が修復されたタンパク質が発現し，修復標的となる変異としてほとんどの種類が対象となる．

RNA編集ツールとしてのPPR技術の開発

西　光悦，八木祐介，中村崇裕

はじめに

筆者らの所属するエディットフォース株式会社は，核酸結合タンパク質であるPPRタンパク質を応用した工学技術を基盤とし，「日本発の独自のゲノム編集」に加えて「世界初の汎用的なRNA編集」ツールの開発に取り組む，九州大学発のベンチャー企業である[1]．PPR技術を利用した新規の核酸操作ツールのうち，本稿ではRNA操作ツールとしての可能性と応用を中心に紹介する．

PPRタンパク質工学技術とは

PPR（pentatrico peptide repeat；35アミノ酸のくり返し）タンパク質遺伝子は，植物で500種に及ぶ遺伝子ファミリーを形成し，その90％がRNAを標的として，オルガネラ遺伝子の発現調節において機能している（詳細は，参考図書および弊社HPを参照）．

筆者らは，RNA結合型PPR（rPPR）と標的RNAとの結合において，その認識塩基を決定する暗号，PPRコード，を見出し[2]，それがDNA結合型PPR（dPPR）でもほぼ共通であることを解明したことで，PPRタンパク質を素材として，任意の配列に対する人工核酸結合分子の理論的構築基盤が確立した（図1）．

RNA編集ツールとしての人工rPPRタンパク質の開発

われわれは，多様なRNAを標的としたrPPRタンパク質遺伝子を迅速に設計，構築するノウハウを確立した．作製したrPPRタンパク質とさまざまな配列のRNAとの結合を解析した結果，80％以上の確度で標的配列特異的な結合性を有するrPPRタンパク質を作製可能であること，その結合は$10^{-8} \sim 10^{-10}$ M程度のK_d値を示すことなどがわかってきている．この結合力は主要なRNA操作技術であるアンチセンス核酸などと同等以上である．さらにアンチセンス核酸で

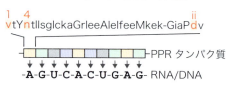

図1　PPRタンパク質の概要と特徴

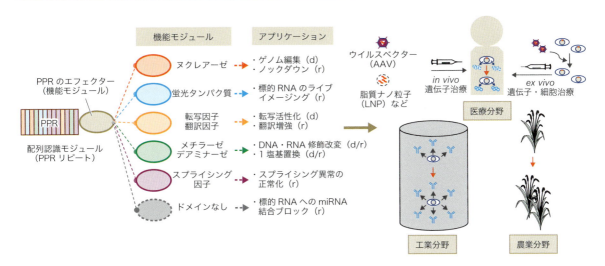

図2 PPR技術を用いたアプリケーション例と，各種産業への応用
任意の配列の核酸に特異的なPPRタンパク質遺伝子を設計・構築し，用途に応じた機能ドメインを融合することで，さまざまなDNA/RNA操作ツールを作製することができる（d：dPPR，r：rPPRの応用例）．医療分野（遺伝子・細胞治療）や工業分野（動物細胞や微生物を用いた物質生産性向上），農業分野（植物・種苗の収量改善，機能向上など）など，幅広いバイオ産業への応用が期待される．

は対応が難しい塩基構成，または構造化RNAも標的とすることが可能である．このように，標的配列設定の自由度が高く，任意の配列のRNAに対する人工結合タンパク質を高速・高効率で作製できることが，本技術の強みである．

真核生物の遺伝子発現制御は，ゲノム配列情報に加え，複雑なRNA機能の下に成り立つことが解明されつつある一方で，汎用的なRNA操作技術が存在しないのが現状である．アンチセンス核酸などの核酸性ツールでは，標的RNAの分解やスプライシング調節など一部の用途に制限され，多様なRNA機能改変には不向きである．タンパク質性の技術にはMS2技術やPumilio技術などがあるが，標的結合分子の設計自由度の低さがネックである．RNA結合型CasのCas13もまた，配列制限やgRNAの送達など課題は多い[3]．そのため，多様な機能ドメインの融合が容易なタンパク質性で，かつ設計自由度の高いRNA操作技術の確立が強く望まれている．

われわれが開発しているrPPRタンパク質は，まことに汎用的なRNA操作ツールとなり得る．配列設定の制限もなく，明確なPPRコードにより標的結合分子を理論的かつ高い自由度で迅速に設計・構築することが可能である．さらに，標的配列の長さやPPRモチーフの改変自由度も比較的高いことから，用途に応じてタンパク質サイズや結合強度の調節等も可能である．現在，標的RNA配列への結合特異性の改変に加え，rPPRタンパク質に機能ドメインを付加したさまざまなRNA操作ツールの開発に取り組んでいる（図2）．具体的には，ノックダウンや核内長鎖非翻訳RNA（lncRNA）のイメージングなどの核酸ツール代替技術に加え，翻訳開始因子などのドメインを用いたmRNAの翻訳増強[4]や，スプライシング因子のドメインを用いたpre-mRNAのスプライシング操作（exon skipping/inclusion）など，核酸では自在な操作が困難なツールの開発に注力しており，いずれも実際に培養細胞内で機能するrPPRが作製できつつある．標的位置や機能ドメインなどの最適化も進めば，画期的なRNA編集ツールになると期待される．

PPR技術の産業利用と今後の展望

現行のゲノム編集技術はいずれも海外で特許化されているが，d/rPPRタンパク質の開発と利用に関しては，いずれも日本発の独自技術であり既存技術に抵触しないことが大きな利点である（dPPRは広島大学と共同）[5,6]．PPR技術の基本特許はすでに一部の国で成立している．遺伝子治療や再生医療などの医療分野におけるゲノム編集技術に対する期待度は非常に大きいが，オフターゲットや相同組換え効率など壁は多い．rPPRによるRNA操作により，遺伝子の可逆的かつ量的な発現制御，より低リスクかつ精密な細胞の生理的な機能の改変が可能となると考えている．基礎研究ツールとし

ての利用のみならず，各種バイオ産業での利用に適した水準までの技術昇華を早急の課題とし，研究開発を継続している．

◆ 文献

1）Yagi Y, et al：Nature, 528, 2015
2）Yagi Y, et al：PLoS One, 8：e57286, 2013
3）Wang F, et al：Biotechnol Adv, 37：708-729, 2019
4）Kobayashi T, et al：Methods Mol Biol, 1469：147-155, 2016
5）九州大学，広島大学：PPRモチーフを利用したDNA結合性タンパク質およびその利用．特許番号5896547, 2016
6）九州大学：PPRモチーフを利用したRNA結合性蛋白質の設計方法及びその利用．特許番号6164488, 2017
7）Yin P, et al：Nature, 504：168-171, 2013
8）Ringel R, et al：Nature, 478：269-273, 2011

◆ 参考図書

田村泰造，中村崇裕 : 19章 新規ゲノム編集ツール．「医療応用をめざすゲノム編集」（真下知士，金田安史 / 編），pp203-215，化学同人，2018

Ⅱ 実践編

9 糸状菌でのゲノム編集

荒添貴之

はじめに

　糸状菌（カビ）はその名の通り糸状の細胞が連なった菌糸を形成・伸長させることで増殖する真核多細胞微生物の総称である．その種は150万を超えると考えられており，生態系における役割や各々の糸状菌の形質はきわめて多様で変化に富んでいる．そのため，分解者として食物連鎖に寄与するだけでなく，植物の根に共生している菌根菌や食用キノコ，酒・醤油・味噌等の伝統的発酵産業，抗生物質を含む医薬品生産等に利用される産業応用上重要な糸状菌が多岐に渡っている．他方，植物に感染して作物生産に被害を与える植物病原菌やヒトを含む動物に感染する病原菌，発がん性物質（アフラトキシン等）を産生する臨床上重要な糸状菌も存在する．このような特異形質を示す糸状菌は，交配による古典遺伝学的解析が実施できないケースが多く，単細胞真核微生物である酵母と比較して実験手法の煩雑さや遺伝子操作の難しさが問題であった．ゲノム編集技術の発展はこれらの障壁を一気にとり払い，より高度なゲノム情報操作に基づいた新たな糸状菌研究の展開に大きく寄与するものである．

　2015年の糸状菌ゲノム編集の報告を端緒に[1)2)]，CRISPR–Cas9システムを中心としたゲノム編集技術の開発・応用が精力的に進められるようになった．現在では40種を超える糸状菌においてその成功例が報告されている[3)4)]．これまでに非相同末端結合（non homologous–end joining：NHEJ）修復を介した標的遺伝子への数塩基欠失・挿入（インデル）の誘導，相同組換え（homologous recombination：HR）修復を介した標的遺伝子の改変・ノックアウト・ノックインおよび数十塩基の相同鎖（ショートホモロジー）を付与したマーカー遺伝子のノックイン法が開発されており（図1），複数遺伝子の同時改変やマーカーフリーでの改変も可能となってきている．糸状菌研究においては*Streptococcus pyogenes*由来のCRISPR–Cas9システムの利用が大半であるが，最近*Lachnospiraceae bacterium*由来のCRISPR–Cpf1を利用したゲノム編集例が報告されている[5)]．また動植物や酵母と比較して，CRISPR–Casシステム自体の改変やハイスループット化，塩基編集やエピゲノム編集等の派生技術の開発はやや遅れており，その原因として他の生物種とは異なる糸状菌独自のゲノム特性が存在し，菌種によって利用できるツールや編集方法が異なることがあげられる．特にNHEJ修復機構を利用した遺伝子破壊では，CRISPR–Cas9システムを導入することによる細胞毒性や何らかの形でヌクレアーゼ作用を回避するエスケープによ

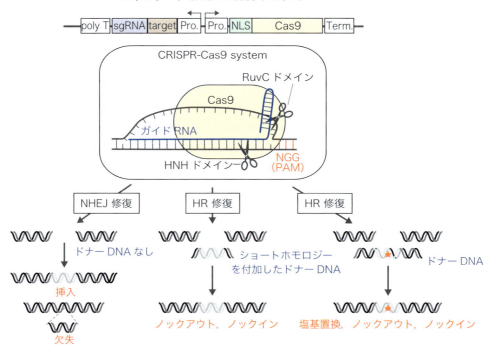

図1 スタンダードなCRISPR-Cas9システムと糸状菌ゲノム編集手法の概略図
CRISPR-Cas9システムはCas9とガイドRNAの2つのコンポーネントによって成り立っており，それぞれを効率よく発現させるコンストラクトが必要となる．Cas9はRuvCおよびHNHの2つのヌクレアーゼドメインを有しており，それぞれがDNAの一本鎖ずつを切断することで二本鎖切断を誘導する．Cas9タンパク質とガイドRNAは複合体を形成し，プロトスペーサー隣接モチーフ（PAM）直前のDNA/RNAのハイブリッド部分に結合してDNAを切断する．標的となるDNAとハイブリッドを形成する20塩基のガイドRNA領域（ターゲット配列）を任意の配列に入れ替えることで，さまざまなDNA配列を切断することができるヌクレアーゼを構築できる．真核生物におけるDNA二本鎖切断の修復は，非相同末端結合修復（NHEJ）および相同組換え（HR）修復の2種に大別することができ，これらの修復経路は拮抗的に働いている．NHEJ修復を利用したゲノム編集では，CRISPR-Cas9による連続的な切断導入による修復エラーを誘発し，数塩基の欠失や挿入を導入することができる．HR修復を利用したゲノム編集では，標的となる遺伝子やDNA切断部位の上流・下流を相同配列として組込んだドナーDNAを用いることで，より正確に狙った変異を導入することができる．相同配列は数十塩基まで短縮できる場合があり，より簡便な遺伝子の破壊や外来DNAのノックインが可能となる．Pro.：プロモーター，Term.：ターミネーター，Poly T：TTTT配列（チミン連続配列），NLS：核局在シグナル．

る変異導入効率の低下，数千塩基に及ぶ広域欠失が高頻度に生じる例が報告されている[1)6)]．一方で，HR修復を利用した遺伝子改変効率は動植物と比較して高く，細胞核へのCRISPR-Cas9システムの一過的な導入と発現誘導によって標的ゲノムを改変することができる（図2）．改変に必要な相同鎖長やショートホモロジーを付与したマーカー遺伝子のノックイン効率については菌種間で差異があるものの，CRISPR-Cas9システムによるHR修復の誘導と高効率標的遺伝子改変は，多種多様な糸状菌においても共通してみられるゲノム編集特性といえる．

　CRISPR-Cas9システムの細胞核への導入には，細胞壁をとり払ったプロトプラスト細胞にポリエチレングリコール（PEG）を加えて遺伝子導入を行うプロトプラストPEG法が一

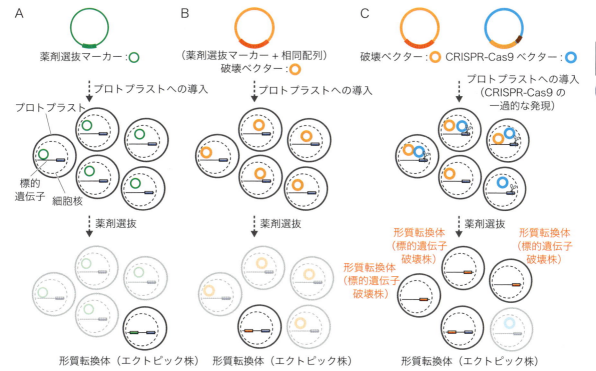

図2　プロトプラストPEG法による形質転換とCRISPR-Cas9システムの一過的導入によるHR修復を介した遺伝子破壊

A) プロトプラストPEG法による形質転換では，マーカー遺伝子をもつベクターがポリエチレングリコール（PEG）の働きによって細胞内に取り込まれ，そのうちの一部が細胞核へ一過的に導入される．細胞核に導入されたベクターの中で，ゲノム内の損傷部位等にランダムに取り込まれたものが薬剤選抜等によって形質転換体（エクトピック株）としてピックアップされる．B) 相同配列を有する破壊ベクターを利用した場合には，細胞核に取り込まれた際に標的遺伝子との組換えが生じることが期待されるが，その効率はもっぱら低い傾向にある．C) CRISPR-Cas9システムと破壊ベクターの共導入を行った場合には，細胞核に取り込まれた段階でCas9の転写・翻訳およびガイドRNAの発現が起こり，標的遺伝子への二本鎖切断が誘導される．この切断誘導により，本来ゲノムに取り込まれないような細胞核に一過的に存在している破壊ベクターの一部が相同組換え修復の鋳型として利用されることで，形質転換効率ならびに標的遺伝子破壊効率ともに向上することが期待される．

般的に用いられる（図2）．その他，アグロバクテリウムによる形質転換やエレクトロポレーションによるプロトプラスト細胞へのCRISPR-Cas9システムの導入例も散見される．現在，形質転換系（プロトプラスト細胞の取得，薬剤選抜マーカーや栄養要求性の利用，構成的発現プロモーターの利用）が確立されている糸状菌に対しては，非モデル生物であっても直ちにゲノム編集技術をとり入れられる状況にある．CRISPR-Cas9システムの一過的な発現誘導によるゲノム編集法をとり入れた場合，遺伝子改変効率の向上だけでなく，形質転換効率の改善も見込まれることから（図2），形質転換効率がきわめて低い非モデル生物であっても標的遺伝子の破壊や改変を実施できる可能性がある．

　糸状菌のゲノム編集には各菌株に最適化されたCRISPR-Cas9ベクターが広く利用されているが，近年，Cas9タンパク質と *in vitro* 転写により合成したガイドRNAを利用する例も報告されてきている[7)8)]．Cas9タンパク質を直接導入するゲノム編集手法では，各菌種へ

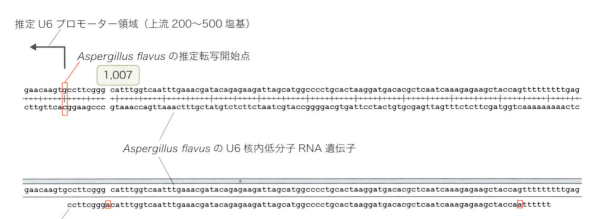

図3 イネいもち病菌のU6核内低分子RNA（U6 snRNA）遺伝子を用いた*Aspergillus flavus*のU6プロモーター領域の予測
イネいもち病菌のU6 snRNA遺伝子配列をクエリーとしたBLAST検索により*Aspergillus flavus*の推定U6 snRNA遺伝子領域（図上）を抽出した．抽出した配列に対して，イネいもち病菌のU6 snRNA遺伝子（図下）をアラインメントすることでU6プロモーター領域を推定できる．

の最適化を経ずに実験に供試できることから，これから新たにゲノム編集を研究にとり入れたい場合には，まず本手法からチャレンジするのも一案である．Cas9タンパク質は各社から販売されており，*in vitro*合成によるガイドRNA作製キットも併せて販売されている．一方で，Cas9タンパク質の直接導入によるゲノム編集法は，ベクター系を利用した場合と比較して遺伝子改変効率が低い傾向がみられる．また，今後さらなる発展・拡大が予想されるゲノム編集ツールへのアップデートや新たなゲノム編集技術の開発を視野に入れた場合には，各糸状菌に最適化したCRISPR–Cas9ベクターを構築し，その菌独自のゲノム編集特性を把握しておくことが重要である．

　CRISPR–Cas9システムを効率よく稼働させるためには，細胞核内に十分量のCas9タンパク質とガイドRNAの複合体を形成させる必要がある．そのためCRISPR–Cas9システムを各糸状菌に最適化するにあたり，Cas9遺伝子とガイドRNAを発現させるためのプロモーターの選定が重要となる（図1）．Cas9遺伝子の発現には各種糸状菌細胞内で構成的に強発現するプロモーター（例：tef, gpd）が一般的に用いられる．他方，ガイドRNAの発現にはRNAポリメラーゼⅢによって転写されるU6核内低分子RNA（U6 small nuclear RNA：U6 snRNA）遺伝子のプロモーターの利用が有効である．各糸状菌のU6 snRNA遺伝子領域はヒトや糸状菌のU6 snRNA遺伝子配列〔GenBank accession number：X07425（ヒト），XM_003713437（2226–2326領域，いもち病菌）〕をクエリーとしたBLAST検索により抽出することができ，ヒットした遺伝子配列の上流500塩基程度の領域を内生U6プロモーターとして利用することができる（図3）．この時，複数のU6核内低分子RNA遺伝子がヒットする場合には，それぞれをプロモーター配列として取得することが望ましい．その他の注意点としてはU6プロモーターの転写開始点がグアニン（G）である

ことで，転写開始点の予測と余分な制限酵素配列等を付加しない形でターゲット配列をクローニングできるように設計しておく必要がある（図3, 4，後述）．Cas9遺伝子にはN末端側かC末端側またはその両側に核局在シグナル（nuclear localization signal：NLS）を付加したものが用いられる．Cas9遺伝子のコドンは各菌種に最適化されたものが使用されるケースが多いが，ヒトや酵母に最適化されたものでも利用可能である．これまでに確立された糸状菌CRISPR–Cas9ベクターの中にはAddgene（https://www.addgene.org）で購入できるものがあるので，実験にとり掛かる前に一度確認しておくことをお勧めする．複数種の糸状菌で利用実績がある筆者が作製した糸状菌CRISPR–Cas9ベクターも無償提供することができる．実験対象糸状菌と同種または近縁種で利用実績があるものは，そのまま変更を加えずに利用できることが期待でき，これらのベクターのCas9遺伝子およびガイドRNAのプロモーターを改変することで他の糸状菌に最適化することもできる．

　以上の背景や糸状菌の特性を鑑みて，本稿では多種多様な糸状菌において最もスタンダードかつ応用範囲の広いゲノム編集手法として考えられる「一過的なCRISPR–Cas9システムの導入とHR修復の誘導を利用した標的遺伝子破壊方法」について紹介する．具体的には，イネに感染する植物病原糸状菌イネいもち病菌を例にプロトプラストPEG法によるCRISPR–Cas9ベクターまたはCas9タンパク質の導入とHR修復を利用した標的遺伝子破壊法について解説する．

準　備

- □ 実験対象糸状菌のプロトプラスト細胞（$5×10^5$/mL）[*1]
- □ 実験対象糸状菌のゲノム情報（fasta形式，ドラフトゲノム可）
- □ 標的遺伝子破壊ベクター（1 μg/μL）[*2]
- □ CRISPR-Cas9バックボーンベクター（ガイドRNAのターゲット配列をもたない）（50 ng/μL）[*3]
- □ PCR機
- □ クリーンベンチ
- □ ガイドRNAターゲット配列作製用オリゴDNA（2種）[*3][*4]
- □ ターゲット配列挿入確認用プライマー[*3][*5]
- □ Cas9タンパク質（タカラバイオ社，#632641；ニュー・イングランド・バイオラボ社，#M0646Mなど）[*6]
- □ in vitroガイドRNA合成キット（タカラバイオ社，#632635；ニュー・イングランド・バイオラボ社，#E3322など）[*6]
- □ 標的遺伝子破壊確認用プライマー（2種）[*7]
- □ 標的遺伝子破壊確認用PCR酵素（推奨：東洋紡社，#KMM-101）
- □ 制限酵素Esp3I（BsmBI）（推奨：サーモフィッシャーサイエンティフィック社，#ER0451）
- □ T4 DNA Ligase Reaction Buffer（推奨：ニュー・イングランド・バイオラボ社，#B0202S）

[*1] 各菌種に最適なプロトプラスト細胞作製手法により取得する．

[*2] はじめてゲノム編集系をとり入れる場合には標的遺伝子の上流および下流からそれぞれ千塩基以上を相同配列として用いるのが望ましい．

[*3] Cas9タンパク質の直接導入法を用いる場合には必要なし．

[*4] 本系ではU6プロモーターとガイドRNAスキャフォールドの間に存在する2カ所のEsp3IサイトにオリゴDNAをアニーリングして挿入する（図4）．U6プロモーターの変更を行った場合には付加する配列が異なる可能性があるので注意が必要である．

- ☐ T4 DNA Polynucleotide Kinase（推奨：ニュー・イングランド・バイオラボ社，#M0201S）
- ☐ Quick Ligation Kit（推奨：ニュー・イングランド・バイオラボ社，#M2200S）
- ☐ 大腸菌コンピテントセル（メーカー等を問わない）
- ☐ 大腸菌コロニーPCR用酵素（メーカー等を問わない）
- ☐ 高濃度プラスミド抽出キット（キアゲン社，#12143；タカラバイオ社，#740410.10など）
- ☐ LB液体培地（ナカライテスク社，#20066-95など）
- ☐ LB固形培地（LB液体培地＋1.5％アガー＋50 μg/mLアンピシリン）
- ☐ TF solution 1（400 mL）[*8]

		（最終濃度）
Sorbitol	87.4 g	(1.2 M)
$CaCl_2 \cdot 2H_2O$	2.94 g	(50 mM)
NaCl	0.82 g	(35 mM)
1 M Tris-HCl（pH 7.5）	4 mL	(10 mM)

蒸留水で400 mLにメスアップ
オートクレーブ

- ☐ TF solution 2（200 mL）[*8]

		（最終濃度）
PEG4000	120 g	(60％)
$CaCl_2 \cdot 2H_2O$	1.47 g	(50 mM)
1 M Tris-HCl（pH 7.5）	2 mL	(10 mM)

蒸留水で200 mLにメスアップ
オートクレーブ

- ☐ YG1/2SC培地（500 mL）[*8]

		（最終濃度）
Yeast extract	2.5 g	(0.5％)
Glucose	10 g	(2％)
Sorbitol	54.7 g	(0.6 M)

蒸留水で487.5 mLにメスアップ
オートクレーブ後，12.5 mL 1 M $CaCl_2$（フィルター滅菌済み）を添加

- ☐ 形質転換体選抜プレート[*9]
- ☐ 滅菌済み爪楊枝

*5 ターゲット配列として準備したオリゴDNA（5′-AAACを付加したもの）を片側のプライマーとして用い，ベクターバックボーン側に設計したプライマーとともにPCR反応を行う（図4）．

*6 CRISPR-Cas9ベクターを用いたゲノム編集法の場合には必要なし．

*7 相同領域内（外）と相同領域外にプライマーを設計するとPCR産物のバンドシフトによって標的遺伝子破壊の有無を判別できる（図5）．

*8 各菌種に最適なバッファー・培地を使用する．

*9 破壊ベクターに用いるマーカー遺伝子や菌種に最適な選抜プレートを用いる．

プロトコール

　CRISPR-Cas9ベクターを用いた糸状菌ゲノム編集は，**1.** ターゲット配列の選定とガイドRNAの設計，**2.** 設計したターゲット配列のクローニング，**3.** プロトプラスト細胞への導入，**4.** 標的遺伝子編集の評価の4つのステップに区分される．Cas9タンパク質の直接導入によるゲノム編集では，**2.** の部分が「ガイドRNAの *in vitro*

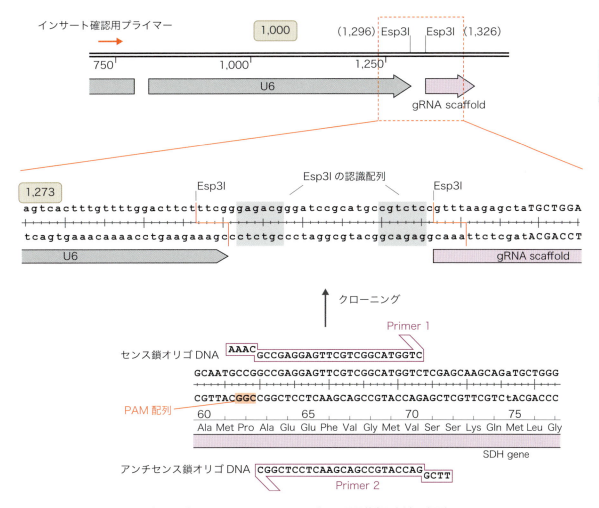

図4　CRISPR-Cas9バックボーンベクターへのターゲット配列挿入方法の概略図
CRISPR-Cas9バックボーンベクターのU6プロモーター領域の概略図と遺伝子配列（図上，中央）．*SDH*遺伝子のターゲット配列（図下）とクローニング用のオリゴDNAの概略図（図下）．U6プロモーターとガイドRNAスキャフォールド（gRNA scaffold）の間に2カ所のEsp3Iサイトが存在するように設計している．Esp3I消化によってU6プロモーター側では5′-CGAAが，gRNA scaffold側では5′-GTTTが突出する．二種のオリゴDNAをアニーリングさせた際にベクター側の突出末端とそれぞれが相補的になるように配列を付加する．基本的にターゲット配列のPAM配列側に5′-AAACが突出するように付加すればよい．クローニング後の確認のために，ベクターバックボーン側にもオリゴDNAを設計し（図上），5′-AAACを付加したオリゴDNAとともにプライマーとして用いる．

転写・合成」となる．ガイドRNAの*in vitro*合成については各社製品のプロトコールを参照されたい．ターゲット配列のクローニングには切断部位が認識配列の外側にあるタイプⅡSの制限酵素Esp3Iを用いた例を紹介する（図4）．本手法はCRISPR-Cas9ライブラリーの作製やマルチガイドRNAの連結等への利用拡大も可能である．**3.**については菌種によってプロトコールが異なると思われるが，今回はイネいもち病菌のメラニン（黒色色素）関連遺伝子の破

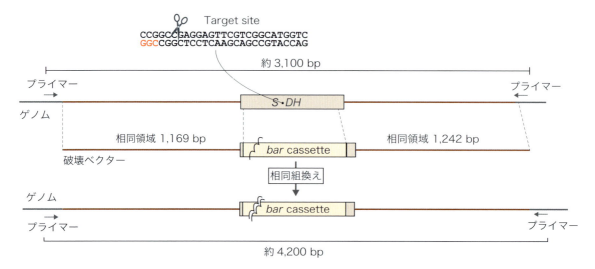

図5　*SDH*遺伝子破壊ストラテジーの概略図

*SDH*遺伝子の上流（1,169 bp）および下流（1,242 bp）を相同領域としてビアラフォス耐性遺伝子マーカーカセット（*bar* cassette）の上流および下流にそれぞれ組込んだ破壊ベクターを使用する．CRISPR-Cas9システムによる*SDH*遺伝子の切断により，*SDH*遺伝子と破壊ベクターとの間で相同組換えが生じた場合，*SDH*遺伝子がマーカー遺伝子と置き換わるように設計している．この場合は，相同領域の外側にプライマーを設計することで，*SDH*遺伝子が非破壊の場合には約3,100 bp，破壊されていた場合には約4,200 bpの位置にPCR産物のバンドが確認できる．

壊実験例をもとにそのポイントを解説する（図5）．

1. ターゲット配列の選定とガイドRNAの設計

ターゲット配列にはより標的ゲノム配列の切断（オンターゲット）活性が高く，それ以外の意図しないゲノム配列の切断（オフターゲット）活性が低いものを選択することが重要である．また，U6プロモーターを用いる場合にはチミンが連続したTTTTの配列がRNAの発現を停止させてしまう可能性がある．ターゲット配列を選定するwebツールとしてはCRISPRdirect（https://crispr.dbcls.jp）やCHOPCHOP（https://chopchop.cbu.uib.no）が操作性に優れており，各ターゲット配列をシンプルに評価できるが，実験対象の糸状菌のゲノム情報が登録されていない場合には登録申請が必要となる．Focas UI（http://focas.ayanel.com）では公開されているゲノム情報や各研究室で取得したドラフトゲノムをそのまま利用することができるため，今回はFocas UIを利用したターゲット配列の選定方法について記載する．ただし，本サイトの利用にはユーザーIDとパスワードが必要なため，徳島大学大学院社会産業理工学研究部の刑部敬史博士または刑部祐里子博士への申請が必要である（http://www.plantbio.bb.tokushima-u.ac.jp/member）．

gene name	DSB position	strand	gRNA target (20 mer)	PAM	On-target score	polyT	Restriction enzyme	
>SDH	364	−	AGAGCTTGTCGAGGAAGGAG	CGG	0.772266748			
>SDH	455	+	GCGCTGGGAGAAGGTGTCCG	AGG	0.686153143			
>SDH	661	+	ACAGGATCTTTGAGGACGGA	CGG	0.672087198			
>SDH	326	−	GACCATGCCGACGAACTCCT	CGG	0.619633382			
>SDH	623	+	CCTCAAGCCCGACATCCGCT	CGG	0.590967262			
>SDH	366	+	ATGCCGGCCGAGGAGTTCGT	CGG	0.589188981			
>SDH	341	+	CTTCCTCGACAAGCTCTGGG	AGG	0.546225817			
>SDH	275	−	GATGAAGTGCTGCGTGCGGA	GGG	0.537424416			
>SDH	426	−	TTAAAGTCTGGATTTGGTGT	GGG	0.512962847			
>SDH	575	−	GGTAGTCTGGAGGGGAATTA	GGG	0.498388222			
>SDH	461	+	GGAGAAGGTGTCCGAGGACG	AGG	0.488424825			
>SDH	128	+	AATTCCCCTCCAGACTACCT	GGG	0.481668639			
>SDH	61	−	CAAAGTCGAACTCGCCCCAG	CGG	0.456519683			
>SDH	566	−	TGAGGCCCAGGTAGTCTGGA	GGG	0.448318475			
>SDH	74	+	CCCGTCCAAAAAGAAAATAG	CGG	0.437461079			
>SDH	582	+	CACTGGTACAAGAAGATCGA	CGG	0.437375709			
>SDH	80	−	GCGGATGTCGGGCTTGAGGC	CGG	0.411509193			
>SDH	600	+	GACGGCGTCTGGAAGTTCGC	CGG	0.397514802			
>SDH	548	−	ACTCATAGACGCAAGTCATG	AGG	0.395520978			
>SDH	167	−	CATGGTGACCTCCTTCATGG	TGG	0.395219751			
>SDH	133	−	ACCAGTGAAGGTTTGCCGAG	TGG	0.374225225			

図6 Focas UIを用いたターゲット配列検索結果の例

gene name：入力した遺伝子名，DSB positon：CRISPR-Cas9の切断箇所（入力した遺伝子配列の塩基数で表示），strand：ターゲット配列の入力した遺伝子に対する向き，gRNA target：PAMを含まないターゲット配列，PAM：PAM配列，On-target score：オンターゲットスコア値，polyT：TTTTの有無，Restriction enzyme：ターゲット配列内に含まれる制限酵素サイト．赤枠で囲んだようなオンターゲットスコアが0.6以上であるものが望ましい．

1）ターゲット配列候補の選定

❶ Focas UIのサイトにアクセスし，「Find」をクリックする．

❷ 「Engine Script」のタブから「on_target_score_calculator」を選択する．

❸ 「Target genome sequence（up to 1 kbp）」に標的遺伝子の名前と配列をfasta形式で入力する．

❹ 「Emails to report」にE-mailアドレスを入力する．このアドレスに結果が送られてくる．

❺ 「FIND」をクリックする．

❻ 入力したE-mailアドレスに送られてきた結果をエクセルで開く．

❼ 「On-target score」が高い順に並べ替え，「polyT」欄にチェックがないトップスコア4つ程度を候補として選定する（図6）．

2）オフターゲット解析とターゲット配列の選定

❶ 「Validate」をクリックする．

❷ 「Engine Script」が「CasOT」となっていることを確認する．

❸ 「Genome to search off-targets」の「Upload genome file（max 1 GB）」に実験対象糸状菌の全ゲノム情報fastaファイルをアップロードする．

❹ 「gRNA sequence with PAM」に前述の「ターゲット配列候補の選定」でピックアップしたターゲット配列の名前，ターゲット

	# Location	Site	Target	Mm.Type	PAM	Mm.All
2	NC_017849.1:4453884-4453917:-	AGAGCTTG.TCGAGGAAGGAG-CGGT	SDH_target_top1	A00	A:NGG	0
3	NC_017850.1:472136-472159:+	AGAAGgTG.cCGAGGAAGGAG-AGGA	SDH_target_top1	A12	A:NGG	3
4	NC_017850.1:795330-795353:-	AGAGCccG.TgGAGGAAGGAG-AGGA	SDH_target_top1	A12	A:NGG	3
5	NC_017850.1:7295390-7295413:+	AGAGtTcG.cCGAGGAtGGAG-AGGA	SDH_target_top1	A22	A:NGG	4
6	NC_017849.1:480751-480774:+	cGcGCTTc.TCGAGGAtGGAG-AGGG	SDH_target_top1	A13	A:NGG	4
7	NC_017849.1:5316438-5316461:+	AGtGaTTG.TCGAGGAAGGAa-GGGC	SDH_target_top1	A22	A:NGG	4
8	NC_017851.1:2450794-2450817:+	caAGCTTG.TCGAcGAAGGAG-CGGT	SDH_target_top1	A22	A:NGG	4
9	NC_017844.1:1901513-1901536:-	AGAGtcaG.TGGcGGAAGtAG-TGGA	SDH_target_top1	A23	A:NGG	5
10	NC_017844.1:3407999-3408022:-	AGtGCgTc.TCGAGGgAGaAG-AGGC	SDH_target_top1	A23	A:NGG	5
11	NC_017844.1:4741469-4741492:-	gGAtCTTt.TCGtGGAAGaAG-TGGA	SDH_target_top1	A23	A:NGG	5
12	NC_017850.1:4203523-4203546:-	cGAGCagG.TCGAGGAgGGAc-AGGT	SDH_target_top1	A23	A:NGG	5
13	NC_017850.1:5611340-5611372:-	AGAGgeTc.TCGAGGAAGGagG-AGGC	SDH_target_top1	A23	A:NGG	5
14	NC_017850.1:5875938-5875961:+	AGAttTcG.TCGgGGAtGGAG-GGGC	SDH_target_top1	A23	A:NGG	5
15	NC_017850.1:5884579-5884602:-	cGAtCTcG.gCGAGGAAGGAt-GGGA	SDH_target_top1	A23	A:NGG	5
16	NC_017850.1:6154130-6154153:-	gatGtTTG.TCGAGGAtGGAG-AGGC	SDH_target_top1	A14	A:NGG	5
17	NC_017850.1:7219853-7219876:+	AcAtCTcG.TCcAGGAAGtAG-GGGT	SDH_target_top1	A23	A:NGG	5
18	NC_017850.1:8297244-8297267:+	AGAcCcaG.TCGAGGAtGGAG-AGGA	SDH_target_top1	A23	A:NGG	5
19	NC_017849.1:920034-920057:+	cGAaCTTc.TCGAGGcAGGgG-CGGA	SDH_target_top1	A23	A:NGG	5
20	NC_017849.1:3250484-3250507:+	AGtGCggG.aCGAtGAAGGAG-GGGT	SDH_target_top1	A23	A:NGG	5
21	NC_017851.1:56338-56361:+	tGgGCTgG.TCGAGcAgGGAG-AGGT	SDH_target_top1	A23	A:NGG	5

図7　Focas UIを用いたオフターゲット配列探索結果の例

#Location：アップロードしたゲノム配列上のオフターゲット部位，Site：PAM配列を含むオフターゲット配列，Target：入力したターゲット配列の名前，Mm. Type：ターゲット配列とのミスマッチのタイプ，PAM：PAM配列のタイプ，Mm. All：ターゲット配列との総ミスマッチ数.「Mm. Type」のAに続く最初の数字はシード配列（PAM配列から12塩基目までのターゲット配列で標的DNAへの結合に重要）内に存在するミスマッチ数を示している．Aに続く2番目の数字は非シード配列（PAM配列から13〜20塩基までのターゲット配列でシード配列よりも標的DNA結合への影響が少ない）内に存在するミスマッチ数を示している．したがって，Mm. TypeがA12の場合にはシード配列内に1カ所，非シード配列内に2カ所のミスマッチが存在するオフターゲットがあることを示す．赤枠で示したようなオフターゲット配列（シード配列内に存在するミスマッチが1カ所以下，総ミスマッチ数が3以下）が存在する場合には，別のターゲット配列について検討するのが望ましい．A00はターゲット配列を意味する.

　　　配列（20塩基）＋PAM配列（3塩基）をmulti fasta形式で入力する.

❺「Emails to report」にE-mailアドレスを入力する.

❻「Validate」をクリックする.

❼入力したE-mailアドレスに送られてきた結果（ターゲット配列の名前のcsvファイル）をエクセルで開く.

❽「Mm. All」を「最優先されるキー」として，「Mm. Type」を「次に優先されるキー」として並べ替えを行うと図7のようになる．シード配列内のミスマッチ数が1以下でかつ総ミスマッチ数が3以下のオフターゲットが含まれていないターゲット配列を選定する（図7）．もし条件に合致するターゲット配列が存在しない場合には，ターゲット配列の候補を広げて再度オフターゲット解析を行う．今回は図6の上から4番目のターゲット配列を使用する．図4のようにそれぞれのオリゴDNAにEsp3Iの切断末端に対応するように配列を付加する.

166　　完全版　ゲノム編集実験スタンダード

2. 設計したターゲット配列のクローニング

❶ PCR チューブに以下の反応液を作製する.

	(μL)
オリゴDNAセンス鎖（50 μM）	2
オリゴDNAアンチセンス鎖（50 μM）	2
10×T4 ligase buffer	1
T4 Polynucleotide Kinase	1
滅菌MQ	4
総量	10

❷ PCR機を用いて37℃で30分間，95℃で5分間反応させた後に1分ごとに5℃ずつ下げて25℃まで反応させる（90℃1分，85℃1分，80℃1分…25℃）* 10.

* 10 本プロセスでオリゴDNAへのリン酸基の付加とアニーリングを行う.

❸ 反応液1 μLを19 μLの滅菌MQに溶解し（20倍希釈），以下の反応液を作製する.

	(μL)
20倍希釈アニーリングオリゴDNA	0.8
CRISPR-Cas9バックボーンベクター（50 ng/μL）	0.3
10×T4 ligase buffer	0.5
Esp3I	0.2
Quick ligase	0.2
滅菌MQ	3
総量	5

❹ PCR機を用いて37℃5分，16℃10分を6サイクル反応させる* 11.

* 11 ターゲット配列が挿入された場合にはEsp3Iの認識配列が失われるため，切断とライゲーションを同時に反応させることができる（図4）.

❺ 反応液1 μLを大腸菌コンピテントセル10 μLと混合し，ヒートショック法により形質転換する.

❻ 得られたコロニーの中から4～5個を選択し，ターゲット配列確認用プライマー（図4）を用いたコロニーダイレクトPCRによりターゲット配列の挿入を確認する. 目的のサイズのバンドが確認できたコロニーを用いて高濃度プラスミド抽出キットによりプラスミドを抽出する（各社製品プロトコールに準じて実施）.

3. プロトプラスト細胞への導入

1）CRISPR-Cas9ベクターを用いたゲノム編集（図5）

標的遺伝子破壊ベクター，2.で取得したCRISPR-Cas9ベクター（1 μg/μL）およびプロトプラスト細胞を準備する. その他にマーカー遺伝子のみをもつベクターを形質転換効率算出のためのコントロールとして利用する.

❶ クリーンベンチ内でそれぞれ2.5 μgの破壊ベクターとCRISPR-Cas9ベクターを1.5 mLチューブに混合する. コントロールとしてそれぞれ2.5 μgの破壊ベクターまたはマーカー遺

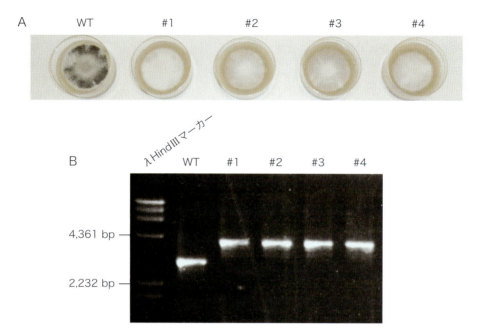

図8 CRISPR-Cas9システムを用いたSDH遺伝子破壊結果
A) SDH遺伝子破壊株の表現型. B) 糸状菌コロニーダイレクトPCRの結果. SDH遺伝子の破壊により菌叢の白色化がみられた形質転換体ではPCRのバンドシフトがみられる. WT：野生株（野生型），#1〜4：CRISPR-Cas9ベクターと破壊ベクターの共導入によって得られた形質転換株.

伝子をもつベクターのみを加えた各チューブを準備する.

❷ 各サンプルに氷上で解凍した50 μLのプロトプラスト溶液を加え，ピペッティングによりゆるやかに混和する.

❸ 各サンプルにTF solution 2（PEG溶液）50 μLを重層し，チューブを傾けてPEG溶液が全体に行きわたるように混和する. 室温で20分間静置する.

❹ 各サンプルにTF solution 1を1 mL加え，反転混和後に6,500 rpmで5分間，4℃で遠心する.

❺ 各サンプルの上清をデカンテーションによりとり除き，YG1/2SCを250 μL加えてピペッティングにより沈殿した細胞をよく混和する. 28℃で24時間静置培養する.

❻ 各サンプルの培養液の半量をそれぞれ1枚の形質転換体選抜プレートにスプレッディングする. 28℃で培養し，5〜7日程度で形質転換コロニーが取得できる.

2) Cas9タンパク質直接導入によるゲノム編集

Cas9タンパク質および*in vitro*転写によって得られたガイドRNA（100 ng/μL程度）を準備する.

❶ クリーンベンチ内で1.5 μgのCas9タンパク質および300 ng
のガイドRNAを1.5 mLチューブ内でゆるやかに混和し，室温
で30分間静置する．

❷ 2.5 μgの破壊ベクターをCas9タンパク質/ガイドRNA混合溶
液に添加し，ゆるやかに混和する．コントロールとして2.5 μg
の破壊ベクターのみ，マーカー遺伝子をもつベクターのみを加え
たチューブを準備する．

❸ 以降は1) の❷〜❻と同様の手順となる．

4. 標的遺伝子編集の評価

前述の手法で形質転換コロニーが取得できた場合には，PCRに
よって標的遺伝子が編集できたかを判別する．本手法では，より迅
速かつ簡便に評価するためにKOD One PCR Master Mixを用いた
糸状菌コロニーダイレクトPCR法を用いるが，通常のPCR手法で
も問題ない．

❶ PCRチューブに以下の反応液を作製する．

	(μL)
フォワードプライマー（10 μM）	0.5
リバースプライマー（10 μM）	0.5
KOD One PCR Master Mix	5
滅菌MQ	4
総量	10

❷ クリーンベンチ内で形質転換コロニーを滅菌爪楊枝でひと突きし
てPCRチューブ内で数回回転させる．98℃10秒，60℃5秒，
5秒/kbを30サイクル反応させる．

❸ PCR反応後のサンプルを電気泳動し，標的遺伝子破壊の有無を
確認する（図5, 8）．

トラブルへの対応
■ターゲット配列のクローニングがうまくいかない

→オリゴDNAの設計

Esp3Iを用いたアニーリングオリゴDNAの挿入は，非常に効率よくターゲット配列をベク
ターに挿入できる手法である．再度センス鎖・アンチセンス鎖に付加した配列がベクター側
のEsp3Iの切断末端と相補的になっているかを確認する．

→反応系の見直し

ベクターやオリゴDNAの濃度，アニーリング後の希釈倍率が正しいことを再度確認する．
推奨酵素を使用する．反応液の添加が適切に行われているかを再度確認する．反応系を2〜3
倍にボリュームアップする．

■**十分な標的遺伝子編集効率が得られない**

→プロトプラスト細胞の状態

　プロトプラスト細胞の状態はとても重要である．コントロールとして用いた破壊ベクターまたはマーカー遺伝子をもつベクターのみを導入した際に，複数のコロニーが得られる状態が理想である．プロトプラスト細胞の濃度や量については各菌種に最適な条件を検討する．

→ターゲット配列の再設計・標的遺伝子の変更

　ターゲット配列や標的遺伝子座によって編集効率が異なってくるため[1][2]，他のターゲットについても検討する．また Focas UI で算出される「On-target score」はあくまで指標であるため，はじめてゲノム編集をとり入れる場合には同一遺伝子内においても複数のターゲット配列を準備しておくのが望ましい．

→導入ベクターまたは Cas9 タンパク質/ガイド RNA の比率・量

　CRISPR–Cas9 ベクターと破壊ベクターの比率・量，Cas9 タンパク質とガイド RNA の比率・量について最検討する．

→Cas9 遺伝子またはガイド RNA のプロモーター変更

　Cas9 発現に利用する構成的発現プロモーターをいくつか供試する．遺伝子破壊効率の向上が全くみられない場合には，ガイド RNA の発現が十分でないことが考えられるため，RNA ポリメラーゼ II 依存型の構成的発現プロモーターとリボザイムを組合わせたガイド RNA の発現手法を取り入れる[9]．

→内生核局在シグナルの利用

　効率よくゲノム編集を行うためには発現した Cas9 タンパク質を再び核に局在させる必要がある．そのため Cas9 遺伝子の N 末端および C 末端配列には SV40 ウイルス由来の核局在シグナルペプチド配列が付加されているが，一部の糸状菌においては十分に機能しないとの報告もある．そのため，研究対象である糸状菌の内生核局在シグナル（ヒストン遺伝子由来など）を取得・利用することで，ゲノム編集効率を改善できる場合がある[10]．

実験例

　HR 修復による標的遺伝子改変が十分な効率で実施できる場合，ドナーベクターの構成を工夫することで，ピンポイントでの塩基編集やワンステップでのレポーター遺伝子ノックイン法へと展開できる可能性がある．ここでは，イネいもち病菌を例に CRISPR–Cas9 システムによるシングルクロスオーバーの誘発を利用したゲノム編集法[11]について紹介する（図9）．本手法を用いることにより，ドナーベクターを簡便に作製することができ，より自由度の高いゲノム編集が可能となる．

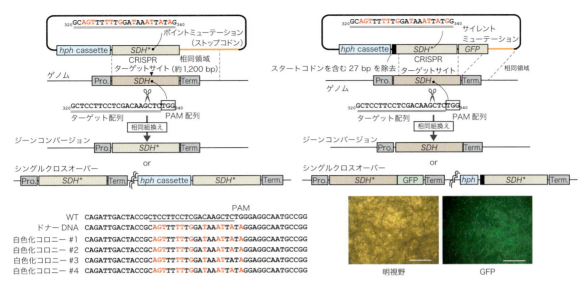

図9 シングルクロスオーバー誘導によるゲノム編集例

HR修復には大きく分けてジーンコンバージョン型とクロスオーバー型がある．ジーンコンバージョン型の修復では鋳型となる相同配列をコピーするように切断部位が修復されるのに対し，クロスオーバー型の修復では鋳型配列をコピーした後に切断部位を起点としたDNA鎖間の交換反応が起こる．シングルクロスオーバーが生じた場合のみマーカー遺伝子が挿入されるようなベクターを構築すると，交換反応によりベクター全体がゲノムに取り込まれた形質転換体を得ることができる．CRISPR-Cas9のターゲット配列内にあらかじめ目的の変異（塩基置換）を導入しておけば，CRISPR-Cas9によるベクター側の切断を回避すると同時に，標的遺伝子内にピンポイントでの塩基置換を導入することができる（図左）．同様にターゲット配列内にサイレントミューテーション（アミノ酸変異が生じない塩基変異）を導入し，相同配列とGFPを融合させたDNA断片を持つベクターを用いると，GFP遺伝子のワンステップでのノックインが可能となる（図右）．このとき，あらかじめ相同配列内のスタートコドンを抜いておくと余計なバックグラウンドを除去することができる．DNAの交換反応は局所的に行われることから，本手法はクラスターのような広域なDNA領域の高効率導入にも応用できる可能性がある．*hph* cassette：ハイグロマイシンB耐性遺伝子カセット，Pro.：プロモーター，Term：ターミネーター．

おわりに

ゲノム編集技術は今もなお驚異的なスピードで発展し続けている．本稿で紹介した糸状菌CRISPR-Cas9システムの最適化と，それを利用したスタンダードなゲノム編集手法が十分な効率で実施できた場合，モデル生物・非モデル生物を問わずさまざまなテクノロジーをとり入れた応用研究と新規技術開発にチャレンジできる．例えば，構築したCRISPR-Cas9ベクターにあらかじめマーカー遺伝子を組込んで導入することで，NHEJ修復エラーの誘導による鋳型を必要としないハイスループット遺伝子破壊法について検証できる．また，Cas9に変異（D10AおよびH840A）を導入することでDNA結合タンパク質（dCas9）として利用するノックダウン法（CRISPRi法）やdCas9にさまざまなタンパク質を連結させることで可能となるライブイメージング法，エピゲノム編集法，ピンポイント塩基編集法（Target-AID）等のベースとしても利用できる[12]．バクテリアや古細菌からは新しいCRISPRシステムが次々と発見されており[13]，これらを目的に合わせて最適化して利用することも可能である．一方，動植物とは異なる多種多様な糸状菌のゲノム特性が存在することから，それ

ぞれの糸状菌の特性を理解し，独自のゲノム編集技術を展開していくことも重要である．各菌種で確立されているより高度なゲノム編集技術については最新のレビューを参考にされたい[3][4][14]．糸状菌はHR修復を利用したゲノム編集が比較的簡便に行えることから，マーカーリサイクリングや一度導入した配列を完全に除去する手法の開発も今後重要となってくる．ゲノム編集技術の活用による糸状菌研究の今後さらなる発展を期待する．

◆ 文献

1) Arazoe T, et al：Biotechnol Bioeng, 112：1335–1342, 2015
2) Arazoe T, et al：Biotechnol Bioeng, 112：2543–2549, 2015
3) Schuster M & Kahmann R：Fungal Genet Biol, 130：43–53, 2019
4) Shanmugam K, et al：Front Microbiol, 10：62, 2019
5) Vanegas KG, et al：Fungal Biol Biotechnol, https://doi.org/10.1186/s40694–019–0069–6, 2019
6) Mizutani O, et al：J Biosci Bioeng, 123：287–293, 2017
7) Wang Q, et al：Fungal Genet Biol, 117：21–29, 2018
8) Nagy G, et al：Sci Rep, 7：16800, 2017
9) Nødvig CS, et al：Fungal Genet Biol, 115：78–89, 2018
10) Wang Q, et al：Fungal Genet Biol, 117：21–29, 2018
11) Yamato T, et al：Sci Rep, 9：7427, 2019
12) Adli M：Nat Commun, 9：1911, 2018
13) Mitsunobu H, et al：Trends Biotechnol, 35：983–996, 2017
14) Muñoz IV, et al：Front Plant Sci, 10：135, 2019

II 実践編

10 培養細胞でのゲノム編集

宮本達雄，藤田和将，阿久津シルビア夏子，松浦伸也

はじめに

　ゲノム解読技術の飛躍によって，ヒト疾患に関連する塩基変化（variant）が多数報告されている．これらのvariantが「単なる多型（polymorphism）なのか，病因変異（mutation）なのか？」，「原因変異であるなら，どのように病態を作り出すのか？」といった問題に対する正攻法として，均一な遺伝的背景をもつ培養細胞におけるゲノム編集技術を介した逆遺伝学アプローチがある．すなわち，ゲノム編集技術を用いて，親細胞への変異導入（または変異修正）や原因遺伝子破壊によって得られた細胞クローンとその親細胞との表現型比較によって，標的となるvariantの病理的（または生理的）意義を明らかにすることができる．

　一口に，「培養細胞」といっても，初代培養細胞，不死化細胞（細胞株），iPS/ES細胞と，その多様性はきわめて大きい（図1）．核型（染色体数），分裂限界の有無，DNA修復活性といったゲノム編集にとって重要な要素についても細胞種ごとに大きく異なっている．したがって，「培養細胞のゲノム編集」では，統一的なプロトコールが存在しているわけではなく，細胞種ごと，実験デザイン（ノックインか？　ノックアウトか？）ごとに適した各論的なプロトコールを準備する必要がある[1]．本稿では，2倍体を維持しており，比較的相同組換え活性の高いHCT116細胞株（ヒト結腸がん由来）におけるCRISPR-Cas9システムと1本鎖DNAであるssODNを用いた変異導入（ノックイン）のプロトコールを紹介して[2]，培養細胞でのゲノム編集の現状と課題を解説する．

準 備

1. CRISPR-Cas9 発現ベクターの作製

- □ CRISPR-Cas9-2A-Puro発現ベクター（px459ベクター）〔pSpCas9（BB）-2A-Puro v. 2.0；Addgene，#62988〕
- □ BbsI（ニュー・イングランド・バイオラボ社，#R0539S）
- □ T4 Polynucleotide Kinase（タカラバイオ社，#2021S）
- □ Alkaline Phosphatase（Calf Intestine）（タカラバイオ社，#2250A）

	初代培養細胞	不死化細胞		幹細胞
	皮膚線維芽細胞	hTERT-RPE1 細胞	HCT116 細胞	iPS 細胞
例				
分裂限界	あり	なし	なし	なし
核型（染色体数）	安定	安定	安定	安定
培養コスト	やや高	低	低	高
培養技術（クローニング）	難	易	易	難
ゲノム編集 ノックアウト	可	易	易	可
ゲノム編集 ノックイン（ssODN）	難	難	可	可

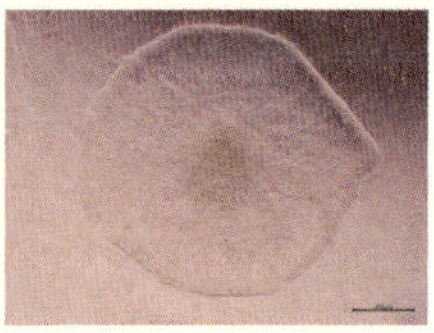

図1　研究資材として用いられるヒト培養細胞とその特性

hTERT-RPE1は，ヒト網膜色素上皮細胞をhTERT（テロメラーゼ）で不死化された細胞株．HCT116細胞（ヒト結腸がん由来細胞株）は，マイクロサテライト不安定性を示すが，染色体数は2倍体を維持している．

- ☐ TaKaRa Ligation Kit ver 2.1（タカラバイオ社，#6022）
- ☐ QIAquick Gel Extraction Kit（キアゲン社，#28704）
- ☐ Nucleospin® Plasmid EasyPure（タカラバイオ社，#U0727C）
- ☐ QIAGEN Plasmid Plus Midi Kit（キアゲン社，#12943）

2. ヘテロ2本鎖移動度分析（HMA：Heteroduplex Mobility Assay）によるCRISPR-Cas9発現ベクターの標的配列切断活性の検討

- ☐ プロトコール **1.** で作製したCRISPR-Cas9-2A-Puro発現ベクター（px459ベクター）
- ☐ HEK293T細胞（ATCC，#CRL-11268）
- ☐ Opti-MEM（サーモフィッシャーサイエンティフィック社，#31985062）
- ☐ DMEM，Powder, High Glucose（サーモフィッシャーサイエンティフィック社，#12100061）
- ☐ FBS（サーモフィッシャーサイエンティフィック社，#10270106）
- ☐ Lipofectamine® 2000（サーモフィッシャーサイエンティフィック社，#11668030）
- ☐ Proteinase K（富士フイルム和光純薬社，#160-14001）
- ☐ KOD FX Neo（東洋紡社，#KFX-201）
- ☐ キャピラリー型電気泳動装置 MultiNA（島津製作所，#MCE-202）

□ MultiNA用マーカー容器（島津ジーエルシー社，#GLC-MC）

□ MultiNA用バッファ容器（島津ジーエルシー社，#GLC-BC）

□ 8連ストリップPCRチューブ（島津ジーエルシー社，#GLC-8TFC）

□ SYBR™ Gold Nucleic Acid Gel Stain（サーモフィッシャーサイエンティフィック社，#S11494）

□ 25 bp DNAラダー（サーモフィッシャーサイエンティフィック社，#10597-011）

□ DNA-500 kit（DNA-500 Separation buffer, DNA-500 Marker Solution）（島津製作所，#S292-27910-91）

□ MultiNAマイクロチップ（島津製作所，#S292-27900-91）

3. HCT116細胞へのCRISPR-Cas9発現ベクターおよびssODNドナーの共導入とノックインクローンの探索・同定

□ プロトコール**1.**で作製したCRISPR-Cas9-2A-Puro発現ベクター（px459ベクター）

□ ssODN 100 mer，ノーマルスケール・逆相カラム精製（ファスマック社）

□ HCT116細胞（ATCC，#CCL-247）

□ DMEM, Powder, High Glucose（サーモフィッシャーサイエンティフィック社，#12100061）

□ FBS（サーモフィッシャーサイエンティフィック社，#10270106）

□ 0.25％トリプシン/EDTA（サーモフィッシャーサイエンティフィック社，#25200072）

□ Nucleofector™ Ⅱb（ロンザ社，#AAB-1001）

□ Amaxa® Cell Line Nucleofector® Kit V（ロンザ社，#VCA-1003）

□ ピューロマイシン二塩酸塩（ナカライテスク社，#29455-54）

□ KOD FX Neo（東洋紡社，#KFX-201）

□ ssODNに搭載した認識配列に対応する制限酵素
（例：BamHI-HF；ニュー・イングランド・バイオラボ社，#R3136S）

プロトコール

1. CRISPR-Cas9発現ベクターの作製

1）CRISPR標的配列のデザイン

❶ 標的塩基付近（約20塩基以内[*1]）に存在するPAM配列（5′-NGG-3′）を抽出する．

[*1] 標的塩基（目的変異導入部位）とDNA二重鎖切断部位（SpCas9の場合，PAM配列の3塩基上流）との距離が近いほど，ノックイン効率は高くなる

❷ ❶で抽出したPAM配列の上流20塩基にBbsI切断後配列を付加したオリゴヌクレオチド（forward oligo；5′–CACCGN$_{20}$–3′, reverse oligo；5′–AAACN$_{20}$C–3′）を作製（プライマー合成業者に依頼）する.

2）CRISPR-Cas9-2A-Puro発現ベクター（px459ベクター）の構築

❶ px459ベクター（2.5 µg）を37℃で一晩BbsI処理した後，フェノール・クロロホルム抽出/エタノール沈殿によって精製する.

❷ Alkaline Phosphatase（Calf Intestine）を用いて，px459ベクターのBbsI切断端を37℃で1時間脱リン酸化する.

❸ 1％アガロースゲル電気泳動（1×TAE）を行い，QIAquick Gel Extraction Kitにて精製する.

❹ 100 pmolのオリゴヌクレオチドの5′末端をT4 polynucle-otide kinaseとATPを用いて，37℃で1時間リン酸化する.

❺ サーマルサイクラーを用いて❹のオリゴヌクレオチドの熱変性と2本鎖形成を行う．オリゴヌクレオチドを95℃，5分間処理した後，85℃から25℃まで，−1℃/分の間隔で冷却する.

❻ ❸で精製したpx459ベクターと❺のオリゴヌクレオチド対を1：6の容積比で混ぜ，TaKaRa Ligation Kitを用いてライゲーションし，大腸菌（DH5α株）に形質転換してアンピシリン含有LBプレートで選択する.

❼ ❻で得られた大腸菌コロニーをピックアップして，LB液体培地で37℃，16時間培養後，Nucleospin® Plasmid EasyPureを用いてプラスミド抽出する.

❽ Sangerシークエンス（シークエンス・プライマー：5′–TAAA ATGGACTATCATATGCTTACCG–3′）で挿入配列を確認した大腸菌クローンの大量培養を行い，QIAGEN Plasmid Plus Midi Kitを用いてプラスミドを精製する.

2. CRISPR-Cas9発現ベクターの標的配列切断活性の検討

1）HEK293T細胞へのCRISPR-Cas9-2A-Puro発現ベクターの導入

❶ トランスフェクション24時間前：96穴プレートに，HEK293T細胞を1.0×10^{5}細胞/100 µL 10％FBS含有DMEM培地になるように播く.

❷ CRISPR-Cas9-2A-Puro発現ベクター（150 ng）とLipo-fectamine 2000（0.5 μL）をOpti-MEM（50 μL）に加えて，混合する．室温，20分静置後に，全量を❶で調製したウェルに加える．96穴プレートを37℃，CO$_2$インキュベーター内で72時間培養する．

2）ヘテロ2本鎖移動度分析による標的配列切断活性の評価

❶ 72時間培養した96穴プレートをとり出し，各ウェルをPBS（－）で2回洗浄する．200 μg/mL Proteinase K含有Lysis buffer〔0.2 M Tris-HCl（pH 7.0），0.1 M EDTA（pH 8.0）〕を各ウェル，50 μL加えてピペッティングして，細胞懸濁液をPCRチューブに回収する．

❷ ヒートブロックを用いて，50℃，1時間処理して，細胞を溶解する．

❸ イソプロパノール沈殿を行い，ゲノムDNAを50 μL超純水に溶解する．

❹ ゲノムDNA 2 μLを鋳型にして，標的配列を中心に150〜200塩基対の領域をKOD FX Neoを用いてPCR増幅する（PCR反応系は25 μL）[*2]．

❺ ❹に続いて，サーマルサイクラーを用いて，95℃から50℃まで，－0.6℃/分の間隔で冷却して，ヘテロ2本鎖形成を行う[*3]．

❻ ❺のサンプル15 μLをMultiNA専用の8連ストリップPCRチューブに移して，MultiNAにセットする．また，MultiNAマイクロチップ，25 bp DNAラダー，DNA-500 separation bufferで100倍希釈したSYBR™ Gold Nucleic Acid Gel StainおよびDNA-500 Marker solutionをMultiNA内の指定の場所にセットする．

❼ MultiNAを用いて，ヘテロ2本鎖をキャピラリー内で分画する．標的配列の切断活性が高い（ヘテロ2本鎖形成能の高い）px459ベクターをHCT116細胞への導入ベクターとして用いる．

3. HCT116細胞へのCRISPR-Cas9発現ベクターとssODNドナーの導入

1）ssODNドナーの設計

❶ 目的の変異配列に加えて，HCT116細胞へ導入するCRISPR-Cas9-2A-Puro発現ベクターの認識配列へのサイレント変異，ssODNノックインを簡便に評価するための制限酵素配列（サイレント変異）をssODN（100 mer）上に搭載する（図2）．

[*2] PCR断片サイズが200塩基対以上になるとMultiNAでのヘテロ2本鎖形成の検出感度が低下するので，標的塩基付近を増幅するPCRプライマー設計は注意されたい．

[*3] キャピラリー電気泳動装置がない環境では，ヘテロ二重鎖を特異的に切断するT7エンドヌクレアーゼを処理してアガロース電気泳動で評価する方法がある（Surveyor nuclease cleavage assay：Cel-1アッセイ）．Cel-1アッセイは各社からキットが販売されている．

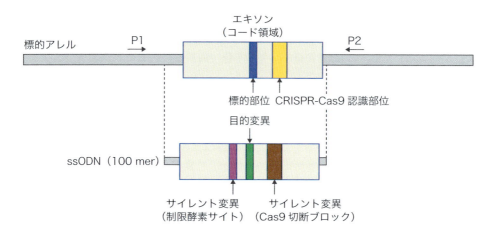

図2　1本鎖DNAドナー・ssODNの設計
コード領域の変異導入の場合，ssODNには，①目的変異に加えて，②ssODNノックイン後のCRISPR-Cas9による切断を回避する目的のサイレント変異，③ssODNノックインを簡便に検出する制限酵素サイトとなるサイレント変異を搭載する

❷ 逆相カラム精製したssODNを超純水で100 μMになるように溶解する．凍結融解を避けるために，aliquotを作製して−20℃で保存する．

2）HCT116細胞へのCRISPR-Cas9-2A-Puro発現ベクター（px459ベクター）とssODNドナーの導入

❶ 100 mmディッシュ1枚分のHCT116細胞を，80〜100％コンフルエントになるように準備しておく．

❷ HCT116細胞を，5 mL PBS（−）で2回洗浄して，2 mL 0.25％トリプシン/EDTAを加えて，37℃で3分間処理して，細胞をはがす．

❸ 10％FBS含有DMEM培地を5 mL加え，ピペッティングで単細胞になるまで細胞を解離する．

❹ 細胞を遠心管に移し，室温で1,000 rpm（111 G），5分間遠心する．

❺ 上清を捨て，PBS（−）で細胞ペレットを懸濁する．細胞懸濁液を一部採取して，細胞数をカウントする．

❻ $1×10^6$細胞の細胞懸濁液を別の遠心管に移し，室温で1,000 rpm（111 G），5分間遠心する．

❼ 上清を捨て，細胞ペレットをAmaxa® Cell Line Nucleofector® Kit VのCell Line Nucleofector® Solution Vを100 μL加えて，ピペッティングする[*4]．

❽ 100 μM ssODNを2 μL，5 μgのCRISPR-Cas9-2A-Puro

[*4] Cell Line Nucleofector® Solution Vで細胞を懸濁してから，エレクトロポレーションした細胞を150 mmディッシュに播くまでの工程を10分以内に完結させる．

発現ベクター（px459ベクター）を❼の細胞懸濁液に加えて，ピペッティングする*5.

❾ Nucleofector™ Ⅱb の専用キュベットに❽の細胞懸濁液 100 μL を移して，Nucleofector™ Ⅱb の電極用チャンバーにキュベットをセットする.

❿ Program「D-032」の条件で，電気パルスを加える.

⓫ Amaxa® Cell Line Nucleofector® Kit V の専用ピペットで細胞懸濁液をキュベットから回収し，あらかじめ 10％FBS-DMEM を 20 mL を入れておいた 150 mm ディッシュ 3 枚に分注する. 37℃の CO_2 インキュベーターで培養を開始する*6.

3）ssODNノックイン細胞の薬剤セレクションと同定

❶ エレクトロポレーション後 24 時間目に，0.5 μg/mL ピューロマイシン含有 10％FBS-DMEM に細胞培地を置換して，37℃，CO_2 インキュベーター内で 48 時間培養する.

❷ 10％FBS-DMEM で細胞を 3 回洗い，ピューロマイシンを除去する. その後，コロニーが形成されるまで 10～14 日間，37℃，CO_2 インキュベーター内で培養する.

❸ コロニーのピックアップを開始する前に，0.25％トリプシン /EDTA を 50 μL ずつ分注した 96 穴プレート 1 枚，10％FBS-DMEM を 200 μL ずつ分注した 96 穴プレート 2 枚（ゲノム DNA 回収用プレートとクローン増殖用プレート）を準備する.

❹ P20 ピペットマンを 5 μL に設定して，顕微鏡下でコロニーをピックアップする. コロニーは 0.25％トリプシン /EDTA を分注した 96 穴プレートに移して，37℃で 3 分間処理する.

❺ ゲノム DNA 回収用プレートから 100 μL の 10％FBS-DMEM を取り，トリプシン処理用 96 穴プレートの各ウェルに加えて，単細胞になるようにピペッティングする. 100 μL の細胞懸濁液をゲノム DNA 回収用プレートに戻し，トリプシン処理用 96 穴プレートに残った細胞懸濁液をクローン増殖用プレート（レプリカプレート）に移す.

❻ 37℃，CO_2 インキュベーター内で 24 時間培養する.

❼ ゲノム DNA 回収用プレートから，プロトコール **2.2)** で示した方法を用いて，各クローンのゲノム DNA を抽出する.

❽ ゲノム DNA 2 μL を鋳型にして，ssODN の外側に設計したプライマー対と KOD FX Neo を用いて PCR 増幅する（PCR 反応系は 25 μL）.

❾ PCR 断片をエタノール沈殿した後，ssODN に搭載した認識配列

*5 気泡が入らないようにピペッティングする.

*6 エレクトロポレーション装置がない環境では，リポフェクションでも代替できる. リポフェクションキットによっては，プラスミド DNA と ssODN を共導入できない場合もあるので，キットの選定が必要である. 一般的に，リポフェクションは，エレクトロポレーションに比べると，ssODN ノックイン効率は低い.

Ⅱ

10

培養細胞でのゲノム編集

179

に対応する制限酵素を用いてPCR断片を37℃，1時間処理する．

❿ 2％アガロースを用いて制限酵素処理後のPCR断片を電気泳動して，ssODNノックインクローンを探索・同定する．

⓫ ❿の解析でssODNノックインが確認されたクローンについて，標的付近をダイレクトシークエンス法で塩基配列決定を行い，遺伝子型を確定する．

⓬ ssODNノックインクローン細胞を，クローン増殖用プレート（レプリカプレート）から，その後の解析に必要なスケールまで増やす．

トラブルへの対応

■**ノックインクローンが得られない**

→ゲノム編集を行う宿主細胞を変更する．

→他の標的配列に対応するpx459ベクターおよびssODNに変更する．

→CRISPR-Cas9システムをRNPとして導入する．この場合，薬剤選択ではなく限界希釈法でクローンの探索を行う．

→遺伝子座によっては，100クローン以上スクリーニングが必要な場合もあり，スクリーニングスケールを大きくする．

→ポジティブおよびネガティブ選択が可能な薬剤耐性遺伝子カセットをターゲティングドナーとして用いて，2回のゲノム編集を経てScarlessで変異を導入する手法に切り替える[3)〜5)]．

実験例

1. ヘテロ2本鎖移動度分析による標的配列切断活性の評価

ある遺伝子Xの標的塩基付近に存在するPAM配列を抽出して，px459発現ベクターを3種類構築した．各ベクターをHEK293T細胞に導入して，標的配列に対する切断活性を，ヘテロ2本鎖移動度分析によって評価した．px459ベクターをmock（ネガティブコントロール）として比較した場合，最もヘテロ2本鎖形成を誘導するpx459発現ベクターをHCT116細胞でのゲノム編集に使用した（図3）．

ヘテロ2本鎖形成は，トランスフェクション効率や細胞増殖速度などの条件によって大きく異なるため，同じpx459ベクターでも，細胞種ごとによってヘテロ2本鎖形成効率は異なる．経験的に，HCT116細胞に比べて，HEK293T細胞ではヘテロ2本鎖形成効率は高いため，px459ベクターの標的配列切断活性の評価には，われわれは検出感度の高いHEK293T細胞を用いている．

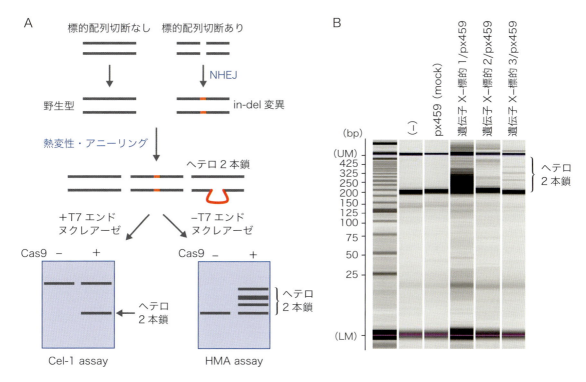

図3 CRISPR-Cas9ベクターの標的配列切断活性の検定
A) CRISPR-Cas9ベクターを細胞に導入すると，一定の頻度で標的配列が切断され，NHEJによってin-del変異が導入される．トランスフェクタント集団の標的配列付近のPCR断片を熱変性・アニーリングすると，ヘテロ2本鎖が形成される．Cel-1アッセイでは，2本鎖DNAミスマッチを切断するT7エンドヌクレアーゼで処理する．HMAアッセイでは，酵素処理を経ずに，直接キャピラリー電気泳動で評価する．B) HMAアッセイによる遺伝子Xに対するpx459ベクターの標的配列評価．遺伝子X-標的1/px459ベクターが，最も標的配列に対するDNA2本鎖切断活性が高い．

2. HCT116細胞におけるノックイン細胞クローンの作製

　ヘテロ2本鎖移動度分析で評価したpx459ベクターとともに，ある遺伝性疾患で検出された遺伝子Yのミスセンス変異とBamHIをサイレント変異として搭載したssODNをHCT116細胞へ共導入した．トランスフェクション後24時間目から一過的にピューロマイシンを48時間処理して，75クローンの薬剤耐性クローンを得た．各クローンの標的配列付近のPCR断片をBamHIで消化したところ，2クローンが両アレル性に，5クローンが片アレル性にssODNがノックインされていた（図4）．さらに，サンガー法でPCR断片をダイレクトシークエンスしたところ，片アレル性のssODNノックインクローンのうち，ssODNがノックインされなかったアレルでは，px459ベクターによるDNA二重鎖切断サイトにin-del変異が導入されていることが確認された．

　また，ssODNノックインクローンの他にも，いくつかのクローンで，px459ベクターの一部が，ゲノム上の標的配列に挿入されて遺伝子Yがノックアウトされたクローンが得られた．

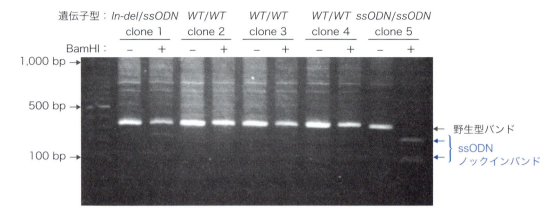

図4　ssODNとpx459ベクターを用いた遺伝子Yのミスセンス変異のHCT116細胞への導入例
ssODNのノックインを簡便に検出するために加えたサイレント変異（BamHIサイト）を指標にして，クローンを探索した．さらに，各クローンの標的配列のダイレクトシークエンス解析により遺伝子型を確定した．その結果，clone 1は，片アレル性にssODNがノックインされ，もう一方のアレルにはin-del変異が挿入された．clone 5は両アレル性にssODNがノックインされた．

おわりに

　本稿では，ssODNを変異ドナーとしたヒト培養細胞におけるゲノム編集について解説した．他にも培養細胞で多く行われるゲノム編集として，GFPなどの蛍光遺伝子，薬剤耐性遺伝子や多様なタグ・タンパク質（遺伝子）の標的配列へのノックインがある．この場合は，挿入したい遺伝子カセットの両端に約1 kbのホモロジーアームを付加したプラスミドDNAをターゲティングベクターとして用いられる．留意点としては，ホモロジーアーム内に使用する人工ヌクレアーゼの認識配列を含まないように設計することがあげられる．近年，ターゲティングドナーの属性によって，ノックインされるDNA修復経路が異なることが示唆されている．例えば，ホモロジーアームをもつターゲティングベクターは相同組換え修復であるのに対して，ssODNはSynthesis-dependent strand annealing（SDSA）で取り込まれる[6]．このことは，研究対象となる培養細胞のDNA修復活性に応じてゲノム編集のストラテジーを練ることが，目的の変異体獲得への近道であると言える．

　培養細胞だけでなく，ゲノム編集技術における不可避の問題としてオフターゲットの取り扱いがある．オフターゲットの検証については，候補部位のターゲット・リシークエンスや全エクソーム・ゲノムシークエンスがあげられる．しかし，これらの方法は，経済的コストの大きさだけでなく，検出される多型・変異が，ゲノム編集によるオフターゲット効果によるものか？ 細胞増殖過程での複製エラーに起因するのか？ を厳密に区別することが困難であるため，現実的な解決策とは言い難い．そこで，基礎研究レベルでは，①オンターゲットの遺伝子型と表現型との関係を複数クローンで確認すること，②遺伝学的相補実験（リバータントの作製と表現型解析）を実施することで，表現型に対するオフターゲット効果の可能性を排除することが一般的である．

このように，培養細胞におけるゲノム編集は，実験デザインごとにプロトコールの最適化が必要である．一方，培養細胞のゲノム編集の報告数や関連試薬・キットは日々増加しており，実験系の立ち上げの時間的，経済的コストは低下している．現場レベルでは，培養細胞のゲノム編集は「自由自在にできる」とまでは言い難い状況だが，ライフサイエンスの必須ツールとして定着し，着実に発展を続けている．

◆ 文献

1）Miyamoto T, et al：J Hum Genet, 63：133-143, 2018
2）Miyamoto T, et al：Hum Mol Genet, 26：4429-4440, 2017
3）Ochiai H, et al：Proc Natl Acad Sci USA, 111：1461-1466, 2014
4）Paquet D, et al：Nature, 533：125-129, 2016
5）Kim SI, et al：Nat Commun, 9：939, 2018
6）Paix A, et al：Proc Natl Acad Sci USA, 114：E10745-E10754, 2017

II 実践編

11 iPS細胞における欠失挿入導入ゲノム編集実験

北　悠人，渡邉　啓，徐　淮耕，鍵田明宏，堀田秋津

はじめに

　近年汎用性の高いゲノム編集技術であるCRISPR–Cas9の登場によってiPS細胞を用いた遺伝子機能の解析や，疾患再現，遺伝子治療等を目的とした研究が大幅に進歩している[1]．CRISPR–Cas9を用いることでゲノム上の任意の場所に挿入欠失を導入できることにより，遺伝子改変が容易になったことが要因である．われわれもiPS細胞において欠失挿入を誘導するゲノム編集を応用することにより，デュシェンヌ型筋ジストロフィー（DMD）患者由来のiPS細胞で読み枠変異を修復する研究や[2]，移植免疫拒絶低減のために個人識別マーカーの一つであるHLAを破壊する研究[3]等を報告してきた．

　このようにiPS細胞におけるゲノム編集を利用した研究は基礎研究から臨床応用を促進するまで多岐にわたるが，一般的な細胞株と比べてiPS細胞は培養が難しく遺伝子導入効率も悪いため，ゲノム編集効率は決して高くなかった．しかし最近，CRISPR–Cas9周辺技術の進歩の結果，gRNAの活性さえよければほぼすべての細胞でタンパク質発現をノックアウトさせることにも成功しており，以下にその方法を記載する．

　本プロトコールでは，iPS細胞におけるCRISPR–Cas9を用いた欠失挿入導入ゲノム編集の効率化のために，Cas9タンパク質と*in vitro*で転写したgRNAの複合体（RNP複合体）を4D–NucleofectorまたはLipofectamine CRISPRMAXでiPS細胞に導入している．その後ゲノム配列の確認を行うと同時に，ソーティングあるいは限界希釈法によりサブクローニングを行い，サブクローンの変異パターンをサンガーシークエンスにより確認する流れが基本となる．

ゲノム編集実験のデザイン

　ゲノム編集では，特定遺伝子のノックアウト，特定配列のノックイン，および塩基置換を誘導することができる．標的遺伝子のノックアウトは，二本鎖DNA切断がNHEJ経路によって修復される際に十塩基前後の微小塩基欠失または稀に微小挿入が起こることにより，コドンの読み枠がずれることで可能となる．

　一方，遺伝子変異を修復する，あるいは部位特異的に外来塩基配列を挿入したい場合（レポーター遺伝子やタグ配列挿入等）は，鋳型となるドナーDNAをCas9と同時に細胞内に

導入する必要がある．S期後半からG2期の細胞においてHDRが稀に生じ，低確率でドナーDNAを二本鎖DNA切断部位へと導入することができる．

ゲノム編集実験を開始する際には，目的に応じてgRNAを設計しなければならない．例えば，タンパク質発現を阻害する場合，タンパク質コード領域の前半のエキソンを標的とする場合や，重要なドメインを標的とすることが一般的である．アイソフォームや下流の開始コドンの有無は確認する必要がある．二つのgRNAで数百〜数千塩基の領域を削除する場合や，薬剤選択カセットをHDRで挿入して遺伝子破壊を行う場合もある．

ゲノム編集の流れ

iPS細胞でのゲノム編集で欠失（挿入）導入を行う際の一連の流れを図1に示す．基本的には細胞にCas9/gRNAなどを導入する前半と，サブクローンの遺伝子配列解析を行う後半に分かれる．

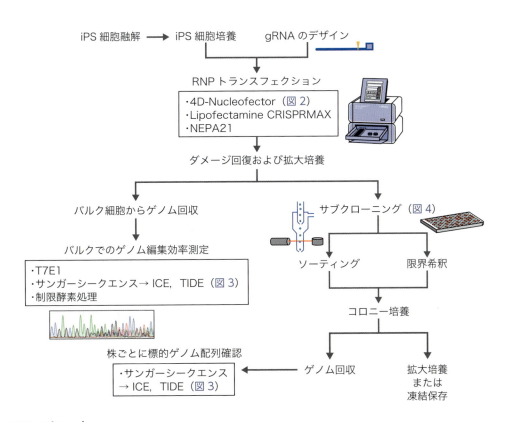

図1　フローチャート
iPS細胞におけるゲノム編集のフローチャートである．4D-NucleofectorまたはCRISPRMAXでゲノム編集を行った後，ゲノム編集効率を確認するのと並行してソーティングまたは限界希釈にてサブクローニングを行う流れとなる．

1. iPS細胞の準備

以下の条件を満たすiPS細胞を準備する必要がある.

・フィーダーフリーであること
・単細胞播種が可能であること
・適切に未分化維持ができており対数増殖期であること

2. 細胞への導入方法

iPS細胞等でゲノム編集を行う場合, 細胞にCas9およびgRNAを導入する必要がある. Cas9の導入形態は大きく分けて, プラスミドDNA, mRNA, タンパク質 (RNP) の場合がある. われわれも当初はプラスミドDNAで導入していたが, 最近の検討ではRNPで導入した方がよい効率だったため, ここでは主にRNPを用いた導入について説明する.

当研究室ではRNP複合体を導入する場合, 4D-Nucleofector (Lonza社) またはLipofectamine CRISPRMAX (サーモフィッシャーサイエンティフィック社) を使用している. 4D-Nucleofectorはエレクトロポレーション (電気穿孔法) とよばれる方法で, 電気パルスによりCas9 RNPを細胞内に送り込む方法である. われわれの検討において, iPS細胞へのCas9導入効率が高く, 必要に応じてドナーDNA (一本鎖DNA, ssODN) も共導入できる利点がある一方で, 機器や試薬は高価である. 一方, Lipofectamine CRISPRMAXはリポフェクションとよばれる方法で, 脂質化合物とCas9 RNPで複合体を形成させ, 細胞内に取り込まれる方法である. 遺伝子破壊だけであれば必要十分な活性が得られ, 多検体の同時処理にも適している. ドナーDNAの導入は難しいため, 相同組換え実験には不適である. ここでは効率を重視し, 4D-Nucleofectorを用いてRNPを導入する方法を述べる.

3. ゲノム編集確認パート

Cas9/gRNAを導入したバルク細胞において, 標的ゲノム部位の切断効率を調べるステップである. はじめての場合, 複数のgRNAを設計し, バルク細胞で切断効率の確認を先に行い, その結果によりサブクローニングを行うかどうかの判断やスクリーニングを行う株数を決定する. 馴れてくれば, サブクローニングと切断効率の確認を並行して行うこともできる.

切断効率を確認する方法は, 標的部位周辺 (200〜500 bp) のゲノムをPCRで増幅させた後, ミスマッチを検出するT7E1 (T7 Endonuclease I) アッセイと, サンガーシークエンスを行い, その波形を元に解析ツールで判断する方法が簡便である.

T7E1アッセイは, PCR産物を一度熱変性させ, 再アニーリングさせた際に変異の入ったDNA鎖と入っていない鎖がミスマッチのバルジを形成することを利用する. T7ファージ由来のエンドヌクレアーゼI酵素はこのミスマッチDNA部分を認識し切断するため, アガロースゲル等で電気泳動すれば変異導入箇所に応じたバンドが出現する (同様の原理をもつCel-1アッセイについては他稿参照). この方法は比較的簡便なため, バルク細胞でのおおよその切断活性を把握するには有用であるが, 変異効率の定量範囲は5〜40%程度であるので注意が必要である.

一方でサンガーシークエンスの波形データを用いて切断活性を測定する方法が近年開発されている．シークエンス波形は変異導入箇所以降で複数重なった状態となるため，目視でも大まかな切断効率は判断できたが，近年 ICE や TIDE とよばれるシークエンス波形分離プログラムが開発され，変異効率だけでなく indel の配列パターンまで予測可能となった（他稿参照）[4]．実際に ICE や TIDE での解析結果はタンパク質発現結果ともおおむね一致しており，汎用性が高い．

4. サブクローニングパート

Cas9/gRNA を導入した iPS 細胞は数日から一週間ほど培養して導入のダメージから回復させた後にサブクローニングの過程に移る．iPS 細胞の単細胞サブクローニングには限界希釈が一般的で，96 ウェルプレートの 1 ウェルに 0.1 〜 1 細胞となるよう希釈して播種するか，100 mm ディッシュに 100 〜 200 細胞を播種するなどして，一細胞から一つのコロニーが形成されるようにする．iPS 細胞のコロニーが目視できるほど大きくなった後に，拡大培養する[5]．この方法は通常の細胞培養設備があれば行うことができるが，株ごとにコロニー形成能力が異なるため，播種数を検討することを勧める．

もしセルソーターの設備があり，なおかつシングルセルソーティング機能が使用できる場合には，24 ウェル（または 96 ウェル）プレートにウェルあたり 1 細胞をソートし，拡大培養する．また，標的遺伝子産物が細胞表面に発現し，認識する抗体がある場合，破壊に成功した細胞群だけをソートすることで目的細胞の樹立効率を向上させたり，複数遺伝子を同時破壊させたり等の高度なゲノム編集も可能となる．

サブクローニング後は個々の株からゲノム DNA を抽出し，変異パターンを前述のサンガーシークエンスによって解析する必要がある．以下に各ステップの詳細なプロトコールを記載する．

ゲノム編集実験のデザインおよび準備

1. gRNA デザインおよび *in vitro* での gRNA の転写

〔 準　備 〕

試薬など

- ☐ MEGAshortscript™ T7 Transcription Kit（サーモフィッシャーサイエンティフィック社，#AM1354）
- ☐ RNeasy MinElute Cleanup Kit（キアゲン社，#74204）
- ☐ Wizard® SV Gel and PCR Clean-Up System（プロメガ社，#A9281）

プロトコール

❶ Web上でCRISPRdirect（https://crispr.dbcls.jp/）や CRISPOR（http://crispor.tefor.net）などのgRNAデザインツールを使用し，標的遺伝子に対するgRNAをデザインする．切断活性は試してみるまで分からないので，一つの標的遺伝子につき，複数のgRNAをデザインすることを勧める（標的配列を"XXXXXXXXXXXXXXXXXXXXNGG"とする）.

❷ その後，デザインしたgRNAのPAM配列（NGG）の上流20 bpを5′→3′の向きに以下のフォワードプライマーのXの位置に挿入する〔注意：PAM配列（NGG）部分は含めないこと〕．同時に以下のリバースプライマーも発注する[6].

□ T7-gRNAフォワードプライマー：

5′-GAAATTAATACGACTCACTATAGGXXXXXXXXXXXXXXXXXXXXGTTTTAGAGCTAGAAATAGCAAG-3′

□ gRNA＋85リバースプライマー：

5′-AAAGCACCGACTCGGTGCCACTTTTTCAAGTTGATAACGGACTAGCCTTATTTTAACTTGCTATTTCTAGCTCTAAAAC-3′

❸ 上記のT7-gRNAフォワードプライマーとgRNA＋85リバースプライマーを使用してテンプレートを加えずにPCRし，2％アガロースゲルを用いて電気泳動して該当するバンド（123 bp）を切り出し，Wizard® SV Gel and PCR Clean-Up Systemを用いてゲル抽出する.

❹ MEGAshortscript™ T7 Transcription Kitを使用し，gRNAを鋳型DNAから in vitro で転写する．具体的には，10×buffer，75 mM ATP, GTP, CTP, UTP, T7 RNA polymeraseを2 μLずつ加え，上記PCRにより精製された鋳型DNAを100 ng前後になるように加え，RNaseフリー超純水で20 μLにメスアップする．その後，37℃でRNA転写反応をオーバーナイト反応（12～16時間）で行う.

❺ 反応後，キットに付属のTURBO DNaseを1 μL加え，37℃で15分間反応させ鋳型DNAを分解する.

❻ RNeasy MinElute Cleanup Kitを用いてgRNAを精製する．最終濃度は1 μg/μL以上欲しいため，最終のRNaseフリー超純水での溶出は30～40 μLを推奨する.

❼ 溶出したgRNAは5～10 μLずつ分注し，−80～−30℃で凍結保存する．RNAはRNase混入により分解しやすく，取り扱いには細心の注意が必要である．使用時は氷上で取り扱い，凍結融解の回数もなるべく減らす.

188　完全版　ゲノム編集実験スタンダード

2. ssODNのデザイン方法（相同組換えによる塩基置換を行う場合）

　　iPS細胞において一〜数塩基の置換（または挿入）を行う場合，中央に改変したい塩基を置き，両端に相同アームを50 bp程とった合計100 bp程の一本鎖DNA（single stranded oligonucleotide：ssODN）をドナーDNAとしてオリゴ合成会社に合成を依頼する．また，蛍光タンパク質等のcDNAを挿入する場合にはプラスミドDNA等のdsDNAでもドナーとして用いることはできるが，特に直鎖dsDNAの場合，染色体へのランダム挿入リスクが増加する．通常，置換したい塩基，挿入したい塩基を中心に据えて設計される．またDNA切断箇所と挿入箇所の距離と相同組換え効率に関しては距離が遠くなるほど効率が下がることが報告されている[7]．

3. iPS細胞の融解と継代培養

　　本稿で用いるフィーダーフリーのiPS細胞培養プロトコールは京都大学iPS細胞研究所のHP（https://www.cira.kyoto-u.ac.jp/j/research/protocol.html）で参照できる．ここでは当研究室でトランスフェクション等の実験操作が簡便にできるようにトリプシン処理時間等を微修正したプロトコールを記載する．

準　備

1. 機械類，物品等
- ☐ 6ウェルプレート（グライナー社，#657160）
- ☐ ピペット
- ☐ 血球計測板

2. 試薬
- ☐ iMatrix-511（Laminin-511 E8）（ニッピ社，#892001/#892002）
- ☐ Y-27632（富士フイルム和光純薬社，#257-00511）
- ☐ StemFit® AK03N（AK02Nでも可，以下同様）（味の素ヘルシーサプライ社）
- ☐ PBS（−）（ナカライテスク社，#14249-24）
- ☐ EDTA（ナカライテスク社，#15105-22）
- ☐ TrypLE™ Select Enzyme（1×），no phenol red〔サーモフィッシャーサイエンティフィック社，#12563029（500 mLの場合）〕
- ☐ 0.5×TrypLE Select（0.5 mM EDTA入りPBSと1×TrypLE Selectを1：1の割合で混合したもの）（サーモフィッシャーサイエンティフィック社）
- ☐ STEM-CELLBANKER® GMP grade（日本全薬工業社，#CB045）

プロトコール

1. 培地の準備

継代に用いるStemFit® AK03N（以下，単にAK03Nと記載）に Y-27632を終濃度$10~\mu$Mとなるよう加えておく[*1].

2. プレートのコーティング

❶ iMatrix-511（以下，単にiMatrixと記載）により6ウェルプレートのコーティングを行う．iMatrixは$0.25 \sim 0.5~\mu g/cm^2$で使用．当研究室の場合，1プレートすべてをコーティングする場合は$50~\mu$LのiMatrixを12 mLのPBSを懸濁し，6ウェルプレートの場合は2 mL/ウェル，24ウェルプレートの場合は0.5 mL/ウェル，10 cm培養皿の場合は12 mL全量を加える．

❷ その後37℃，$CO_2$5％インキュベーターで60分間以上インキュベートする．

❸ コーティング済みの6ウェルプレートよりコーティング液（iMatrix＋PBS）を除去し，Y-27632入りのAK03Nを2 mL加え，37℃のインキュベーターで培地とともに温めておく．

3. iPS細胞の融解

❶ ウォーターバスを37℃に温めておき，AK03Nを室温に戻しておく．

❷ コニカルチューブに5 mLのAK03N＋Y-27632を入れ，37℃に温めておく．

❸ iPS細胞の凍結バイアルをウォーターバスですばやく解凍する．

❹ ❸の細胞懸濁液を❷のコニカルチューブに移す（ピペッティングは1，2回程度）．

❺ $160 \times g$，22℃で5分間遠心する．

❻ 上清を取り除く．

❼ 細胞ペレットをタッピングでほぐし，0.5 mLのAK03N＋Y-27632で懸濁する．

❽ トリパンブルー染色を行い，血球計測板で非染色の生細胞数をカウントする．

❾ **2.** でコーティング済みの6ウェルプレート（AK03N＋Y-27632入り）に1ウェルあたり$6.5 \times 10^4 \sim 2.0 \times 10^5$個の生細胞を播種する．細胞の接着が非常に早く強いので，播種後すぐにプレート等を揺らし細胞懸濁液を均一に広げる．

[*1] ヒトiPS細胞はコロニーを形成している場合は大丈夫だが，単細胞になるとROCK経路を介してアポトーシスが誘導される．ROCK阻害剤であるY-27632を添加することにより，iPS細胞を単細胞までばらばらにしてもアポトーシス誘導を最小限にすることができるため，iPS細胞を単細胞に懸濁する操作を行う場合には，必ずY-27632を添加する．

⑩ 37℃，CO_2 5％インキュベーターで培養する．

⑪ 1〜2日後，細胞が接着しているのを確認してから，新鮮な AK03N培地に交換する．Y-27632は添加なしでよいが，播種後の死細胞が多い場合は再添加してもよい．

⑫ 培地交換は，播種直後の低密度の場合には2日ごと，細胞密度が増えてきてからは1日ごとに行い，播種から7±1日後を目安に細胞密度が70〜80％コンフルエンシーに達したら継代を行う．

4. iPS細胞の継代

❶ 培養中のiPS細胞の培地を除去し，PBS 1 mL/ウェルを加え，洗浄後に除去する．もし，一部の細胞で分化が観察される場合，この時点で分化している部分を吸引除去し，なるべく未分化の細胞のみを継代するように努める．

❷ 0.5×TrypLE Selectを300 μL/ウェル加え，37℃，CO_2 5％インキュベーターで約10分間反応を行う（反応中，適度に取り出して，均等に馴染ませる）．

❸ 0.5×TrypLE Selectを除去し，2 mL/ウェルのPBSで洗浄する．その後，PBSを除去する．

❹ AK03N＋Y-27632を1ウェルあたり1 mLずつ加える．ゆっくりと5〜10回ピペッティングを行い，ウェルからiPS細胞を剥離して単細胞がバラバラになるまで懸濁する．

❺ 細胞をカウントし，$1.0×10^4$〜$1.5×10^4$個の生細胞を **2.❶** で用意した6ウェルプレート1ウェルに播種する．この際，細胞密度に偏りが出ないように注意する．細胞数が足りない場合は，24ウェルプレートなど，より培養面積の小さなプレートへとスケールダウンして播種する．

❻ 余剰細胞については，120×gで5分間遠心し，上清を除去後，細胞ペレット $1.0×10^6$個あたりSTEM-CELLBANKER GMP gradeを1 mLとなるように加え，細胞凍結チューブに200 μL 程度を分注して密閉後，細胞凍結容器（Mr. frosty等）に入れて，−80℃のディープフリーザーにおいて冷却することで凍結細胞ストックを作成する．数日内に−150℃以下（液体窒素タンク等）に移すことで，長期保存が可能となる．

❼ プレートに播種した細胞は，37℃，CO_2 5％インキュベーターで培養する．

❽ 1〜2日後，細胞が接着しているのを確認してから，Y-27632 の入っていないAK03N培地に交換する．死細胞が目立つ場合は，Y-27632は入れたままでもよい．

細胞への導入

1. Cas9/gRNA RNP のエレクトロポレーション

準　備

1. 細胞

☐ 対数増殖期の iPS 細胞[*2]

*2　70〜80％コンフルエンシーまで培養，融解後，最低でも一回は継代すること．

2. 機器，物品等

☐ 4D-Nucleofector™ システム（ロンザ社）

☐ Nucleocuvette™ Strips 16 well（ロンザ社）

☐ 6ウェルプレート（グライナー社，#657160）

☐ ピペット

3. 試薬など

☐ Cas9 タンパク質（Integrated DNA Technologies 社またはサーモフィッシャーサイエンティフィック社等）

☐ IVT-gRNA（前述の in vitro で転写した gRNA）

☐ ssODN（相同組換えを行う時のみ必要．任意の DNA 合成会社）

☐ StemFit® AK03N（味の素ヘルシーサプライ社）

☐ P4 Primary Cell Nucleofector™ Solution（ロンザ社，#PB4-00675）

☐ iMatrix-511（Laminin-511 E8）（ニッピ社，#892001/#892002）

☐ Y-27632（富士フイルム和光純薬社，#257-00511）

☐ PBS（−）（ナカライテスク社，#14249-24）

☐ EDTA（ナカライテスク社，#15015-22）

☐ TrypLE™ Select Enzyme（1×），no phenol red（サーモフィッシャーサイエンティフィック社，#12563029（500 mL の場合））

☐ 0.5×TrypLE Select（0.5 mM EDTA 入り PBS と 1×TrypLE Select を 1：1 の割合で混合したもの）（サーモフィッシャーサイエンティフィック社）

プロトコール

❶ コーティング済みの6ウェルプレートよりコーティング液を除去し，Y-27632 入りの AK03N を加え，37℃のインキュベーター

192　完全版　ゲノム編集実験スタンダード

にて温めておく．

❷ 前述の細胞継代時と同じ方法で細胞を剥がし，生細胞数をカウントする．

❸ 1条件あたり細胞が 3×10^5 細胞となるように細胞懸濁液を1.5 mLチューブに移す（ネガティブコントロールとしてgRNAなしの条件も設定することをお勧めする）．

❹ 室温，$120 \times g$ で5分間遠心．

❺ 遠心後，上清を取り除き，1サンプルあたり20 μLのP4 Primary Cell Nucleofector™ Solutionを用い，細胞ペレットを優しく懸濁する．

❻ Cas9タンパク質5 μgとIVT-gRNA 1.25 μg（二種類gRNAを導入する場合は0.625 μgずつ）を混合し，RNP複合体を作った後に細胞懸濁液20 μLと混合する．ssODNを加える場合はここで6〜12 μgを混合する．

❼ ❻の混合液を20 μLほどNucleocuvette Stripsに入れる．この際，泡が入ると電気パルスで火花が発生するので入らないように注意．

❽ 4D-Nucleofector™ システムにセットし，プログラムCA-137を選択し，エレクトロポレーションを行う（図2）[*3]．

❾ 終了後，❶で温めておいた培地を80 μLほどキュベットに添加し，キュベット内部の細胞全量を❶のウェルへ移す．

❿ 数日間はY-27632の入ったAK03N培地を用いて培養する．細胞がコンフルエントとなったら継代する．余剰細胞は凍結保存バイアルの作製および，ゲノムDNA抽出に用いる．下記に述べる方法でバルク状態でのゲノム編集効率を検証する．

2. Cas9/gRNA RNPのリポフェクション

❙❙❙❙❙❙ ❰ 準　備 ❱ ❙❙

1. 細胞

□ 対数増殖期のiPS細胞（70〜80％コンフルエンシーまで培養）

2. 試薬など

□ Lipofectamine™ CRISPRMAX™ Cas9 Transfection Reagent（サーモフィッシャーサイエンティフィック社，#CMAX00001）

□ Opti-MEM™ I reduced-serum medium〔サーモフィッシャーサイエンティフィック社，#31985070（500 mLの場合）〕

[*3] あるいは，下記のプログラムも使用できることを確認している：CM-138，CM-137，CM-150，DS-137，DS-138，DS-130

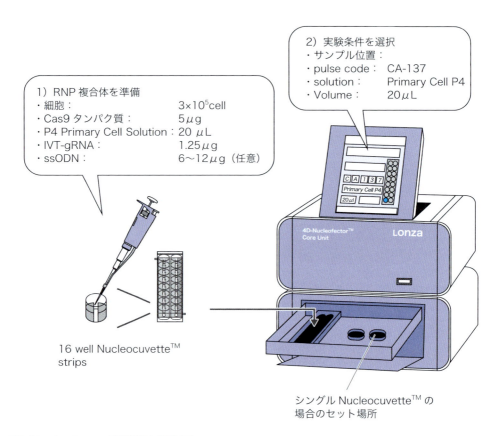

図2　4D-Nucleofactor™装置と操作図
エレクトロポレーションのプロトコール❻で作製した混合液を16 well Nucleocuvette™ Stripsに入れる．そして，4D-Nucleofactor™のタッチパネルで実験条件を打ち込み，右下のOKパネルを選択するとXユニットのサンプル挿入パートが開いてくる．ここに16 well Nucleocuvette™ Stripsをセットし，エレクトロポレーションを開始する．

□ IVT-gRNA（前述の in vitro で転写したgRNA）
□ Cas9タンパク質（Integrated DNA Technologies社またはサーモフィッシャーサイエンティフィック社等）

プロトコール

❶ トランスフェクション前日に，1条件あたり$1×10^5$細胞を12ウェルプレートに播種しておく．（例：トランスフェクションなし，Cas9のみ，Cas9＋sgRNAの3条件）細胞播種密度に応じて導入効率が大きく変わるので，使用する細胞株の増殖速度に応じて播種数を検討することを勧める．

❷ 1.5 mLチューブを2本用意し（A，Bとよぶ），チューブAに，50 μLのOpti-MEM™，1 μgのCas9タンパク質，0.25 μgのIVT-gRNAを混合し，最後に2 μLのCas9 Plus™ Reagentを

混合した溶液を準備する.

❸ チューブBに, 3 μLのCRISPRMAX™ Reagentを50 μLの Opti-MEM™で希釈した溶液を準備する. 希釈後は5分間待つ.

❹ すぐにチューブAの中身をチューブBに加えて, よく混合する.

❺ 室温で5〜10分間インキュベート. 30分間以上は避ける.

❻ 100 μL/ウェルの混合溶液を細胞にゆっくり滴下して加えて, 37℃, CO_2 5％インキュベーターで培養する.

❼ トランスフェクション後は, Y-27632入りの培地で数日間培養する.

❽ 細胞がコンフルエントとなったら, 前述の方法で継代を行う.

❾ この際, 保存用の凍結細胞を作製すると同時に, 一部の細胞からゲノムDNAを抽出し, 後述する方法でバルク状態でのゲノム編集効率を検証する.

ゲノム編集効率確認パート

1. サンガーシークエンス反応

標的ゲノム部位のDNA配列を読むことで目的のゲノム編集効率を確認する. なお, TIDEやICEで解析する際には, ゲノム編集標的部位より100〜300 bpほど離れた場所にシークエンスプライマーをデザインし, シークエンス反応をする. また, ゲノム編集前（なし）のコントロールサンプルも必要である.

準　備

1. 機器, 物品等
□ サーマルサイクラー（Applied Biosystems™ Veriti™ サーマルサイクラー™等）
□ シークエンス解析用機器（Genetic Analyzer Trade-in for 3500 Series System等）

2. 試薬など
□ BigDye™ Terminator v3.1 Cycle Sequensing kit〔サーモフィッシャーサイエンティフィック社, #4337455（100 reactionsの場合）〕
□ 1 μMのPCR用プライマー（ゲノム編集標的部位を中心に300〜1,000 bpほどの領域を増幅）

□ 1 μMのシークエンス用プライマー（ゲノム編集標的部位より100〜300 bpほど離れた場所に設計）[*4]

□ 酢酸ナトリウム溶液（NaOAc）（ナカライテスク社，#06893-24）

□ EDTA（ナカライテスク社，#15105-22）

□ エタノール（EtOH）（ナカライテスク社，#14710-25）

□ Hi-Di™ Formamide（サーモフィッシャーサイエンティフィック社，#4311320）

[*4] シークエンス反応で読める距離には限界があり，プライマーから100 bp以上かつ500 bp以内が望ましい.

プロトコール

1. DNAシークエンス反応

❶ ゲノム編集を行っていないゲノムDNAのコントロールサンプル，およびゲノム編集を行ったゲノムDNAのサンプルから，標的箇所を含むゲノム領域をPCRで増幅し，ゲル切り出ししてカラム精製後，超純水で抽出する.

❷ 1サンプルあたり75 ng前後のPCR産物，2 μLのBigDye™，1.5 μLの5×Sequencing buffer，1.6 μLのシークエンス用プライマー（1 μM）を氷上で混合し，ミリQで10 μLまでメスアップする.

❸ サーマルサイクラーにてシークエンス反応を行う．反応条件は，98℃にて5分温めた後，「98℃を10秒と60℃を4分」の反応を30サイクルくり返し，その後4℃でキープする.

2. サンガーシークエンス

❶ DNAシークエンス反応後，1サンプルあたり25 μLの氷冷100％EtOH，1 μLの3 M NaOAc，1 μLの125 mM EDTAを加え，よく撹拌後，4℃，20〜30分間，20,000×g遠心することでDNAを沈殿させる.

❷ 上清をきれいに除去し，35 μLの70％EtOHを加えて塩を洗浄し，その後，4℃，10分間，20,000×gで遠心して上清をきれいに取り除く．沈殿に30 μLのHi-Di Formamideを添加してピペッティングによりしっかりと溶解し，95℃で3分間温め，二本鎖DNAを変性後，2分間以上氷上で静置する.

❸ 冷却後，プレートへサンプルをセットし，Genetic Analyzer Trade-in for 3500 Series Systemでサンガーシークエンスを行う.

❹ 得られたAB1波形ファイル（ファイル拡張子が".ab1"）を下記の解析で使用する.

196　完全版　ゲノム編集実験スタンダード

2. ICEによるシークエンス結果の解析

ここではICE（Inference of CRISPR Edits）CRISPR Analysis Tool（https://www.synthego.com/products/bioinformatics/crispr-analysis）を用いた解析方法を解説する．サンガーシークエンスで得られたトランスフェクションをしていないcontrolサンプルの.ab1波形ファイル，ゲノム編集を行ったサンプルの.ab1波形ファイル，そして使用したsgRNA配列を入力して，解析を行う．解析結果の一例を図3に示す．

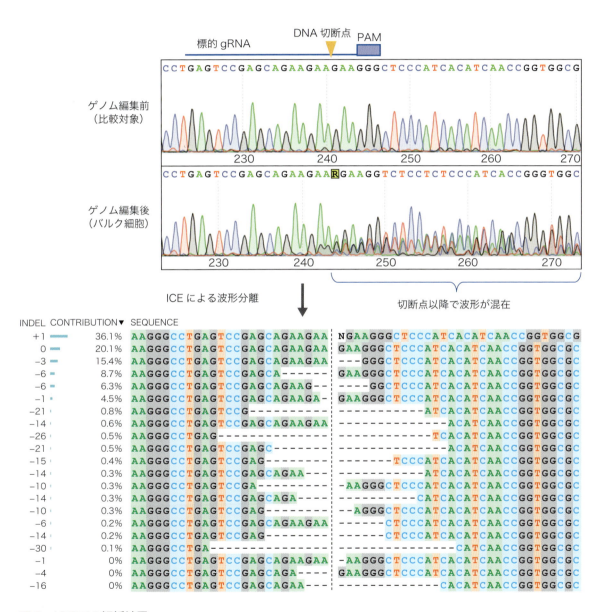

図3 ICEでの解析結果

ICEを使用して，サンガーシークエンスの結果を解析した例である．このサンプルの場合，75％の欠失挿入効率があり，44％の割合でタンパク質の読み枠破壊が行われていると算出された．

サブクローニングパート

トランスフェクション後，バルク細胞集団でゲノム編集の成功が確認できたら，目的クローンを樹立するため，サブクローニングとジェノタイピングを行う（図4）．バルク細胞での変異導入効率が仮に50％であれば，10株を解析したら5株ほどが何らかの欠失挿入をもっていると推計できる．もしタンパク質の読み枠がずれたノックアウト株の樹立が目的であれば，理論上はこのうち3分の2が目的株と期待される．万一，バルク状態での効率が10％以下の場合，数十株以上を解析しない限り目的株が得られない計算となるため，Cas9 RNPの導入条件を再検証することを勧める．

1. 限界希釈法による手法

まず一般的な一細胞分離方法である限界希釈法について述べる．

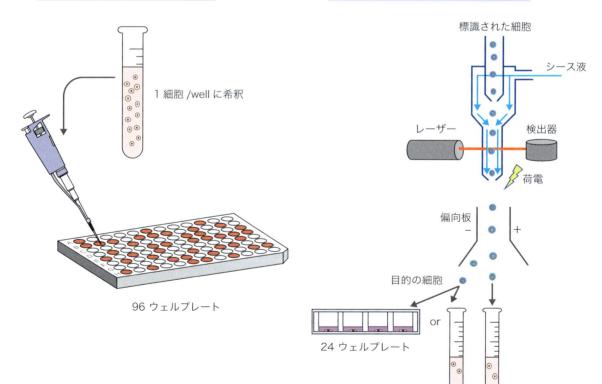

図4 サブクローニングの概略
ゲノム編集した細胞集団のサブクローニングのフローチャートである．手法として，限界希釈による手法（A）とセルソーターを用いた手法（B）を示した．

準　備

1. 試薬など

- □ iMatrix-511（Laminin-511 E8）（ニッピ社，#892001/#892002）
- □ Y-27632（富士フイルム和光純薬社，#257-00511）
- □ StemFit® AK03N（味の素ヘルシーサプライ社）
- □ PBS（－）（ナカライテスク社，#14249-24）
- □ EDTA（ナカライテスク社，#15015-22）
- □ TrypLE™ Select Enzyme（1×），no phenol red〔サーモフィッシャーサイエンティフィック社，#12563029（500 mLの場合）〕
- □ 0.5×TrypLE Select（0.5 mM EDTA入りPBSと1×TrypLE Selectを1：1の割合で混合したもの）（サーモフィッシャーサイエンティフィック社）
- □ 10 cm培養皿（グライナー社，#664160-013）
- □ 12ウェルプレート（グライナー社，#665180）
- □ 24ウェルプレート（グライナー社，#662160）
- □ 96ウェルプレート（グライナー社，#655180）

プロトコール

❶ 前述した細胞継代と同じ方法でiMatrix-511コーティングした96ウェルプレートを準備する．また，10 mLのAK03NにY-27632を加え，37℃に温めておく．

❷ エレクトロポレーション法またはリポフェクション法によってゲノム編集し1～2回継代されたiPS細胞集団を前述の方法でトリプシン処理し，細胞数をカウントする．

❸ 細胞を❶で温めておいたAK03Nで1 cell/100 μLとなるように希釈する．

❹ 希釈した細胞懸濁液を100 μLずつ96ウェルプレートに加える．

❺ 残った細胞ペレットは凍結保存を推奨する．ゲノムDNAの抽出も可能である．

❻ 2～3日後，AK03N＋Y-27632を50 μLずつ各ウェルに加え，細胞が入っているウェルに印を付ける．

❼ 以後2～3日おきに，100～150 μLの新鮮な培地に交換する．最初の一週間は培地にY-27632を加えておく方がよい．

❽ iPS細胞コロニーの直径が1mm程度に大きくなるまで約1〜2週間培養する.

❾ iMatrix-511コーティングした24ウェルプレートを準備する.

❿ コロニーの入った各ウェルから培地を吸引除去し,PBS 200 μLで洗浄後,50 μLの0.5×TrypLE Selectを加え,37℃で10分間インキュベート.

⓫ インキュベーターより取り出し,PBS 200 μLを加え,洗浄後,吸引除去する.次にAK03N+Y-27632培地を200 μL加え,10回程度しっかりピペッティングすることで細胞塊を懸濁する.その後,❶と同様にコーティングした12ウェルプレートに全量播種する.これをすべてのウェルに行う.

⓬ 約7日後,細胞がコンフルになったときに細胞を剥がし,細胞の半量を凍結保存し,残り半分をゲノムDNA抽出に使用する.

⓭ それぞれのクローンよりゲノムDNAを抽出し,前述のサンガーシークエンス反応をそれぞれのクローンに対して行う.

⓮ シークエンシング結果に基づいて,ポジティブクローンを選択する.この際可能であれば,クローンを複数樹立しておく方がよい.

2. セルソーティングを用いたサブクローニング手法

次にセルソーターを用いた手法について述べる.なお,単細胞ソーティング後の24ウェルプレートでのリカバリー率は細胞の状態によっても大きく異なるが,われわれの場合はおおむね20〜50%である.

|||| 準 備))

1. 機器等

☐ フローサイトメトリー（BD FACS Aria II 等）

2. 試薬など

☐ iMatrix-511（Laminin-511 E8）（ニッピ社,#892001/#892002）

☐ Y-27632（富士フイルム和光純薬社,#257-00511）

☐ StemFit® AK03N（味の素ヘルシーサプライ社）

☐ PBS（−）（ナカライテスク社,#14249-24）

☐ EDTA（ナカライテスク社,#15105-22）

☐ TrypLE™ Select Enzyme（1×）,no phenol red〔サーモフィッシャーサイエンティフィック社,#12563029（500 mLの場合）〕

- □ 0.5×TrypLE Select（0.5 mM EDTA入りPBSと1×TrypLE Selectを1：1の割合で混合したもの）（サーモフィッシャーサイエンティフィック社）
- □ FBS（Biosera社）
- □ CELLBANKER™ 1（タカラバイオ社，#CB011）
- □ 24ウェルプレート（グライナー社，#662160）
- □ 6ウェルプレート（グライナー社，#657160）
- □ Falconセルストレーナーキャップ付5 mLチューブ（コーニングインターナショナル社，#352235）

プロトコール

❶ 前述の細胞継代時と同じ方法でコーティングした24ウェルプレートよりコーティング液を除去し，Y-27632入りのAK03Nを加え，37℃のインキュベーターにて温めておく．

❷ ゲノム編集されたiPS細胞を前述の細胞継代時と同じ方法で細胞を剥がし，$1×10^6$細胞を遠心する．残った細胞ペレットは凍結保存を推奨する．ゲノムDNAの抽出も可能である．

❸ 上清を除去した後，細胞表面の生細胞抗体染色を行う場合には，50 μLのFACS buffer（2％FBS入りPBS溶液＋Y-27632）に抗体を1〜2 μL加えて，氷上で20分静置する．（抗体染色がない場合はこのステップは省略）

❹ 1 mLのFACS bufferを加え，遠心洗浄する．（抗体染色がない場合はこのステップは省略）

❺ 上清を除去した後，300 μLのFACS bufferで再懸濁し，Falconセルストレーナーキャップ付5 mLチューブに，キャップのフィルターを通して移す．

❻ セルソーターにて，❶で用意した24ウェルプレートの1ウェルに1細胞となるようにソーティングする．96ウェルプレートも使用可能であるが，セルスクレーパーの使用は難しくなる．ダブレット（細胞塊）やデブリを避けるため，FSCとSSCの範囲を制限する．抗体標識を使用した場合は，ソーティングしたい集団をゲートする．

❼ ソーティング後の細胞のコロニーが約2〜4 mmサイズとなるまで約8〜12日培養する（Y-27632ははじめの1週間ほど加えておく）．

❽ コロニーサイズが2〜4 mmとなったら，100 μLの0.5×TrypLE Selectで細胞を剥離し，細胞全量をiMatrix-511でコートした6ウェルプレートに継代する．24ウェルプレートで

はオーバーコンフルとなるので注意．

❾ 約7日後に細胞が6ウェルプレートでセミコンフルエントになったら細胞を剥がし，一部から凍結バイアルを作製し，一部をゲノムDNAの抽出に使用する．

❿ それぞれのクローンよりゲノムDNAを抽出し，前述のサンガーシークエンス反応をそれぞれのクローンに対して行う．

⓫ シークエンシング結果に基づいて，目的ゲノム編集クローンを選択する．この際可能であれば，ゲノム編集クローンを複数樹立しておく方がよい．

 トラブルへの対応

ここまでiPS細胞におけるゲノム編集のプロトコールについて解説した．以下には，想定される代表的なトラブルとそれに対する解決案を列挙する．

■ **Cas9/gRNAによるバルク細胞でのゲノム変異導入が確認できない**

まず，論文等で機能することが分かっているgRNAをコントロールとして使用することが重要である．コントロールのgRNAが機能するのに，設計したgRNAが機能しない場合には，IVT反応で用いた配列が間違っていないことをチェックする．稀に，標的ゲノム配列にSNPがある可能性を考慮し，gRNAの標的配列をサンガーシークエンスによって確認する．

ただし，注意してgRNAのデザインをしても，標的配列によっては切断活性が得られないこともある．Cas9-gRNAの切断は塩基配列以外にもエピゲノムの状態によっても左右されるため，その場合は他の場所にgRNAをデザインし直す必要がある．こうしたリスクを最小限とするため，はじめから2～3カ所にgRNAをデザインしておくことを推奨する．

また，gRNA標的配列のGC含量は高すぎても低すぎても切断活性が低下するという報告があるため[8)9)]，なるべくGC含量が40～60％になるようにgRNAをデザインすることが望ましい．また，"TTTTT"配列は転写終結シグナルであるため，標的配列からは避けた方が無難である．

コントロールのgRNAでも変異導入が確認できない場合，iPS細胞の状態およびRNP導入方法を再確認する．iPS細胞は未分化状態かつ適切に増殖している状態で最もゲノム編集効率が高い．RNP導入法は細胞に導入する前に，Cas9タンパク質とgRNAを最初にしっかりと混合することも重要である．Cas9タンパク質はgRNAと結合するまでは不安定だが，gRNAと結合した後は構造が安定化するためである．

■ **ICE/TIDEで解析できない，変異が検出されない**

ICEやTIDEはサンガーシークエンスの波形データからindelパターンを解析してくれるため便利である反面，シークエンス波形にはそれなりのクオリティが求められ，シークエンス結果のクオリティが低い場合は解析ができない．非特異的なPCR増幅産物が混入するとバックグラウンド波形の原因となるため，ゲノムから標的領域をPCRした後はアガロースゲル電気泳動を行い，目的の領域が特異的に増幅していることを確認した上で，ゲルから切り出し

精製することを勧める．また，シークエンスプライマーの位置が標的部位のすぐ近くにある場合もシークエンス解析ができないため，標的部位より100 bpほど離れた位置にシークエンスプライマーを設計する．GC含量の多い領域やリピート領域もシークエンス解析が難しいため，そのような領域の場合は，シークエンス反応を2ステップにしたり，あるいはプライマー位置を再検討する．

■相同組換えによる一塩基置換/挿入ができない

まずはCas9/gRNA複合体によるDNA二本鎖切断が起こらないと置換/挿入は効率よくできない．そのためまずは使用するgRNAの切断活性を確かめる．二本鎖切断誘導が十分であるにもかかわらず置換/挿入がうまくいっていない場合は，設計したssODNのホモロジーアーム部分の配列がゲノムDNAと一致しているか，ssODNの濃度が適切か，エレクトロポレーションの条件が適切か確認する．100 bpのssODNを4D-Nucleofectorで導入する場合，われわれの行った条件検討では6〜12 μg位が最適であり，それ以上でもそれ以下でも置換/挿入の効率が低下する．相同組換えはS期やG2期の細胞でしか起こらず，増殖が遅い細胞はG1期で休止している場合が多いため，対数増殖期のiPS細胞を使用することも重要である．また，ssODN合成の精製度も細胞導入効率や細胞の生存率に影響するため，HPLC精製など高純度の精製方法を試してみてもよい．

■トランスフェクション，サブクローン化した細胞の生存率が低い，分化してしまう，または増殖がみられない

トランスフェクション後の細胞がある程度（20〜80％程度）死ぬことはやむをえないが，問題はその後に細胞がリカバリーし，正常に増えるかである．トランスフェクション後に全く増えない，もしくは分化してしまう場合，トランスフェクション条件が強すぎることが考えられる．あるいは，コントロールのgRNAでは大丈夫だが，標的gRNAを導入した細胞で増殖停止や分化が起こる場合，細胞の生命機能維持にとって重要な遺伝子をゲノム編集の標的としている可能性が高い．複数の遺伝子を標的とするgRNAを検討した結果，標的遺伝子の問題であれば，発現誘導型のCRISPRシステム[10]やflox化など，他の手を考える必要があるかもしれない．一方で，サブクローン化した複数株の中で，一部の細胞株だけがうまく増えない，あるいは分化してしまう場合，トランスフェクションでダメージを受けた可能性があるため，無理にリカバリーさせようとするよりは，未分化を維持しているきれいなコロニーを形成している株に集中することを勧める．

実験結果

表では，細胞表面にHLAタンパク質を提示するために必要なB2M遺伝子およびCⅡTA遺伝子を同時に破壊した実験[3]のデータを抜粋し説明する．この実験では4D-Nucleofectorを使用して5 μgのCas9とB2M遺伝子を標的とするgRNA 0.625 μg，およびCⅡTA遺伝子を標的とするgRNA 0.625 μgを混合し，iPS細胞へトランスフェクションした．その後

表　実験例

欠失導入アレル数		標的①：CIITA遺伝子			樹立株数合計
		2アレル	1アレル	0アレル	
標的②：B2M遺伝子	2アレル	3株	9株	2株	14株
	1アレル	1株	2株	1株	4株
	0アレル	0株	0株	1株	1株
樹立株数合計		4株	11株	4株	19株

iPS細胞に，Cas9と，B2MとCIITAの両遺伝子を破壊するgRNAをNucleo-fectorで導入し，single cell sortingにてサブクローニング行い，取得したクローンをそれぞれ解析した結果である．今回は3クローン（15.8％）が両遺伝子で欠失挿入を確認し，そのうちの1クローンを最終的にB2MとCIITA両遺伝子の破壊クローンとして取得した．

サブクローニングとして，トランスフェクション後の細胞を3枚の24ウェルプレートにシングルセルソーティングを行い，細胞形態がきれいな19クローンのサンガーシークエンス解析を行った．そのうち3クローンはB2M，CIITAの両遺伝子の両アレルで欠失挿入を確認した（クローンリカバリー率：26％程）．さらにそのうちの1クローンはすべての変異がアウトオブフレームのため，このクローンをB2M，CIITA両遺伝子破壊クローンとして取得した．

おわりに

　　ここでは当研究室において最適化した，iPS細胞におけるゲノム編集プロトコールについて解説した．このプロトコールはあくまで一例であり，これ以外にもさまざまな方法や条件があるため，読者の研究室にある機器や試薬，細胞株に応じた方法を取り入れて，ES/iPS細胞における独自のゲノム編集研究を発展させていただけたら幸いである．

◆ 文献

1 ）Soldner F, et al：Cell, 175：615-632, 2018
2 ）Li HL, et al：Stem Cell Reports, 4：143-154, 2015
3 ）Xu H, et al：Cell Stem Cell, 24：566-578. e7, 2019
4 ）Hsiau T, et al：bioRxiv：doi：https://doi.org/10.1101/251082, 2018
5 ）Li HL, et al：Methods, 101：27-35, 2016
6 ）Hirosawa M, et al：Nucleic Acids Res, 45：e118, 2017
7 ）Richardson CD, et al：Nat Biotechnol, 34：339-344, 2016
8 ）Wang T, et al：Science, 343：80-84, 2014
9 ）Liu X, et al：Sci Rep, 6：19675, 2016
10）Ishida K, et al：Sci Rep, 8：310, 2018

Ⅱ 実践編

12 ヒトiPS細胞のAAVS1遺伝子座への遺伝子組込み

Suji Lee, 香川晴信, 松本智子, Fabian Oceguera-Yanez, Knut Woltjen

はじめに

ゲノム編集技術を用いた細胞の標識化や疾患表現型の治療によって個別化再生医療におけるiPS細胞の応用の可能性が広がることが期待されている．それに伴い，遺伝的背景の異なるiPS細胞株であっても再現性の高い遺伝子発現を実現可能な遺伝子導入方法を確立することが必要とされている．

遺伝子導入の方法としてウイルスやトランスポゾンを用いた場合，外来遺伝子はゲノム上の非特異的な位置に挿入され，その発現は挿入された周辺領域のエピゲノム変化による影響を受ける[1]．この問題を解決するためにわれわれはAAVS1（adeno-associated virus integration site 1）領域を標的とした外来遺伝子の導入方法を用いた[2]．AAVS1領域は19番染色体上のPPP1R12C遺伝子の1番目のイントロンに位置し，アデノ随伴ウイルスのゲノムが非常に高い割合で挿入される領域である[3]．また，AAVS1領域へのウイルスゲノムの挿入によって病原性が引き起こされないことや挿入された外来遺伝子の発現抑制が起こりにくいことから[4]，AAVS1領域はセーフ・ハーバーともよばれている．

われわれはGatewayクローニング法を用いることで任意の遺伝子をもつAAVS1領域のターゲティングベクターを容易に作製可能な手法を開発した．本稿ではこのターゲティングベクターとTALENまたはCRISPR-Cas9を用いることで目的遺伝子をAAVS1領域に挿入する方法とゲノム編集が成功した細胞を選択する手法を紹介する（図1）．

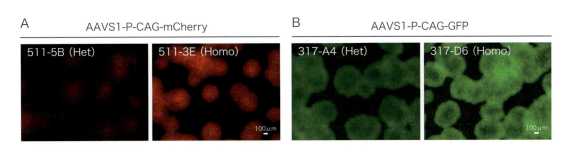

図1　AAVS1領域からの外来性蛍光タンパク質の発現
A) mCherry遺伝子が挿入されたヒトiPS細胞の蛍光発現．B) GFP遺伝子が挿入されたiPS細胞の蛍光発現．AAVS1の両アレルに外来遺伝子が挿入された（Homo）細胞が片アレルにだけ挿入された（Het）細胞より強い蛍光発現を示した．

準 備

1. プラスミドの作製

われわれの研究室では薬剤セレクションの種類が異なる複数のベクターを発表しており，Addgeneからも入手できる[2]．ここでは一例を紹介する．

☐ デスティネーションベクター：pAAVS1-Nst-CAG-DEST（Addgene，#80489）
☐ エントリークローン
☐ TEバッファー，pH 8.0（ニッポンジーン社，#310-90023）
☐ LR Clonase™ II 酵素ミックス（サーモフィッシャーサイエンティフィック社，#11791-020）
☐ Proteinase K（富士フイルム和光純薬社，#160-22752）
☐ Competent Quick DH5a（東洋紡社，#DNA-913）

2. iPS細胞へのエレクトロポレーション

☐ TALENプラスミド：pTALdNC-AAVS1_T1（Addgene，#80495），pTALdNC-AAVS1_T2（Addgene，#80496）
☐ CRISPRプラスミド：pXAT2（Addgene，#80494）
☐ Laminin（iMatrix-511）（ニッピ社，#892012）
☐ D-PBS（-）without Ca and Mg, liquid（ナカライテスク社，#14249-24）
☐ Accumax（Innovative Cell Technologies社，#AM105-500）
☐ Opti-MEM（サーモフィッシャーサイエンティフィック社，#31985-062）
☐ StemFit AK02N（味の素ヘルシーサプライ社）
☐ Y-27632（富士フイルム和光純薬社，#036-24023）
☐ NEPAキュベット電極セット2mm gap（ネッパジーン社，#EC-002S）
☐ NEPA21（ネッパジーン社）

3. 編集細胞のクローン化および継代

☐ G418 Sulfate（メルク社，#345812-50ML）
☐ StemFit AK02N（味の素ヘルシーサプライ社）
☐ Laminin（iMatrix-511）（ニッピ社，#892012）
☐ Y-27632（富士フイルム和光純薬社，#036-24023）
☐ 96-wellプレート（コーニング・インターナショナル社，#3596）
☐ 実体顕微鏡

完全版　ゲノム編集実験スタンダード

4. 編集細胞の評価

1) ゲノムDNAの抽出

Lysis Buffer

- ☐ 1 M Tris-HCl, pH 7.5 (ニッポンジーン社, #318-90225)
- ☐ 0.5 M EDTA, pH 8.0 (ニッポンジーン社, #311-90075)
- ☐ 塩化ナトリウム (NaCl) (ナカライテスク社, #31320-34)
- ☐ N-ラウロイルサルコシンナトリウム (Sarcosyl) (ナカライテスク社, #20117-12)
- ☐ Proteinase K (富士フイルム和光純薬社, #160-22752)

NaCl/Ethanol溶液

- ☐ 塩化ナトリウム (NaCl) (ナカライテスク社, #31320-34)
- ☐ Ethanol (99.5) (ナカライテスク社, #14712-05)
- ☐ TEバッファー, pH 8.0 (ニッポンジーン社, #310-90023)

2) PCRジェノタイピングおよびシークエンシング

①PCRジェノタイピング

- ☐ PCR酵素:PrimeSTAR® GXL DNA Polymerase (タカラバイオ社, #R050A)
- ☐ 5×PrimeSTAR GXL Buffer (タカラバイオ社, #R050A)
- ☐ dNTP Mixture (各2.5 mM) (タカラバイオ社, #R050A)

②シークエンシング

- ☐ ExoSAP-IT™ *Express* PCR Product Cleanup Reagent (サーモフィッシャーサイエンティフィック社, #75001.1. ML)
- ☐ BigDye v3.1 Terminator Cycle Sequencing Kit (サーモフィッシャーサイエンティフィック社, #4337456)

3) サザンブロッティング

①ゲノムDNAの抽出

Lysis Buffer

- ☐ 1 M Tris-HCl, pH 8.5 (ニッポンジーン社, #316-90405)
- ☐ 0.5 M EDTA, pH 8.0 (ニッポンジーン社, #311-90075)
- ☐ 塩化ナトリウム (NaCl) (ナカライテスク社, #31320-34)
- ☐ ラウリル硫酸ナトリウム (SDS) (ナカライテスク社, #08933-05)
- ☐ Proteinase K (富士フイルム和光純薬社, #160-22752)
- ☐ フェノール:クロロホルム:イソアミルアルコール (ナカライテスク社, #25970-14)
- ☐ Ethanol (99.5) (ナカライテスク社, #14712-05)

②プローブの作製

- ☐ TaKaRa Ex Taq（タカラバイオ社，#RR001A）
- ☐ 10×Ex Taq Buffer（タカラバイオ社，#RR001A）
- ☐ dNTP Mixture（タカラバイオ社，#RR001A）
- ☐ Agencourt AMPure XP（ベックマン・コールター社，#A63880）
- ☐ DIG DNA Labeling Mix（ロシュ・ダイアグノスティックス社，#11277065910）

③DNAの前処理および電気泳動

- ☐ 制限酵素

以下のほとんどの酵素は6塩基の認識配列をもち，切断効率が高い．6塩基認識の制限酵素の場合，理論上約4 kb（$4^6=4,096$）間隔で切断するため，サザンブロッティングにおけるゲノムDNAの前処理に適する．また，切断後外来遺伝子の挿入アレルと挿入されてないアレルで断片の長さが異なる酵素を選ぶ．

導入遺伝子の5′側の検出：AvrII, EcoRI, EcoRV, HindIII, NdeI, PvuII, SphI

導入遺伝子の3′側の検出：BamHI, BglII, EcoRI, EcoRV, NdeI, SphI

- ☐ 10×FastDigest Buffer（サーモフィッシャーサイエンティフィック社）
- ☐ BSA, Molecular Biology Grade（ニュー・イングランド・バイオラボ社，#B9000S）
- ☐ Spermidine（ナカライテスク社，#32108-91）
- ☐ RNase A（20 mg/mL）（サーモフィッシャーサイエンティフィック社，#12091-021）
- ☐ 臭化エチジウム溶液（ナカライテスク社，#14631-94）

━━━ **プロトコール** ━━━

1. プラスミドの作製（ドナープラスミド）（2〜3日間）

本実験ではGatewayクローニングシステムを用いてドナープラスミドを構築する．エントリークローンとしては目的遺伝子の断片が挿入されてあるプラスミドを使用する（図2）．エントリークローンの作製に関しては製品プロトコール（サーモフィッシャーサイエンティフィック社，#12536-017）を参考にしていただきたい．

❶ 100 ngのデスティネーションベクター（pDEST vector）と100 ngの目的の遺伝子のエントリークローン（pENTR vector）

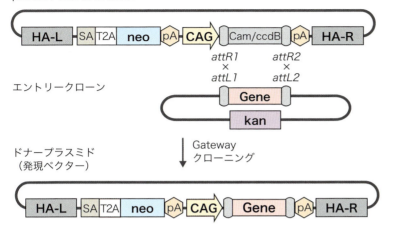

図2 Gatewayクローニングによるドナープラスミドの構成

を混合する．TEバッファー（pH 8.0）を用いて最終容量を8 μLに調節する．

❷ 2 μLのLR Clonase™ II 酵素ミックスを加え，室温で1時間インキュベーションする．

❸ 1 μLのProteinase K溶液を加える．37℃で10分間処理し反応を停止させる．

❹ 2 μLの反応液を用いて大腸菌（DH5a等）をトランスフォーメーションする．

❺ アンピシリン入りのLBプレートに播種し，プラスミドを抽出する．

2. iPS細胞へのエレクトロポレーション（2～3時間）

本プロトコールでは細胞への遺伝子導入に使われるヌクレアーゼとしてTALE NucleaseとCRISPR–Cas9 Nucleaseの両方を提案する．それぞれの効率に関しては論文を参考にしていただきたい[2]．

❶ 0.5 μg/cm^{2}のiMatrix–511で6 cmディッシュを37℃，1～24時間コーティングする．

❷ 作業の3～6時間前に遺伝子導入に使用する細胞の培地を交換する．

❸ ドナープラスミド3 μgとTALENプラスミド（pTALd-NC-AAVS1_T1/pTALdNC-AAVS1_T2）各1 μgを混合する．CRISPRプラスミドを用いる場合にはTALENプラスミドの代わ

りに CRISPR プラスミド（pXAT2）1 μg を使用する[*1].

❹ iPS 細胞を PBS で洗浄した後 Accumax を用いてシングルセルにし，1×10^6 細胞 /100 μL になるように Opti-MEM 中に調製する[*2].

❺ プラスミド混合液と細胞懸濁液を混合しエレクトロポレーションを行う．エレクトロポレーションの条件は以下の表である．

設定値											
Poring Pulse（Pp）						Transfer Pulse（Tp）					
電圧 (V)	パルス幅 (ms)	パルス間隔 (ms)	回数	減衰率 (%)	極性	電圧 (V)	パルス幅 (ms)	パルス間隔 (ms)	回数	減衰率 (%)	極性
125	5	50	2	10	＋	20	50	50	5	40	＋/－

❻ 1 mL の 10 μM Y-27632 含有 AK02N 培地に細胞を懸濁し，手順❶で準備した 3 枚の 6 cm ディッシュに 10 μM Y-27632 含有 AK02N 培地を加え，細胞を播種する（1×10^5, 3×10^5, 5×10^5 細胞 /dish）[*3].

❼ 37℃，5% CO_2 条件下で細胞培養を行う.

3. 編集細胞のクローン化および継代（3週間）

1）クローン化

❶ 48 時間後に G418 Sulfate（ネオマイシン）含有の AK02N 培地による培養を開始し，約 8 日間薬剤セレクションを行う[*4].

❷ 1 μg/cm² iMatrix-511 で 96-well プレートを 37℃，1～24 時間コートする.

❸ コロニーのピックアップに用いる細胞を観察し，クローン化に適した細胞に印をつける[*5*6].

❹ 細胞の培地を交換する.

❺ 実体顕微鏡で観察しながら P10 ピペットマンでコロニーをピックアップし，❷で準備した 96-well プレートに入れる.

❻ 手順❺をくり返して約 30 個のコロニーを拾う.

❼ 各 well のコロニーを P200 マルチピペットマンで小さな塊になるよう 5 回程度強めにピペッティングする.

❽ 37℃，5% CO_2 条件で細胞培養を行う.

❾ 48 時間後，培地を Y-27632 の含まれてない新しい培地に交換する.

[*1] 混合液の総量が 10 μL を超える場合には各プラスミドを濃縮する.

[*2] 細胞の回収を Opti-MEM 以外の培地を使って行う場合，1 mL の Opti-MEM で洗浄後，100 μL の Opti-MEM に再懸濁する.

[*3] 薬剤セレクションを用いる場合，ネガティブコントロールとして，エレクトロポレーションされてない細胞も 6 cm dish 1 枚に播種する．（3.5×10^5 細胞 /dish）

[*4] 細胞数が少ない場合にはセレクション後の細胞集団を低密度で播き直し，次の工程に移る．また，この操作により iPS 細胞クローンが異なる編集細胞を含むモザイクである確率を下げることが期待できる.

[*5] 直径 750～1,000 μm の，中心部や周辺部が分化してないコロニーを選ぶ.

[*6] 蛍光タンパク質を導入した場合，蛍光顕微鏡で細胞を観察し，発現が細胞間で均一なコロニーを選ぶ.

2) クローン化細胞の継代

❶ ピックアップされたコロニーを7〜9日間培養する．培養期間は細胞の増殖速度によって調整する．

❷ 1 μg/cm^2 のiMatrix-511で96-wellプレートを37℃，1〜24時間コーティングする．

❸ 継代する細胞の培地を除去し，100 μLのPBSで洗浄する．

❹ PBSを除去し，30 μLのAccumaxを加えよくなじませる．

❺ 37℃，5％CO_2インキュベーターで15〜30分間反応させる[*7]．

❻ 余分なAccumaxを希釈してとり除くため100 μLのPBSを静かに加えてからすぐに除去する．

❼ 100 μLの10 μM Y-27632含有AK02N培地を加え，マルチチャネルのピペットマンを用いてすぐにピペッティングし，細胞を懸濁する．

❽ 再接着を防ぐため細胞をiMatrix-511でコートされてない96-wellプレートに回収する．

❾ 手順❽の3分の1を手順❷で準備した96-wellプレートに播種する．

❿ 37℃，5％CO_2条件下で細胞培養を行う．

⓫ 48時間後，培地をY-27632を含まない新しい培地に交換する．

⓬ 7〜9日間培養した後，一つのプレートはゲノムDNA抽出に使用し，残りの二つのプレートは凍結保存する．

[*7] 反応時間は細胞株によって異なるため15分後から5分ごとに細胞を観察する．

4. 編集細胞の評価

1) ゲノムDNAの抽出（1〜2日間）

3.2） の96-wellプレートの細胞がコンフルエントな状態になってから，DNAの抽出を行う．

❶ Lysis Bufferを調製し，1 mg/mLになるようにProteinase Kを加える[*8]．

試薬	最終濃度	試薬量
1 M Tris-HCl pH 7.5	10 mM	1 mL
0.5 M EDTA pH 8.0	10 mM	2 mL
Sarcosyl	0.5 %	0.5 g
5 M NaCl	10 mM	0.2 mL
滅菌水		96.8 mL
合計		100 mL

❷ 96-wellプレートの各wellから培地を除去する．

❸ 100 μLのPBSを入れ洗浄する．2回くり返す．

[*8] Proteinase Kは使用する直前にLysis bufferに加えること．

❹ 50 μL の Proteinase K 含有 Lysis buffer を各 well に加えよくなじませる.

❺ プレート上部をプレートシールでしっかり密閉し，55℃で一晩置く.

❻ 翌日，プレートを軽く遠心後，100 μL の冷却した NaCl/Ethanol 溶液を加え*9，ボルテックスで混合する.

*9 実験ごとに新しく調製する.

NaCl/Ethanol 溶液の組成

5 M NaCl	150 μL
冷却 Ethanol	10 mL

❼ プレートを室温で30分から1時間静置する.

❽ 9,000×g で 10～15 分間遠心する.

❾ ペーパータオルの上にプレートを反転させ上層液を除く.

❿ 各 well に 200 μL の 70％ Ethanol を加え，10℃，9,000×g で5分間遠心する.

⓫ ペーパータオルの上にプレートを反転させ上層液を除く.

⓬ 手順❿～⓫を1回くり返す. Ethanol を完全に除くため，プレートを反転させたまま軽く遠心をかける.

⓭ 10～15 分間乾燥する*10.

*10 乾燥時間が長すぎると DNA を溶解する際に時間がかかる.

⓮ 25～100 μL の TE バッファー pH 8.0 を加え，4℃で一晩置く*11.

*11 細胞がコンフルエントだった場合は 100 μL の TE バッファーを，細胞が少なかった場合は 25 μL の TE バッファーを入れる.

2）PCR ジェノタイピングおよびシークエンシング（1～2日間）

① PCR ジェノタイピング

※プライマー

☐ dna803：5′-TCGACTTCCCCTCTTCCGATG-3′

☐ dna804：5′-GAGCCTAGGGCCGGGATTCTC-3′

☐ dna183：5′-CTCAGGTTCTGGGAGAGGGTAG-3′

☐ PCR 反応 #1（編集されたアレルを検出）：dna803＋dna804（1.2 kbp）

☐ PCR 反応 #2（編集されてないアレルを検出）：dna803＋dna183（1.4 kbp）

❶ 4℃で一晩置いたプレートを軽くボルテックスしてから，軽く遠心する.

❷ Nanodrop 等を用いてゲノム DNA の濃度を測る.

❸ マスターミックスを調製，混合し，96-well プレートの各 well に分注する.

試薬	1反応分（μL）
ゲノムDNA	1
5×PrimeSTAR GXL Buffer	5
dNTP Mixture（2.5 mM）	2
Primer1（10 μM）	0.5
Primer2（10 μM）	0.5
PrimeSTAR® GXL DNA Polymerase	0.25
滅菌水	15.75
合計	25.0

❹ マルチピペットを用いてゲノムDNAを各wellに混合する．

❺ 以下の条件でPCR反応を開始する

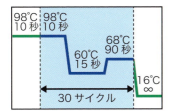

❻ 1％のアガロースゲルに10 μLのPCR溶液をアプライし，電気泳動を行いDNAバンドを確認する．

②シークエンシング

意図したゲノム編集以外の変異の有無を確認するため行う．

※シークエンス用オリゴ

☐ dna182：5′-CCCCTTACCTCTCTAGTCTGTGC-3′

❶ PCR反応#2で増幅されたPCR反応溶液9 μLに1 μLのExoSAP-IT™ *Express* PCR Product Cleanup Reagentを加え混合する．

❷ 以下の条件で反応させる．

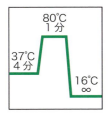

❸ 手順❷の産物1 μLにプライマーdna182を加え，BigDye v3.1 Terminator Cycle Sequencing Kitを用いてPCR反応を行う．

❹ 手順❸のサンプルをシークエンサーにかけ，塩基配列を確認する．

❺ SnapGene等塩基配列分析ソフトウェアを用いて，シークエンスのリファレンスゲノムとのアラインメントを行う．

3) サザンブロッティング（～5日）

本プロトコールではDigoxigenin（DIG）システムを用いたサザンブロッティング用のゲノムDNAの抽出，プローブ作製およびサザンブロッティングにおけるDNAの前処理，電気泳動の方法を紹介する．泳動後の詳細は，製品のプロトコール（ロシュ・ダイアグノスティックス社，#11277065910）を参考にしていただきたい．

①ゲノムDNAの抽出

サザンブロッティング用のゲノムDNAの抽出には6-wellプレートの各wellでコンフルエントな状態になるまで培養された細胞を用いる．

❶ Lysis Bufferを調製する．

試薬	最終濃度	試薬量
1 M Tris–HCl pH 8.5	100 mM	5 mL
0.5 M EDTA	5 mM	0.5 mL
10% SDS	0.2%	1 mL
5 M NaCl	200 mM	2 mL
滅菌水		41.5 mL
合計		50 mL

❷ 使用直前にLysis Bufferに1 mg/mLになるようにProteinase K（20 mg/mL）を入れ，混合する．

❸ プレートから培地を除去し，1.5 mLのPBSで洗浄を行う．

❹ 500 μLのLysis Bufferを各wellに加えてよくなじませる．

❺ 37℃で30分間置く．

❻ ライセートを1.5 mLチューブに回収する．この時，試料の粘性が高いため先端部の口径が広いピペットチップを使うのが望ましい．

❼ 55℃で一晩置く．

❽ 翌日，ライセートの入ったチューブを室温に戻す．

❾ ライセートと同量のフェノール/クロロホルム/イソアミルアルコール溶液を加える．

❿ ローテーターで5分間撹拌する．

⓫ 最高速度（16,000～20,000×g）で5分間遠心分離する．

⓬ 分離した上層（水層）を新しいチューブに回収する[*12]．

⓭ 20 μLの5 M NaCl溶液と1 mLの100% Ethanolをチューブに加える．

⓮ 白い糸のような沈殿物ができるまで完全に転倒混和する．

⓯ 最高速度で5分間遠心する．

[*12] 上層液は粘性が高いので先端部の口径が広いピペットチップを用いてゆっくりと回収すること．

⓰ 上層液を捨て，1 mLの70％ Ethanolでリンスする．

⓱ 最高速度で2分間遠心する．

⓲ ピペット等を使ってEthanolを除去する．

⓳ ペレットを軽く乾燥させる．

⓴ 25 μLのTEバッファー（pH 8.0）をペレットに加えて，一晩以上4℃で静置する．

②プローブの作製

〈PCR反応 #1〉

❶ 以下のように各試薬をよく混ぜる．テンプレートにはゲノムDNAの場合は50〜100 ngを使う．

試薬	試薬量（μL）
Template	1
10×Ex Taq Buffer	1.25
dNTPs	1
Primer F（10 μM）	0.5
Primer R（10 μM）	0.5
Ex Taq（5 units/μL）	0.125
滅菌水	8.125
合計	12.5

※プローブ作製用のオリゴ

☐ AAVS1 5′プローブ

　dna1668：5′-GACCTGCATTCTCTCCCCTG-3′

　dna1669：5′-CAAGAGGATGGAGAGGTGGC-3′

☐ AAVS1 3′プローブ

　dna1672：5′-GGGGGTTTTGCCGTGTCTAAC-3′

　dna1673：5′-TGGGAAACAGCCGTCAGC-3′

❷ 以下の条件でPCR反応を開始する．

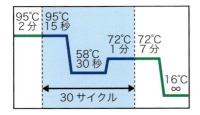

❸ PCR産物の一部を電気泳動させる．非特異的なバンドが検出された場合，温度などの条件を調整する．

❹ AMPure XP等のキットを用いて，PCR産物の精製を行う．

❺ 30 μLのTEバッファーに精製されたペレットを溶かし，濃度を測定する．

〈PCR反応#2〉

❶ PCR反応#1の産物をテンプレートとして，DIG DNA Labeling Mix（DIG-dNTP）を用いたPCR反応を行う．この時，コントロールとしてDIG標識されていないdNTPを用いた反応も同時に行う．

試薬	コントロール (dNTPs) [μL]	DIGプローブ (DIG-dNTP) [μL]
Template (5 pg)	1	4
10×Ex Taq Buffer	1.25	5
dNTPs/DIG-dNTP	1	4
Primer F (10 μM)	0.5	2
Primer R (10 μM)	0.5	2
Ex Taq (5 units/μL)	0.125	0.5
Water	8.125	32.5
合計	12.5	50

❷ 以下の条件でPCR反応を行う．

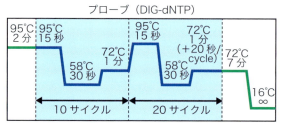

❸ PCR産物の一部を電気泳動してバンドを確認する．

❹ AMPure XP等のキットを用いて，PCR産物の精製を行う．

❺ 50 μLのTEバッファーに精製されたペレットを溶かしてから濃度を測定する．

　作製されたプローブはハイブリダイゼーションの工程で1 mLのハイブリダイゼーションバッファーに対して25〜50 ngの量を使う．

③ DNAの前処理および電気泳動

❶ マスターミックスを調製する．以下のテーブルは4サンプルに制限酵素を処理する場合の例である．

試薬	1回反応分 [μL]	4回反応分＋10％ [μL]
DNA	5.0	–
10×FastDigest buffer	3.0 (1×final)	13.2
BSA	0.3 (1×, 100 μg/mL final)	1.32
Spermidine (100 mM)	0.3 (1 mM final)	1.32
RNaseA (20 mg/mL)	0.15 (100 μg/mL final)	0.66
制限酵素 (5〜10 U/μL)	3.0	13.2
滅菌水	18.25	80.3
合計	30	110

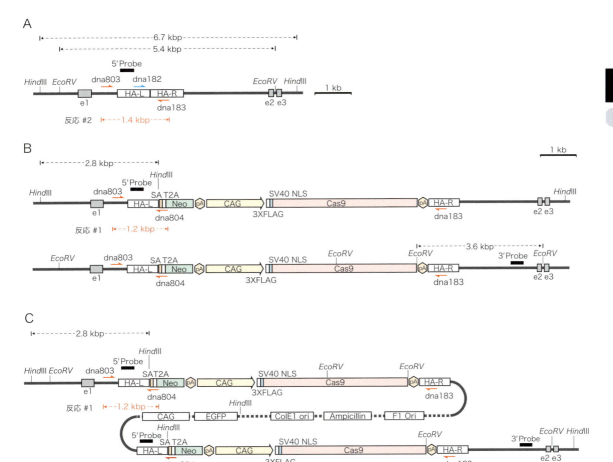

図3 遺伝子導入細胞の評価

A) 編集されていないAAVS1領域. B) CAG-Cas9遺伝子の挿入されたAAVS1領域. (上) 制限酵素HindⅢを用いたDNA前処理から得られる断片とそれに対するプローブ (5′Probe). (下) 制限酵素EcoRVを用いたDNA前処理から得られる断片とそれに対するプローブ (3′Probe). C) ドナープラスミドのバックボーンが挿入されたAAVS1領域. この場合, HindⅢの切断から生じた2.8 kbpと3.9 kbpの二つの断片が5′Probeによって検出される. 灰色のボックス: PPP1R12Cのエキソン領域, 白色のボックス: AAVS1領域のホモロジー領域, 黒色のボックス: 使用されるプローブ, HA-L, HA-R: ホモロジーアーム

❷ 25 μLのマスターミックスをチューブに分注する.

❸ 各チューブに5 μLのゲノムDNAを入れてよく混ぜる[*13].

❹ 37℃で一晩置く.

❺ 翌日, マーカーと制限酵素の処理されたDNAを0.8%アガロースゲルのそれぞれのレーンで電気泳動する. 電極間の距離が25 cmの場合, 100 Vで2時間半から3時間泳動する.

❻ 電気泳動の終了後, 臭化エチジウム溶液等でゲルを染色しバンドを確認する.

*13 多量のDNAを使って粘性が高いため, 濃度は測定しない.

トラブルへの対応

■ **PCRによるジェノタイピングだけを用いて遺伝子導入の評価を行う場合，ドナープラスミドのバックボーンの挿入を見分けることができない（図3のBとC）.**

サザンブロッティングを併用することによって，バックボーンの挿入をサイズの異なる断片によって判別できる．ただし，制限酵素やプローブの種類によっては各断片のサイズに差がなく判別しにくいこともあるので注意する．

実験例

CRISPR-Cas9を用いてCAG-Cas9遺伝子をヒトiPS細胞のAAVS1領域に導入し，ゲノム編集の評価を行った．外来遺伝子の導入後，細胞はネオマイシンによる薬剤セレクションとクローン化の過程を経て，最終的に24個のクローンを評価した．片アレルにだけ遺伝子が挿入されたクローン（ヘテロ）を得るため，PCR反応＃1およびPCR反応＃2で断片が検出されたクローンを分析の対象とした（図4A）．対象となったPCR反応＃2の産物を

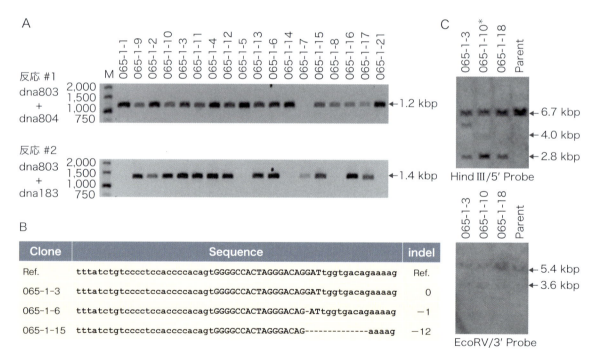

図4 遺伝子導入細胞の評価
A）PCRジェノタイピングの結果．PCR反応＃1は遺伝子導入されたアレルを検出して，PCR反応＃2はゲノム編集されてないアレルを検出する．M：1 kb DNA ladder．B）ヘテロクローンのゲノム編集されていないアレルのシークエンス分析．大文字はガイドRNAの配列を示している．Ref：NCBIのレファレンスシークエンス．C）（上）HindⅢで切断されたゲノムDNAの5′Probeを用いたサザンブロッティング．＊：バックボーンの挿入が疑われるクローン．（下）EcoRVで切断されたゲノムDNAの3′Probeを用いたサザンブロッティング．

シークエンス解析し，3クローンに変異が無いことを確認した（図4B）．この3個のクローンのゲノムDNAをさらにサザンブロッティングで解析した結果，クローン#3, #10からはバックボーンなどの目的の大きさ（図3A, B参照）とは異なるサイズのバンドが検出された（図4C）．一方で，クローン#8は検出されたバンドサイズから正しい遺伝子導入が確認された．本稿で提案されたプロトコールに基づいた実験から，CAG-Cas9遺伝子が片アレルだけに挿入された細胞を得ることができた．

おわりに

　本稿で紹介したAAVS1領域への外来遺伝子の導入技術はその容易さと導入遺伝子発現の再現性の高さから広範な活用が期待される．例えば，AAVS1領域にCAGプロモーターとともに蛍光タンパク質が挿入されたヒトiPS細胞の場合，分化誘導後も蛍光タンパク質の発現が継続される（図5）．GFPやRFP，LuciferaseなどのレポーraーニA遺伝子を挿入されたヒトiPS細胞は in vitro での分化実験[5]や動物モデルへの移植後のトラッキングに使用可能である．また，実験例で示したCas9遺伝子の挿入方法によって遺伝的背景が異なるiPS細胞株間においても同程度のCas9タンパク質の発現を期待できる．これらiPS細胞にguide RNAを導入することによって，異なるiPS細胞株間における表現型の比較検討や大規模な遺伝子ノックアウト解析を実現可能である．また，本稿で紹介したゲノム編集細胞の評価方法はAAVS1領域以外に遺伝子を挿入する際にも有用である．AAVS1領域以外に遺伝子を挿入する場合のドナープラスミド設計方法を実験医学[6]に記載しているので参考にしていただきたい．

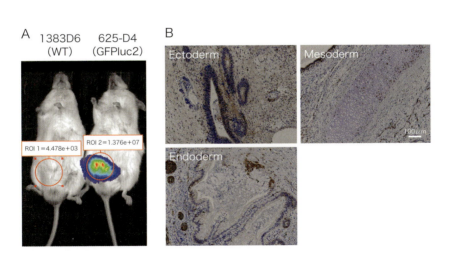

図5　GFP/Luciferase遺伝子挿入ヒトiPS細胞の奇形腫形成
AAVS1領域にGFPとLuciferase遺伝子が挿入されたヒトiPS細胞をマウスに注入して形成された奇形腫を観察した．A) *in vivo* 蛍光イメージングによるLuciferase発現奇形腫の検出．B) DAB結合抗体を用いた免疫組織化学染色反応によるGFPタンパク質の検出．

◆ 文献

1) Stocking C, et al：Growth Factors, 8：197-209, 1993
2) Oceguera-Yanez F, et al：Methods, 101：43-55, 2016
3) Kotin RM, et al：EMBO J, 11：5071-5078, 1992
4) Smith JR, et al：Stem Cells, 26：496-504, 2008
5) Chen X, et al：Tissue Eng Part A, 25：437-445, 2019
6) 香川晴信，他：実験医学，36：2777-2783,2018

Ⅱ 実践編

13 小型魚類でのゲノム編集

川原敦雄，星島一幸

はじめに

　ゼブラフィッシュやメダカなどの小型魚類は，これまで胚性幹（embryonic stem：ES）細胞が樹立されておらず，マウスで威力を発揮していたES細胞を基盤にした標的遺伝子の破壊が難しかった．最新のゲノム編集技術（TALEN，CRISPR–Cas9など）は標的ゲノム部位に効率よくDNA二本鎖切断を誘導できるので，そのゲノム修復の過程で生じる高頻度の挿入・欠失変異を利用することで簡便に標的遺伝子の破壊（ノックアウト）を行うことができるようになってきている[1]．このような逆遺伝学的解析では，構築したTALENやgRNA/Cas9のゲノム編集活性の評価や標的遺伝子が破壊された変異体アレルの同定を簡便に遂行する必要がある．われわれは，挿入・欠失変異を含む標的ゲノム部位（100～150 bp）をPCR法で増幅し，そのDNA断片をアクリルアミドゲルで分離するヘテロ二本鎖移動度分析（heteroduplex mobility assay：HMA）を開発した[2]．この手法は特殊な装置を必要とせず，安価かつ高精度で挿入・欠失変異を検出できるので，ゼブラフィッシュのゲノム編集技術による胚操作の項目で紹介する（図1）．

　ゼブラフィッシュでは，Tol2トランスポゾンのシステムを利用して外来遺伝子を非特異的にゲノムに組込むトランスジェニック系統の作製技術は開発されていたが[3]，外来遺伝子を標的ゲノム部位に自在に挿入することには成功しておらず，新たな発生工学技術の開発が望まれていた．最近，前述した標的ゲノム部位でのゲノム編集技術によるDNA二本鎖切断を基盤に，それに連動して機能する複数のゲノム修復機構をうまく活用することで外来遺伝子を部位特異的に挿入するノックイン法が開発されている．例えば，外来遺伝子（レポーター遺伝子）を含むベクターにCRISPR–Cas9に対する切断部位を付加しておくと，標的ゲノム部位が切断される際に非相同末端結合を介しレポーター遺伝子がある頻度で挿入されることが示された（図2）[4]～[6]．また，CRISPR–Cas9によるベクター切断部位の内部に標的ゲノム部位の5′側および3′側の短い相同配列（20～40 bp）を外来遺伝子の両側に付加した際には，エキソヌクレアーゼ活性によって剥き出しになったマイクロホモロジー配列（短い相補性：3～30 bpほど）が標的ゲノム部位とアニールすることで外来遺伝子がノックインされるマイクロホモロジー媒介性末端結合がある頻度で起こることが明らかとなった（図3）[7]．この手法は読み枠の予測が可能なノックイン法であるので標的分子と蛍光タンパク質とのキメラタンパク質を精巧にデザインすることができる（標的分子の動態

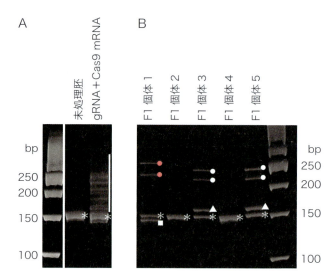

図1 ゼブラフィッシュF0胚におけるゲノム編集活性とF1個体における挿入・欠失変異
A）ゲノム編集ツールを注入したF0胚におけるゲノム編集活性．未処理胚の（＊）のバンドは野生型の標的ゲノム部位が増幅されたものである．gRNAとCas9 mRNAを注入した胚では，野生型（＊）のバンドが薄くなり，それより上部にスメアのバンド（白線の位置）が観察された．B）挿入・欠失変異が固定されたF1胚での変異体アレルの同定．F1個体に共通に存在する（＊）のバンドが野生型アレルである（F1個体2とF1個体4は野生型アレルのみ）．F1個体1は欠失変異（□）を，F1個体3およびF1個体5は挿入変異（△）をヘテロ型でもつ．●と○は野生型アレルと変異体アレルから構成されるヘテロ二本鎖である．

解析に応用可能)．さらに，挿入したい外来遺伝子の5′側および3′側に約1 kbpの相同配列を付加した組換えベクターを用いると，相同組換え（homologous recombination）機構により外来遺伝子を効率よくノックインできることが示された（図4)[8]．

つまり，外来遺伝子を標的ゲノム部位に挿入する際には，どのようなゲノム修復機構を利用するかで，あらかじめベクターの構築を工夫する必要がある．また，ゲノム編集の際にベクターも同時にゲノム編集ツールで切断を受けるように細工することで挿入効率が上がることが知られている[9]．本稿では，それぞれのノックイン法に関して解説する．

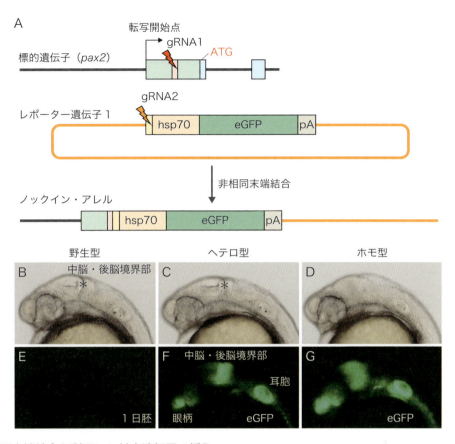

図2 非相同末端結合を利用した外来遺伝子の挿入

A) pax2遺伝子のゲノム構造とベクターの構造．pax2遺伝子の開始コドン付近の5′非翻訳領域にgRNA1の標的部位を設計した．レポーター遺伝子は，gRNA2標的配列，hsp70プロモーター領域，eGFP遺伝子とpolyA付加シグナルをもっている．このhsp70プロモーター領域によりpax2遺伝子座のエンハンサー活性を受容することが期待された．B～G) pax2遺伝子発現領域におけるeGFPの発現と中脳・後脳境界部の構造．(B, E) 野生型胚：中脳・後脳境界部（＊）は観察されるが，eGFPの発現は認められない．(C, F) ヘテロ胚（1アレルのみレポーター遺伝子をもつ）：中脳・後脳境界部（＊）が正常に観察され，eGFPの発現はpax2遺伝子が発現している眼柄，中脳・後脳境界部と耳胞に認められた．(D, G) ホモ胚（両アレルにレポーター遺伝子をもつ）：既知のpax2変異体の表現型と同様に中脳・後脳境界部の欠損が観察された．眼柄と耳胞におけるeGFPの発現は野生型と同様に認められたが，中脳・後脳領域ではeGFPの発現が前方に拡大していることが観察された（B～Gは文献6より転載）．

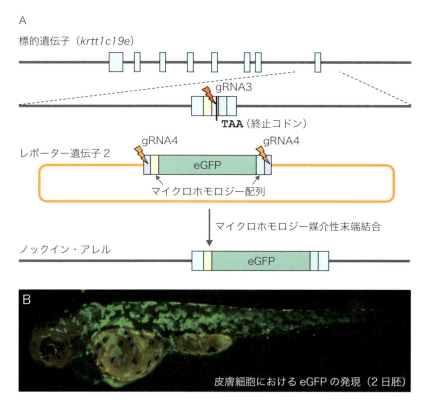

図3 マイクロホモロジー媒介性末端結合を利用した外来遺伝子の挿入
A）ケラチン遺伝子（*krtt1c19e*）のゲノム構造とベクターの構造．eGFP遺伝子の前後に標的ゲノム部位の5′側および3′側の配列（20〜40 bp）がマイクロホモロジー配列として付加されている．gRNA3は標的ゲノム部位を，gRNA4はベクター（マイクロホモロジー配列の両側）を認識する．gRNA3とgRNA4をCas9 mRNAと一緒に1細胞期の受精卵に注入した．B）表皮細胞におけるケラチン-eGFPキメラタンパク質の発現．2日胚の表皮細胞において，ケラチン-eGFPキメラタンパク質がモザイク状に発現されていることが確認できた（Bは文献7より転載）．

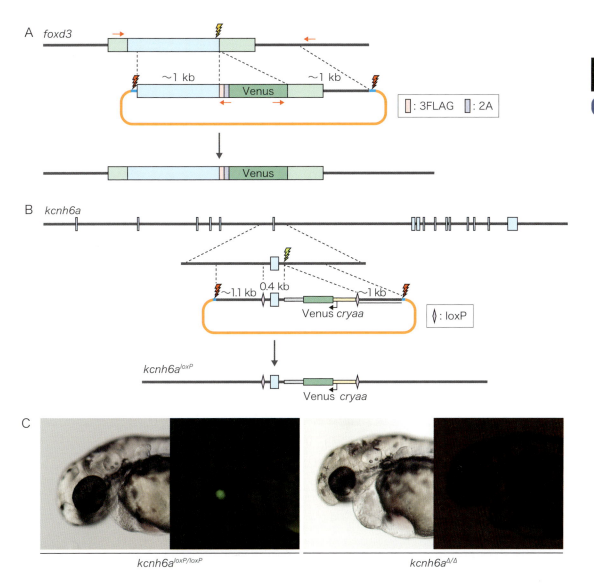

図4 相同組換えを利用した外来遺伝子の挿入

相同組換えベクターを工夫することで，ゼブラフィッシュゲノム上の任意の標的部位に 1 塩基置換から 2 kbp を超える外来遺伝子配列の挿入を行うことができる．ここでは 2 つの例をあげる．A) foxd3 遺伝子のゲノム構造と相同組換えベクターの構造．foxd3 遺伝子の終止コドン 15 bp 上流を切断するように gRNA の標的配列を設定している．組換えベクターは 3FLAG-2A-Venus 配列とその両端に約 1 kbp の相同配列を付加して構築している．組換え配列の両端にキイロショウジョウバエ由来の y_gRNA の標的部位と I-SceI の認識配列（青線）が挿入されており，ゼブラフィッシュの胚細胞内で組換え配列をプラスミドより切り出すことができる（図5A）．作製される組換えアレルでは foxd3 遺伝子産物に 3FLAG が付加されるほか，foxd3 遺伝子の発現に合わせて Venus 遺伝子が発現することになる．B) kcnh6a 遺伝子のゲノム構造と相同組換えベクターの構造．組換えベクターには kcnh6a 遺伝子の第 6 エキソンの前後に loxP 配列を挿入してあり，さらに下流の loxP 配列に隣接してレンズ特異的に発現するレポーター遺伝子（cryaa : Venus）を挿入してある．上流の loxP 配列の 5′ 側，下流の loxP 配列の 3′ 側にはそれぞれ約 1.1 kbp と約 1 kbp の相同配列を付加した．また組換え配列の両端には y_gRNA の標的配列と I-SceI の認識配列を設けてある（青線）．C) kcnh6a 遺伝子の conditional 変異アレルを用いた機能喪失変異体（loss-of-function mutant）の作製．相同組換えで作製した conditional 変異アレルのホモ個体の 2 日目胚（kcnh6a$^{loxP/loxP}$：左）では心臓は正常に機能し，レンズで Venus 遺伝子の発現がみられる．cre mRNA をインジェクションしたホモ個体の 2 日目胚（kcnh6a$^{Δ/Δ}$：右）では kcnh6a 遺伝子の機能が喪失するため心臓が正常に機能せず，心嚢浮腫が生じる．またレンズでの Venus 遺伝子の発現は消失する（C は文献 8 より転載）．

準　備

1. 試薬

- □ mMESSAGE mMACHINE SP6 Transcription Kit（サーモフィッシャーサイエンティフィック社）
- □ MAXIscript T7 Transcription Kit（サーモフィッシャーサイエンティフィック社）
- □ PD SpinTrap G-25（メルク社）
- □ サンプル液（2×）
  0.5 % phenol red, 240 mM KCl, 40 mM HEPES（pH 7.4）
- □ GD-1 ガラス管（ナリシゲ社）
- □ 12.5 % ポリアクリルアミドゲル
- □ GeneRuler 50 bp DNA Laddar（サーモフィッシャーサイエンティフィック社）
- □ pGEM-T Easy Vector Systems（プロメガ社）
- □ NEBuilder® HiFi DNA Assembly Master Mix（ニュー・イングランド・バイオラボ社）
- □ KAPA HiFi™ Hot Start Ready Mix（2×）（KAPA Biosystems社）
- □ プラスミド（Addgeneから入手可能）
  DR274（ID：42250），pCS2+hSpCas9（ID：51815）
  pKHR4（ID：74592），pKHR5（ID：74593）

2. 機器類

- □ PCR装置GeneAmp 2700（サーモフィッシャーサイエンティフィック社）
- □ 電気泳動装置EasySeparator（富士フイルム和光純薬社）
- □ プーラー　PC-10（ナリシゲ社）
- □ 電動マイクロインジェクター　IM-300（ナリシゲ社）
- □ マイクロマニピュレーター　MMN-8（ナリシゲ社）

プロトコール

1. gRNAとCas9ヌクレアーゼmRNAの合成

　　CRISPR–Cas9の標的部位は，以下のWebサイトを利用してデザインしている（CRISPRdirect：https://crispr.dbcls.jp, CRISPR design：http://crispor.tefor.net）．認識配列を保有する相補的なオリゴDNAをアニールした後，gRNAエントリーベクター（DR274）

へ挿入する．gRNA は，MAXIscript T7 Transcription Kit（サーモフィッシャーサイエンティフィック社）のプロトコールに従い調製する．Cas9 mRNA は pCS2+hSpCas9（Addgene：51815）を用いmMESSAGE mMACHINE SP6 Transcription Kit（サーモフィッシャーサイエンティフィック社）のプロトコールに従って合成する[2]．

2. ベクターの作製

❶ 非相同末端結合に適したベクターの作製：ベクター内に gRNA2 に対する標的配列，hsp70 プロモーター領域（挿入部位周辺のエンハンサー活性を受容できる），eGFP 遺伝子と poly A 付加シグナルを導入する[6]．

❷ マイクロホモロジー媒介性末端結合に適したベクターの作製：eGFP 遺伝子の前後に標的ゲノム（ケラチン遺伝子）の切断部位の前後の配列（20〜40 bp）を付加する（ケラチンと eGFP のキメラタンパク質となるように読み枠を合わせる）．これらの前後に gRNA4 の標的配列をもつベクターを構築する[7]．

❸ 相同組換えベクターの作製：相同組換えベクターは NEBuilder HiFi DNA Assembly Master Mix を用いると比較的簡単に作製できる．挿入したい外来遺伝子配列とその 5′ 側と 3′ 側の相同配列の DNA 断片をそれぞれ PCR 増幅で調製し，ベクター DNA 断片を加えて単一反応で 1 つのプラスミドに連結できる（図 5）．調製する DNA 断片は隣接する DNA 断片と互いに 20〜25 bp ほど重なり合うように PCR プライマーを設計する．外来遺伝子の読み枠を標的遺伝子に合わせる場合，これも考慮してプライマーを設計する必要がある．pKHR4 と pKHR5 は組換えベクター作製用のベクタープラスミドであり，組換え配列の外側にキイロショウジョウバエ由来の y_gRNA 標的配列と I-SceI の認識配列（図 4, 5：青線）を設けることができる．

（例 1）3FLAG エピトープ配列と 2A 配列を介して Venus 遺伝子を結合した 3FLAG-2A-Venus 配列を foxd3 遺伝子の終止コドン直前に挿入する組換えベクターの作製（図 5A）．

　3FLAG-2A-Venus 断片の前後に付加する相同配列はゼブラフィッシュの Genomic DNA より KAPA HiFi™ Hot Start Ready Mix（2×）（KAPA Biosystems 社）を用いて調製する．3FLAG-2A-Venus 断片もこれをコードするプラスミドより PCR 増幅して調製する．pKHR4 ベクタープラスミド断片は NotI と XhoI で切断して調製し，NEBuilder HiFi DNA Assembly Master Mix を用いて

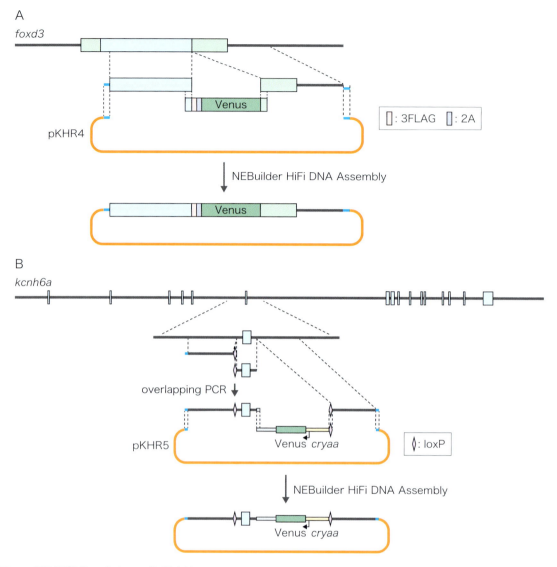

図5 相同組換えベクターの作製方法

相同組換えベクターの作製にはNEBuilder HiFi DNA Assembly Master Mixを用いるとよい．A）foxd3遺伝子を標的にした組換えベクターの作製例．foxd3遺伝子の終止コドン直前に3FLAG-2A-Venus遺伝子配列を挿入するための組換えベクターの作製方法を示す．3FLAG-2A-Venus遺伝子配列のDNA断片，5′側と3′側の相同配列のDNA断片，およびpKHR4ベクタープラスミド断片は隣接する断片と互いに重なり合う部分をもつ．図中には示されていないが，5′側の相同配列の3′末端にはsynonymous変異を入れ，gRNAの標的部位を破壊してある．B）kcnh6a遺伝子を標的にした組換えベクターの作製例．kcnh6a遺伝子の第6エキソンの前後にloxP配列を挿入する組換えベクターの作製方法を示す．この組換えベクターではloxP配列に加え，レンズ特異的に発現するVenus遺伝子（cryaa：Venus）を第6イントロンに挿入してある．pKHR5ベクタープラスミドにはcryaa：Venus遺伝子をコードしており，NotI/EcoRI/EcoRV/XhoIで切断した後，cryaa：Venus遺伝子の前後に5′側と3′側の相同配列をそれぞれ挿入すればよい．5′側の相同配列にはloxP配列を挿入する必要があり，これはOverlapping PCRで挿入する．

5′側の相同配列断片，3FLAG–2A–Venus断片，および3′側の相同配列断片と連結させる．

（例2）*kcnh6a*遺伝子の第6エキソンの前後にloxP配列を挿入する組換えベクターの作製（図5B）．

相同配列は前述と同様に隣接するDNA断片と25 bpほど重複するように調製するが，5′側のloxP配列を含む相同配列断片はloxP配列を末端にもつ2つのDNA断片をまず作製し，Overlapping PCRを用いて調製する[10]．pKHR5ベクタープラスミドは1つのloxP配列に隣接してレンズ特異的にVenus遺伝子を発現するレポーター遺伝子（cryaa：Venus）をコードしており，これをNotI，EcoRI，EcoRVおよびXhoIで切断し，5′側と3′側の相同配列断片とともにNEBuilder HiFi DNA Assembly Master Mixを用いて連結させる．

3. 受精卵へのインジェクション

❶ ゲノム編集ツールの調製：gRNAは12.5 ng/ μL，ベクターは25 ng/ μL，Cas9 mRNAは250 ng/ μLとなるようにサンプル液を用いて調製する．

❷ インジェクションに用いるキャピラリーは，PC–10（ナリシゲ社）を用いGD–1ガラス管（ナリシゲ社）から作製する．ゲノム編集ツールをキャピラリーに充填後，マイクロマニピュレーターを用いゼブラフィッシュ受精卵（1細胞期）に1 nLずつ注入する．

4. ヘテロ二本鎖移動度分析を用いたゲノム編集活性の評価

ゲノム編集ツールを注入したF0胚におけるゲノム編集活性の評価にはヘテロ二本鎖移動度分析（heteroduplex mobility assay：HMA）を用いる．

❶ ゲノム編集ツールで形成されるDNA二本鎖切断部位を跨ぐように約90〜150 bpのPCR産物を産生するHMA用プライマーを設計する．

❷ TALEN mRNAあるいはgRNA＋Cas9 mRNAを注入したゼブラフィッシュF0 1日胚に108 μL 50 mM NaOHを加え98℃，10分間インキュベーションした後に，12 μL 1 M Tris–HCl（pH 8.0）に加えゲノムDNAを調製する．ゲノムDNA（1 μL）を用い，前述のHMA用プライマーを用いPCRを行う．

❸ PCR産物を12.5％ポリアクリルアミドゲルによる電気泳動で分離する（10 mA，100分間）．

5. ヘテロ二本鎖移動度分析を用いた変異体アレルの同定

ヘテロ二本鎖移動度分析を変異体アレルの同定に用いる.

❶ F1ゼブラフィッシュをトリカイン処理により麻酔し, 尾びれを片刃カミソリを用いて切断する. 採取した尾びれに108 μL 50 mM NaOHを加え98℃, 10分間インキュベーションした後に, 12 μL 1 M Tris–HCl (pH 8.0) に加える. このゲノムDNA (1 μL) を前述のHMA用プライマーを用いPCRを行う.

❷ PCR産物を前述と同様に12.5％ポリアクリルアミドゲルによる電気泳動で分離する (10 mA, 100分間). 変異体アレルをヘテロ型でもつゲノムDNAからはヘテロ二本鎖DNAが検出される.

❸ ヘテロ二本鎖DNAが検出された場合, TAクローニングを行い, シークエンシングによりフレームシフトを引き起こすなど有意な変異であることを確認する.

6. ノックイン・アレルの同定

ノックインされる外来遺伝子 (レポーター遺伝子) に蛍光タンパク質が組込まれている場合, ベクターとTALEN mRNAあるいはベクターとgRNA＋Cas9 mRNAを注入したF0胚において蛍光タンパク質の発現による評価が可能であり, また, PCR法により外来遺伝子の標的ゲノム部位への挿入を確認できる.

❶ 蛍光タンパク質遺伝子を含むベクターとゲノム編集ツールを注入したゼブラフィッシュF0胚を蛍光実体顕微鏡で観察し, 標的遺伝子の発現部位において蛍光タンパク質を発現する細胞が存在するかでノックインを評価できる.

❷ 前述のF0胚に108 μL 50 mM NaOHを加え98℃, 10分間インキュベーションした後に, 12 μL 1 M Tris–HCl (pH 8.0) に加えゲノムDNAを調製する. ゲノムDNA (1 μL) を用い, 前述のHMA用プライマーと外来遺伝子を標的とするプライマーを用いPCRを行う. 1％アガロースゲル電気泳動を行うことで目的の外来遺伝子の挿入を確認できる.

230 　完全版　ゲノム編集実験スタンダード

⚠ トラブルへの対応

■組換え体が得られない.

組換え体が得られない理由としては大きく分けて2つの原因が考えられる.

①組換えベクターをインジェクションしたゼブラフィッシュ胚で組換え反応がほとんど起きていない,あるいは非常に限られている.

②組換えベクターをインジェクションしたゼブラフィッシュ胚で組換え反応は起きているが,成体が育たない.

組換えベクターをインジェクションしたゼブラフィッシュ胚で実際に組換え反応が起きていることを確認することは必須である.組換えベクターをgRNAとCas9 mRNAとともにインジェクションした後,個々の2日目胚よりゲノムDNAを抽出し,組換えアレルに特異的なPCRプライマー(図4A,赤矢印)を用いて組換え反応の有無を調べた場合,ほとんどの胚で組換え反応が検出されるはずである.組換え反応が検出できない場合,以下の原因が考えられる.

・標的遺伝子ゲノムの切断効率が低い.

組換え反応は標的ゲノムの切断に大きく依存する.できるだけ切断効率の高いgRNAを使うべきである.なおゼブラフィッシュ胚ではgRNAはCas9 mRNAとともにインジェクションした方がCas9タンパク質とのRNP complexを用いるより,組換え効率が高い.

・相同配列が標的ゲノムの塩基配列に一致していない.

外来遺伝子の両端に付加する相同配列は標的ゲノムの塩基配列にほぼ完全に一致させる必要がある.わずか2%程度の相違でさえ組換え効率に影響を与えることがわかっている.1 kbpに及ぶ相同配列の多くはイントロン,あるいは遺伝子間配列を含むことになるが,これらの領域ではゼブラフィッシュの系統間のみならず個体間でも塩基配列の差異が激しい.相同配列のDNA断片はインジェクションに用いるゼブラフィッシュ個体,あるいはその系統から調製すべきである.組換えベクターの作製に合わせて相同配列と一致するゲノムをもつゼブラフィッシュ個体をRFLP等で選別しておくことが望ましい.

・PCRプライマーの設定に問題がある.

組換え反応の検出には相同配列の外側のゲノムに貼り付くPCRプライマーを用意する必要があるが,適切にプライマーを設定しないと組換え反応はうまく検出できない.プライマーはトランスポゾン様配列などのくり返し配列領域を避ける必要がある.またNaOHを使った簡便な方法で抽出したゲノムDNAをPCRに用いる場合,増幅されるDNA断片は1.3 kbp以下にすべきである.したがって相同配列は1.2 kbp以下にした方が望ましく,プライマーの設定領域の条件によっては1 kbp以下にしてもよい(ただし500 bp以上).

組換えベクターによっては組換えアレルに特異的なPCRだけでなく,挿入するレポーター遺伝子の発現でも組換え反応を評価できる.この場合レポーター遺伝子の発現がより強い胚を集めて成体に育て,組換え体の同定を行う.ただし,レポーター遺伝子にプロモーター配列が結合している場合,組換え反応の評価には慎重を要する.すなわちcryaa:Venusのようなレポーター構造(図4B)や5′側の相同配列にプロモーター配列が含まれている組換えベクターでは標的部位だけでなく他のゲノム領域に非特異的に組込まれてもレポーター遺伝

子の発現がみられるので，組換え反応を検出していることにはならないからである．

　組換えベクターをインジェクションしたゼブラフィッシュ胚が成体まで育たない場合，gRNA/Cas9による標的遺伝子の破壊が原因と考えられる．組換え反応には標的ゲノムの切断が不可欠であり，できるだけ切断効率の高いgRNAを用いることが望ましい．しかしながら，どれほど活性の高いgRNAを用いても組換え効率はNHEJによる単純な挿入・欠失変異効率には及ばず，結果的に個々のゼブラフィッシュ胚で組換えアレルをもつ胚細胞は一握りであり，残りの大部分の胚細胞は挿入・欠失変異をもつことになる．gRNAが生存に必須な遺伝子のコード領域を切断する場合，挿入・欠失変異によって多くの胚細胞で標的遺伝子の機能が喪失するため，胚が育たないことになってしまう．これを回避するためには，以下の方法が考えられる．

・インジェクションするgRNA量を減らし，標的遺伝子の破壊を抑える（ただし，組換え効率も低下することは避けられない）．
・イントロンなどゲノムの切断が遺伝子破壊を引き起こさない領域にgRNAの標的配列を設定する．

　1 kbpほどの相同配列をもつ組換えベクターの場合，ゲノムの切断部位は外来遺伝子の挿入部位から150 bpほど離れていても組換え効率にほとんど影響を与えないので，イントロン領域や3'UTRにgRNAの標的配列を設定することができる．ただし，組換えベクター上のgRNAの標的配列には変異を入れておく必要がある．

実験例

1. ゲノム編集を行ったF0胚でのゲノム編集活性の評価とF1胚における変異体アレルの同定

　図1Aは，gRNAとCas9 mRNAを注入したゼブラフィッシュF0胚でのゲノム編集活性を評価している．未処理胚では，約150 bpの野生型のバンド（＊）のみが観察される．ゲノム編集ツールを注入したF0胚では，野生型のバンド（＊）が薄くなり，その上部にスメアのバンド（白線の位置）が観察された．このスメアのバンドはさまざまな挿入・欠失変異を含むヘテロ二本鎖であることを確認している[2]．

　図1Bは，ゲノム編集により固定されたF1胚での挿入・欠失変異の例である．F1個体に共通に存在する（＊）のバンドが野生型のアレルである（F1個体2とF1個体4は野生型アレルのみ）．F1個体1は欠失変異（□）を，F1個体3とF1個体5は挿入変異（△）をヘテロ型でもつ．丸で示した2つのバンドは，野生型アレルと変異体アレルから構成されるヘテロ二本鎖であることを確認している．

2. 非相同末端結合を利用した外来遺伝子の挿入

図2Aは，標的遺伝子である*pax2*遺伝子のゲノム構造とベクターの構造を示している．*pax2*遺伝子のATG開始コドン付近の5′非翻訳領域にgRNA1の標的部位を設計した．レポーター遺伝子1としてgRNA2標的配列，hsp70プロモーター領域，eGFP遺伝子とpoly A付加シグナルを接続した．

図2B〜Gは，非相同末端結合で挿入されたノックイン系統の表現型解析の結果を示している．野生型は，中脳・後脳境界部（＊）が観察されるが，ノックイン・アレルをもたないためeGFPの発現は認められない．ヘテロ型は野生型アレルとノックイン・アレルを一つずつもち，中脳・後脳境界部は正常に観察され，eGFPが*pax2*遺伝子の発現ドメインである眼柄，中脳・後脳境界部と耳胞に発現していた．ホモ型は両アレルともノックイン・アレルなので，*pax2*遺伝子破壊変異体と同様に中脳・後脳境界の欠損の表現型を示した．つまり，レポーター遺伝子を標的遺伝子の開始コドン付近にノックインすることにより，ヘテロ型では標的遺伝子の発現動態解析が可能となり，ホモ型では標的遺伝子の機能欠損の表現型解析を遂行できる．

3. マイクロホモロジー媒介性末端結合を利用した外来遺伝子の挿入

図3Aは，標的遺伝子であるケラチン遺伝子（*krtt1c19e*）のゲノム構造とベクターの構造を示している．ケラチン遺伝子のTAA終始コドン直前にgRNA3の標的部位を設計した．レポーター遺伝子2としてgRNA4標的配列，5′側の相同配列（標的ゲノム切断部位），eGFP遺伝子，3′側の相同配列（標的ゲノム切断部位）とgRNA4標的配列を接続した．

図3Bは，上記のゲノム編集ツールを注入したF0胚の表皮細胞でのケラチン–eGFPキメラタンパク質の発現を示している．この胚からゲノムDNAを調整しノックイン・アレルの塩基配列を調べた結果，マイクロホモロジー配列を利用して精巧に挿入されていることが明らかとなった．

4. 相同組換えを利用した外来遺伝子の挿入

図4Aは，*foxd3*遺伝子のゲノム構造と組換えベクターの構造を示している．組換えベクター上の外来遺伝子は3FLAGエピトープ配列と2A配列を介してVenus遺伝子を結合した3FLAG–2A_Venus配列となっており，これを終止コドン直前に読み枠を合わせて挿入するように組換えベクターを構築している．組換えベクターは，*foxd3*遺伝子の終止コドンのすぐ上流を切断するgRNA（*foxd3*_gRNA），組換え配列の両端を切断するy_gRNAとCas9 mRNAとともにゼブラフィッシュ胚にインジェクションし，組換え反応の有無はVenus遺伝子の発現，および組換えアレルに特異的なPCRによって判定した．作製される組換え体ではFoxD3遺伝子産物は3FLAGで標識されるとともに*foxd3*遺伝子を発現する細胞が蛍光標識される．

図4Bは，*kcnh6a*遺伝子のゲノム構造と組換えベクターの構造を示している．*kcnh6a*遺伝子は心臓に特異的なカリウムチャネルをコードする遺伝子であり，心臓の機能に必須の遺伝子である．組換えベクターはconditional変異体を作製するように構築されており，第

6エキソンの前後にloxP配列が挿入されていることに加え，レンズ特異的に発現するVenus遺伝子（cryaa：Venus）が第6イントロンに挿入された構造となっている．このcryaa：Venus配列はCre recombinaseによって第6エキソンとともに切り出される．組換えベクターは第6イントロンを切断するTALEN mRNAとともにゼブラフィッシュ胚にマクロインジェクションし，組換え体を作製した．

図4Cは，$kcnh6a$遺伝子のconditional変異アレルを用いた機能喪失変異体（loss-of-function mutant）の作製を示している．$kcnh6a$遺伝子のconditional変異アレルのホモ個体（$kcnh6a^{loxP/loxP}$）では心臓の機能は正常であり，加えてレンズにVenus遺伝子の発現がみられる．このホモ個体にcre mRNAをインジェクションするとloxP配列間で組換えが起こり，第6エキソンが欠失するため$kcnh6a$遺伝子の機能は失われ，心臓の機能は異常となって心嚢浮腫（percardiac edema）が生じる．またVenus遺伝子の発現も消失する（$kcnh6a^{\Delta/\Delta}$）．

おわりに

現在，本稿で紹介したゲノム編集技術が未解析遺伝子の$in\ vivo$での生理機能の解明に爆発的に利用されており，新しい形態形成の作動原理が明らかにされてきている[11]．さらに，外来遺伝子の効率的なノックイン法の開発により[8]，ヒト疾患と同様の変異をゼブラフィッシュの相同遺伝子に導入することやヒト疾患遺伝子をまるごとゼブラフィッシュの相同遺伝子と置換することが可能となってきており，ヒト遺伝性疾患の病態と酷似した表現型を示す疾患モデル生物が次々に樹立されるであろう．ゼブラフィッシュの卵（直径1mmほど）は低分子化合物を用いたケミカル・スクリーニングにも適しているので，疾患モデル生物の表現型の抑制を指標にすることで治療薬候補の探索に応用が可能である．今後，小型魚類疾患モデル生物を用いたケミカル・スクリーニングからヒト遺伝性疾患に対する新規治療薬が開発されることを期待したい．

◆ 文献
1） Hisano Y, et al：Dev Growth Differ, 56：26–33, 2014
2） Ota S, et al：Genes Cells, 18：450–458, 2013
3） Kawakami K, et al：Dev Cell, 7：133–144, 2004
4） Auer TO, et al：Genome Res, 24：142–153, 2014
5） Kimura Y, et al：Sci Rep, 4：6545, 2014
6） Ota S, et al：Sci Rep, 6：34991, 2016
7） Hisano Y, et al：Sci Rep, 5：8841, 2015
8） Hoshijima K, et al：Dev Cell, 36：654–667, 2016
9） Irion U, et al：Development, 141：4827–4830, 2014
10） Hoshijima K, et al：Methods Cell Biol, 135：121–147, 2016
11） Pauli A, et al：Science, 343：1248636, 2014

Ⅱ 実践編

14 Crispant：両生類における遺伝子機能解析

鈴木賢一，鈴木美有紀，林　利憲

はじめに

　次世代シークエンサー（NGS）とゲノム編集技術の登場により，基礎生物学研究は大きな変革のときを迎えようとしている．NGSを用いてゲノムを解読（Reading）し，その配列を編集（Editing）することによって，個体レベルで遺伝子機能を評価することが可能となった．もはやモデル動物と非モデル動物の垣根はなくなりつつあり，理論上すべての生物においてゲノムのReading & Editing実験が可能である．古くから歴史のある両生類を用いた細胞生物学，発生生物学，さらには再生生物学においてもNGSによるオミックス解析とCRISPR–Casによるゲノム編集が研究方法の主流となった．

　MosimannらがゼブラフィッシュにてCas9 RNP（ribonucleotide protein）のインジェクションによる高効率変異導入F0胚を"Crispant"と名付けて以来，この便利な呼称が広まっている[1]．Crispantアッセイは，子孫をとりにくい非モデル動物だけでなく，次世代子孫を短期間で作出できるゼブラフィッシュにおいても，標的遺伝子機能の個体レベルでの迅速な解析を可能とする手法として広くとり入れられている．受精卵が大きい両生類では，IVT（*in vitro* transcription）合成したsgRNA（single guide RNA）を市販のリコンビナントCas9タンパク質と混ぜてRNPの状態で受精卵にインジェクションするだけで，非常に容易にCrispantを作出できる．このクローニングフリーの実験ワークフローが，今後，両生類における遺伝子機能解析の手法の主流となるであろう．

　本稿では，アフリカツメガエル（*Xenopus laevis*），ネッタイツメガエル（*Xenopus tropicalis*）のモデル無尾両生類にくわえ，新規器官再生モデル動物としての高いポテンシャルをもつイベリアトゲイモリ（*Pleurodeles waltl*）を用いて，高効率遺伝子ノックアウトF0胚"Crispant"を用いた遺伝子機能解析のワークフローについて紹介する．

準　備

1. sgRNA配列の決定

　ネッタイツメガエル[2]，アフリカツメガエル[3]，アホロートル[4]に関しては詳細なゲノムデータが存在するため，webベースのgRNA（guide RNA）デザインツールを用いるとよい（CRISPRdirectな

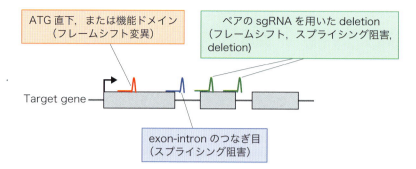

図1 sgRNA標的配列の決定
効率よく遺伝子ノックアウト（null変異）を導入するために，①ATG直下や機能ドメインを狙ったframeshiftや，②exon-intronの境目を狙ったスプライシングの阻害にくわえ，①と②の両方を狙うデザインが考えられる．

ど：詳しくは内藤らによるⅡ-1を参照）．イベリアトゲイモリの場合は，iNewt（http://www.nibb.ac.jp/imori/main/）[5]からトランスクリプトームデータを入手した後で，ツメガエルやアホロートルのexon-intron構造と比較しながらcoding regionにデザインするとよい．われわれはこれまでの経験を踏まえ，効率よく遺伝子機能をノックアウト（null変異）するために，gRNA標的部位の候補として以下の3つを候補として設計している（図1）[6]～[8]．

①フレームシフト変異を狙った開始コドン下流
②機能的に重要なドメイン
③スプライシングの阻害を狙ったエキソンとイントロンのつなぎ目
④上記の組合わせ（2種類のsgRNAを同時に導入）

条件が合えば，複数のsgRNAを導入することによる多重遺伝子のノックアウトも可能である．また，異質4倍体であるアフリカツメガエル[3]では，ホメオログ[*1]間による機能重複が問題となる可能性があるが，われわれのプロトコールでは両ホメオログ間で保存されている配列を標的として，4コピーを同時に効率よくノックアウトすることも可能である．さらには，転写結合モチーフを狙って変異を導入することで転写調節領域の機能解析を行うこともできる[8]．

sgRNAをIVTで合成する場合，設計上T7 RNA polymeraseの転写に必要な二つのguanosine配列（GG）がprotospacer sequenceの5′末端に必ず含まれる．したがって，GG（N_{18}）NGGの23 ntのシークエンスを標的遺伝子座位上で見つけなければならない．しかしながら，われわれの経験上，この5′側のGGはミスマッチでも十分機能することから（むしろよくノックアウトできる場合もある），設計上の制約はPAM（protospacer adjacent motif）のみとなる

[*1] 異質倍数体において，倍加したゲノムに存在する重複した相同遺伝子（オルソログ）のことをホメオログという．例えば，アフリカツメガエル（異質四倍体）のFGF8はLとSというホメオログが存在する．

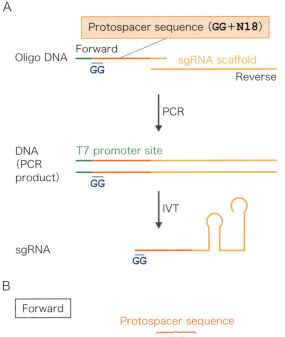

B

Forward

Protospacer sequence

5′-**TAATACGACTCACTATA**GG(N)₁₈GTTTTAGAGCTAGAAATAGCAAG-3′

Reverse

5′-AAAAGCACCGACTCGGTGCCACTTTTTCAAGTTGATAACGGACTAGCCTTATTTTAACTTGCTATTTCTAGCTCTAAAAC-3′

図2 sgRNAのIVT合成

A）クローニングフリーのsgRNA合成の流れ．B）PCRテンプレートの調整用プライマー．PCRによりIVT用テンプレートDNAを調整する際に用いるプライマー配列．N₁₈（赤字）の部分に決定したprotospacer sequenceをコピー＆ペーストすればよい．GGはミスマッチでも問題なく変異が導入できる場合が多いのであまり気にする必要はない．緑がT7 RNA polymerase promoter sequence.

（図2）[6]．実験するうえで，どうしても5′側のGGが気になる場合は，さまざまな会社が受託合成している人工のcrRNAとtracrRNAを使用することも可能である[8]．

Off-targetに関してはまだ議論の余地が残るが，表現型（フェノタイプ）を正しく評価するために，われわれは以下の二つの方法でOff-targetの問題の回避に努めている．

① 一つの標的遺伝子に対して数種類のsgRNAで同じ表現型（フェノコピー）が得られるかどうか．

② ネガティブコントロールとして，protospacer上のseedに3〜5 ntのミスマッチsgRNAを導入したコントロール個体を同時に用意して結果を比較する．

2. オリゴDNAの設計と発注

　sgRNAをIVT合成するためには，PCRでテンプレートDNAを作製する必要がある[6) 9)]．PCRに用いるオリゴDNAは図2に図示しているように，Forward側にT7 RNA polymerase promoter sequence，protospacer sequence（PAMは必要ない），そしてReverse側とアニールするためにsgRNA scaffold sequenceの一部がある．図中のN$_{18}$の部分に，**1.** で決定した配列をそのままコピー＆ペーストするだけである．Reverse側は，sgRNA scaffold sequenceとなっている．PCRの際にオーバーラップした末端がアニールし，テンプレートDNAが増幅合成される．Forward側のオリゴDNAはsgRNAごとに合成が必要だが，Reverse側は共通であり，どちらとも60〜80 ntの長いオリゴDNA[*2]となる[6) 9)]．

3. リコンビナントCas9タンパク質

　各種メーカーからリコンビナントCas9タンパク質が販売されているが，われわれは3つのNLS（核移行シグナル）を持つIntegrated DNA Technologies社の*sp*Cas9（*Streptococcus pyogenes* Cas9，#1081058）を通常使用している．両生類における変異導入効率は非常に高く，個体全体からゲノムを抽出してon-targetのアンプリコンシークエンス解析をMiSeq（イルミナ社）で行うと，大抵のCrispantで体細胞変異率が90％以上となる．なかには，野生型アレルが検出されない，すなわちすべての体細胞で両アレルに変異が導入されたCrispant（理論上，体細胞変異率100％）も多々確認される[7) 8)]．Cas9 RNPによるこの高効率な変異導入がF0胚を用いた遺伝子機能解析，Crispantアッセイを可能としている．

4. インジェクション装置一式（カエル・イモリ共通）

☐ マイクロインジェクター（NANOJECT，Drummond社）[*3]
　インジェクター本体と小型のコントロールボックス，フットスイッチで構成される．

☐ マイクロマニュピレーター（NANOJECTマニピュレーター，Drummond社）

☐ 実体顕微鏡と光源装置

☐ 低温インキュベーター

☐ ガラス針作製用微小ガラス管（Drummond社）

☐ ガラス針作製装置（プーラー：PN-30，ナリシゲ社）
　装置の設定を変えることで，針先端部の太さが15〜20 μmになるよう，実体顕微鏡下でピンセット等を用いて丁寧に折りとる．

---

*2　われわれは合成を依頼する際に精製のオプションはつけていないが，メーカーによってはPAGEやHPLC精製が必要となる可能性があるかもしれない．

*3　ナリシゲのガス式インジェクター（IM-300）などでも問題なく実験できる．

□ ミネラルオイル（シグマ アルドリッチ社，#M8410）

インジェクター装置のセットアップに関しては，出版済みの参考図書3に記載した詳細を参照されたい．

5. 受精卵の調製試薬

アフリカツメガエル，ネッタイツメガエル，およびイベリアトゲイモリの受精卵へのインジェクションや培養に必要なバッファーは各種あるが，上記すべてを扱うわれわれのプロトコールではMMR（Marc's Modified Ringer）を統一して用いている．以下，ストック溶液とインキュベーション用MMRの組成を示す．所属研究室で両生類の受精卵インジェクションをルーチンに行っている場合は，その場で用いているラボプロトコールに従っても全く問題ない．

□ 10×MMR（Marc's Modified Ringer）：ストック

	1 L中	（最終濃度）
NaCl	58.44 g	（1 M）
KCl	1.49 g	（20 mM）
$MgSO_4$	1.2 g	（10 mM）
$CaCl_2$	2.94 g	（20 mM）
Hepes	11.915 g	（50 mM）
NaOH	適量	（pH 7.4）

純水を加えて1 Lとした後，オートクレーブ処理する．1年程度保存可能．

□ 0.1×MMR（ペニシリン・ストレプトマイシン入り）：脱ゼリー後の洗浄時，原腸胚初期以降の培養に使用

	1 L中	（最終濃度）
10×MMR	10 mL	（0.1×MMR）
100×ペニシリン・ストレプトマイシン溶液[*4]	1 mL	（1×）

オートクレーブ水989 mLを加えて1 Lとする．冷蔵庫で保存する．1カ月程度保存可能．

[*4] 10,000 units/mLペニシリン，10,000 units/mLストレプトマイシン

□ 0.3×MMR（ペニシリン・ストレプトマイシン入り）：インジェクション時から原腸胚初期までの培養に使用

1 L中（最終濃度）		
10×MMR	30 mL	（0.3×MMR）
100×ペニシリン・ストレプトマイシン溶液	1 mL	（0.1×）

オートクレーブ水969 mLを加えて1 Lとする．冷蔵庫で保存する．1カ月程度保存可能．

□ 脱ゼリー溶液

カエルは2％システインを0.1×MMRに溶解（pH 7.4）．5 N NaOHでpHを合わせる．イモリの時は0.5％システインでNaOHは不要．用時調製．

□ フィコール溶液

4〜5％となるようにフィコール（シグマ アルドリッチ社）を0.3×

MMRに溶解．濾過滅菌後，冷蔵庫にて保存．4℃で3カ月程度保存可能．

□ インジェクション用ディッシュ

1％アガロース（0.3×MMR）をシャーレに固めた物．それぞれの卵が入るくらいの溝をカミソリ等で削って作る．

6. その他試薬

□ MS222（シグマ アルドリッチ社，#A5040）
□ RNase Free Water（DEPCを使用していないもの）
□ PCR酵素
□ オリゴDNA（プライマー）
□ PCR産物の精製キット（シリカカラムベース）
□ ゲノムDNA抽出キット
□ sgRNA合成キット（後述）

プロトコール

Crispantアッセイのワークフローを図3に示す．標的遺伝子のsgRNA部位のデザインから表現型（フェノタイプ）の解析までの期間は，最短で両ツメガエルなら2～3日（尾芽胚），イベリアトゲイモリなら1～2週間である．また，Crispantアッセイでは，得られたフェノタイプとジェノタイプの相関を示すデータが必要不可欠である．

1. sgRNA合成

T7 RNA polymerase promoter sequence, Protospacer sequence, sgRNA scaffold sequenceを含むオリゴDNAを用いてPCRを行い，IVTのテンプレートDNAとする．このPCR産物と市販のsgRNAキット[*5]を用いることにより，初心者でも一日でクローニングフリーのsgRNA合成を行うことができる．sgRNAはRNAであるため，合成および精製の過程では注意を払う必要があるが，一般的な分子生物学実験を行う設備があれば十分である．

テンプレートDNA作製の際に行うPCRで用いる酵素は任意であるが，Fidelityが高い酵素を使った方がよい．われわれがルーチンで行っているプロトコールは以下の通りである．PCR産物はシリカベースの精製カラムにより精製し，最終的にRNase free waterにて溶出する．

[*5] さまざまなメーカーからT7 RNA polymeraseをベースにしたsgRNA合成キットが販売されており，われわれも何種類か試しているがどれも結果は良好である．各メーカーのHPにてその詳細を確認し，研究室の状況にあったキットを選んでほしい．

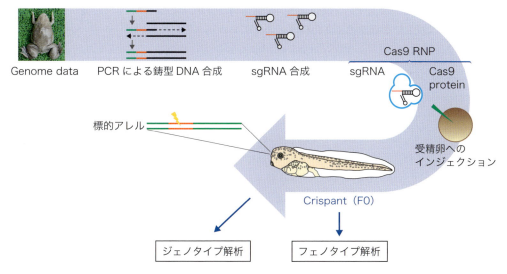

図3　Crispantアッセイのワークフロー
sgRNAの標的配列の決定，オリゴDNAの発注，PCRによるテンプレートDNAの調製，sgRNAのIVT合成からインジェクションまでに掛かる期間は1～2週間程度である.

1）PCRによるテンプレートDNAの作製（所要時間1時間30分程度）

　非常に増幅効率が高いため，われわれはPCR酵素としてKOD FX Neo（#KFX-201，東洋紡社）を常用している．この酵素はPCRエラーが起こる確率も低く，後述のジェノタイピングの際のNGSによるアンプリコンシークエンス解析にも使用している．

❶ PCR反応液組成と条件（所要時間1時間程度）

2×PCR buffer for KOD FX Neo	50 μL
2 mM dNTPs	20 μL
10 pmol/μL forward オリゴDNA	10 μL
10 pmol/μL reverse オリゴDNA	10 μL
KOD FX Neo（1 U/μL）	2 μL

RNase free water にて 100 μL に調製

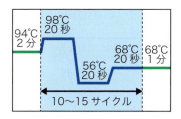

❷ PCR反応液の精製（所要時間30分程度）

　われわれはPCR産物をQIAquick PCR Purification Kit（キアゲン社，#28104）にて精製しているが，シリカカラムベースの精製キットであれば製品名は問わない．最終的に〜50 μLのRNase

free waterにて溶出する．溶出したPCR産物は吸光度による
DNA量（濃度）を測定の後，必要であればアガロース電気泳動
にてサイズを確認する．PCR産物は117 bpとなるはずである．

2）IVTによるsgRNAの作製（所要時間5時間15分程度）

われわれは最初に発売されたアンビオン社（現在サーモフィッ
シャーサイエンティフィック社）のキットを用いて合成している．
詳細はプロトコールをよく読んで実験してほしい．メーカーのプロ
トコールに従えば，一反応あたり数十 µgのsgRNAが合成可能であ
る．一度の合成で使い切れないくらいの量となるが，反応容量が
20 µLと少ないので，スケールダウンはあまり勧めない．簡単な流
れとポイントを以下に示す．

❶ IVT合成（所要時間4時間程度）

MEGAshortscript T7 Transcription Kit（サーモフィッシャーサ
イエンティフィック社，#AM1354）を用いて合成を行う．テン
プレートDNAは一反応あたり0.5～2.0 µgを入れる．プロト
コールの反応条件は37℃で1～1.5時間とあるが，テンプレー
トDNA（配列）によっては反応量が少ない場合があるので，わ
れわれは4時間としている．

❷ テンプレートDNAの分解（所要時間15分程度）

キットに含まれているTURBO DNaseを1 µL加え，37℃で15
分反応させる．テンプレートDNAがsgRNA溶出の際に残ると，
インジェクション胚の生存率が下がる場合があるので，このス
テップは必要である．

❸ sgRNAの精製と定量（所要時間1時間程度）

MEGAclear Transcription Clean–Up Kit（サーモフィッシャー
サイエンティフィック社，#AM1908）を用いてプロトコールに
従い精製を行う．界面活性剤や溶媒がsgRNA溶出の際に残ると，
インジェクション胚の生存率が下がる場合がある．したがって，
最後のWashの際はバッファーのもち込みがないように，遠心時
間をさらに延ばし，遠心を再度くり返す．合成したsgRNAは，
精製して最終的にRNase Free Waterを用いて溶出する．吸光度
計で定量を行った後，各自のインジェクションプロトコールに適
した濃度に調製し，−80℃にて小分けにして保存すること（凍
結融解は避け，使い切ること）．われわれは0.5～1 µg/ µLくら
いの濃度に調製して保存するようにしている．一回の反応で10～
30 µg程度合成[*6]されているはずで，正常に合成できているよ
うであれば，精製後の電気泳動によるクオリティチェックは必要
ない．

[*6] トラブルへの対応にも記載し
ているが，合成効率が悪い
sgRNAは活性が低い場合が
多い．外注して人工合成する
gRNAは便利であるが，IVT
で自分で合成する場合はこの
ようにある程度事前に評価で
きる場合がある．

3）Cas9 RNPの調製（インジェクション直前，所要時間15分程度）

　sgRNAとリコンビナントCas9タンパク質を以下に記載の通り混合し，Cas9 RNPを調製する．いったんRNPを形成した後は安定するため，氷上や冷蔵庫に入れておけば1日中使用できる．ただし，その都度使い切ること．また，活性が著しく落ちるため，事前に希釈し冷凍保存したRNPの使用は避ける[*7]．われわれは一個の受精卵あたり150～200 pgのsgRNAと1 ngのCas9タンパク質を4.6 nL（ネッタイツメガエルの場合は2.3 nL）に調製してインジェクションしている．最大300～400 pgのsgRNAと2 ngのCas9タンパク質までは量を増やしても問題ない．sgRNAのみのインジェクションは胚の生存性が著しく低下するため（毒性があるため），ネガティブコントロールとして用いることは勧めない．

□ Cas9 RNP溶液（インジェクション当日に調製）

		最終濃度 （受精卵あたり4.6 nL）
10×Cas9 Buffer（1.5 M KCl, 0.2 M Hepes（pH 7.4））	0.46 μL	150 mM KCl, 20 mM Hepes
リコンビナントCas9タンパク質 （1 μg/μL）[*8]	1 μL	1 ng
sgRNA（0.5～1.0 μg/μL）	X μL	150～200 pg

RNase free waterにて4.6 μLに調製

　上記を混合後，室温にて15分ほどインキュベートして使用する．

> [*7] 希釈してworking solutionとして保存する人がいるが，経験上，これはトラブルになるケースが多いのでやめること．用時調製して，その都度使い切ること．

> [*8] 市販のCas9タンパク質は10 μg/μLの濃度なので，使用時に1×Cas9 Bufferで1 μg/μLに希釈して用いる．希釈したCas9は凍結保存して再利用しないこと．

2. 受精卵の調製/インジェクションの実際

1）受精卵の調製（30分）

❶ バッファーは前の晩からインキュベーターに入れて，必ず至適温度にしておくこと．

ツメガエル：人工授精の方法はXenopus Protocolを参照されたい（参考図書）．受精後20～30分後から脱ゼリーを行う．

イベリアトゲイモリ：人工授精の方法は文献[10]を参照されたい．

2）脱ゼリー（5分）

❶ 受精卵にシステイン溶液を加えて穏やかに振盪すると，ゼリー層が溶けていくのが分かる．処理時間はカエルは5分以内，イモリは30秒とする

ツメガエル：卵と卵の間に隙間がなくなったら，0.1×MMRにて数回洗い，フィコール溶液に置換する．アフリカツメガエル卵は，18℃の，ネッタイツメガエルは22℃のインキュベーターに静置しておく．

イベリアトゲイモリ：システイン処理後0.1×MMRにてよく洗

う．その後，2本のピンセットで卵殻を裂くようにしてとり除き，フィコール溶液に置換する．卵は使用時まで8℃で保存する．

❷ 卵は低温にして，第一卵割を遅らせる．

アフリカツメガエルの第一卵割は18℃で受精1時間後に起こる．ネッタイツメガエルの第一卵割は22℃で受精40〜50分後に起こる．

イベリアトゲイモリの第一卵割は室温で受精5〜6時間後に起こる．

❸ 脱ゼリー後の受精卵は壊れやすいので，先端を切って広げたピペットを使用して卵を移動させる．

❹ ネッタイツメガエルの場合，ディッシュの底に付着しやすいため，うすくアガロースを固めたディッシュ上で扱う．

3）Cas9 RNP溶液の充填／インジェクション（受精から第一卵割終了まで）

❶ ガラス針に充填し，インジェクターの液量を設定する．インジェクション量は以下の通り．

アフリカツメガエル：4.6 nL

ネッタイツメガエル：2.3 nL

イモリ：4.6 nL

❷ 必要に応じてインジェクションするRNPの量を変えながら，適切な条件検討をする．

❸ 一細胞期にインジェクションする．

ツメガエル：脱ゼリー後，30〜40分以内にインジェクションを終えること．これを過ぎると，モザイク性が上がる可能性がある．インジェクション後，アフリカツメガエルの受精卵は18℃，ネッタイツメガエルは26℃でインキュベーションする．

イベリアトゲイモリ：イモリは卵割が遅いため，8℃で保存することにより余裕をもってインジェクションを行うことができる（受精から4〜6時間程度）．インジェクション後，インキュベーターのスイッチを切って，受精卵を室温で一晩静置する．

4）受精卵の選別（インジェクション後3時間〜24時間）

❶ 正常に発生が進んでいる胚（桑実胚後期から胞胚期）をフィコール液から培養用のMMRに満たしたシャーレへ移す．

0.1×MMRを満たしたシャーレに移す．アフリカツメガエルは20℃，ネッタイツメガエルは26℃で発生させる．

イベリアトゲイモリは翌日午前〜昼頃，0.1×MMRを満たしたシャーレに移す．そのまま室温（26℃前後）で発生させる．

❷ フィコールは原腸陥入を阻害するので，複数回洗浄して完全に除く．

5）胚の飼育（1，2週間〜）

❶ カエル，イモリそれぞれの飼育法に従い，解析する時期まで個体を飼育する．

フェノタイピングやジェノタイピングは各遺伝子や観察したい発生段階に依存する．

3. ジェノタイピング

Crispantアッセイでは，フェノタイプの正当性を判断するためジェノタイピングの結果が重要なデータとなってくる．PCR産物（アンプリコン）を用いた標的部位（on-target）への変異導入のジェノタイピング法は他稿で記載されているので，そちらを参考にしていただきたい．ここでは，ルーチンで変異導入を簡便にチェックするためのHeteroduplex Mobility Assay（HMA）と，体細胞変異率およびフレームシフト率を正確に算出するためのNGSを用いたアンプリコンシークエンス解析について説明する．われわれのCrispantアッセイでは，このHMAとアンプリコンシークエンスの二つを使い分けてジェノタイピングデータを取得し，その結果と合わせてフェノタイプの評価を行っている．HMA解析とアンプリコンシークエンス解析を両方行うため，on-targetを含むゲノム領域のアンプリコンサイズを150〜300 bpと設定している．

1）HMA

効率よく変異が導入されたCrispantのゲノムDNAを用いてon-target領域をPCRすると，そのアンプリコンは野生型アレルと変異アレルがアニールしたheteroduplexを形成する．そのため，アガロースゲルやキャピラリー電気泳動上の移動度の違いで容易に判別可能である．この際に重要なポイントは，PCRサイクルを30サイクル以上に設定して（30〜35サイクル），heteroduplex形成をわざと促進させることである．例を図4に示すが，コントロールに比べて，Crispantのレーンのキャピラリー泳動像（エレクトロフェログラム）ではheterodupexを形成したアンプリコン（スメアバンドや複数のエクストラバンド）が確認される．以下，簡単にプロトコールを記載する．HMAに関してわれわれは詳細に検討したデータ例を以前に発表しているので，それも参考にしてほしい[11]．

❶ ゲノムDNA抽出（所要時間1時間程度）

DNeasy Blood & Tissue Kit（キアゲン社，#69504）などのシリカカラムベースの精製キットで精製する．簡便法のSDS/Proteinase K処理でもよいが，しっかりフェノール・クロロホルム抽出とエタノール沈殿を行わないと，PCRが上手くいかない場

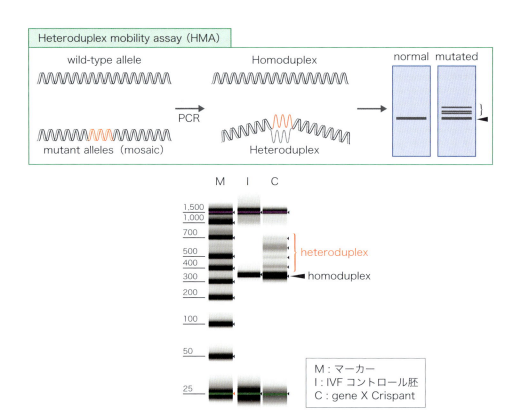

図4 HMAの結果の一例
イベリアトゲイモリの遺伝子Xを標的としたCrispantとコントロール胚のゲノムDNAを鋳型にon-target領域をPCRで増幅した．得られたアンプリコンをTapeStation（アジレント社）にて泳動した結果．左から，マーカー（M），コントロール胚（I），Crispant（C）のアンプリコン泳動像（エレクトロフェログラム）となる．Crispantのレーンにのみエクストラバンドやスメアがみられるが，これが野生型アレルと変異アレルのheteroduplexである．

合があるので注意すること．

❷ PCR反応液組成と条件（所要時間2.5時間程度）

PCR酵素としては，ここでも増幅効率（genomic PCRの成功率）が高いKOD FX Neo（東洋紡社）を用いている．

2×PCR buffer for KOD FX Neo	5 μL
2 mM dNTPs	2 μL
10 pmol/μL forward プライマー	0.1 μL
10 pmol/μL reverse プライマー	0.1 μL
KOD FX Neo（1 U/μL）	0.15 μL
ゲノムDNA	10〜100 ng

Nuclease free waterにて10 μLに調製

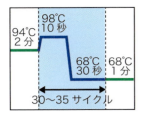

❸ キャピラリー電気泳動（所要時間0.5～1時間程度）

TapeStation（アジレント社）やMultiNA（島津製作所）のようなキャピラリー電気泳動装置でPCR産物を泳動し，エレクトロフェログラムを取得する（図4に例を示してある）．もちろん，ポリアクリルアミドゲル泳動でもよいし，分離能は落ちるがアガロース電気泳動[*9]でもheteroduplexを確認することは可能である．

2）アンプリコンシークエンス解析

on-target領域のアンプリコンをNGSによりdeep sequencingする解析法である．高い精度で個体の体細胞変異率とフレームシフト率を算出できるうえ，多検体を同時に解析することが可能である．海外ではフェノタイプ-ジェノタイプの相関を個体ごとに精査するために，サンガーシークエンスの代わりによく使われるようになっている．われわれもCrispantの結果を論文化する際には必ずアンプリコンシークエンス解析を行うようにしている．MiSeq（イルミナ社）プラットフォームで用いられている16S Metagenomic Sequencing Library Preparation kit（イルミナ社，#15044223）のプロトコールに従い，オーバーハングアダプター配列を付加したアンプリコン産物を作製し，shared runを行うのが一番簡便な方法である．得られたデータはバイオインフォマティクス解析を行う必要があるが，生データをアップロードすると変異率やフレームシフト率がグラフィカルにレポートを出力してくれるwebツールが複数あり，それらを使用すると初心者でも手軽に解析できる[12]．現在，このアンプリコンシークエンスはさまざまな受託先があるが，おおむね5～10万リード/サンプルで2～3万円程度，1サンプルからshared runしてくれる．併せてバイオインフォマティクス解析も依頼可能である．われわれは独自にカスタムバーコードアンプリコンによる多検体のCrispantを同時解析するRプログラムを開発しているので，それも参照してほしい[7,8,11]．

[*9] アガロース電気泳動の場合，homoduplex（通常のPCR産物）のすぐ上に二重のバンドとして確認される．これを指標にするとよい（参考図書3を参照のこと）．

⚠️ トラブルへの対応

■ sgRNA合成上のトラブル

プロコトール通りに合成したにもかかわらず，著しく合成量が少ない場合はT7 RNA polymeraseが伸長しにくい配列（おそらく二次構造上の問題）の可能性が高い．その場合は即中断し，違う標的配列の合成を勧める．仮にこのような合成量の低いsgRNAをかき集めてインジェクションしたとしても，その変異導入効率は非常に低い．

■ 発生異常のトラブル

意図せずCrispantの発生率が悪い場合，大きく分けて二つのパターンが考えられる．実験にはインジェクションしないコントロール胚を必ず同時に発生させておくこと．さらには，ミスマッチsgRNAインジェクション胚も揃えておくことが理想である．

・胞胚期までに発生が止まってしまう（卵割の異常）

この場合は卵の質が悪い可能性が高いので，オスとメスのバッチを変える．ネッタイツメガエルの場合は顕微鏡光源の熱で卵割や発生異常が生じる場合があるので，温度管理には細心の注意を払うこと．

・原腸期に発生が止まってしまう（原腸形成の異常）

通常のmRNAインジェクションには問題がなくCrispantアッセイでのみ上記の異常がみられる場合はsgRNAの毒性が考えられるため，標的配列を変更して合成からやり直した方がよい．原腸形成以前を解析したい場合は，ミスマッチsgRNAによるネガティブコントロール実験を並行することは必須である．

■ フェノタイプが出ない

もし一連の実験手順に不安があるならば，*tyrosinase*遺伝子を標的にしたsgRNAを実験コントロールとしてみる．sgRNA配列はわれわれの文献を参考にしてほしい[6)〜8)]．このプロトコール通りに実験を行えば，ネッタイツメガエル，アフリカツメガエル，イベリアトゲイモリの三種において真っ白のアルビノ胚ができるはずである．もしインジェクションに問題がなければ，稀にcoding regionに多型があるため（データベース上のリファレンスゲノム配列と違う），on-target領域をシークエンスしてジェノタイプを確かめる必要があるかもしれない．

実験結果

われわれが行ったネッタイツメガエルとイベリアトゲイモリの実験結果の一例を以下に紹介する（図5）[7)8)]．*tyrosinase*遺伝子（*tyr*）のノックアウトは，網膜色素上皮および黒色色素胞のメラニン合成が起こらず，いわゆるアルビノのフェノタイプとなる．*tyrosinase*遺伝子（*tyr*）は個体発生や器官形成に直接の影響を及ぼさないため，Crispantアッセイの実験系コントロールとしても用いることができる．*tyr*のexon1を標的としたCrispantツメガエル（A）とイモリ（B）である．コントロール個体と比較すると一目瞭然であるが，

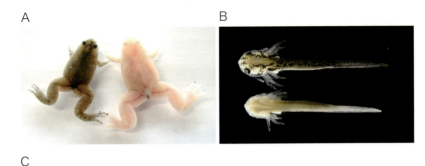

図5 Crispantのフェノタイプとジェノタイプの一例
A) ネッタイツメガエルおよびB) イベリアトゲイモリにおける *tyrosinase* 遺伝子を破壊したCrispantの写真．比較としてコントロール幼生を一緒に載せてある．Crispantは全身でメラニン色素を失ったアルビノのフェノタイプを示す．C) イベリアトゲイモリ *tyrosinase* Crispantのアンプリコンシークエンスの結果の一例．B) の写真で示したCrispant個体のデータである．体細胞変異率は90％以上であり，中には野生型アレルのリードが確認できないCrispantも存在する（つまり個体のほぼすべての体細胞にて両アレルに変異が導入されているということである）．

真っ白のアルビノフェノタイプである．実験では9割以上のCrispantがシビアな全身アルビノフェノタイプとなっている．これらCrispantをランダムにピックアップして個体別にアンプリコンシークエンス解析した結果の一部が (C) であり，大部分のリードが変異アレルであることがわかる．イモリの場合は，野生型アレルが検出されない個体もあり[8]，ほぼすべての体細胞にて両アレルに変異が導入されていることがわかる．

おわりに

　実験動物としての両生類の利点の一つは受精卵へのインジェクションが比較的簡便であることであり，Crispantアッセイによる遺伝子機能解析とは非常に相性がいい．本稿では述べていないが，器官再生研究の中心的な存在であるアホロートルにおいても，Crispantアッセイは有効な実験手法となっている[13]．

　Crispantアッセイに限らず，両生類におけるノックインや塩基編集[14]が可能となっている．CRISPR-Casシステムを利用したカエルやイモリの基礎生物学研究は今後さらなる広がりを見せていくであろう．筆者らが整備したCrispantシステムを活用することで，多くの研究者が両生類を用いた研究に興味を持つきっかけとなれば幸いである．

◆ 文献

1 ） Burger A, et al : Development, 143 : 2025–2037, 2016
2 ） Hellsten U, et al : Science, 328 : 633–636, 2010
3 ） Session AM, et al : Nature, 538 : 336–343, 2016
4 ） Nowoshilow S, et al : Nature, 554 : 50–55, 2018
5 ） Matsunami M, et al : DNA Res, 26 : 217–229, 2019
6 ） Sakane Y, et al : Methods Mol Biol, 1630 : 189–203, 2017
7 ） Sakane Y, et al : Biol Open, 7 : doi : 10.1242/bio. 030338, 2018
8 ） Suzuki M, et al : Dev Biol, 443 : 127–136, 2018
9 ） Nakayama T, et al : Methods Enzymol, 546 : 355–375, 2014
10） Hayashi T, et al : Dev Growth Differ, 55 : 229–236, 2013
11） Shigeta M, et al : Genes Cells, 21 : 755–771, 2016
12） Clement K, et al : Nat Biotechnol, 37 : 224–226, 2019
13） Fei JF, et al : Nat Protoc, 13 : 2908–2943, 2018
14） Shi Z, et al : FASEB J, 33 : 6962–6968, 2019

◆ 参考図書

1 ）「Methods in Molecular Biology Vol. 917 Xenopus Protocols-Post-Genomic Approaches, 2nd edition」（Hoppler S & Vize P, eds）, Springer-Nature, 2012
2 ）「Methods in Molecular Biology Vol. 1865 Xenopus-Methods and Protocols」（Vleminckx K, ed）, Springer-Nature, 2018
3 ） 林 利憲, 他：両生類におけるTALENを用いた遺伝子改変.「今すぐ始めるゲノム編集」（山本 卓/編）, 羊土社, 2014

Ⅱ 実践編

15 gRNA/Cas9複合体を用いたマウスでのゲノム編集

野田大地, 大浦聖矢, 伊川正人

はじめに

　生命科学研究の発展において, 遺伝子改変動物が果たした役割は大きい. 1981年にマウス胚性幹 (ES) 細胞樹立, 1989年に相同組換えにより特定遺伝子を欠損したノックアウト (KO) マウスが報告され, ゲノムDNAを自在に操作できる時代が到来した. しかし, ES細胞を用いた遺伝子改変マウス作製は, ターゲティングベクター構築, ES細胞の培養, キメラマウスの作製など効率・コスト・時間の面で高いハードルがあり, 長らく生命科学研究の律速となってきた.

　このような状況は, ゲノム編集技術の登場で一変する. 特に, 2012年に報告されたCRISPR–Cas9を用いたゲノム編集[1]~[3]は, 高い切断効率やデザインの簡便さだけでなく, マウス受精卵を含めたさまざまな細胞でゲノム編集できる汎用性の高さから, 瞬く間に生命科学研究者の間に広まった.

　CRISPR–Cas9による受精卵でのゲノム編集では, gRNAとCas9を発現するDNAやRNA, もしくはgRNAとCAS9そのものを混合したRNA/タンパク質複合体そのものを, 単独あるいは相同組換え用DNA (reference DNA) と一緒に受精卵前核にマイクロマニュピレーターやエレクトロポレーターを用いて導入する (図1A). 本稿では, われわれの経験を交え, CAS9を用いた遺伝子改変マウスの作製方法を紹介する.

準　備

1. gRNAやreference DNAの準備

□ nuclease free water (not-DEPC treated, サーモフィッシャーサイエンティフィック社, #AM9914G)

□ crRNA (シグマ アルドリッチ社), tracrRNA (シグマ アルドリッチ社, #TRACRRNA05N-5NMOL)[*1]

□ Reference DNA：ssDNA (ジーンデザイン社, Integrated DNA Technologies社などで合成) もしくはdsDNA[*2]

　われわれは設計時に以下の点に注意している.

　・相同配列の長さは, ssODNの場合50 ntずつ, dsDNAの場合

> [*1] gRNAはcrRNAとtracrRNAの2つの小分子RNAからなる (図1B)[4]. crRNAとtracrRNAをつなぎ合わせたキメラ単鎖RNA (single gRNA：sgRNA) にも活性がありDNAベクターで導入する場合にはsgRNAを発現させることが多い. RNAとして導入する場合には, sgRNAを合成するよりも, 標的ごとに必要なcrRNAと共通して使えるtracrRNAを別々に合

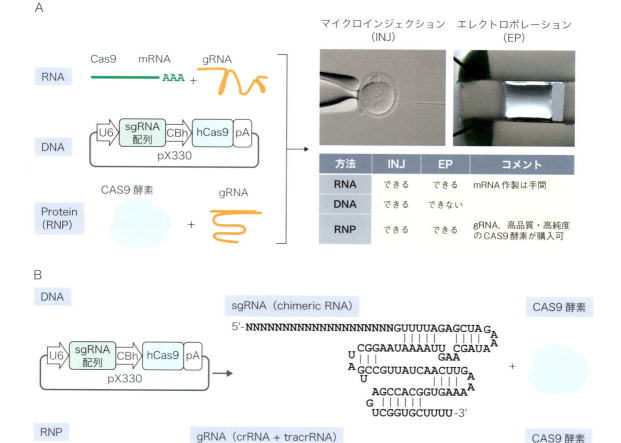

図1 受精卵を用いたゲノム編集

A) gRNA/Cas9 を導入する方法.RNA 法だと Cas9 mRNA 作製に手間がかかる点,DNA 法だと EP により gRNA/Cas9 を導入できない点が欠点としてあげられる.一方,RNP 法だと gRNA と CAS9 酵素のどちらも購入でき,INJ/EP で卵へ導入できる.B) DNA 法と RNP 法の比較.gRNA は元来 crRNA と tracrRNA の2つからなるが,crRNA と tracrRNA をつなぎ合わせたキメラ単鎖 RNA(sgRNA)でも標的配列を切断できる.Cas9 発現プラスミドでは,sgRNA が発現する.tracrRNA は標的配列が変わっても共通なため,RNP 法では合成塩基数が少なくすむ crRNA と tracrRNA を gRNA として使っている.crRNA の5′側20塩基(図ではNで示す)が標的配列を認識する部分である.sgRNA,crRNA,tracrRNA の配列は,文献4を参照した.

2 kbpずつ.

- われわれの経験上，切断部位と挿入部位が近い方がKI効率は高い.
- gRNAがssODNと相補結合しないように，ssODNはgRNAと同じ向きに設計する.
- KI鎖がCAS9により再び切断されないように，PAM配列やその直前付近にサイレント変異を加える（一カ所のサイレント変異だけでは，CAS9により切断された経験があるため，私たちは数カ所にサイレント変異を導入している）.
- サイレント変異を導入する際は，使用頻度が高いコドンを選ぶ.
- サイレント変異を導入する際にKI鎖に制限酵素サイトを加えておくと（制限酵素サイトがWT鎖にある場合は，逆に切断できないように改変する），遺伝子型が同定しやすい.

2. 受精卵の準備

□ 実験動物マウス*3
- 雌マウス：B6D2F1系統などの交雑系は8〜10週齢を自然交配に使用するが，C57BL/6系統，BALB/c系統などの近交系は雄の交配成績が安定しないことが多いため3〜4週齢を体外受精に使用する.
- 雄マウス：10週齢以上を使用する.

□ 過排卵処理ホルモン
- CARD HyperOvaマウス過剰排卵誘起剤（九動社）*4
- hCG（注射用ヒト絨毛性性腺刺激ホルモン，動物用ゴナトロピン，あすかアニマルヘルス社）

□ 胚操作に必要な培地・器具
- 培地：体外培養用KSOM培地（メルク社，#MR-121-D），体外操作用FHM培地（メルク社，#MR-024-D），体外受精用mHTF培地（九動社）*5
- 器具：培養用ディッシュ

□ 流動パラフィン（ナカライテスク社，#26117-45）

□ Hyaluronidase from bovine testes（Type IV-S，シグマ アルドリッチ社，#H4272-30MG）

3. 受精卵でのゲノム編集

□ TrueCut™ Cas9 Protein v2，25 mg，1 mg/mL（サーモフィッシャーサイエンティフィック社，#A36497）*6

□ nuclease free water（not-DEPC treated，上記で示した試薬と同じ）

*2　KIの場合に使用する. ssDNAはエレクトロポレーションで前核に導入できることが利点であり，200 nt程度まで市販されている（single strand oligo DNA：ssODN）. 最近では，数kbに及ぶlssDNA（long single strand DNA）を調製する方法も開発されている（Ⅱ-16を参照）. 一方，数kbpに及ぶ長鎖KIには，両側に相同領域を含む環状dsDNAをマイクロインジェクションで前核に注入する.

*3　C57BL/6系統やBALB/c系統を用いる場合は，ICR系統由来の受精卵をダミー卵として移植するので，適宜準備すること（次項を参照）.

*4　PMSG（注射用血清性性腺刺激ホルモン，動物用セロトロピン，あすかアニマルヘルス社）の代わりにHyperOvaを用いた方が，より多くの排卵を誘起できる[5][6].

*5　100個以上の卵母細胞を1ドロップに入れて媒精すると，受精率が落ちるので注意する.

*6　1 mg/mLと5 mg/mLのCAS9酵素が販売されている. 詳細な原因は分からないが，5 mg/mL CAS9酵素を使用すると，処理胚の発生率が悪くなった経験がある.

1) エレクトロポレーションに必要な試薬・器具

- ☐ Opti-MEM（サーモフィッシャーサイエンティフィック社）[*7]
- ☐ Electroporation apparatus（NEPA21 Super Electroporator，ネッパジーン社）
- ☐ Petridish Platinum Plate Electrodes（CUY520P5，5 mm Gap，ネッパジーン社）

2) マイクロインジェクションに必要な試薬・器具

- ☐ $T_{10}E_{0.1}$ buffer（10 mM Tris-HCl，0.1 mM EDTA，pH 7.4）[*8]
- ☐ マイクロインジェクション用顕微鏡，マニピュレーター
  - ・顕微鏡：オリンパス社 IX73
  - ・マニピュレーター（粗動；Narishige MM-89，微動：Narishige MMO-202ND，ジョイント：Narishige UT-2，インジェクター：Eppendorf FemtoJet 4i，ホールド：CellTram Air）

4. 胚移植・帝王切開

- ☐ 実験動物マウス
  - ・偽妊娠ICRマウス，仮親ICRマウス[*9]
- ☐ 麻酔薬
  - ・三種混合麻酔[7][*10]，イソフルランなど
    三種混合麻酔薬はマウス体重10 gあたり0.1 mLを皮下または腹腔内に注射する．施術が終了後，等量の拮抗薬を注射する．

5. 遺伝子型の同定

- ☐ Lysis buffer：20 mM Tris-HCl（pH 8.0），5 mM EDTA，400 mM NaCl，0.3％SDS，200 µg/mL Proteinase K solution（サーモフィッシャーサイエンティフィック社，#AM2546）
- ☐ 遺伝子型判定のためのプライマー，PCR酵素，PCR機器
  - ・PCR酵素：KOD Fx neo（東洋紡社，#KFX-201），Ex Taq（タカラバイオ社，#RR001A），Ampdirect Plus（島津製作所，#241-08890-92）など
- ☐ PCR増幅産物の精製
  - ・Wizard PCR Preps DNA Purification System（プロメガ社，#A7170）

プロトコール

1. 標的配列の選定

切断効率は，標的配列により大きく異なる．そこで私たちは，

[*7] 1回の処理に100 µLあれば十分なので，われわれは分注して−30℃で保存，使用時に融解している．

[*8] 作製後，親水性PVDFメンブレン（孔径0.2 µm）でフィルトレーションして，−30℃で保存している．

[*9] C57BL/6系統，BALB/c系統のマウス受精卵を移植する場合，ICR系統マウスの受精卵（ダミー卵）と混ぜて移植したほうが，高い妊娠率や産仔数が得られる．

[*10] われわれは以下の濃度で使用している．
三種混合麻酔：20 µg/mL塩酸メデトミジン（ドミトール：日本全薬工業社），400 µg/mLミタゾラム（ミタゾラム：サンド社），250 µg/mL酒石酸ブトルファノール（ベトルファール：Meiji Seikaファルマ社）
拮抗薬：30 µg/mL塩酸アチパメゾール（アンチセダン：日本全薬工業社）

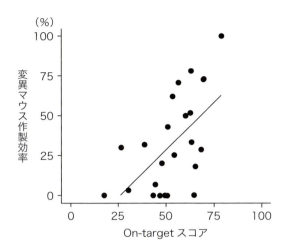

図2 Benchlingで算出されたon-targetスコアと変異マウス作製効率の相関

HEK293T培養細胞を用いてgRNAの切断活性を事前に予想する実験系を立ち上げた（single strand annealingアッセイ：具体的な方法は文献8と9を参照）．一方で，試験管・細胞レベルでの実験結果からgRNAの切断効率を予測するアルゴリズムも構築されており[10]，これを用いてgRNAの切断活性を予想するWebサイトが続々登場している〔Benchling（https://benchling.com），CRISPOR（http://crispor.tefor.net/），KOnezumi（http://www.md.tsukuba.ac.jp/LabAnimalResCNT/KOanimals/konezumi.html）など〕．私たちが調べたところ，Benchlingのon-targetスコアと変異マウスの作出率には正の相関があった（図2）．また私たちは，CRISPRdirect（https://crispr.dbcls.jp/）を使って，PAMから12塩基が完全一致する配列がゲノム上に少ないものを標的配列として選んで変異マウスを作製しているが，標的配列以外の箇所（off-target）はほとんど切断されなかった（63匹の変異マウスで382カ所のoff-targetサイトを調べたところ，切断されたのは3カ所のみだった）[8]．以上から，現在ではHEK293T細胞を用いたSSAアッセイをスキップして，Benchlingのon-targetスコアが60以上で，CRISPRdirectを使って，PAMから12塩基が完全一致する配列がゲノム上に少ないものを，標的配列として選定している*11．なお，Benchlingで予想されるoff-targetスコアと変異マウスにおけるoff-target切断の相関関係はまだ調べていない．

*11 各変異に対するgRNA設計の注意点は以下の通り．
Indel：目的遺伝子のスプライシングバリアントの存在をデータベース〔Mouse Genome informatics（MGI），Ensemble，UCSCなど〕で確認し，標的エキソンを選ぶ．
Deletion：開始コドンと終止コドン周辺を同時に切断し，NHEJ修復により翻訳領域を抜き取ることで確実に遺伝子機能を欠失させる．翻訳領域内や標的遺伝子の近傍に他遺伝子がある場合は，重要なエキソンをいくつか抜き取るようにgRNAをデザインしてもよい．ただし，残存するmRNAの分解産物がホモログ遺伝子の発現を高めるという報告もあり[11)12]．私たちはmRNAが産生されないように，できる限りコーディング領域すべてを抜き取ることにしている．
KI：私たちの経験上，切断予想箇所とKI箇所が近いほどKI効率が高い．

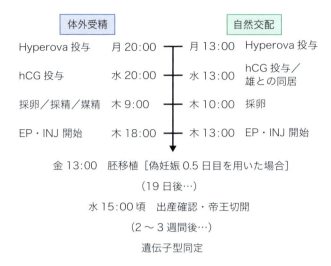

図3 受精卵の準備から遺伝子型同定までのスケジュール例

2. マウス受精卵でのゲノム編集

全体のスケジュール例を図3に示す．胚操作や体外受精，胚移植などの詳細な実験手法については，CARDのWebサイトで公開されているマウス生殖工学技術マニュアルを参照してほしい（http://card.medic.kumamoto-u.ac.jp/card/japanese/manual/index.html）．

1）受精卵の準備

A. 自然交配

❶ HyperOva 0.1〜0.2 mLおよびhCG 5.0〜7.5 IUを8〜10週齢のB6D2F1雌マウスに，48時間間隔で腹腔内投与して，10週齢以上の雄マウスと同居させる[*12]．

❷ hCG投与から約20時間後，雌マウスから卵管を摘出する[*13]．

❸ 尖鋭ピンセットを使って，卵管膨大部から卵子―卵丘細胞複合体を取り出し，KSOM培地もしくはFHM培地に入れる[*14]．ヒアルロニダーゼ溶液（終濃度300 μg/mL）を添加して，37℃，3〜5分間培養し，卵丘細胞を取り除く[*15]．

❹ 洗浄卵をKSOM培地中で，雌雄前核が確認できるまで培養する．

B. 体外受精

❶ HyperOva 0.1〜0.2 mLおよびhCG 5.0〜7.5 IUを3〜4週齢の雌マウスに，48時間間隔で腹腔内投与する．

❷ hCG投与から約13時間後，12週齢以上の雄マウスから精巣上

[*12] hCG投与から約12時間後に交配，排卵する．

[*13] マウスでは交尾により膣栓ができるが，時間が経つと膣栓が外れることがあるので，注意深く観察して見落とさないこと．

[*14] 胚発生に影響するため，安楽死から30分以内に行う．胚操作に慣れていない場合は，インキュベーター外で緩衝作用があるFHM培地を用いることを薦める．

[*15] ヒアルロニダーゼ処理は5分以内とし，処理後はKSOM培地で数回置換する．ヒアルロニダーゼの持込や処理時間が長くなると，胚発生に影響する．

表1 gRNA，CAS9 および Reference DNA 濃度

導入方法	変異	CAS9 (ng/μL)	gRNA1 (ng/μL)	gRNA2 (ng/μL)	ssODN (ng/μL)	dsDNA (ng/μL)
INJ	Indel	30	20	—	—	—
	Deletion	120	40	40	—	—
	KI（dsDNA）	30	20	—	—	10
EP	Indel	50	20	—	—	—
	Deletion	200	40	40	—	—
	KI（ssODN）	100	40	—	200	—

体尾部を摘出する．

❸ 精巣上体尾部にノエス剪刃を使って切り込みを入れ，尖鋭ピンセットで精子を押し出して，1時間ほど HTF 体外受精培地で培養する．

❹ 精子培養中に卵子−卵丘細胞複合体を回収し（A−❸参照），HTF 体外受精培地に入れる．

❺ 培養した精子を，終濃度 2.0×10^5 精子/mL となるように，卵子—卵丘細胞複合体が入った培地に入れる．

❻ 媒精約2時間後，A−❸と同じ要領で卵丘細胞を除き，KSOM 培地中で培養する．媒精から約6時間後に雌雄前核が確認できる．

C. 凍結融解胚

作製に手間がかかるが，スケジュールが調整しやすいので，凍結融解胚を用いてもよい[13)14]．胚の凍結融解方法は，前述の CARD マウス生殖工学技術マニュアルを参照してほしい．

2) 受精卵への gRNA/CAS9 複合体の導入

図1A に示したとおり，gRNA/CAS9 複合体はエレクトロポレーション（EP法），またはマイクロインジェクション（INJ法）により受精卵へ導入できる．詳細は後述するが，両者の間でゲノム編集効率にはほとんど差がない．われわれは，簡便かつ一度に多くの受精卵を処理できる EP 法を用いることが多い．ただし，dsDNA を用いた KI の場合，EP 法では dsDNA を核内に導入できないため，INJ 法により導入している．各条件を表1にまとめたので，下記プロトコールと合わせて参照して欲しい．

A. マイクロインジェクション

❶ crRNA と tracrRNA をそれぞれ Nuclease free water で ≒60 μM（crRNA：0.7 μg/μL，tracrRNA：1.3 μg/μL）に調製し，使用するまで −30℃で保存する[*16]．

*16 凍結融解を数回くり返しても問題ない．

❷ crRNA保存液2 μL, tracrRNA保存液2 μL, Nuclease free water 16 μLを混ぜて, 95℃1分でDenatureし, 室温で1時間穏やかに温度を低下させることでアニールさせる〔200 ng/μL gRNA溶液〔crRNA：≒6 μM（70 ng/μL）, tracrRNA：≒6 μM（130 ng/μL）〕〕.

❸ 2 μLの300 ng/μL（≒2 μM）CAS9溶液, 2 μLの200 ng/μL（≒6 μM）gRNA溶液, 16 μLの$T_{10}E_{0.1}$バッファーを混合し, 37℃で5分間インキュベートする〔終濃度：CAS9 30 ng/μL（≒200 nM）；gRNA 20 ng/μL（≒600 nM）〕.

（A）複数種類のgRNAを用いる場合：gRNA/CAS9複合体溶液をそれぞれ調製し, インキュベート後に混ぜ合わせている[17].

（B）KIの場合：2 μLの300 ng/μL（≒2 μM）CAS9溶液, 2 μLの200 ng/μL（≒6 μM）gRNA溶液, 14 μLの$T_{10}E_{0.1}$バッファーを混合して, 37℃で5分間インキュベートする. インキュベート後, 2 μLのreference DNA溶液を加える〔終濃度：ssODN 200 ng/μL（〜4 μM for 150 nts ssODN）, dsDNA 10 ng/μL（〜3 nM for 5 kbp dsDNA）〕[18].

❹ インジェクション前に20,000×g 4℃で10分間遠心し, 上清を回収する.

❺ ❸で調製したgRNA/CAS9溶液をインジェクション針に充填し, マニピュレーターにセットする. 受精卵をFHM培地に移し, マイクロインジェクション装置を用いてgRNA/CAS9溶液を前核に注入する.

❻ インジェクション後, KSOM培地に受精卵を戻して, 偽妊娠マウスへの移植まで培養する.

B. エレクトロポレーション

❶ 前項A–❶, ❷と同様の方法で, gRNAを調製する.

❷ 2 μLの1 μg/μL（≒6.6 μM）CAS9溶液, 4 μLの200 ng/μL（≒6 μM）gRNA溶液, 34 μLのOpti–MEMを混合して, 37℃で5分間インキュベートする〔終濃度：CAS9 50 ng/μL（≒330 nM）；gRNA 20 ng/μL（≒600 nM）〕.

（A）複数種類のgRNAを用いる場合：gRNA/CAS9複合体溶液をそれぞれ調製し, インキュベート後に混ぜ合わせている（前項A–❸Aを参照）[19].

（B）KIの場合：4 μLの1 μg/μL（≒6.6 μM）CAS9溶液, 8 μLの200 ng/μL（≒6 μM）gRNA溶液, 24 μLのOpti–MEMを混合して, 37℃で5分間インキュベートする. インキュベート後, 4 μLのreference DNA溶液を加える〔終濃度：ssODN 200 ng/μL（〜4 μM for 150 nts ssODN）〕[20].

[17] それぞれのgRNAとCAS9の親和性は同等だと思われるが, 念のため分けて調製している. 2種類のgRNAを用いる場合, 2倍濃い濃度でCAS9とgRNAを別々のチューブでインキュベートし, その後倍希釈している〔終濃度：CAS9 120 ng/μL（≒800 nM）, gRNA#1 20 ng/μL（≒600 nM）, gRNA2 20 ng/μL（≒600 nM）〕.

[18] reference DNAとgRNAは非相補的なものになっているので, アニールする可能性は少ないと思われるが, 念のため分けて調製している.

[19] 2種類のgRNAを用いる場合は, 終濃度がCAS9 200 ng/μL（≒1.3 μM）, gRNA#1 40 ng/μL（≒1.2 μM）, gRNA2 40 ng/μL（≒1.2 μM）になるように調製する.

[20] 現状では, dsDNAをEP法により受精卵に導入するのは難しいので（DNAサイズが大きいためだと思われる）, INJ法により導入している.

❸ ❷で調製した混合液を電極間に移して，エレクトロポレーターを設定する{私たちは，Poring Pulse（Pp）[Voltage 225 V, Pulse amplitude 2 ms, Pulse interval 50 ms, No. of pulse 4, Attenuation 10％, polarity＋]，Transfer Pulse（Tp）[Voltage 20 V, Pulse amplitude 50 ms, Pulse interval 50 ms, No. of pulse ±5, Attenuation 40％, polarity±]で行っている}．高い編集効率と生存率を得るため，私たちは抵抗値を550〜600 kΩの範囲に収めている[*21]．

❹ 1）で準備した前核期の受精卵をOpti-MEMで3回洗い[*22]，電極間に並べた後，エレクトロポレーションを行う[*23]．

❺ KSOM培地で3回ほど洗い[*24]，移植まで37℃5％CO_2環境下で培養する．

3. 遺伝子改変マウスの作出

1）偽妊娠マウスへの卵管内胚移植

❶ 2.2）で処理した胚[*25]をKSOM培地もしくはFHM培地[*26]に入れる．

❷ ICR偽妊娠マウス（移植当日に交配）に三種混合麻酔薬を腹腔内投与する（0.1 mL/10 g）．背側から卵管を露出させ，卵管膨大部を確認する[*27]．三種混合麻酔により体温が低下するため，処置中は保温するのが望ましい．

❸ ガラスキャピラリーに1卵管あたり10〜15個の胚[*28]を吸引する．私たちは，卵管采から卵管膨大部の間に31Gの注射針で穴をあけ，卵管膨大部へと胚を移植している．

❹ 移植19日後に分娩する[*29]．自然分娩しない場合は，帝王切開により産仔を得るため，仮親マウスも準備しておく[*30]．

2）変異マウスのスクリーニング

❶ 遺伝子型を同定するためのプライマー設計を行う．
- ・Indelの場合（図4）：DNAシークエンス解析のことを考えて，標的配列から100〜200 bpほどずつ離した位置にプライマーを設計する．
- ・Deletionの場合（図5）：Deletionアレルは，抜き取り配列の外側のプライマーセット（図5；Fw1 & Rv2）により検出する．また，WTアレルは，抜き取り配列内とその外部のプライマーセット（図5；Fw1 & Rv1）で検出する．抜き取り配列内のみでプライマーを設計してもよいが，逆位挿入また転座している場合でも陽性となるので気を付けること．
- ・KIの場合（図6）：短いreference DNAを使った場合は，相同領域の両側にプライマーを設計する．長いreference DNA

[*21] 測定した際に，抵抗値が高くでることが多い．その場合は，Opti-MEMを追加して抵抗値を調節する．Opti-MEMを追加すると，gRNA/CAS9の終濃度が低くなるが，私たちの経験上，十分なゲノム編集効率が得られている．

[*22] 浸透圧の変化で卵細胞質が縮む．そのため，なるべく早めにEPして，KSOM培地に戻している．

[*23] EPすると，電極付近に泡ができるため，卵はなるべく電極間の真ん中に並べている．

[*24] Opti-MEMとKSOM培地は浸透圧が異なるため，卵をOpti-MEMからKSOM培地に急激に置換すると，その後の胚発生が悪くなった経験がある．おそらく，細胞膜が完全に修復される前の急激な浸透圧変化が影響したと考える．そのため，私たちは，段階的にKSOM培地への置換を行っている．

[*25] 体外培養時間を短くするのが望ましいため前核期胚での移植を薦める．ただ，体外培養により9割ほどが2細胞期胚へと発生するので，スケジュールに合わせて移植する胚のステージを選んで欲しい．

[*26] 移植に時間がかかる場合は，インキュベーター外で緩衝作用があるFHM培地に移すことを薦める．

[*27] 卵管膨大部が膨らんでいない場合は，交尾刺激が不十分で妊娠を維持できない可能性があるため別の偽妊娠マウスに変えることを薦める．

[*28] C57BL/6の胚移植では，妊娠率や産仔率を上げるために，未処理のICRマウス由来の胚（1〜2個/卵管）をダミー卵として混ぜている．卵管内へのオイルのもち込みは，産子数を低下させるため，できる限り少なくする．

[*29] B6D2F1では10個/卵管，C57BL/6の場合は15個/卵管を移植すると，偽妊娠マウス1匹から6匹程度の産仔が

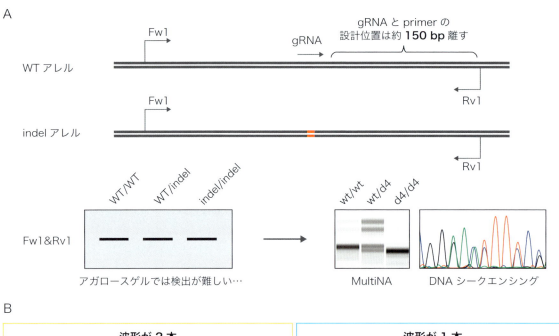

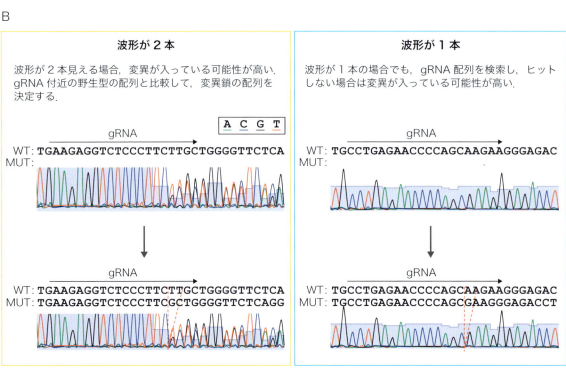

図4 indel変異における遺伝子型同定例
A) プライマー設計から遺伝子型同定までの流れ．PCR増幅産物をアガロースゲルで分離しても，増幅サイズの違いを検出することは難しい．マイクロチップ電気泳動装置MultiNAやDNAシークエンシングにより遺伝子型を同定する．PCRに使ったプライマーをシークエンス解析に使うため，gRNA配列から150 bpずつ離した位置にプライマーを設計するとよい．Indelアレルの赤線部分が変異導入箇所を示す．B) DNAシークエンス波形データからの遺伝子型同定の例．

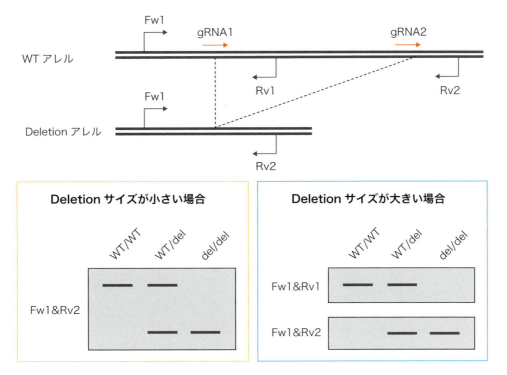

図5 Deletion変異における遺伝子型同定例
欠損領域のサイズにより，プライマー設計を変えている．

を使った場合，挿入配列と相同配列の外側にそれぞれプライマーを設計する．挿入配列や相同配列のみでプライマーを設計すると，ランダムインテグレーション（環状のまま前核に注入するので，発生確率は低い）も検出してしまう．増幅サイズでの判定が難しい場合は，サイレント変異も併せて導入して，適当な制限酵素によりPCR増幅産物を切断できるように（制限酵素認識サイトが元々ある場合は，逆に切断できないように）しておくとスクリーニングしやすい．もちろん，シークエンス確認は必要であるが，系統樹立後のジェノタイピングでも活用できる．

❷ 産まれた仔マウスが2〜3週齢になったら，個体識別して尾部の断片（約3 mmほど），もしくは耳片組織を採取し，200 μLのLysis buffer（20 mM Tris-HCl pH 8.0, 5 mM EDTA, 400 mM NaCl, 0.3% SDS, 200 μg/mL Proteinase K solution）が入ったチューブに入れて，60℃，O/Nでインキュベートする．

❸ 溶解液をサンプル[*31]としてPCRを行う．

❹ 電気泳動[*32]によりバンドを確認する．バンドサイズで判定する

得られる．ゲノム編集効率を考えると，1系統あたり2, 3匹の偽妊娠マウスを用意すれば，数匹の変異マウスが得られる．

[*30] 仮親マウスの出産日を，偽妊娠マウスの1日前に設定し，育児放棄などしないか確認してから仮親として使用している．

[*31] 4℃で遠心するとSDSが沈殿となるため，上清をとればPCRがかかりやすい．また，必要に応じて，フェノール・クロロホルムを用いてゲノムDNAの精製を行う．

[*32] われわれは，通常のアガロース電気泳動に加え，マイクロチップ電気泳動装置（MultiNA；島津製作所）も使用している．MultiNAを用いると，増幅サイズの数%の違いを検出できる（図4A）．

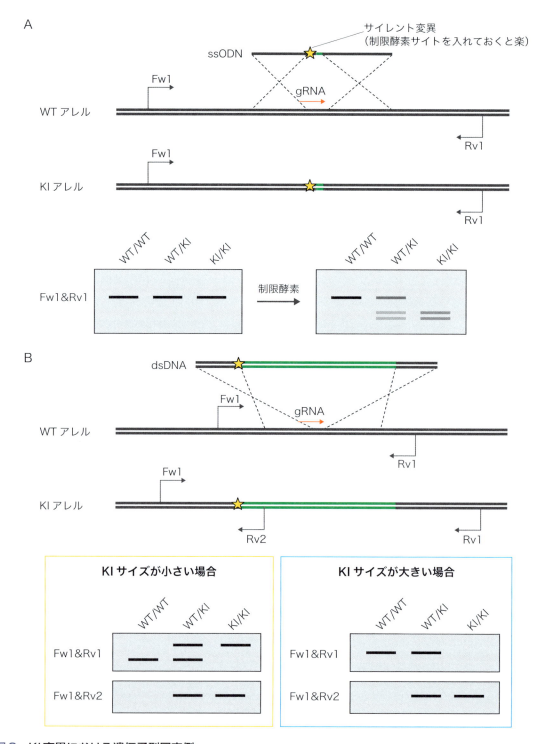

図6 KI変異における遺伝子型同定例
ssODN（パネルA）やdsDNA（パネルB）を用いたKI例を示す．緑線がKI配列，星印はサイレント変異を導入した箇所を示す．サイレント変異に変える際に，制限酵素サイトが出現あるいは消失するように設計するほうが遺伝子型の同定がしやすい．

のが難しい場合は，PCR反応液をWizard PCR Preps DNA Purification Systemにより精製しDNAシークエンシングする．

 トラブルへの対応

■**複雑な遺伝子改変がうまく行かない場合**

図7Aで示したように，受精卵でのゲノム編集により目的の変異マウスが得られるケースが多いが，メガベースを超える長領域の抜き取りやコンディショナルKOマウス作製など，複雑な遺伝子改変は依然として難しく，目的の変異マウスが得られないことがある．そのような場合，ES細胞に立ち返るのも手である．キメラマウス作製や生殖系列への寄与などの過程が必要になるものの，多数のクローンを処理できるため，結果として受精卵よりもゲノム編集マウスを確実に得られる．特に複数遺伝子を標的としたゲノム編集には威力を発揮する．また，蛍光標識などにより，キメラマウス（F0）にて変異体をトラッキングまたソーティングできれば，迅速な表現型解析も可能である．詳細は文献15と16を参照してほしい．

実験例と注意点

1. 変異の同定

gRNAの切断位置から数十bp削れ込んで修復されることもあるため，PCRに用いるプライマーは標的配列から100〜200 bpずつ離してプライマーを設計するとよい．また，100〜200 bpほど離しておくとシークエンシングにも使用しやすい（最初の50 bpほどはシークエンス波形が乱れることが多い）．プライマー配列をイントロン上に設計する場合，配列特異性が低いことがあるので注意してほしい．気になる場合は，Primer-BLAST（https://www.ncbi.nlm.nih.gov/tools/primer-blast/）などを使って，特異性が高い配列をプライマーとして選ぶ．各変異パターンの遺伝子型判定例は図4〜6に示した．

図4Bに示したように，PCR産物をシークエンス解析すると，切断箇所以降，複数本の波形が見える．2本の場合は，ヘテロ欠損もしくはホモ欠損変異，3本以上の場合はモザイク変異である．変異鎖の配列は，シークエンス波形から読み取れる配列と野生型の配列を比較することで，読み取る．TIDEとよばれるフリーのウェブツール（Tracking of Indels by Decomposition；https://tide.deskgen.com/）[17] に野生型マウスと変異型マウスのシークエンス結果を入れれば，波形データから50 bp以内の挿入・欠失サイズであれば自動で算出してくれる．複数本波形が見える場合，遺伝子型を同定するのはたいへんな作業であるが，TIDEを使えば，導入された変異のパターンやその割合まで算出できる．私たちは，モザイクマウスしか得られなかった場合でも，TIDE解析などを利用しながら遺伝子型を同定し，欲しい変異をもつ個体を交配させて次世代を得ている．

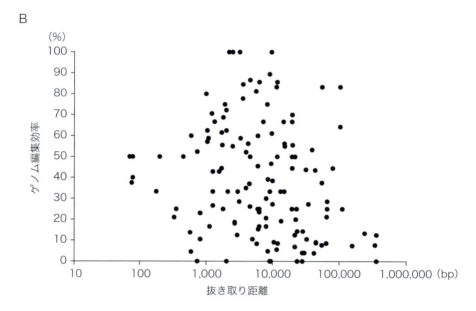

図7 受精卵を用いたゲノム編集効率
A) 各変異におけるゲノム編集効率. B) 抜きとり距離とゲノム編集効率のプロット図. 抜きとり距離とゲノム編集効率との間に相関はみられなかった (相関係数−0.243). したがって, 抜きとりの成否は, gRNAやその標的配列によるところが大きいと考えられる.

2. ゲノム編集効率

われわれの経験上, indel, deletion, KIいずれにおいても, 得られた産仔の2〜4割で変異マウスが得られているが (図7A), 受精卵処理から変異マウスが得られるまでのトータルでのゲノム編集マウス作製の効率を考えると, 卵へのダメージが少ないEP法に軍配が上がる. なお, 抜き取り距離とゲノム編集効率に明らかな相関はみられなかった (図7B). 私たちは, indel, deletion, 短い配列のKI (FLAGなどのタグや点変異の導入) の場合, EP法により60〜100個の受精卵にgRNA/Cas9複合体を導入し, 2〜4匹 (10〜15個/卵管) の偽妊娠マウスへ移植して, 10〜15匹ほどの産仔を得ている. そのうち, 2〜5匹で変異マウスが取れる. 長い配列のKIはトータルでのゲノム編集効率が低いため, 上記の倍

のスケールで実験している.

3. ファウンダー（F0）変異マウス解析の注意点

卵でゲノム編集すると，産まれたF0世代で両アレル変異がいきなり得られることもあるが，F0マウスと次世代マウスの遺伝子型・表現型が異なることがあるため，F0マウスの表現型解析には注意が必要である．その原因として，F0世代では標的配列以外（オフターゲット）が切断されている可能性や，遺伝子型判定に使用した組織と生殖細胞で遺伝子型が異なっていた（モザイク変異）可能性[18]などが考えられる．そこで，私たちはF0変異マウスと野生型マウスの交配によりF1ヘテロ変異マウスを得て遺伝子型を確定し，そのF1マウス同士の交配によりホモ変異マウスを作出している.

4. F2変異マウス表現型解析の注意点

1）Indel変異

Indel変異によりフレームシフトしたmRNAは，ナンセンス変異依存mRNA分解機構（NMD）により分解されることが多い[19][20]が，読み枠があう（in-frame）メチオニンが存在したり[21]，スプライシングパターンが変化することでNMDを逃れるmRNAが作られることもある[22]．RT-PCRによりcDNAシークエンスの確認やimmunoblottingにより，機能性タンパク質が作られないことを確認しておくのが望ましい.

ただし，抗体の反応性が悪くバックグラウンドが高い場合は，非特異的なバンドか異常なスプライスバリアントから派生した産物かの区別が難しいことも多い．また，数bpの小さな挿入欠失変異の場合は，遺伝子型判定も手間がかかる．このような理由から，私たちはdeletion変異を用いた表現型解析を薦めている.

2）Deletion変異

欠損領域内に未知遺伝子が存在する可能性や，周辺遺伝子の発現に影響を及ぼす可能性が否定できないため，私たちは標的遺伝子を発現するトランスジーンをKOマウスに導入して表現型をレスキューすることで，標的遺伝子が責任遺伝子であることを再確認している.

3）KI変異

KI配列（点変異，サイレント変異，およびFLAGやGFPなどのタグ）を導入すると，目的タンパク質の局在変化，機能欠失の恐れがある．そのため，KI配列を含む標的遺伝子の翻訳領域を培養細胞に発現させて，タグの検出はもちろん，目的タンパク質の量・局在・機能を可能な限り事前に調べることを薦める.

また，そもそも発現量が少なく，KIタグを用いてもマウス組織や細胞から目的タンパク質を検出できないこともある．こういった場合は，強力なプロモーターを選べて，複数コピー標的遺伝子を挿入できるトランスジェニックマウスの作製も一手である．KIマウスで検出できなかったタンパク質をトランスジェニックマウスで検出できる例は少なくない．ただし，トランスジェニックマウスでは，異所性発現が結果に影響することもある．こういったメリット・デメリットを考慮しながら，CRISPR-Cas9によるKIマウス作製のみならず，

古典的なトランスジェニックマウス作製（注）も選択肢にもっておくのがよい.

（注）直鎖化したdsDNAを$T_{10}E_{0.1}$を使って最終濃度0.54 ng/μL/kbp（5 kbp以上の場合は2.7 ng/μLで固定）に調製し，マイクロインジェクションにより前核に注入する. 私たちの経験上，産仔10匹あたり3匹ほどがトランスジーン陽性となる. ただし，トランスジーン陽性でも目的タンパク質を発現しないことがあるため，数ラインを系統化して目的タンパク質が検出できるラインを選ぶ必要がある.

おわりに

本稿で紹介したように，ゲノム編集技術により高効率で遺伝子改変マウスが作製できるので，個体レベルでの表現型スクリーニングが現実のものとなっている. われわれは，精巣などの雄性生殖組織で高発現する遺伝子を標的として，CRISPR–Cas9登場以来，すでに100系統近いKOマウスの妊孕性解析を終えた[23)〜25)]. そう遠くない未来には，全遺伝子のKO表現型がデータベースに記されることであろう.

◆ 文献

1）Jinek M, et al：Science, 337：816–821, 2012
2）Mali P, et al：Science, 339：823–826, 2013
3）Wang H, et al：Cell, 153：910–918, 2013
4）Kim H & Kim JS：Nat Rev Genet, 15：321–334, 2014
5）Takeo T & Nakagata N：PLoS One, 10：e0128330, 2015
6）Takeo T & Nakagata N：Theriogenology, 86：1341–1346, 2016
7）Kawai S, et al：Exp Anim, 60：481–487, 2011
8）Mashiko D, et al：Dev Growth Differ, 56：122–129, 2014
9）Fujihara Y & Ikawa M：Methods Enzymol, 546：319–336, 2014
10）Doench JG, et al：Nat Biotechnol, 34：184–191, 2016
11）El–Brolosy MA, et al：Nature, 568：193–197, 2019
12）Ma Z, et al：Nature, 568：259–263, 2019
13）Nakagawa Y, et al：Biol Open, 6：706–713, 2017
14）Nakagawa Y, et al：Exp Anim, 67：535–543, 2018
15）Oji A, et al：Sci Rep, 6：31666, 2016
16）Noda T, et al：Methods Mol Biol, 1630：67–80, 2017
17）Brinkman EK, et al：Nucleic Acids Res, 42：e168, 2014
18）Oliver D, et al：PLoS One, 10：e0129457, 2015
19）Hentze MW & Kulozik AE：Cell, 96：307–310, 1999
20）Popp MW & Maquat LE：Cell, 165：1319–1322, 2016
21）Makino S, et al：Sci Rep, 6：39608, 2016
22）Lalonde S, et al：PLoS One, 12：e0178700, 2017
23）Miyata H, et al：Proc Natl Acad Sci U S A, 113：7704–7710, 2016
24）Noda T, et al：Andrology：doi：10.1111/andr. 12621, 2019
25）Lu Y, et al：Biol Reprod：doi：10.1093/biolre/ioz103, 2019

Ⅱ 実践編

16 ラット受精卵でのゲノム編集

吉見一人，真下知士

はじめに

　古くからヒト疾患モデル動物として利用されてきたラットだが，従来利用されてきた自然発症モデルに加え，トランスジェニック技術やゲノム編集技術の発展に伴ってさまざまな遺伝子改変モデルラットが開発されている．ラットにおけるゲノム編集技術とその効率化についてはさまざまな手法が開発されているが，目的のゲノム改変のパターンに応じて使い分ける必要がある．例えば，単純なノックアウトやSNPなどの短い配列のノックインは，エレクトロポレーション法が主に用いられるようになった[1]．CRISPR–Cas9システムの導入操作が簡単で受精卵の生存率も高い．一方，ヒト遺伝子を導入するといった長鎖のノックインはエレクトロポレーション法では効率が低い．そのため依然としてマイクロインジェクション法を用いることが多い．

　ノックインに用いるドナーDNAは，一本鎖DNAもしくは二本鎖DNAが用いられる．二本鎖DNAの場合，従来の相同組換え法と同様に両端に各1〜3 kbのホモロジーアームをつけたプラスミドを用いることが主流である．われわれはラットを用いて，ホモロジーアームを必要としない2ヒット2オリゴ法[2]などを開発してきた．しかし，ノックインは総じて一本鎖DNAが二本鎖DNAに比べてノックイン効率が高い．特にloxP配列を2カ所同時に入れるなど，数kb以下のノックインに関しては，長鎖一本鎖DNAを用いることで効率的にノックインすることができる．

　ここでは，実際にCRISPR–Cas9を用いた遺伝子改変ラットの作製成功に向け，長鎖一本鎖DNAの調製法，およびエレクトロポレーション法とマイクロインジェクション法の二つの導入法のポイントについて示す．

準　備

1. Cas9およびgRNAの入手，設計

　従来はCas9 mRNAを利用していたが，現在はほとんどの実験について Cas9 タンパク質を用いている．Ready-to-use で使用でき，切断効率もきわめて高いNLSを付加したCas9タンパク質がIntegrated DNA Technologies（IDT）社，サーモフィッシャーサイエンティフィック社，シグマ アルドリッチ社，タカラバイオ社などから販売されている．Cas9 mRNAを利用する場合，受精卵で高活性を示すために開発したT7-NLS hCas9-pAをテンプレートとして*in vitro*転写により作製できるが，本稿では割愛する．このプラスミド情報は寄託先の理化学研究所バイオリソース研究センター（BRC）に記載されているので参考にしていただきたい（カタログ番号：RDB13130）．

　gRNAの標的配列の設計には，CRISPOR（http://crispor.tefor.net/）を用いている．このウェブツールでは，オフターゲット検出に加え，高GC配列やTTTT配列の有無，オンターゲット活性予測などを総合的に数値化してくれる．ノックインの場合は切断部位を近くに設計する必要があるため，gRNAの位置が限られる．その際は予測された数値がある程度低くても試すことが多い．

　標的配列のデザイン後，gRNAをIDT社（Alt-R）もしくはサーモフィッシャーサイエンティフィック社（TrueGuide）で，合成tracrRNAと合成crRNAの2つに分かれたgRNAを発注する．2つに分かれているものは，脱塩グレードで十分な活性が得られ，またtracrRNAは複数標的に使いまわすことができコストパフォーマンスが高い．一本鎖RNAであるsgRNAを利用する場合は，サーモフィッシャー社のGeneArt Precision gRNA Synthesis Kitで調製している．

2. ノックイン用ドナーDNAの設計，調製

　SNPなどの短いノックインは，5′側3′側，ともに40 bpのホモロジーアームを付けたオリゴDNAを合成する．またノックイン後の再切断を防ぐため，サイレント変異をPAM近傍2～3カ所に挿入することが多い．一方，合成一本鎖DNAは200 bp以上の長鎖になると合成が難しくエラーも入りやすくなる．

　本稿では，ニッカーゼを用いてプラスミドからクオリティの高い長鎖一本鎖DNAを調製する方法とそれに必要な試薬類を以下に示

す．プラスミドは切り出す両末端に制限酵素認識配列（少なくとも片方はニッカーゼ配列）を入れる．またこれまでの結果から，5′側が削れやすい傾向があるため，ホモロジーアームは5′側に最低300 bp，3′側に最低50 bpを設計する．われわれはサーモフィッシャーサイエンティフィック社のGeneArt人工遺伝子合成を利用しているが，使用するベクター配列内に制限酵素の切断サイトがないか確認する．バイオダイナミクス研究所では目的配列をクローニングして一本鎖DNAを切り出すプラスミドキットを発売している．

☐ LB培地（ナカライテスク社）
☐ PureLink HiPure Plasmid Midiprep Kit（サーモフィッシャーサイエンティフィック社）
☐ 設計に適したニッカーゼ（ニュー・イングランド・バイオラボ社）
☐ アガロース（ナカライテスク社）
☐ Denaturing Gel-Loading Buffer（バイオダイナミクス研究所, #DS612）
☐ UltraPower DNA Safedye（ジェレックスインターナショナル社）
☐ 10×DNA Loading Buffer（タカラバイオ社）
☐ DNAラダーマーカー（ニュー・イングランド・バイオラボ社）
☐ 50×TAE（ナカライテスク社）
☐ 電気泳動槽（Mupid-2plus）（ミューピッド社）
☐ コーム：付属品でもよいが，自作の方がきれいに分離する（後述）
☐ NucleoSpin Gel and PCR Clean-up Kit（タカラバイオ社）
☐ 3 M酢酸ナトリウム
☐ エタノール

3. ラット受精卵の採取および培養

ゲノム改変後の実験に適した系統の受精卵を得る必要がある．筆者らは通常，近交系のF344系統をバックグラウンド系統として推奨している．F344は，毒性試験，安全性試験等に汎用される近交系で，PMSGとhCGによる効率的な過排卵誘起法も確立されている．最近ではアークリソース社から凍結前核期受精卵を購入することができるようになり，マウスと同様に採取用動物の準備や採取作業が不要になりつつある．ラット受精卵用の培地には改変クレブス－リンガー重炭酸緩衝液（mKRB液）を用いている．mKRB液は調製後，フィルター濾過滅菌し，冷蔵保存で約1～2カ月使用できる．加えて，mKRB液と遜色なく利用できる新しいラット受精卵用培地Rat KSOM[3] が，アークリソース社から販売されている．

☐ PMSG溶液〔動物用セロトロピン（あすかアニマルヘルス社）を生理食塩水で調製後，－20℃で保存〕

☐ hCG溶液〔動物用ゴナトロピン（あすかアニマルヘルス社）を生理食塩水で調製後，−20℃で保存〕

☐ 100 mm，35 mm プラスチックペトリディッシュ（AGCテクノグラス社）

☐ ミネラルオイル（シグマ アルドリッチ社，#M8410）

☐ Rat KSOM（アーク・リソース社）

☐ クレブス–リンガー重炭酸緩衝液（mKRB液，4℃で保存）

NaCl	94.6 mM
KCl	4.78 mM
$CaCl_2$	1.71 mM
KH_2PO_4	1.19 mM
$MgSO_4$	1.19 mM
$NaHCO_3$	25.1 mM
D–（＋）–Glucose	5.56 mM
Sodium Pyruvate	0.5 mM
Sodium Lactate	21.58 mM
Potassium Penicillin G	75 μg/mL
Streptomycin	50 μg/mL
Bovine serum albumin	4 mg/mL

滅菌蒸留水でメスアップし，フィルター濾過滅菌をする．

4. 受精卵へのCas9導入

Cas9タンパク質およびgRNAの受精卵への導入法は，エレクトロポレーション法もしくはマイクロインジェクション法がある．ノックインサイズに応じて使い分けるため，両手法について記す．

1）エレクトロポレーション法の準備

受精卵用エレクトロポレーターは複数社から販売されているが，われわれはネッパジーン社のNEPA–21，電極は5 mm幅を使用している．またエレクトロポレーション用Cas9–gRNA混合液は最終溶液をOpti–MEMで調製する必要がある．10×Opti–MEMは粉末から調製して冷蔵保存することで約3カ月利用できる．

☐ エレクトロポレーター（NEPA21）（ネッパジーン社）

☐ 白金電極チャンバー付きスライドガラス（CUY505P5）（ネッパジーン社）

☐ 実体顕微鏡（SZ61）：オリンパス社

☐ 10×Opti–MEM（粉末を滅菌水で希釈）（サーモフィッシャーサイエンティフィック社）

☐ DNA LoBind Tubes（エッペンドルフ社）

☐ Nucleaseフリー滅菌水

2）マイクロインジェクション法の準備

マイクロマニピュレーターシステムは以下のもの以外にも複数社

から販売されている．ホールディングピペットやインジェクション
ピペットは，プラー，マイクロフォージを所有していればガラス管
から自作できるが，ここでは販売しているものを利用する．マイク
ロインジェクション用Cas9–gRNA混合液は超純水で希釈する．

☐ 倒立顕微鏡（IX71）（オリンパス社）
☐ マイクロマニピュレーターシステム（成茂科学器械研究所）（図3A）
☐ ホールディングピペット（PH10015-030）（プライムテック社）
☐ インジェクションピペット（FemtotipsⅡ）（エッペンドルフ社）
☐ DNA LoBind Tubes（エッペンドルフ社）
☐ Nucleaseフリー滅菌水
☐ 100 mm，35 mmプラスチックペトリディッシュ（AGCテクノグ
ラス）

5. 偽妊娠雌ラットへの移植

受精卵移植用ラットには温厚で哺育に適したWistar系統もしくは
SD系統を用いている．偽妊娠雌ラットを作製するためには，事前
に精管結紮した雄と偽妊娠用雌を準備する必要があるが，飼育ス
ペースに制限がある場合，偽妊娠雌ラットを購入することもできる．
われわれは動物繁殖研究所や日本エスエルシー社から購入している
が，施設によって搬入の曜日や時間帯が異なるため，業者との事前
打ち合わせが必要である．

6. 遺伝子変異導入解析

ラット産仔は，通常3週齢以降の離乳時に個体識別と尾切りをし
て組織を採取し，DNAを抽出してジェノタイピングに用いる．長
鎖のノックインを検出する場合，比較的精製度の高いDNAが必要
である．

☐ Tris-EDTA（TE）溶液（10 mM Tris-HCl，0.1 mM EDTA，
pH 8.0）（ナカライテスク社）
☐ 標的配列を含む領域のPCR用プライマー
☐ DNA抽出キット：NucleoSpin Tissue XS（タカラバイオ社），
KAPA Express Extract Kits（日本ジェネティクス社）など
☐ PCR試薬：Tks Gflex DNA Polymerase（タカラバイオ社），
KOD One（東洋紡社）など

プロトコール

1. ノックインドナー用の長鎖一本鎖DNAの調製
（図1A）

　エレクトロポレーションやマイクロインジェクションに十分な量の一本鎖DNAを調製するためには100 μg程度のプラスミドが必要であるため，Midiprep以上の操作でプラスミドを抽出する．調製する一本鎖DNAは不安定なため，受精卵に導入する直前に調製する．凍結融解を挟むことでノックイン効率が下がるため，すぐに利用しない場合は4℃で冷蔵保存し，2〜3日以内に利用する．

1）長鎖一本鎖DNA作製用プラスミドの調製

❶ 合成プラスミドを大腸菌にトランスフォーメーションし，適した抗生物質プレート上にまいて37℃で一晩培養する．

❷ 夕方，寒天培地上のsingle colonyを拾い，適した抗生物質を入

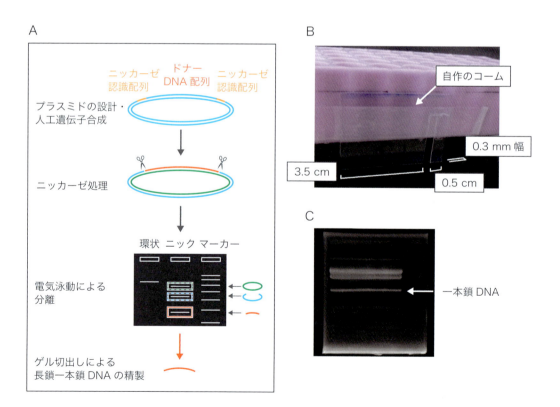

図1　長鎖一本鎖DNAの調製方法
A）調製法の概念図．B）電気泳動時に利用する自作のコーム．C）自作コームを用いて実施した電気泳動写真．一本鎖DNAがきれいに分離している様子がわかる．

れた LB 培地 25 mL に入れ，一晩振盪培養する（37℃，200 rpm）.

❸ 大腸菌を回収（3,000×g, 10 分間）し，Midiprep キットのプロトコールに従ってプラスミド DNA を抽出する[*1].

2) ニッカーゼ処理

❶ プラスミド DNA を両末端に設計したニッカーゼで制限酵素処理する．Double Digestion 可能な場合の条件を以下に記す．各制限酵素 50 U と適したバッファーを加えて最適反応温度で 3 時間，もしくは酵素を 20 U にして一晩インキュベートする[*2].

Nicking Endonuclease 1	50 U
Nicking Endonuclease 2	50 U
10×Buffer	20 μL
プラスミド DNA	100 μg
MilliQ 水	up to 200 μL

❷ 200 μL の反応溶液に 22 μL の 3 M 酢酸ナトリウム溶液を添加して 2 分静置する.

❸ 555 μL（2.5 倍量）のエタノールを添加し混合後，4℃，15,000 rpm で 15 分間遠心する.

❹ 上清を除き，70％エタノールを 500 μL 加えて洗浄する（4℃，15,000 rpm，5 分間）.

❺ 滅菌水もしくは TE 溶液 25 μL に溶解する[*3].

3) 変性ゲル電気泳動による長鎖一本鎖 DNA の分離精製

❶ 電気泳動には Mupid–2plus を使用し，1×TAE バッファーを用いて 0.8％アガロースゲルを作製する[*4].

❷ ニッカーゼ処理済 DNA 溶液 25 μL に対し，Denaturing Gel-Loading Buffer 75 μL（サンプルの 3 倍量）と UltraPower DNA Safedye を 5 μL 加えて 80℃で 5 〜 10 分間加熱して変性させる.

❸ 氷上において急冷後 10×Loading Buffer を 10 μL 混ぜてゲルヘアプライし，すぐに泳動を開始する．分子量マーカーは加熱せず，5 μL（100 ng 程度）アプライする.

❹ 最初の 5 分は 50 V にし，その後 100 V にして 30 分から 1 時間泳動する.

❺ トランスイルミネーターでバンド確認後，目的のバンドを含むゲルを切出し，秤量する（図 1C）.

❻ NucleoSpin Gel and PCR Clean-up Kit のプロトコールに従って精製する[*5].

*1 一部グリセロールストックを作製し保存しておく．抽出量が少なかった場合は追加で大量培養してプラスミドを得る.

*2 2 種類の酵素で反応温度が異なる場合は，はじめの酵素を加熱失活後，次の酵素を添加する．バッファー交換が必要な場合は，以下に記すエタノール沈殿後に再度別の酵素反応を行う．Nb.BsmI を利用する場合は反応時間を 4 時間以内にする.

*3 この状態で凍結保存は可能だが，一本鎖 DNA は不安定なため 2 〜 3 日以内に精製操作を行う.

*4 付属のコームでも泳動可能だが，幅が小さく分厚いため，分離能が低い．プラスティック製の 0.3 〜 0.5 mm 厚の下敷きを切って幅 3.5 cm ほどで作製したものは 100 μL 全量を泳動でき分離能も高いため，お勧めしている（図 1B）.

*5 溶出は kit 添付の Elution Buffer を 70℃に加熱し 20 μL で行う．また溶出サンプルはカラムに 2 回通す方が，収量が上がる.

❼ 濃度を測定する．一本鎖DNA長が1 kbの場合，およそ100〜150 ng/μL（＝2〜3 μg）が回収できる．最近バイオダイナミクス研究所から高収率のカラムが発売されているので収量が低い時はそちらをお勧めする．

2. 受精卵へのCas9-gRNA溶液の導入

エレクトロポレーション法は生存率が高く手技も簡単なため，単純ノックアウトや1 kb以下の一本鎖DNAを利用したノックインに用いている．一方，マイクロインジェクション法は長鎖DNAの導入が可能であることから，1 kb以上の一本鎖DNAやプラスミドを用いた長鎖ノックインを行う際に用いている．

1）エレクトロポレーション法による導入法

❶ 成熟雌ラット（8〜12週齢）にPMSG（150 IU/kg）を腹腔内投与し，46〜47時間後にhCG（75 IU/kg）を投与して過排卵誘起を行う．

❷ hCG投与後の雌ラットは同日に成熟雄ラットと交配させる．

❸ 翌日，膣栓（プラグ）の有無により交配を確認し，これら雌ラットから卵管をとり出す．

❹ 卵管内の受精卵を採取し，ミネラルオイルで被覆したmKRB液に移す．卵丘細胞が付着している場合は0.1％ヒアルロニダーゼ溶液を用いて卵丘細胞を剥離する．

❺ 氷上で，Cas9タンパク質，gRNAおよびドナー用一本鎖DNA混合溶液を以下の組成で調製する．5 mm幅の電極チャンバーを用いる場合，合計42 μLで調製している．

Cas9タンパク質	400 ng/μL
gRNA	200 ng/μL
一本鎖DNA	30〜50 ng/μL
10×Opti-MEM	4.2 μL
Nucleaseフリー滅菌水	up to 42 μL

❻ エレクトロポレーターと5 mm gap電極チャンバー付きスライドガラスを接続し，実体顕微鏡の上に載せる（図2A）．

❼ 電極チャンバー内に混合液40 μLを添加する．

❽ 40〜60個程度の受精卵をチャンバーに移して並べる*6．

❾ エレクトロポレーターの電気条件をセッティングする．われわれは以下の条件で実施している．

*6 Cas9-gRNA混合溶液が薄まらないようにmKRB液はなるべくもち込まないようにする．また，均一にCas9-gRNA複合体が導入されるように受精卵同士が密に接しないように並べる．

274　完全版 ゲノム編集実験スタンダード

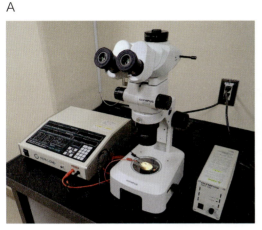 

図2 エレクトロポレーション法によるラット受精卵への導入
A) エレクトロポレーターおよび電極チャンバーのセッティング. B) エレクトロポレーション後の顕微鏡像. エレクトロポレーション時, 上下の電極に泡が発生することを確認する. 矢印はラット受精卵.

Poring Pulse (Pp)					
電圧V	パルス幅 (ms)	パルス間隔 (ms)	回数	減衰率 (%)	極性
225	2	50	4	10	+

Transfer Pulse (Tp)					
電圧V	パルス幅 (ms)	パルス間隔 (ms)	回数	減衰率 (%)	極性
20	50	50	±5	40	+/−

❿ 抵抗値を測定し, 400Ω〜600Ωの範囲内であることを確認する[*7].

⓫ エレクトロポレーションを行う (図2B).

⓬ エレクトロポレーション終了後の受精卵は200 μLの新しいmKRB液へ移し, 37℃, 5% CO_2条件下で一晩培養する[*8].

2) マイクロインジェクション法による導入法

❶ 前述1) ❶〜❹と同様の方法でラット受精卵を採取する (図3B).

❷ 氷上でCas9タンパク質, gRNAおよびドナー用DNA混合溶液を以下の組成で調製する.

Cas9タンパク質	100 ng/μL
gRNA	50 ng/μL
ドナー用 一本鎖DNA	30〜50 ng/μL
ドナー用 プラスミドDNA	1〜3 ng/μL
Nucleaseフリー水	up to 50 μL

*7 まれに外れることがあり, そのまま実施すると生存率に影響する. 抵抗値が高い場合はOpti-MEMを, 低い場合は滅菌水をガラスキャピラリー等で少量加え, 再測定する.

*8 100 μL以下の培地で培養すると, 2細胞期への発生率が下がる傾向がある.

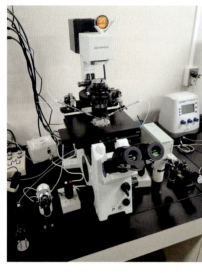

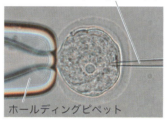

図3 マイクロインジェクションによるラット受精卵への導入
A）マイクロマニピュレーターシステム．B）ラット受精卵．マウスに比べて形がいびつなものや，透明体との隙間が小さいものが多い．C）ホールディングピペットで受精卵を固定し，インジェクションピペットから雄性前核あるいは細胞質内へCas9-gRNA混合液を注入する．

❸ 混合溶液を遠心（15,000 rpm，4℃，30分間）し，その上清部分をインジェクションに用いる．インジェクション中に針先で詰まることを減らすため，インジェクションの直前に実施する．

❹ 100 mmディッシュや35 mmディッシュの蓋などに10 μLのmKRB液ドロップを数個作製してミネラルオイルで被覆し，受精卵を移す．

❺ マイクロマニピュレーターにホールディングピペット，Cas9-gRNA混合溶液を先端内に導入したインジェクション用ピペットを装着する．

❻ ホールディングピペットで受精卵を固定し，受精卵の雄性前核あるいは細胞質へ約2～3 pLのCas9-gRNA混合溶液を注入する．（図3C）．

❼ マイクロインジェクション後の受精卵は200 μLの新しいmKRB液へ移し，37℃，5% CO_2条件下で一晩培養する．

3. 偽妊娠雌ラットへの卵管内受精卵移植

❶ 卵管内受精卵移植の前日に，発情前期の雌ラットを精管結紮した雄ラットと交配する．

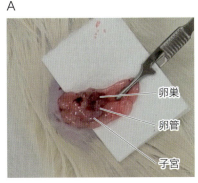
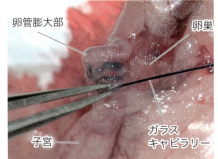

図4 2細胞期胚の卵管内移植
A) 偽妊娠雌ラットの背側から脂肪を引っ張り，卵巣‐卵管‐子宮の接合部位を露出させる．B) 卵管の上流に切れ込みを入れ，ガラスキャピラリーを挿入してラット胚を移植する．図はわかりやすいように色素を用いている．

❷ 翌日プラグを確認したものを偽妊娠誘起と判断する[*9]．

❸ 一晩培養した受精卵から正常に発生した2細胞期胚を選抜し，新しいmKRB液へ移す．

❹ 麻酔下で，背側から卵巣‐卵管‐子宮の接合部位を露出させ，卵管膨大部を確認する．

❺ ガラスキャピラリーに2細胞期胚を8〜10個程度吸引する．

❻ 卵管膨大部の上流側を切開し，そこからガラスキャピラリーを卵管内に挿入し，2細胞期胚を移植する（図4A，B）．

❼ 組織を腹腔内に戻し，縫合した後，反対側の卵管も同様の方法で2細胞期胚の移植を行う．

❽ 移植後の雌ラットは，約21日で分娩する[*10]．

4. 遺伝子改変ラットの遺伝子型解析

導入後に得られてきた個体（ファウンダー個体）から遺伝子改変個体を選抜するための基本的なジェノタイピング法を記す．ファウンダー個体はノックアウトやノックインがモザイクに導入されている場合が多いため，実験には次世代以降の個体を利用することをお勧めする．また，状況に応じてオフターゲット領域での変異の有無の確認，サザンブロッティングやFISH解析によるノックイン部位の同定，ウエスタンブロッティングによるタンパク質の欠失や導入タンパク質の発現を確認する場合もあるが，本稿では割愛する．

❶ 3週齢程度の産仔の尾部からの採血，あるいは尾切り等により組織を採取し，各個体のサンプルDNAを抽出する．

[*9] 偽妊娠雌ラットを購入する場合は，上記作業は不要である．

[*10] 標的遺伝子によっては胎仔が死に至り，産仔が生まれてこない場合がある．その場合はCas9の濃度を薄くするなどで再実施することで改善されることがある．

❷ サンプルDNAを用いて標的領域のPCRを行い，電気泳動にてDNA増幅を確認する．バンドパターンでノックアウト・ノックイン個体をある程度予測できる．

❸ ダイレクトシークエンス解析を行い，ノックアウト・ノックインが正確にできていることを確認し，その個体を選抜する[*11]

❹ 得られたファウンダーのノックアウト・ノックイン個体を野生型個体に戻し交配をし，次世代を取ってその後の実験に用いる[*12]

[*11] モザイクやヘテロに変異が入っている場合，PCR産物のダイレクトシークエンス解析では波形が重なり，変異パターンの解読が困難な場合がある．TIDE（https://tide.deskgen.com/）などを用いることで判別するか，PCR産物をサブクローニングし，複数の配列を解読するなどの対応をする．

[*12] 生殖系列でのモザイクが原因により，ファウンダー個体で検出されなかった遺伝子型がF1世代で検出されることがある．そのため，ファウンダー個体がホモ様の遺伝子型を示す場合もF1世代の遺伝子型は必ず確認する．

トラブルへの対応

■一本鎖DNAの収量が低い，少ない

精製用プラスミドの設計がきちんとできていても，熱変性後の電気泳動で分離してこない，バンドが薄い等が原因で一本鎖DNAが十分に得られないことがある．原因としては以下が考えられる．

・不完全な制限酵素処理

ニッカーゼは最適温度が37℃でないことが多く，大量のプラスミドを処理する本法では切断活性が想定よりも低いことがある．その場合は，酵素量を増やす，反応量をスケールアップする，処理時間を延長する，といった方法で改善する．

・エタノール沈殿によるタンパク質除去

電気泳動前のタンパク質除去の工程は一見簡単かつ不必要な処理にみえるが，このステップの有無で電気泳動での分離が大きく左右される．DNAが減らないよう丁寧に処理を行う．

・一本鎖DNAゲル精製キット

最後の一本鎖DNAの精製は販売されているカラムによって最終の精製量が異なってくる．バンドはきれいに出ているのに最終精製量が少ない場合は，バイオダイナミクス研究所が販売している一本鎖DNA用精製カラムキットを利用すると収量があがることがある．

■ノックイン動物がとれない

原則的にノックインしたい配列が長くなるほど，ノックイン効率は下がる．またノックアウト効率が高いほどノックインの効率も上がる．20匹程度の個体を確認してもノックイン個体が得られない場合，gRNAの位置を少しずらして再設計し，再度実施する．一本鎖DNAのホモロジーアームを少し長くすることで効率が上がることがある．一方ノックイン配列は確認できるものの，狙った位置に入っていないトランスジェニックばかりとれることもある．この場合は，ドナーDNAの純度が低く，二本鎖DNAが混ざっている可能性が高い．再度，一本鎖DNAの設計・精製からやり直すと改善することが多い．

実験例

　一本鎖DNAを用いたノックインラットの作製は，われわれ含めさまざまな遺伝子を対象に報告されてきた．短い一本鎖オリゴDNA（ssODN）は設計した配列を注文するだけで簡単に入手することができる．一塩基置換や短い配列の挿入・置換にはきわめて有用である一方，カセット遺伝子の挿入や2つのfloxなどの比較的長い配列を導入することには不向きである．われわれは，200 bp程度の相同配列を付加した長鎖一本鎖DNAをマイクロインジェクション法で導入した結果，*Thy1*遺伝子下流に0.8 kbの2A-GFP配列を導入することに成功した[2]．

　長鎖一本鎖DNAの利点はエレクトロポレーションでも利用できる点にある．ここでは，ラットの*Vapb*遺伝子に対し，イントロンに2つのloxP配列，エキソンにSNP置換を導入した例を示す（図5）．標的となるgRNAをエキソン前後のイントロン上に設計し，その部分にloxPを導入するドナーDNAを設計した．ドナーDNAを一本鎖で調製するため，前後にニッカーゼ認識配列を導入した．この配列を人工遺伝子合成でプラスミド作製後，本稿で示した手法により長鎖一本鎖DNAを精製した．この一本鎖DNAを2つのgRNA, Cas9

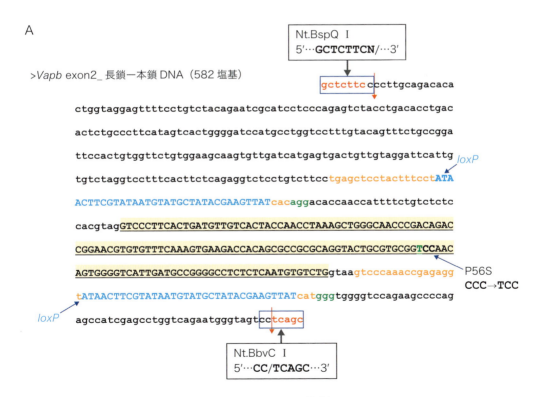

図5A　長鎖一本鎖DNAを用いたFloxノックインラットの作製
A）2つのloxPサイト（青）とSNP置換（緑）を導入したドナーDNAのデザイン．両末端には，調製時に利用するニッカーゼ配列を示している．オレンジはgRNAの標的配列．

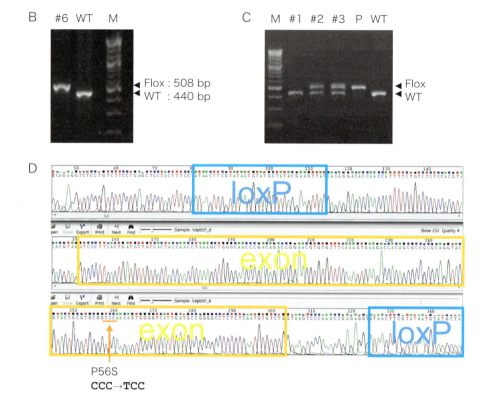

図5B, C, D　長鎖一本鎖DNAを用いたFloxノックインラットの作製
B) ジェノタイプの結果．#6はノックインの予想位置にバンドが出ている．C) #6と野生型と交配して生まれたF1個体のジェノタイプ結果．#2, #3はFloxアレルをもっていることがわかる．D) Floxノックインラットのシークエンス配列．正確に導入できていることが確認できる．

タンパク質とともに，エレクトロポレーション法で導入した結果，16％の効率でノックイン個体の作出に成功した（図5B, C）[4]．実際にシークエンス配列を確認しても正確にfloxとSNP置換が導入できていることを示している（図5D）．われわれは本法をCLICK法として確立して利用している．このほか，マウスでも同様の手法を用いてノックインできることが報告されており[5]，長鎖一本鎖DNAはノックイン個体の作出に有用な方法として期待されている．

おわりに

最初にも述べたが，ゲノム改変ラットの作製では目的のゲノム改変のパターンに応じて方法を使い分ける必要がある[6]．その概要を図6で示した．単純なノックアウトやSNPなどの短い配列，1 kb以下の一本鎖DNAを用いるノックインは，エレクトロポレーション法を用いることで，簡単かつ効率的に改変ラットを得ることができる．また，卵管で直接エ

図6 遺伝子改変ラット作製法の概要
目的に応じて最適な改変方法を選択している．改変したいサイズが大きいほどその効率は下がる傾向があるが，標的によって効率はさまざまである．長鎖一本鎖：LssDNA．

レクトロポレーションを行うGONAD法なども開発・利用されており[7]，受精卵の扱いに慣れていない研究者や，受精卵の採取が難しい系統などではしばしば利用されている．本稿では一本鎖DNAを用いたノックイン法を中心に紹介した一方，ヒト遺伝子を導入するといった長鎖のノックインはマイクロインジェクション法を用いることが多い．プラスミドDNAのノックインについてはさまざまな方法が出ているが効率の面では依然として改善が必要とされている．われわれは最近，非相同性末端結合修復と相同組換え修復を組合わせた新しい高効率ノックイン法Combi-CRISPR法を開発しており（未発表），今後さらなる効率化が見込めるものと想定される．

筆者らは，研究者の要望に応じて，ゲノム編集技術を用いた遺伝子改変ラットの作製を支援する体制を整えている．また文部科学省新学術領域研究「先端モデル動物支援プラットフォーム」では，科研費採択者を対象に遺伝子改変マウス・ラットの作製支援が行われており，研究に必要なモデル動物を支援機関に依頼できる．このように，ゲノム編集技術の発展によってラットだけでなく多くの遺伝子改変動物が作製されつつあり，ヒト疾患に対する先進的医学研究・創薬研究・再生医療研究などが発展し続けている．

◆ 文献

1) Kaneko T, et al：Sci Rep, 4：6382, 2014
2) Yoshimi K, et al：Nat Commun, 7：10431, 2016
3) Nakamura K, et al：Theriogenology, 86：2083-2090, 2016
4) Miyasaka Y, et al：BMC Genomics, 19：318, 2018
5) Quadros RM, et al：Genome Biol, 18：92, 2017
6) Yoshimi K & Mashimo T：J Hum Genet, 63：115-123, 2018
7) Takabayashi S, et al：Sci Rep, 8：12059, 2018

Ⅱ 実践編

17 植物でのゲノム編集

刑部祐里子，原　千尋，橋本諒典，宮地朋子，刑部敬史

はじめに

　　植物のゲノム編集はさまざまな植物種や農作物品種に対して用いられてきた[1)~4)]が，個々の植物種・品種に応じた実験系を確立する必要がある．CRISPR–Cas9ベクター構築および導入方法や，さらには得られた変異体の育成方法もそれぞれの植物種で最適化する必要があり，ゲノム編集ツール以外の周辺技術の確立が必要である．本プロトコールでは，現在主要に用いられているアグロバクテリウムを用いた形質転換法を利用したCRISPR–Cas9ベクターの導入法を取り上げ，モデル植物を例としたゲノム編集技術について示す．シロイヌナズナ，単子葉かつ作物のモデルであるイネ，園芸植物のモデルとしてトマトのゲノム編集法について示し，植物ゲノム編集の基礎的なプロトコールを紹介する．

準　備

1. 植物材料

□ シロイヌナズナ（*Arabidopsis thaliana*）種子[*1]
　エコタイプ；コロンビア（Co）
□ トマト（*Solanum lycopersicum*）種子[*2]
　品種；マイクロトム（Micro–Tom），およびエルサクレイグ（Ailsa Craig）
□ イネ（*Oriza sativa*）カルス[*3]
　品種；日本晴
□ アグロバクテリウム（*Agrobacterium tumefaciens*）菌株
　菌株；GV3101（シロイヌナズナ用），GV2260（トマト用），EHA105（イネ用）

2. 装置

□ 植物インキュベーター（人工気象器CLE–405またはCLE–305；トミー精工社）
　設定条件；16時間明期/8時間暗期，22℃（シロイヌナズナ），

[*1] シロイヌナズナ種子は理化学研究所バイオリソース研究センター（RIKEN BRC）より購入．
[*2] マイクロトム種子はインプランタイノベーションズ社，その他の栽培品種トマト種子はトンプソン＆モーガン社などより購入（検疫が必要）．
[*3] イネカルスは適宜，既存の植物組織培養のプロトコールに従い作製する．ここではカルスを作製後のイネでのゲノム編集の概略を紹介する．

282　完全版　ゲノム編集実験スタンダード

23℃/20℃（明/暗）（トマト），または30℃（イネカルス用）

- □ 遠心分離機（ST 8FR；サーモフィッシャーサイエンティフィック社）
- □ サーマルサイクラー（T100 Thermal Cycler；バイオ・ラッド ラボラトリーズ社）
- □ 電気泳動装置（Mupid-exU；ミューピッド社）
- □ 振盪培養器（BIO-SHAKER BR-15；タイテック社）
- □ 濁度計（Biowave CO8000 Cell Density Meter；バイオクロム社）
- □ エレクトロポレーター（MicroPulser；バイオ・ラッド ラボラトリーズ社）
- □ 植物細胞破砕機
   MULTI-BEADS SHOCKER（安井器械社）など
- □ 蛍光実体顕微鏡
   Leica M165 FC または M205 FA（ライカマイクロシステムズ社）など

3. 試薬

- □ アセトシリンゴン（4′-Hydroxy-3′, 5′-dimethoxyacetophe-none；東京化成工業社）；DMSO を用いて400 mM ストックを作製する.
- □ 2-メルカプトエタノール（ナカライテスク社）
- □ シロイヌナズナ用培養土；ジフィーミックス（サカタのタネ社）
- □ トマト用培養土；育苗培土（タキイ種苗社）
- □ 土植え用ポット；プラスチック製のものを数種揃える.
- □ シロイヌナズナ種子播種培地

ムラシゲ・スクーグ培地用混合塩類[*4]	4.6 g
MES（緩衝剤）	0.5 g
スクロース	30.0 g
Gamborg's Vitamin Solution 1000×[*5]	1.0 mL
寒天	8.0 g
ddH$_2$O	up to 1.0 L

   KOH を用いて pH 5.7 に調製し，オートクレーブ.

*4 富士フイルム和光純薬社

*5 シグマ アルドリッチ社

- □ 70％（v/v）エタノール（種子滅菌用）；特級エタノールを用いて作製.
- □ トマト用種子滅菌溶液（用事調製）

次亜塩素酸ナトリウム溶液（アンチホルミン）[*4]	3 mL
Triton X-100[*4]	15 μL
ddH$_2$O	up to 30 mL

- □ アグロバクテリウム前培養用 YEP 培地

トリプトン[*4]	10 g
酵母エキス[*4]	5 g
塩化ナトリウム	5 g
ddH$_2$O	up to 1 L

   NaOH を用いて pH 7.0 に調製し，オートクレーブ.

☐ アグロバクテリウム本培養用培地（AB–MES培地）[5]

KH_2PO_4	3 g
$Na_2HPO_4 \cdot 2H_2O$	1.3 g
MES	9.8 g
ddH_2O	up to 850 mL

KOHを用いてpH 5.7に調製し，オートクレーブ．クリーンベンチ内で5％（w/v）グルコース溶液100 mLおよびAB salts（NH_4Cl 20 g/L, $MgSO_4 \cdot 7H_2O$ 6 g/L, KCl 3 g/L, $CaCl_2 \cdot 2H_2O$ 300 mg/L, $FeSO_4 \cdot 7H_2O$ 50 mg/L）50 mLを加える．

☐ 1000×MSビタミン溶液

ミオイノシトール	10 g
ニコチン酸	50 mg
ピリドキシン塩酸塩	50 mg
チアミン塩酸塩	10 mg
グリシン	200 mg
ddH_2O	up to 100 mL

（−30℃で保存する）

☐ MS液体培地

ムラシゲ・スクーグ培地用混合塩類[*4]	4.6 g
1000×MSビタミン	1.0 mL
スクロース	30.0 g
ddH_2O	up to 1.0 L

NaOHを用いてpH 5.7に調製し，オートクレーブ．

☐ トマト用発芽培地

MS液体培地の組成のうち，スクロースを15 g/Lに変更して調製後，寒天8 gを添加し，オートクレーブ．

☐ トマト用アグロバクテリウム共存培地

MS液体培地に寒天8 gを添加し，オートクレーブ．クリーンベンチ内で100 μLの400 mMアセトシリンゴンを添加する．

☐ トマトカルス誘導培地[*6]

MS液体培地に寒天8 gを添加し，オートクレーブ．クリーンベンチ内で以下の試薬を加える．

1.0 mg/mL trans–ゼアチン	1.5 mL/L
100 mg/mL カナマイシン	1 mL/L
12.5 mg/mL メロペネム	2 mL/L

☐ トマトシュート誘導培地

カルス誘導培地と同様に調製し，オートクレーブ．クリーンベンチ内で以下の試薬を加える．

1.0 mg/mL trans–ゼアチン	1 mL/L
100 mg/mL カナマイシン	1 mL/L
12.5 mg/mL メロペネム	2 mL/L

☐ トマト発根誘導培地

1/2倍MS液体培地に寒天8 gを添加し，オートクレーブ．クリーンベンチ内で以下の試薬を加える．

*6 本プロトコールで用いるpEgP237-2A-GFPベクターの場合，薬剤選抜としてカナマイシンを用いている．この培地以降，カナマイシンで形質転換カルスや系統を選抜する．その他のベクターの場合は，植物用のマーカーに応じて変更する．

| 100 mg/mL カナマイシン | 0.5 mL/L |
| 12.5 mg/mL メロペネム | 2 mL/L |

☐ イネカルス誘導培地（N6D）培地[*7]

☐ CRISPR–Cas9 ベクター；pEgP126_Paef1–2A–GFPSD2[1) 4)]（シロイヌナズナ），pEgP237–2A–GFP[2)]（トマト）

☐ gRNA 設計用 web ツール；代表例を下にあげる．
focas（http://focas.ayanel.com/）[1) *8]
CRISPR RGEN（http://www.rgenome.net）
CRISPRdirect（https://crispr.dbcls.jp）

☐ 植物 DNA 精製用キット
NucleoSpin Plant II（タカラバイオ社）など

☐ PCR 酵素
PrimeStar GXL DNA Polymerase（タカラバイオ社）など

☐ Cel–1 アッセイ用試薬
Guide–it™ Mutation Detection Kit（タカラバイオ社）または
Surveyor® Mutation Detection Kits（Integrated DNA Technologies 社）

☐ NEBuider（ニュー・イングランド・バイオラボ社）

☐ DNA 断片精製キット
Wizard® SV Gel and PCR Clean–Up System（プロメガ社）など

☐ クローニング用ベクター
pUC19, pNEB193（ニュー・イングランド・バイオラボ社）など

☐ シークエンス反応用試薬
BigDye™ Terminator v3.1 Cycle Sequencing Kit（サーモフィッシャーサイエンティフィック社）

*7 組成およびその他のイネ用の培地については文献[11)]を参照．

*8 使用には ID とパスワードが必要．使用希望の方は筆者までご連絡いただければ取得可能．

プロトコール

　CRISPR–Cas9 によるゲノム編集を行うためには，gRNA と Cas9 タンパク質を目的の細胞にて効率よく発現させることが重要であり，それぞれの植物種に応じて最適なベクターカセットを設計する．一般的に，双子葉植物と単子葉植物ではそれぞれ遺伝子発現に最適な発現プロモーターやターミネーター，コドンなどを最適化させる必要がある．また，シロイヌナズナでのゲノム編集では in planta 法による形質転換により CRISPR–Cas9 の導入を行うため，CRISPR–Cas9 が効率よく導入される組織・細胞は，花粉および胚珠（配偶子）と受精卵を含む花芽組織であり，このような組織において活性をもつプロモーターを Cas9 の発現に用いる[1) 4) 6)]．また，複数の

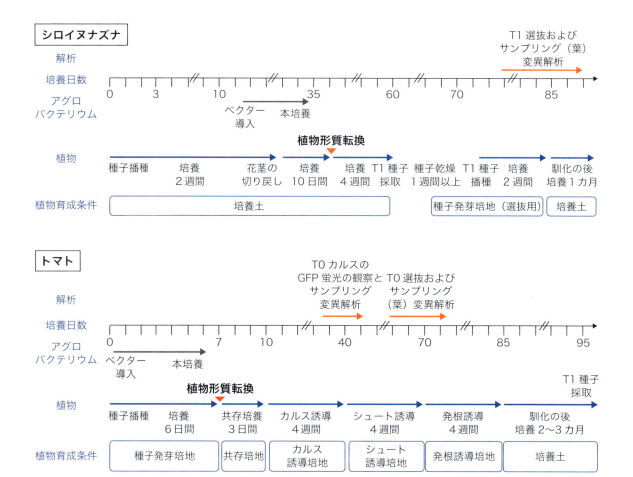

図1　シロイヌナズナ，トマトを例とした植物ゲノム編集実験の流れ
それぞれの実験のおおよその日数を示している．必要な日数は植物の生育具合などで変動する．

gRNAを同時に発現させる場合には，複数カセットあるいはtRNAの発現を利用した専用のベクターも開発されている[7]．

本プロトコールの実験の流れを図1に示す．

1. gRNA設計

CRISPR-Cas9を用いて変異導入するためには，まず目的の遺伝子座において特異的に作用するgRNAを設計する必要がある[*9]．われわれはgRNAを設計するためのウェブツール"focas"（http://focas.ayanel.com）[1]を作成しており，CasOTアルゴリズム[8]によるoff-target検索や，'on_target_score_calculator.py'[9]アルゴリズムによるgRNA活性の推定に使用できる．また，自身の研究対象のドラフトゲノムデータを用いることも可能である．gRNA設計には，同様に，CRISPRdirect（https://crispr.dbcls.jp），CRISPR RGEN

*9　CRISPR-Cas9を導入しようとする野生型の系統のゲノムについて，公開されているゲノム情報と異なり，SNPsが多数存在するケースがある．gRNAを設計する際には，少なくとも標的遺伝子について用いる野生型系統のゲノム配列のシークエンス解析を必ず行って，gRNA設計が妥当かを確認すること．

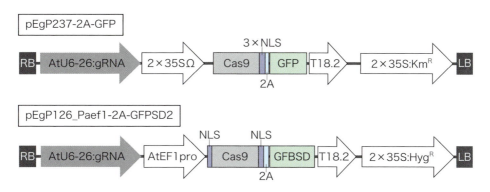

図2 植物用CRIPSR-Cas9ベクター
CRISPR-Cas9ベクター pEgP237-2A-GFP[2]（トマト）およびpEgP126_Paef1-2A-GFPSD2[1) 4)]（シロイヌナズナ）．CaMV35Sプロモーター（35S）は，植物での恒常的高発現ベクター．シロイヌナズナにおいては，Cas9の発現に生殖細胞・茎頂分裂組織特異的な発現をもつEF1αプロモーターを用いている（使用希望の方は，筆者より分譲可能）．

（http://www.rgenome.net）などのさまざまなウェブツールを用いることができる．

2. CRISPR-Cas9ベクター作製

図2には，われわれが開発した植物のCRISPR-Cas9ベクターのT-DNA領域（植物ゲノムに組込まれる領域）を示した．gRNA発現カセットに，1.において設計したgRNA配列のオリゴDNAをゴールデンゲートクローニング法[10]などで挿入すればよい．これらのベクターは，GFP蛍光によりCas9を高発現する個体や細胞が単離できる．

3. アグロバクテリウムへのCRISPR-Cas9ベクターの導入

❶ CRISPR-Cas9ベクターは，エレクトロポレーション法でアグロバクテリウムに導入する*10．

❷ 100 mg/Lリファンピシンおよび各ベクターに適切な抗生物質（pEgP126_Paef1-2A-GFPSD2およびpEgP237-2A-GFPの場合は50 mg/Lカナマイシン）を含むLBプレートに塗布する．28℃で2～3日培養する．

❸ 2～3日後に生じたシングルコロニーからグリセロールストックを作製し，−80℃で保存する．

4. 植物へのCRISPR-Cas9ベクターの導入

ここではシロイヌナズナおよびトマトについて，それぞれの植物でプロトコールを分けて説明する．イネへのベクターの導入法につ

*10 エレクトロポレーション用コンピテントセル作製法や導入法は，既存の実験方法に従って実施する．

いては，詳細は文献[11)12)]などを参照されたい．

1）シロイヌナズナ

❶ 培養土を入れたポットにシロイヌナズナ種子を播種する．直径8 cm程度の円形のポットであれば，5個体程度まで育成可能なため，数粒ずつ5カ所に均等に播種する．発芽後，本葉が形成されたら間引きを行い，成熟個体となるまで育成する．

❷ 播種から約3週間後に花茎が10 cm程伸長したら切り戻しを行い，さらに約10日間育成させ，花芽が多く付いた植物体を使用する．アグロバクテリウムの感染によりベクターの形質転換を行うが，感染の実施日に，開花した花（白い花弁が目視できるもの）と果実はすべて取り除き，感染の準備を行う．

❸ CRISPR–Cas9ベクターを導入したアグロバクテリウムのグリセロールストックを100 mg/Lリファンピシンおよび適切な抗生物質（pEgP126_Paef1–2A–GFPSD2の場合は50 mg/Lカナマイシン）を含むLBプレートにストリークし，28℃で2〜3日間培養する．

❹ 生じたコロニーを3〜5 mLの100 mg/Lリファンピシンおよび適切な抗生物質（pEgP126_Paef1–2A–GFPSD2の場合は50 mg/Lカナマイシン）を含むLBまたはYEP液体培地に植菌し，28℃で約16時間振盪し培養する（前培養）．

❺ 前培養液を1/1,000倍の濃度で100 mg/Lリファンピシンおよび適切な抗生物質（pEgP126_Paef1–2A–GFPSDの場合は50 mg/Lカナマイシン）を含むLBまたはYEP液体培地に接種し，28℃でOD_{600}＝1.0〜1.5となるまで約16〜18時間振盪培養する（本培養）．

❻ 本培養液を用いてフローラルディップ法により遺伝子導入を行う．フローラルディップ法の詳細は，文献[12)]を参照する．

2）トマト（図3）

❶ トマト種子を70％（v/v）エタノールで2分間振盪後，トマト用種子滅菌溶液で45分間振盪する．

❷ 滅菌水ですすいだ後，一晩振盪し吸水させる．再度滅菌水ですすぎ，トマト用発芽培地に無菌的に播種する．播種したプラントボックスをサージカルテープにて封をし，植物インキュベーターにて育成する．トマトへのベクター導入には播種後7〜8日目のトマト実生を使用する．

❸ トマトの育成段階が適切な時期となったら，アグロバクテリウムの感染によりベクターの導入を行う．

❹ CRISPR–Cas9ベクターを導入したアグロバクテリウムのグリ

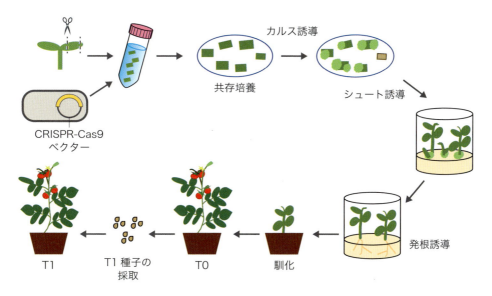

図3 トマトへのCRISPR-Cas9ベクターの導入と変異個体単離までの流れ
アグロバクテリウムを用いたリーフディスク法による形質転換を行い，組織培養により個体を再生させる．

セロールストックを適切な抗生物質（pEgP237-2A-GFPの場合は50 mg/Lカナマイシン）を含むLBプレートにストリークし，28℃で2～3日間培養する．

❺ 生じたコロニーを5 mLのLBまたはYEP液体培地に植菌し，28℃で24時間振盪培養する（前培養）．

❻ 前培養液を6,000×g，室温で10分間遠心して集菌し，AB-MES培地で再懸濁する．

❼ 再懸濁した菌液がOD_{600}＝0.2となるように，200 μMアセトシリンゴンおよび適切な抗生物質（pEgP237-2A-GFPの場合は50 mg/Lカナマイシン）を含むAB-MES培地にて希釈し，10 mLの培養液を作製する．28℃で16～18時間振盪培養する（本培養）．

❽ 本培養液を6,000×g，室温で10分間遠心して集菌し，MS液体培地で再懸濁する．

❾ 再懸濁した菌液がOD_{600}＝0.01となるようにMS液体培地（0.03 μL/mL 2-メルカプトエタノール，100 μMアセトシリンゴン）にて希釈し，40 mLのアグロバクテリウム感染液を作製する．

❿ 播種後7～8日目のトマト実生の子葉からリーフディスクを作製する（図3）．リーフディスクを感染液に浸し，10分間振盪してアグロバクテリウムを感染させる．

⓫ 余分な菌液をキムタオルで除き，向軸面が培地に接するように共存培地に植え，シャーレをアルミホイルで包み，23℃で72時間共存培養する．

3）イネ

イネの種子を滅菌してN6D培地に置床し，30〜33℃，明所で7〜10日間培養することでカルスを誘導する．カルス作製方法の詳細およびベクター導入方法は，文献[11) 12)]などのイネの形質転換方法を参照する．

5. CRISPR-Cas9導入植物の培養

1）シロイヌナズナ

形質転換した植物体から採取した種子（T1）を適切な抗生物質（pEgP126_Paef1-2A-GFPSD2の場合は20〜25 mg/Lハイグロマイシン）を含む種子播種培地に無菌播種し（無菌播種の方法は文献[12)]参照），生育した個体を選抜し葉1枚をそれぞれサンプリングする．変異解析のためのDNAを調製する．

2）トマト（図4）

❶ リーフディスクを共存培養後，切断面と背軸面が培地に接するようにカルス誘導培地に移植し，植物インキュベーターで2週間培養する．

❷ 新しいカルス誘導培地に移植する．培養4週間目までにGFP蛍光を観察する*11．gRNAの選抜のために，この段階で変異解析を行う場合は，GFP蛍光が観察されるカルスをサンプリングし，DNA調製を行う．

❸ カルスが3〜5 mm程度の大きさになったらシュート誘導培地

*11 蛍光観察時に細胞に励起光を当てすぎないように注意する．

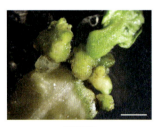 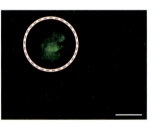

明視野　　　　　　　　GFP

図4　形質転換トマトカルスにおけるGFP蛍光によるCas9発現カルスの選抜
カルスを形成するリーフディスク（カルス誘導から28日目）．pEgP237-2A-GFPを用いた場合に，GFP蛍光が観察されるカルスはCas9を高発現していると考えられる．スケールバー＝2 cm．

に移植する*12. 以後，1カ月以内ごとに新しい培地に植え替える.

❹ シュートが5cm程度の大きさになったら，カルスをとり除き発根誘導培地に移植する. 発根後は土を入れたポットに移植，馴化させる.

3）イネ

アグロバクテリウムの感染によるベクター導入より，形質転換カルスの選抜に2〜3週間，さらに再分化に3〜4週間連続して培養を継続する[11) 12)]. トマトと同様に適宜ステージごとにサンプリングし，変異解析のためのDNA調製を行う.

6. 植物からのDNA調製

植物サンプルからのDNA調製は，植物DNA精製用キット（NucleoSpin Plant IIなど）を用いて行う. カルスからDNAを調製する場合には，メスとピンセットを用いて，GFP蛍光の観察される領域を中心に，クリーンベンチ内でサンプリングする. 葉の場合，1cm×1cm程度を使用する. キットの取扱説明書に従いDNAを精製し，DNA溶液を得る.

7. 変異検出のための準備

1）形質転換体の確認

一般的な植物への遺伝子導入法の問題点として，まれに，薬剤選抜が完全でなく，野生型が生存してしまうことがある（「エスケープ」）. このような植物種では，それぞれの育成ステージに応じて，PCR法を用いてT-DNA内部の特定箇所（選抜マーカーやCas9遺伝子など）を増幅して，形質転換系統がうまく選抜されているかあらかじめチェックし，増幅されない系統は除外する.

2）標的配列箇所のPCR増幅

変異解析に用いるPCR産物を増幅するためのプライマーは，gRNAの標的配列を含む250〜500bp程度の領域を増幅するように設計する. Cel-1アッセイやPCR-RFLP（PCR restriction fragment length polymorphism）解析に用いる場合に，電気泳動で2本の切断断片が検出できるように，異なる長さの断片が生じるようにプライマーを設計する（電気泳動での目視を容易にする）.

8. 変異検出*13

標的箇所近傍のDNAをPCR法で増幅を行った後，得られたPCR産物を用いて以下にあげる方法により変異を検出する（すべて実施

---

*12 植え替えの際に，カルスから生じたシュート原基をもたない葉は取り除くとよい. カルスを切るなどして傷つけすぎるとその後の生育が悪くなるので注意する.

*13 SNPsが存在する場合に，変異配列との誤認がないように注意する.

してもよいし，いくつか選択して実施してもよい）．詳細は，前項やキットの取扱説明書を参照する．

1）HMA解析

ヘテロデュプレックスモビリティシフトアッセイ（HMA）は，同一の配列同士のホモ二本鎖DNAとミスマッチが存在するDNAとのヘテロ二本鎖DNAの，電気泳動の移動度の差により変異を検出する方法である．増幅したPCR産物を熱変性，再アニーリングして電気泳動を行う．変異配列と野生型配列のヘテロ二本鎖DNAが野生型同士のホモ二本鎖DNAより移動度が遅延することにより変異を検出する．

2）Cel-1アッセイ

Surveyor® Mutation Detection KitsやGuide-it™ Mutation Detection Kitを使用する．

3）PCR-RFLP解析

標的箇所に特有の制限酵素サイトがある場合に，PCR-RFLP法（制限酵素断片長多型法）あるいはCAPS（Cleaved Amplified Polymorphic Sequences）法を用いることで，制限酵素の標的配列の変異により切断の有無から検出可能である．

4）シークエンス解析

DNA断片精製用キットなどを用いて調製したPCR産物を，PCRに用いたプライマーを使用して直接シークエンスする（ダイレクトシークエンス）．あるいは，PCR産物をクローニングベクター（準備**3.**試薬参照）に挿入後，得られたクローンを個々に解析する．

9. 次世代系統の単離

変異系統を確立するために次世代系統の種子を単離する．次世代種子を播種し，葉のDNAを用いるなどで前述同様に変異解析およびT-DNAの有無を解析する．T-DNA領域が残存した場合，off-target配列に変異導入される可能性や遺伝子組換え体とならない個体単離のため，T-DNAが分離除去された系統（ヌルセグリガント）を得るようにする．

トラブルへの対応

■ **PCRによる標的箇所の増幅；野生型ではPCR増幅断片が検出されるが，CRISPR-Cas9導入系統で増幅がみられない**

　　欠失または挿入変異が予測より非常に大きな場合に，プライマーの位置が不適切で増幅されなかった可能性がある．プライマー位置を変更しPCRを行う．

■ **PCR-RFLPでは未消化の断片が検出されたが，Cel-1アッセイでは切断断片が検出されない**

　　Cel-1アッセイの切断酵素はヘテロデュプレックスを検出するが，欠失または挿入変異の塩基数が非常に多い場合，再アニーリングしてもヘテロデュプレックスをうまく形成できない場合がある．その場合には，他の変異検出法を試す．

■ **形質転換体または変異体が得られない**

　　標的とした遺伝子の機能を欠失することで致死になる可能性がある．

実験結果

1. トマトにおけるゲノム編集の変異検出（図5）

　　トマト*SlPDS*遺伝子および*SlIAA9*遺伝子を標的としたゲノム編集の解析例．

1） Cel-1アッセイ

　　#3系統以外の系統では，標的箇所でCas9により変異導入が生じたと考えられる切断バンドが検出された．#2系統に関しては，未反応のレーンにおいて短い断片も検出されており，大きな塩基欠失変異を含むと予測できる．

2） PCR-RFLP

　　標的箇所に制限酵素サイトがある場合，PCR-RFLPにて変異を検出可能である．野生型

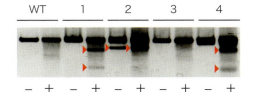

WT：トマト（品種；Ailsa Craig）野生型
1～4：CRISPR-Cas9を導入したカルス（T0）
＋；Cel-1酵素消化，－；Cel-1酵素未消化

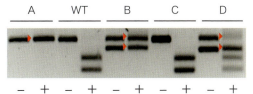

WT：トマト（品種；Ailsa Craig）野生型
A～D：CRISPR-Cas9を導入したシュート（T0）
＋；制限酵素消化，－；制限酵素未消化

図5　実際の実験結果1（トマトにおける変異の検出例）
Cel-1アッセイとPCR-RFLPによる変異解析の例を示す．赤矢印；変異配列を含むDNA断片．

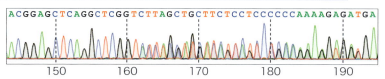

トマト（品種；Ailsa Craig）系統 #E（ダイレクトシークエンスによる解析）

```
WT  ACGGAGCTCAGGCTCGGTCT-ACCTGGATCTCAGTCTCCCGAAAGAGGTGA
+1  ACGGAGCTCAGGCTCGGTCTTACCTGGATCTCAGTCTCCCGAAAGAGGTGA
-2  ACGGAGCTCAGGCTCGGT---ACCTGGATCTCAGTCTCCCGAAAGAGGTGA
```

トマト（品種；Micro-Tom）系統 #1（クローニングによるシークエンス解析）

同じ配列のクローン数／解析したクローン数

```
WT   ACGGAGCTCAGGCTCGGTCT-ACCTGGATCTCAGTCTCCCGAAAGAGGTGAGGAGACTTGCCCTGTGA    9/50
+1   ACGGAGCTCAGGCTCGGTCTTACCTGGATCTCAGTCTCCCGAAAGAGGTGAGGAGACTTGCCCTGTGA   37/50
-10  ACGGAGCTCAGGCT----------GGATCTCAGTCTCCCGAAAGAGGTGAGGAGACTTGCCCTGTGA    4/50
```

WT；野生型
赤字の配列；gRNA 標的配列，青字の配列；PAM 配列
赤の太字；変異配列，緑下線；終止コドン

図6 実際の実験結果2（トマトにおける変異の検出例）
変異体の変異箇所周辺のPCR断片のダイレクトシークエンスおよび，サブクローニングベクターにクローニングを行い個々のクローンをシークエンス解析した実験結果の例を示す．

（WT）でみられる制限酵素による切断断片は，CRISPR-Cas9導入系統 #A，#Bでは検出されない．このことから，系統 #A，#Bはサンプリングした細胞のDNAにほぼ100％変異配列が存在するバイアレリック変異体であることが分かる．実際にシークエンス解析を行うと，系統 #Aは一塩基欠失変異体であり，系統 #Bは，大きな塩基欠失をもつ配列とWTの配列に類似の長さの配列の2種の変異をもつバイアレリック変異体であった．PCR断片においても2本の大きな断片が検出された（図5）．

2. 変異配列の検出 （図6）

ダイレクトシークエンス：重なった複数のピークが検出されており，複数の変異が導入されていることが分かる．

クローニングによるシークエンス解析：50個のサブクローニングしたプラスミドをそれぞれ個別にシークエンス解析した結果，野生型配列は9個，1塩基挿入は37個，10塩基欠失は4個検出された．実験に用いたトマトシュートがモザイク変異をもっていることが分かる．

おわりに

　本プロトコールでは，植物科学で一般的に用いられる，アグロバクテリウムを利用した形質転換法によるゲノム編集ツールについて安定的発現系を用いた方法を示した．現在，植物においても，Cas9タンパク質とガイドRNAの複合体の一過的導入系や，ゲノムに外来遺伝子を組込まずに変異導入する方法も試みられつつある．一方，植物細胞への遺伝子導入や導入後の個体再生の効率は，植物種や品種によって異なり，ゲノム編集の応用をめざす場合の課題となっており，今後より汎用性の高い技術が必要である．

◆ 文献

1) Osakabe Y, et al：Sci Rep, 6：26685, 2016
2) Ueta R, et al：Sci Rep, 7：507, 2017
3) Nishitani C, et al：Sci Rep, 6：31481, 2016
4) Takahashi F, et al：Nature, 556：235–238, 2018
5) Wu HY, et al：Plant Methods, 10：19, 2014
6) Osakabe Y & Osakabe K：Prog Mol Biol Transl Sci, 149：99–109, 2017
7) Hashimoto R, et al：Front Plant Sci, 9：916, 2018
8) Xiao A, et al：Bioinformatics, 30：1180–1182, 2014
9) Doench JG, et al：Nat Biotechnol, 32：1262–1267, 2014
10) Engler C, et al：PLoS One, 3：e3647, 2008
11) 増本千都，宮尾光恵：低温科学，67：641–647,2009
12)「細胞工学別冊 改訂 3版モデル植物の実験プロトコール–イネ・シロイヌナズナ・ミヤコグサ編」（島本 功, 他 / 監），学研メディカル秀潤社，p.149, 2005

column

microRNAを利用した細胞種特異的なゲノム編集法

齊藤博英, 弘澤　萌

はじめに

　ゲノム編集において懸念されていることは, 意図しない遺伝子や細胞・組織のゲノムが編集されてしまうことである. つまり, ゲノム編集ツールを直接体内に導入する方法による遺伝子治療やがん治療においては予期せぬ副作用を生じる危険性がある. そのため, ゲノム編集技術を適切に制御し, より安全な技術にすることが必要である. われわれの研究室は, 細胞内で活性のあるmicroRNA (miRNA) を検知することで, 外来遺伝子の発現を制御可能にするmiRNAスイッチの開発に成功した[1]. miRNAスイッチは, 試験管内で合成した人工mRNAの5′非翻訳領域 (5′UTR) に標的とするmiRNAに対して完全相補的な配列を挿入したものである. これにより, 内在性のmiRNAの活性に基づいた標的細胞の検出や選別が可能となった. われわれの研究室は, CRISPR-Cas9システムにこの技術を組込むことで, miRNAを指標とし標的細胞特異的にゲノムの編集を実行するmiR-Cas9スイッチを開発したので, その概要を解説する[2]. また, 近年発見された抗CRISPRタンパク質であるAcrIIA4[3]を用いてmiR-AcrIIA4スイッチを開発した[4]のでその概要も解説したい.

原理と実施例

① miR-Cas9スイッチ

　標的細胞内で特異的に活性の高いmiRNAにより標的細胞特異的にゲノムの編集を行うために開発したのがmiR-Cas9スイッチである (図1). これは, Cas9 mRNAの5′UTR

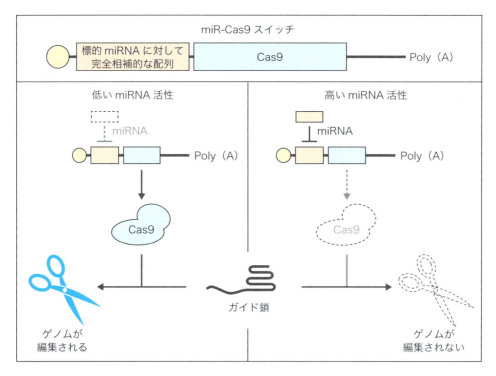

図1　miR-Cas9スイッチ
Cas9 mRNAの5′-UTRにmiRNAに対して完全相補相補的な配列が組込んである (文献2を元に作成). 標的miRNAの活性が高いときにゲノムが編集されなくなるOFFシステムである.

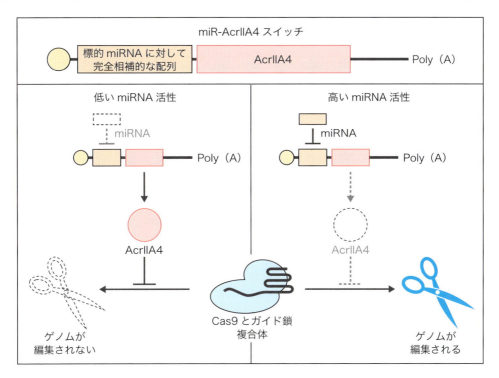

図2 miR-AcrIIA4スイッチ
AcrIIA4 mRNAの5′UTRにmiRNAに対して完全相補相補的な配列が組込んである．標的miRNAの活性が高いときにゲノムが編集されるONシステムである．

に標的miRNAに対する完全相補的な配列を組込むことで内在性のmiRNAによりCas9タンパク質の発現が制御される．つまり，標的miRNAの活性が低いときは，Cas9 mRNAからCas9タンパク質が発現するのでゲノムが編集される．一方，標的miRNAの活性が高いときは，標的miRNAがCas9 mRNAからのCas9タンパク質の発現を抑制するのでゲノムが編集されない．つまり，標的miRNAの活性が高いときにゲノムが編集されなくなるOFFシステムといえる．

われわれは，iPS細胞で活性の高いmiRNA（miR-302a-5p）を利用することで，iPSとHeLa細胞が混在する状況からHeLa細胞のゲノムを選択的に編集することに成功している（ヘテロな細胞集団から選択的に標的細胞のゲノムを編集することに成功）．

② miR-AcrIIA4スイッチ

近年，ゲノム編集でよく使われている*Streptococcus pyogenes* Cas9（spCas9）に対する**抗CRISPRタンパク質〔anti-CRISPR（acr）protein〕**であるAcrIIA4が発見された[3]．AcrIIA4はCas9とガイド鎖の複合体に結合することで，そのDNA結合を阻害する[5]〜[7]．そこで，AcrIIA4の発現を標的miRNAで制御することでCas9を制御する（図2）．標的miRNAの活性が低いときは，AcrIIA4 mRNAからAcrIIA4タンパク質が発現し，Cas9を不活性化する．そのため，ゲノムが編集されない．一方，標的miRNAの活性が高いときは，標的miRNAがAcrIIA4 mRNAからのAcrIIA4タンパク質の発現を抑制するのでCas9は不活性化されない．そのため，ゲノムが編集される．つまり，標的miRNAの活性が高いときにゲノムが編集されるONシステムといえる．

AcrIIA4の作用機序は簡単に言えば「Cas9のDNAへの結合を阻害する」である．そのため，Cas9のDNA切断機能をなくした変異体dCas9のDNAへの結合も阻害できる．

抗CRISPRタンパク質〔anti-CRISPR（acr）protein〕：微生物の獲得免疫機構であるCRISPR-Casシステムに対抗して，ウイルスが進化させてきた．その作用機構はさまざまであることが知られている．

つまり，miR-AcrIIA4はDNAの切断の制御だけでなく遺伝子の活性化の制御も可能であり，われわれも実際にHeLa細胞のゲノムに組込んだレポーター遺伝子を活性化できることを確認している．

最近の動向

　AcrIIA4の発現をmiRNAで制御する方法の利点は，標的miRNAが選びやすいことである．本技術の開発と同時期にAcrIIA4 mRNAの3′UTRにmiRNAに対して完全相補的な配列を入れることでCas9を制御した報告がなされている[8]．また，miRNAを利用して組織特異的にゲノムを編集する流れもみられている．例えば，AcrIIC3（AcrIIA4とは異なる別のacrである）の発現を肝臓特異的miRNA（miR-122）で制御することで，マウス肝臓特異的にゲノムの編集を行ったという報告がある[9]．最近では，ガイド鎖をmiRNAで制御することで，細胞の状態をmiRNAで追跡する試みもある[10]．

　今，miRNAを利用した標的細胞・組織特異的な遺伝子の切断／活性化／抑制化／ラベリング，エピゲノム編集，塩基編集などが行える可能性が広がってきているのである．

おわりに

　CRISPR-Cas9が発表されてから7年近く経つが，この技術は進化し続けている．そして，さまざまな分野での応用が期待されている．今回記載したmiRNAによるCas9の制御は，治療目的を考えた時，意図しない細胞へのゲノム編集を回避する手段としての利用が考えられる．基礎研究においては，標的細胞特異的な特定遺伝子の機能解析への利用が考えられる．本技術の詳細な実施例については論文[2][4]を参照していただきたい．また興味をおもちになった研究者の方は，どうぞ遠慮なくお問い合わせください．

◆ 文献

1) Miki K, et al：Cell Stem Cell, 16：699-711, 2015
2) Hirosawa M, et al：Nucleic Acids Res, 45：e118, 2017
3) Rauch BJ, et al：Cell, 168：150-158. e10, 2017
4) Hirosawa M, et al：ACS Synth Biol, 8：1575-1582, 2019
5) Dong, et al：Nature, 546：436-439, 2017
6) Shin J, et al：Sci Adv, 3：e1701620, 2017
7) Yang H & Patel DJ：Mol Cell, 67：117-127. e5, 2017
8) Hoffmann MD, et al：Nucleic Acids Res, 47：e75, 2019
9) Lee J, et al：RNA, 25：1421-1431, 2019
10) Wang XW, et al：Nat Cell Biol, 21：522-530, 2019

人工染色体とゲノム編集によるヒト化薬物動態モデルラットの作製

香月康宏,押村光雄

ヒト化薬物動態モデルラット開発の意義

一般的に新薬開発過程における薬物動態試験・安全性試験は実験動物を用いて進められているが,実験動物とヒトでは薬物代謝酵素やその関連因子の特性に種差があり,実験動物で得られた結果からヒトでの薬物動態や安全性を予測できない場合が多い.したがって,薬物代謝関連遺伝子をヒトと実験動物で置き換えたヒト化動物は,ヒト特異的な薬物代謝や安全性を予測する上で大きな役割を果たすと考えられる.実験動物の中でもラットは経時採血が可能,これまでの毒性試験や発がん試験はラットが多く用いられてきたため背景データと比較可能,などの特徴を兼ね備えており,薬物動態試験・安全性試験などを行う上でマウスよりも多く利用される実験動物である.一方,マウスES細胞での相同組換え技術を用いて,一部の薬物代謝酵素をもつヒト化薬物動態モデルマウスが作製されてきたが[1],技術的ハードルの高さから,ヒト化薬物動態モデルラットはこれまでに作製されていない.そのハードルの1つが,薬物代謝関連遺伝子の多くが数百kb単位の巨大な遺伝子クラスターとして存在するため,従来技術では一部の遺伝子しか導入できない点であった.

マウス人工染色体ベクターとは

従来の遺伝子導入には大腸菌/酵母を宿主としたクローン化DNAが用いられているが,安定発現細胞株を取得しようとした場合,導入遺伝子は宿主染色体上にランダムに,多くの場合複数コピー挿入される.近年,染色体の特定部位(AAVS1部位やROSA26部位など)にゲノム編集技術等を利用した相同組換えを用いて目的遺伝子を導入する方法も開発されているが[2,3],必ずしも巨大な遺伝子,複数の遺伝子を同時に安定的に導入できないのが現状である.これらの課題を解決するために,本来のマウス染色体からすべての遺伝子を取り除いて,自立複製・分配が可能なマウス人工染色体(mouse artificial chromosome:MAC)ベクターを構築した[4,5].MACベクターの利点は以下の5つがあげられる.①宿主染色体に挿入されず独立して維持されることから,宿主遺伝子を破壊しない.②一定のコピー数で安定に保持されることから,過剰発現や発現消失が起きる可能性が低い.③導入可能なDNAサイズに制限がないことから,発現調節領域を含む遺伝子や複数遺伝子/アイソフォームの導入が可能となる.④任意の遺伝子を搭載したMACベクターを任意の動物細胞に移入することができる.⑤マウスやラットで子孫伝達可能であり,個体組織でも安定に維持される.これまでに前記の人工染色体の特徴を利用して,種々のヒト化マウス作製に成功している[6,7].この人工染色体技術とゲノム編集技術の融合によるヒト化薬物動態モデルラット開発の実施例を以下に紹介する.

人工染色体技術とゲノム編集技術の融合

BACベクターにクローニングできない200 kbを超える巨大遺伝子あるいは遺伝子クラスターを導入することはゲノム編集技術を用いても技術的ハードルが高い.われわれは従来の遺伝子導入技術では導入できなかった,重要な薬物代謝酵素であるヒトCYP3Aクラスター(300 kb)ならびにヒトUGT2クラスター(1.5 Mb)の遺伝子をMAC上にクローニングし,ラットES細胞に導入することで前記ヒト遺伝子群のラットへの導入に成功した(図)[8].さらにゲノム編集技術(TALENまたはCRISPR-Cas9)を利用して,もともと存在するラットのCYP3A遺伝子群やUGT2クラスター(800 kb)を破壊することで,完全なヒト化CYP3AラットおよびヒトUGT2ラットの作製に成功した.いずれのヒト化ラットにおいても,それぞれの代謝酵素特異的な基質による評価によって,ヒトと同様の代謝特性を示すことが明らかとなった.これらのヒト化モデルラットを用いれば,ヒトに対する安全性予測が向上するとともに,医薬品開発のスピードアップと成功確率向上に貢献できると考えられる.さらに,人工染色体とゲノム編集によるヒト化ラット作製技術は,医薬品開発のためのヒト抗体産生ラットや疾患モデルラットの作製にも有用な技術になると期待される.

今後の展開

前述のように内在性遺伝子をゲノム編集技術により破壊し,ヒト遺伝子クラスターをMACベクターにより導入することによりさまざまなヒト化モデル動物の作製が効率化できるものと期待できる[5].前記で作製されたような薬物動態関連のヒト化モデル動物のヒト遺伝子領域にゲノム編集技術を

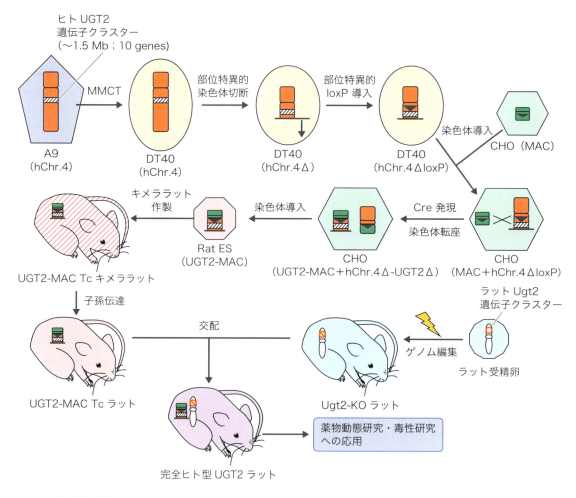

図　ヒト化薬物動態モデルラット作製方法の概略図（文献8より引用）

用いてSNPを挿入することも可能である．具体例としてヒト化CYP3Aモデルマウスにおいて，CYP3A5*3（低発現タイプ）からCYP3A5*1（高発現タイプ）に変換したSNP対応型モデル動物の作製に成功している[9]．また，これまで染色体工学技術には高頻度に相同組換えが誘導できるDT40細胞やES細胞が染色体改変の場として用いられてきたが，染色体導入のドナー細胞であるCHO細胞やA9細胞などでゲノム編集技術により改変を行うことで，効率よく改変染色体を目的細胞へ移入することも可能である[10]．以上のように，人工染色体技術とゲノム編集技術の融合はヒト化モデル動物の作製，遺伝子再生医療，遺伝子機能解析，などに有用な次世代遺伝子改変技術として期待される．

◆ 文献

1) Scheer N & Wilson ID：Drug Discov Today, 21：250-263, 2016
2) Zambrowicz BP, et al：Proc Natl Acad Sci U S A, 94：3789-3794, 1997
3) Yoshimi K, et al：Nat Commun, 7：10431, 2016
4) Takiguchi M, et al：ACS Synth Biol, 3：903-914, 2014
5) Uno N, et al：J Hum Genet, 63：145-156, 2018
6) Kazuki Y, et al：Hum Mol Genet, 22：578-592, 2013
7) Yamasaki Y, et al：Drug Metab Dispos, 46：1756-1766, 2018
8) Kazuki Y, et al：Proc Natl Acad Sci U S A, 116：3072-3081, 2019
9) Abe S, et al：Sci Rep, 7：15189, 2017
10) Uno N, et al：Sci Rep, 7：12739, 2017

Ⅲ 応用編

1 Cas9/Cas12aの立体構造と機能改変

西増弘志，濡木　理

はじめに

CRISPR–Cas獲得免疫機構に関与するRNA依存性DNA切断酵素Cas9およびCas12a（発見当初はCpf1とよばれていた）はガイドRNAと複合体を形成し，ガイドRNAと相補的な2本鎖DNAを切断するため，ゲノム編集などさまざまな技術に利用されている[1][2]．Cas9やCas12aが標的DNAを認識するためには，標的配列の近傍にPAM（protospacer adjacent motif）とよばれる特定の塩基配列が必要である．ゲノム編集に広く利用されている *Streptococcus pyogenes* 由来Cas9（SpCas9）はNGG（Nは任意の塩基）という塩基配列をPAMとして認識するのに対し[3]，小型の *Staphylococcus aureus* 由来Cas9（SaCas9）はNNGRRT（RはAまたはG）をPAMとして認識する[4]．一方，*Acidaminococcus* sp. BV3L6由来Cas12a（AsCas12a）や *Lachnospiraceae bacterium* ND2006由来Cas12a（LbCas12a）はTTTV（VはA，CまたはG）をPAMとして認識する[2]．したがって，Cas9やCas12aが標的とすることのできるゲノム領域には制限が存在する．さらに，ガイドRNAと相補的な標的DNA（オンターゲット）だけでなく，ミスマッチをもつオフターゲットも切断されるという問題点も残されている．これらの問題点を解決すべく，これまでにさまざまなCas9改変体およびCas12a改変体が開発されてきた（表）．本稿では，これら改変体の開発基盤となった立体構造，および，改変体の性質や開発戦略について紹介したい．

Cas9の立体構造

2014年，SpCas9–ガイドRNA–標的DNA複合体の結晶構造から，Cas9によるDNA切断機構が明らかにされた[5][6]．SpCas9は7つのドメイン〔REC1-3，RuvC，HNH，WED（Wedge），PI（PAM-interacting）〕からなり，2つのローブ（RECとNUC）に分けられる（図1A）．ガイドRNAと相補鎖DNAから形成されるRNA：DNAヘテロ2本鎖は2つのローブの間に結合する．PAMをふくむ2本鎖DNA（PAM二重らせん）はWEDドメインとPIドメインの間に結合し，NGG PAMの2つのGはPIドメインのArg1333とArg1335によって認識される（図1B）[5]．

表　Cas9/Cas12aとその改変体

酵素	変異	PAM	文献
野生型Cas9			
SpCas9	—	NGG	1
SaCas9	—	NNGRRT	4
FnCas9	—	NGG	16
異なるPAMを認識するCas9改変体			
SpCas9 VQR	D1135V/R1335Q/T1337R	NGA	7
SpCas9 VRER	D1135V/G1218R/R1335E/T1337R	NGCG	7
SpCas9 VRQR	D1135V/G1218R/R1335Q/T1337R	NGA	8
SpCas9-NG	L1111R/D1135V/G1218R/E1219F/A1322R/R1335V/T1337R	NG	11
xCas9	A262T/R324L/S409I/E480K/E543D/M649I/E1219V	NG?	12
SaCas9 KKH	E782K/N968K/R1015H	NNNRRT	14
FnCas9 RHA	E1369R/E1449H/R1556A	YG	16
特異性の向上したCas9改変体			
SpCas9-HF1	N497A/R661A/Q695A/Q926A	NGG	8
eSpCas9（1.1）	K848A/K1003A/R1060A	NGG	17
HypaCas9	N692A/M694A/Q695A/H698A	NGG	18
evoCas9	M495V/Y515N/K526E/R661L	NGG	19
Sniper-Cas9	F539S/M763I/K890N	NGG	20
HiFi Cas9	R691A	NGG	21
野生型Cas12a			
AsCas12a	—	TTTV	2
LbCas12a	—	TTTV	2
異なるPAMを認識するCas12a改変体			
AsCas12a RVR	S542R/K548V/N552R	TATV	24
AsCas12a RR	S542R/K607R	TYCV	24
enAsCas12a	E174/S542R/K548R	TTYN/VTTV/TRTV	26
特異性の向上したCas12a改変体			
enAsCas12a-HF1	E174R/N282A/S542R/K548R	TTYN/VTTV/TRTV	26

異なるPAMを認識するCas9改変体

　2015年，Joungらにより，異なるPAMを認識するSpCas9改変体が報告された[7]．Joungらは，PIドメインにランダム変異を導入したプラスミドライブラリを構築し，大腸菌を用いたポジティブセレクションにより，PAM特異性を変化させる複数のアミノ酸変異を同定した．それらの変異を組合わせた複数の変異体を作製し，ヒト培養細胞におけるDNA切断活性を評価することにより，VQR改変体およびVRER改変体を作製した．野生型SpCas9はNGG PAMを認識する一方，VQR改変体は3つの変異（D1135V/R1335Q/T1337R）をもち，NGA PAMを認識する．一方，VRER改変体は4つの変異（D1135V/G1218R/R1335E/T1337R）をもち，NGCG PAMを認識する．その後，VRQR改変体（D1135V/G1218R/R1335Q/T1337R）はNGA PAMを認識し，VQR改変体よりも高いDNA切断活性を示すことが報告された[8]．

　結晶構造解析により，VQR改変体およびVRER改変体のPAM認識機構が明らかになった[9][10]．野生型SpCas9と同様に，VQR/VRER改変体においても，2塩基目のGはArg1333

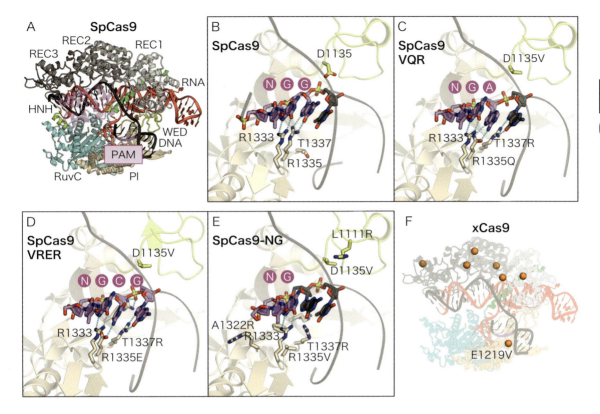

図1 異なるPAMを認識するSpCas9改変体

A) SpCas9の結晶構造（PDB：4UN3）．HNHドメインを半透明で示した．B) SpCas9のPAM認識機構（PDB：4UN3）．C) VQR改変体のPAM認識機構（PDB：5B2R）．D) VRER改変体のPAM認識機構（PDB：5B2T）．E) SpCas9-NG改変体のPAM認識機構（PDB：6AI6）．F) xCas9改変体．SpCas9の結晶構造（PDB：4UN3）に変異残基をオレンジ色の球で示した．

によって認識されていた．一方，3塩基目の認識は大きく異なっていた．VQR改変体では，3塩基目のAはGln1335（R1335Q）によって認識されていた（図1C）．一方，VRER改変体では，3塩基目のCはGlu1335（R1335E）によって認識されていた（図1D）．さらに，Arg1337（T1337R）は4塩基目のGと相互作用し，Arg1218（G1218R）はDNAのリン酸骨格と相互作用していた．結晶構造から，PAM二重らせんの予想外の構造変化も明らかになった．VQR/VRER改変体では，Val1135（D1135V）およびArg1337（T1337R）との相互作用の影響により，PAMの3番目の塩基（A/C）が1335番目のアミノ酸残基（Gln1335/Glu1335）に近づいていた．この構造変化により，Argに比べて側鎖の短いGln/GluとPAMの3番目の塩基（A/C）との間の水素結合が実現されていた．

2018年，筆者らは，構造情報に基づく合理設計により，NGGではなくNGをPAMとして認識するSpCas9改変体（SpCas9-NG）を開発した[11]．3塩基目のGを認識するArg1335をAlaに置換すると，3塩基目に対する特異性がなくなるが，同時にDNA切断活性も失われる．そこで，PAM二重らせんの糖リン酸骨格と相互作用するようなアミノ酸変異を導入

することにより，R1335A変異による塩基特異的な相互作用の損失を補填することを考えた．PAM二重らせんの近傍に存在するアミノ酸残基をArgなどに置換した変異体を設計し，精製タンパク質in vitroにおけるDNA切断活性を評価することにより，SpCas9-NGを作製した．SpCas9-NGは7つの変異（L1111R/D1135V/G1218R/E1219F/A1322R/R1335V/T1337R）をもち，NG（NGA/NGT/NGG/NGC）をPAMとして認識する．結晶構造から，変異残基はPAM二重らせんと相互作用することが示唆された（図1E）．

2018年，Liuらは，進化分子工学を用いることにより，NGをPAMとして認識するSpCas9改変体（xCas9）を開発した[12]．xCas9はSpCas9-NGとは異なる7つの変異（A262T/R324L/S409I/E480K/E543D/M649I/E1219V）をもつ．興味深いことに，PAMの3塩基目のGを認識するArg1335は置換されておらず，E1219V以外の変異はPAMから離れた位置に存在する（図1F）．野生型SpCas9において，Arg1335の側鎖はGlu1219との塩橋に固定されている．したがって，xCas9では，E1219V変異によりArg1335の側鎖の自由度が増し，PAMの3塩基目に対する特異性が低下していると考えられる．一方，PAMから離れた位置に存在する変異の役割は不明である．また，筆者らが，SpCas9-NGとxCas9のDNA切断活性を比較したところ，xCas9はNGA/NGT/NGC PAMをほとんど認識しなかった[11]．さらに，Liuらの続報においても，SpCas9-NGはNGA/NGC PAMに対してVRQR/VRER改変体と同程度の活性を示した一方，xCas9はほとんど活性を示さなかった[13]．

SpCas9のVQR/VRER改変体に続き，Joungらは，ランダム変異導入法を用いることにより，SaCas9のKKH改変体を開発した[14]．KKH改変体は3つの変異（E782K/N968K/R1015H）をもち，NNNRRT PAMを認識する．野生型SaCas9の結晶構造[15]においてArg1015はPAMの3塩基目のGを認識することから，R1015H変異は3塩基目のGに対する特異性を消失させる役割をもつと考えられる．一方，E782K/N968K変異はPAM二重らせんの近傍に位置し，リン酸骨格と相互作用すると予想される．

2016年，筆者らは*Francisella novicida*由来Cas9（FnCas9）の結晶構造を決定し，PAM特異性の異なるRHA改変体を開発した[16]．野生型FnCas9はNGG PAMを認識する一方，RHA改変体は3つの変異（E1369R/E1449H/R1556A）をもち，YG（YはTまたはC）をPAMとして認識する．結晶構造から，R1556A変異は3塩基目に対する特異性を消失させ，E1369R/E1449H変異はPAM二重らせんのリン酸骨格と相互作用し，塩基特異的な相互作用の損失を補填していることが確認された．FnCas9はDNA切断活性が低いため，ゲノム編集ツールとしてほとんど利用されていない．したがって，活性の向上したFnCas9改変体の開発が期待される．

特異性の向上したCas9改変体

2016年，Joung研とZhang研から，オフターゲット切断の低減したSpCas9-HF1（SpCas9 high-fidelity variant number 1）およびeSpCas9（1.1）（enhanced specificity SpCas9）が報告された[8][17]．これらのSpCas9改変体は，標的DNAのリン酸骨格とCas9

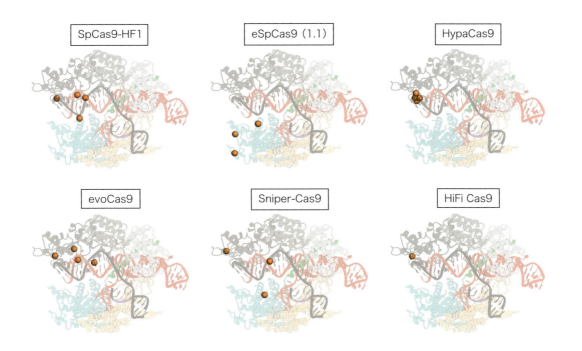

図2 特異性の向上したSpCas9改変体
SpCas9の結晶構造（PDB：4UN3）に変異残基をオレンジ色の球で示した．

との間の相互作用が低下すると，標的DNAの結合はガイドRNAとの塩基対形成により強く依存するようになり，オフターゲットDNAの結合が低下する（すなわち特異性が向上する）だろうという仮説に基づき作製された．興味深いことに，SpCas9-HF1は，ガイドRNAと対合する相補鎖DNAと相互作用する4つの残基がAlaに置換されている一方（N497A/R661A/Q695A/Q926A）[8]，eSpCas9（1.1）は非相補鎖DNAと相互作用すると考えられる3つの残基がAlaに置換されている（K848A/K1003A/R1060A）（図2）[17]．

2017年，Doudnaらの研究により，①当初の予想とは異なり，SpCas9-HF1およびeSpCas9（1.1）はオフターゲットDNAと結合すると，HNHドメインが不活性状態にトラップされ，DNA切断活性が低下すること，②REC3ドメインがガイドRNAと標的DNAの間の相補性の検出，および，HNHドメインの活性化に関与していることが明らかにされた[18]．さらに，Doudnaらは，RNA：DNAヘテロ2本鎖の近傍に存在する保存残基をAlaに置換した複数の変異体を作製し，それらのオフターゲット切断活性を評価することにより，特異性の向上したHypaCas9（hyper-accurate Cas9）改変体を開発した[18]．HypaCas9は4つの変異（N692A/M694A/Q695A/H698A）をもち，SpCas9-HF1やeSpCas9（1.1）よりも高い特異性を示すことが報告されている（図2）．

2018年には，ランダム変異導入法を用いて開発された3つの高特異性SpCas9改変体〔evoCas9（evolved Cas9），HiFi Cas9（high-fidelity Cas9），Sniper-Cas9〕が相次いで報告された[19]〜[21]．evoCas9，Sniper-Cas9，HiFi Cas9はそれぞれM495V/Y515N/

K526E/R661L，F539S/M763I/K890N，R691Aの変異をもつ（図2）．SpCas9-HF1，eSpCas9（1.1），HypaCas9は発現プラスミドではなくCas9-ガイドRNA複合体として細胞に導入すると活性が低下するのに対し，HiFi Cas9およびSniper-Cas9はCas9-ガイドRNA複合体として細胞に導入しても高い活性を示すことが報告されている[20)21)]．

Cas12aの立体構造

筆者らはAsCas12aおよびLbCas12aの結晶構造を決定し，その作動機構を明らかにした[22)23)]．Cas12aは6つのドメイン（WED，REC1，REC2，PI，RuvC，Nuc）からなり，2つのローブ（RECとNUC）に分けられる（図3A）．RuvC以外のドメインはCas9と配列相同性をもたず立体構造も異なるが，機能的な類似性に基づき同様の名称が用いられている．Cas9はHNHドメインとRuvCドメインを用いて相補鎖DNAと非相補鎖DNAをそれぞれ切断するのに対し，Cas12aはRuvCドメインを用いて両鎖を切断する．

異なるPAMを認識するCas12a改変体

AsCas12aではLys607がTTTV PAMの複数の塩基と相互作用し，PAM二重らせんの塩基配列と立体構造の両方を認識するため，PAM特異性の改変は困難であると思われた（図3B）．しかし，2017年，Zhangらは，構造情報とランダム変異導入を組合わせることにより，PAM特異性の異なるAsCas12a改変体（RVR改変体およびRR改変体）を開発した[24)]．Zhangらは，PAM二重らせんの近傍に位置する60残基にランダム変異を導入したプラスミドライブラリを作製し，大腸菌を用いたネガティブセレクションにより，PAM特異性を変化させる5つの変異を同定した．さらに，それらの変異を組み合わせた複数の変異体のDNA切断活性を評価することにより，RVR改変体およびRR改変体を作製した．野生型AsCas12aがTTTV PAMを認識するのに対し，RVR改変体は3つの変異（S542R/K548V/N552R）をもち，TATVをPAMとして認識する．一方，RR改変体は2つの変異（S542R/K607R）をもち，TYCVをPAMとして認識する．

結晶構造解析により，RVR改変体およびRR改変体のPAM認識機構が明らかになった[25)]．RVR改変体では，TATV PAMの2塩基目のAと塩基対を形成するTがArg552（N552R），Val548（K548V），Lys607によって認識されていた（図3C）．さらに，Arg542（S542R）はDNAとは相互作用せずに，REC1ドメインと相互作用しPAM結合チャネルを安定化していた．RR改変体では，TYCV PAMの3塩基目のCと塩基対を形成するGがArg542（S542R）によって認識されていた（図3D）．興味深いことに，Arg542（S542R）はRVR改変体とRR改変体において異なる役割をはたしていた．

2019年，Joungらは，PAM特異性のさらに拡張したenAsCas12a（enhanced AsCas12a）改変体を報告した[26)]．Joungらは，PAM二重らせんの近傍に位置する残基をArgに置換した10種類の変異体を作製し，それらのゲノム編集活性を評価することにより，

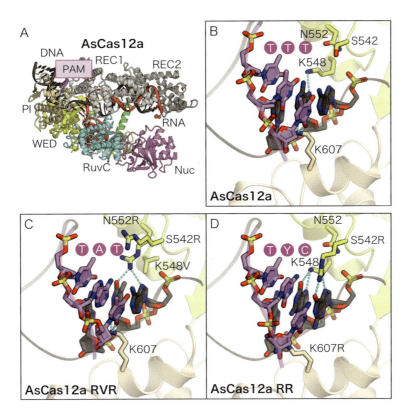

図3 異なるPAMを認識するAsCas12a改変体
A）AsCas12aの結晶構造（PDB：5B43）．B）AsCas12aのPAM認識機構（PDB：5B43）．C）RVR改変体のPAM認識機構（PDB：5XH6）．D）RR改変体のPAM認識機構（PDB：5XH7）．

PAM特異性を変化させる4つの変異を同定した．さらに，これらの変異を組合わせた12種類の変異体のDNA切断活性を比較し，PAM特異性の拡張したenAsCas12a改変体を作製した．enAsCas12aは3つのアミノ酸変異（E174R/S542R/K548R）をもち，TTYN，VTTV，TRTVなどさまざまな配列をPAMとして認識する．興味深いことに，S542RはRVR改変体，RR改変体にも共通していた．また，RVR改変体はK548Vをもつ一方，enAsCas12aはK548Rをもっていた．E174Rは標的DNAの糖リン酸骨格と相互作用すると予想される．さらに，Joungらは，標的DNAのリン酸骨格と相互作用するAsn282をAlaに置換するとオフターゲット切断が抑制されることを見出し，適用範囲が広く特異性の高いenAsCas12a-HF1改変体（E174R/N282A/S542R/K548R）を開発した．

おわりに

2013年にSpCas9を用いたゲノム編集技術が報告されたが，それから6年の間にさまざまな生物種に由来するCas9，および，Cas12やCas13といった新規のCas酵素が発見され

てきた．さらに，立体構造に基づく合理設計や進化分子工学を用いることにより多数の改変体が開発され，ゲノム編集技術の利便性が大きく向上してきた．最近も新規のCas酵素の発見が続いており，今後も新たなテクノロジーが生み出されることが期待される．

◆ 文献

1) Cong L, et al：Science, 339：819–823, 2013
2) Zetsche B, et al：Cell, 163：759–771, 2015
3) Jinek M, et al：Science, 337：816–821, 2012
4) Ran FA, et al：Nature, 520：186–191, 2015
5) Anders C, et al：Nature, 513：569–573, 2014
6) Nishimasu H, et al：Cell, 156：935–949, 2014
7) Kleinstiver BP, et al：Nature, 523：481–485, 2015
8) Kleinstiver BP, et al：Nature, 529：490–495, 2016
9) Anders C, et al：Mol Cell, 61：895–902, 2016
10) Hirano S, et al：Mol Cell, 61：886–894, 2016
11) Nishimasu H, et al：Science, 361：1259–1262, 2018
12) Hu JH, et al：Nature, 556：57-63, 2018
13) Huang TP, et al：Nat Biotechnol, 37：626–631, 2019
14) Kleinstiver BP, et al：Nat Biotechnol, 33：1293–1298, 2015
15) Nishimasu H, et al：Cell, 162：1113–1126, 2015
16) Hirano H, et al：Cell, 164：950–961, 2016
17) Slaymaker IM, et al：Science, 351：84–88, 2016
18) Chen JS, et al：Nature, 550：407–410, 2017
19) Casini A, et al：Nat Biotechnol, 36：265–271, 2018
20) Lee JK, et al：Nat Commun, 9：3048, 2018
21) Vakulskas CA, et al：Nat Med, 24：1216–1224, 2018
22) Yamano T, et al：Cell, 165：949–962, 2016
23) Yamano T, et al：Mol Cell, 67：633–645. e3, 2017
24) Gao L, et al：Nat Biotechnol, 35：789–792, 2017
25) Nishimasu H, et al：Mol Cell, 67：139–147. e2, 2017
26) Kleinstiver BP, et al：Nat Biotechnol, 37：276–282, 2019

Ⅲ 応用編

2 CRISPRを利用した配列特異的なDNAの単離

藤田敏次, 藤井穂高

はじめに

　近年，CRISPRなどの人工DNA結合分子がゲノム編集技術に利用されているが，これらの人工DNA結合分子は，ゲノム編集分野以外にも応用されている．筆者らのグループは，これらの人工DNA結合分子を標的ゲノム領域のタグ付けに利用しており，これまでに，タグ付けした標的ゲノム領域を単離する技術を開発してきた．本稿では，CRISPRを利用した配列特異的なDNAの単離法の原理ならびにその応用について紹介する．

　解析対象とするゲノム領域が果たす機能の分子機構の解明には，当該ゲノム領域に結合している分子の網羅的同定が必要である．もし，細胞から解析対象とするゲノム領域を特異的に単離することができれば，単離したゲノム領域複合体に含まれるタンパク質・RNA・DNAを，質量分析（mass spectrometry：MS）法や次世代シークエンス（next-generation sequencing：NGS）解析によって網羅的に同定することで，当該ゲノム領域が果たす機能の解明に迫ることができる．これまでに，その目的を達成するために，核酸プローブなどによって標的ゲノム領域をアフィニティー精製する手法が開発されてきた[1]．一方，筆者らは，ノックイン技術などによって標的ゲノム領域に特定の塩基配列を挿入した後（標的ゲノム領域のタグ付け），挿入した特定塩基配列に結合するタンパク質を用いて，標的ゲノム領域を単離できる技術「insertional chromatin immunoprecipitation（iChIP法）」を開発してきた[2]．これらの方法はゲノム機能の分子機構の解明に有用であるが，標的ゲノム領域の単離効率が低いことや，標的ゲノム領域のタグ付けに時間と労力がかかることから，より理想的な技術の開発が待たれていた．

　近年，ゲノム編集は生命科学分野を含む数多くの分野で利用されてきており，CRISPR（clustered regularly interspaced short palindromic repeat）がその使いやすさからさかんに利用されている．また，ゲノム編集で利用されているCRISPRなどの人工DNA結合分子のうち，DNA切断活性欠損型のものは，転写制御分子やエピジェネティック制御因子，蛍光分子などさまざまな分子を標的ゲノム領域へ結合させる分子として利用されている[3]．さらに近年，染色体間のループ構造形成[4] や，染色体の核内構造体への移行[5] にも利用されており，その応用性は高い．筆者らは，iChIP法を用いた研究の過程で，CRISPRやTAL（transcription-activator like）タンパク質などの人工DNA結合分子が標的ゲノム領域のタグ付け分子として利用できることを着想し，これらの人工DNA結合分子を利用した標的ゲ

ノム領域の単離法として「engineered DNA-binding molecule-mediated ChIP 法（enChIP 法）」を世界に先駆けて開発した[6][7]．筆者らのグループは，iChIP 法および enChIP 法からなる「遺伝子座特異的 ChIP 法」を研究ツールとして利用して，日々研究を進めている．本稿では，CRISPR を利用した enChIP 法を中心に，原理や実験工程，その実施例について紹介する．

enChIP 法の原理

enChIP 法は，CRISPR や TAL タンパク質などの人工 DNA 結合分子を用いて，細胞内で標的とするゲノム領域をタグ付けし，当該ゲノム領域を単離する方法として開発された[6][7]．近年，細胞からクロマチン構造を保ったまま，あるいは精製 DNA としてゲノムを抽出した後，試験管内で標的ゲノム領域をタグ付けし，アフィニティー精製する技術として *in vitro* enChIP 法も開発している[8]．*In vitro* enChIP 法を用いて，クロマチンだけでなく，精製ゲノムや cDNA，PCR アンプリコン・プラスミドライブラリー等の精製 DNA 集団の中から特定の配列をもつ DNA 種を濃縮・除去することもできる．混乱を避けるため，これ以降，前者のように細胞内に人工 DNA 結合分子を発現させるタイプの enChIP 法を in-cell enChIP 法と表記する．

プロトコール

1. CRISPR の細胞内発現による in-cell enChIP 法の実験工程

まず，CRISPR を用いた in-cell enChIP 法の実験工程について紹介する（図1A）．

1）標的ゲノム領域のタグ付け

標的ゲノム領域に特異的に存在する塩基配列を認識するようにガイド RNA（gRNA）を設計し，DNA 切断活性欠損型 Cas9（dCas9）とともに細胞内で発現させる．gRNA の標的サイトは，転写因子などの分子の結合が予想される部位は避け，また，転写開始点近傍も避けることが望ましい．アフィニティー精製用にエピトープタグを dCas9 に融合しておくこともでき，筆者らは 3×FLAG タグを従来から用いている．近年，enChIP 法の普及にともない，他のエピトープタグも利用されている（図2）[9]．なお，dCas9 に対する抗体をアフィニティー精製に用いる場合には，エピトープタグの融合は必要ない．筆者らは，in-cell enChIP 用の発現プラスミドを多く開発しており Addgene を通して提供している（https://www.addgene.org/Hodaka_Fujii/）．

310 　完全版　ゲノム編集実験スタンダード

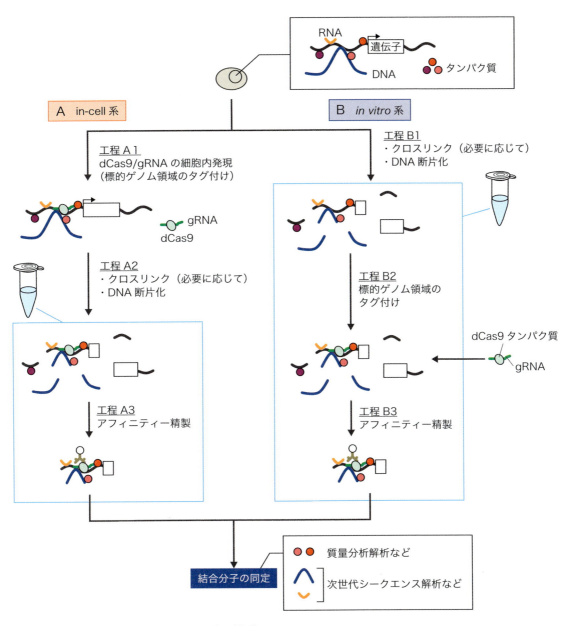

図1 CRISPR分子を用いたenChIP法の模式図

A) In-cell系では，標的ゲノム領域に特異的に存在する塩基配列に対するgRNAおよびdCas9（必要であればエピトープタグ付き）を細胞内で発現させることで，細胞内で標的ゲノム領域をタグ付けする．その後，クロマチン免疫沈降法と同様の操作で，標的ゲノム領域を単離し，結合分子を同定する．B) In vitro系では，細胞から断片化DNAを調製後，CRISPR分子（組換えdCas9タンパク質と合成gRNA）で標的ゲノム領域をタグ付けする．その後，標的ゲノム領域をアフィニティー精製によって単離する．

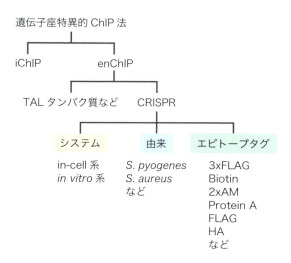

図2 遺伝子座特異的ChIP法

2）ゲノムDNAの断片化

標的とするゲノム領域の長さにあわせて，超音波処理や酵素処理などによってゲノムDNAを断片化する（数百〜数kbp程度）．なお，断片化処理の際にゲノム結合分子が外れないよう，ホルムアルデヒドなどの架橋剤で細胞を事前にクロスリンク処理している．

3）標的ゲノム領域の単離

融合したエピトープタグもしくはdCas9自体を認識する抗体などを用いて，標的ゲノム領域に結合しているCRISPR分子をアフィニティー精製する．可能であれば，アフィニティー精製後に，CRISPR分子/標的ゲノム領域複合体を抗体から特異的に溶出・回収しておく（以下の工程への非特異的結合分子の混入をできるだけ少なくするため）．

4）標的ゲノム領域に結合している分子の網羅的同定

ゲノム結合タンパク質が解析対象の場合，単離した標的ゲノム領域をMS法で解析する．一方，RNAやDNAが解析対象の場合，単離した標的ゲノム領域からRNAまたはDNAを精製した後，NGS解析やマイクロアレイ解析を行う．

In-cell enChIP法では，*Streptococcus pyogenes*（*S. pyogenes*）由来のCRISPRが多く利用されているが，*S. aureus*由来のCRISPRなど他種のものも利用可能である[10]．また，in-cell enChIP法は，真核生物だけでなく，原核生物からも標的ゲノム領域を単離することができる[11]．近年，筆者らのグループは，マウス組織でのin-cell enChIP法を想定して，3×FLAG-dCas9を発現させたトランスジェ

ニックマウスも作製している[12]．なお，バッファーなども含まれた in-cell enChIP キットがアクティブ・モティフ社から販売されており，利用することができる（https://www.activemotif.com/catalog/1172/enchip）．

2. 組換え・合成 CRISPR 分子を利用した *in vitro* enChIP 法の実験工程

In-cell enChIP 法では，人工 DNA 結合分子の細胞内発現が必要であるが，マウス個体から単離した細胞や臨床検体，病原微生物などを使用する場合，外来性分子の導入・発現・操作が困難なことが予想される．そこで，筆者らは，精製した組換え・合成人工 DNA 結合分子を利用することで，細胞外で標的ゲノム領域をタグ付けし，当該ゲノム領域を単離できる方法として，*in vitro* enChIP 法を開発した．以下に，組換え・合成 CRISPR 分子を利用した *in vitro* enChIP 法[8]の実験工程を紹介する（図 1B）．

1）組換え・合成 CRISPR 分子の準備

標的とするゲノム領域に特異的に存在する塩基配列を認識するように gRNA を設計し，化学合成や *in vitro* 転写系などで準備する．筆者らは，crispr RNA（crRNA）および transactivating crispr RNA（tracrRNA）からなる二分子システムを gRNA として利用し，合成した RNA をファスマック社から購入している（http://fasmac.co.jp/genome_editing_guide_rna）．この二分子システムでは，tracrRNA は共通利用できるため，crRNA を変えるだけで異なるゲノム領域を標的とすることができる．エピトープタグを融合した *S. pyogenes* 由来の組換え dCas9 タンパク質は，カイコ発現系を利用してシスメックス社で準備している（http://procube.sysmex.co.jp/tech/silkworm_outline/）．アクティブ・モティフ社から AM タグを融合した組換え dCas9 タンパク質が販売されており，それを利用することも可能である（https://www.activemotif.com/search?terms=dcas9）．

2）ゲノム DNA の断片化

1.2）と同様に細胞から断片化ゲノム DNA を準備する．

3）標的ゲノム領域のタグ付けおよび単離

試験管内で，精製 CRISPR 分子と断片化ゲノム DNA を反応させることで，精製 CRISPR 分子を標的ゲノム領域に結合させる．その後，**1.3）**と同様に，標的ゲノム領域に結合している CRISPR 分子をアフィニティー精製する．

4）標的ゲノム領域に結合している分子の網羅的同定

1.4）と同様に標的ゲノム領域に結合している分子を網羅的に同定する．

In vitro enChIP法では，gRNAなどをビオチンで標識しておくことで，ビオチン–アビジン系によるアフィニティー精製なども利用することができる[8]．*In vitro* enChIP法は利便性が高い一方，これまでの経験から，in-cell enChIP法よりも標的ゲノム領域の単離効率が低い（1/10程度）．その理由として，細胞から抽出したゲノム内のCRISPR標的部位に，すでに転写因子などの分子が結合している，あるいは，クロマチンのアクセシビリティーが低い可能性などが考えられる．このような問題を解決するため，あらかじめATAC–Seq（assay for transposase–accessible chromatin using sequencing）法などでオープンなクロマチン領域を決めておいて，その領域にgRNAを設計することが考えられる．

■ enChIP法の実験例

次に，in-cellおよび *in vitro* enChIP法の実験例について紹介する．一般的に，標的ゲノムに結合しているタンパク質の同定には $5 \times 10^7 \sim 2 \times 10^9$ 個程度の細胞が，DNAやRNAの同定には $1 \times 10^7 \sim 5 \times 10^7$ 個程度の細胞が用いられている．なお，以下に紹介する例は，筆者らのグループからの報告を中心とした一部であり，他の総説など[9]も参照されたい．

1. 標的ゲノム領域に結合しているタンパク質の同定

これまでに筆者らのグループはin-cell enChIP法とMS解析を組合わせることで，炎症性サイトカインであるIFNγ（interferon γ）刺激後に，*IRF–1*（*IFN regulatory factor–1*）遺伝子プロモーター領域にリクルートされるタンパク質の同定に成功した[13]．また，テロメア領域や *EPAS1* 遺伝子プロモーター領域に結合しているタンパク質の同定にも成功している[7) 14]．筆者らのグループの他にも，*D4Z4* マイクロサテライトリピート領域や *WNR5A* 遺伝子プロモーター領域などに結合しているタンパク質の同定も報告されている[9]．

2. 標的ゲノム領域に結合しているRNAの同定

近年，ノンコーディングRNAなどの機能性RNAが，ゲノム高次構造の形成や転写制御に関与することが知られている．筆者らのグループは，in-cell enChIP法にRNAシークエンシング解析を組合わせることで，マウステロメア領域に結合している *Neat1* などの長鎖ノンコーディングRNAの同定に成功した[15]．また，ヒトがん細胞株で *IGF2*（*insulin–like growth factor 2*）遺伝子プロモーター領域などに結合している機能性RNAの同定が報告されている[9]．

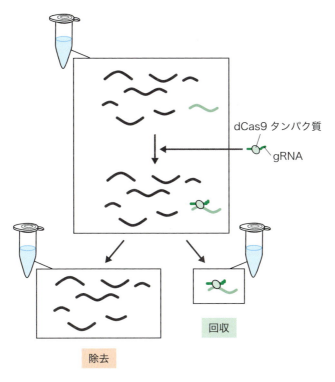

図3 精製DNA混合溶液からの標的DNAの単離
In vitro enChIP法を利用することで，精製DNA混合溶液に存在する標的DNAを回収あるいは除去できる．その後，回収したDNA，あるいは，特定のDNAが除去されたDNAは，PCRや次世代シークエンスなどで解析できる．

3. 標的ゲノム領域に結合しているDNAの同定

　筆者らのグループは，in-cell enChIP法にNGS解析を組合わせることで，ヒト血球系細胞株K562が赤芽球様細胞へ分化する際に，インスレーター領域と相互作用するゲノム領域を同定している[16]．また，*in vitro* enChIP法にNGS解析を組合わせることで，ニワトリB細胞株DT40において*Pax5*遺伝子プロモーター領域と相互作用しているエンハンサー領域の同定にも成功した[17]．これら方法は，ChIP-Seq法と同様の操作であるため，標的ゲノム領域に結合しているゲノム領域を同定する（例：標的プロモーターに結合しているエンハンサーの同定）という目的では，ChIP法に慣れた研究者にとって操作しやすい手法であると考える．

4. 特定DNAの除去および濃縮

　In vitro enChIP法は，細胞からのゲノム領域の単離以外にも，標的とする精製DNAの濃縮および除去にも利用することができる．筆者らのグループはこれまでに，*in vitro* enChIP法を利用することで，精製DNAの混合物から標的とするDNAを特異的に単離できることを示した（図3）[8) 18)]．本技術は，プラスミドDNAや特定DNA断片の精製，NGS解析時のライブラリーからの不要DNAの除去，微生物由来DNAの高感度検出のための濃縮などに応用できると考えている．

おわりに

　enChIP法は，細胞内で標的ゲノム領域に結合している分子を同定するのに有用な技術であると自負している．本技術を用いて同定した分子を，RNA干渉やノックアウトなどの機能欠損実験，ChIP法，他の分子生物学的手法によって解析することで，同定された分子がゲノム機能に果たす生理的意義の解明に迫ることができる．また，*in vitro* enChIP法は，精製DNA単離技術として，さまざまな用途で使用されることも期待される．今回紹介した実施例にとどまらす，他の研究グループもenChIP法を利用して研究を進めており[9]，われわれが開発した技術の発展を目の当たりにできることを非常に嬉しく思っている．さらに，アフィニティー精製のためのエピトープタグを変えた手法なども報告されており，今後もさまざまな遺伝子座特異的ゲノム領域単離法のバリアント・改良が報告されることが予想される．enChIP法開発の経緯やプロトコール等は筆者らの研究室ホームページにも掲載している（http://www.med.hirosaki-u.ac.jp/~bgb/）．本技術に興味をもたれた方は，遠慮無くお問い合わせいただきたい．

◆ 文献

1) Déjardin J & Kingston RE：Cell, 136：175-186, 2009
2) Hoshino A & Fujii H：J Biosci Bioeng, 108：446-449, 2009
3) Xu X & Qi LS：J Mol Biol, 431：34-47, 2019
4) Morgan SL, et al：Nat Commun, 8：15993, 2017
5) Wang H, et al：Cell, 175：1405-1417. e14, 2018
6) Fujita T & Fujii H：Biochem Biophys Res Commun, 439：132-136, 2013
7) Fujita T, et al：Sci Rep, 3：3171, 2013
8) Fujita T, et al：Genes Cells, 21：370-377, 2016
9) Fujita T & Fujita H：Biol Methods Protoc, 4：bpz008, 2019
10) Fujita T, et al：BMC Res Notes, 11：154, 2018
11) Fujita T, et al：BMC Res Notes, 11：387, 2018
12) Fujita T, et al：Genes Cells, 23：318-325, 2018
13) Fujita T & Fujii H：PLoS One, 9：e103084, 2014
14) Hamidian A, et al：Biochem Biophys Res Commun, 499：291-298, 2018
15) Fujita T, et al：PLoS One, 10：e0123387, 2015
16) Fujita T, et al：Genes Cells, 22：506-520, 2017
17) Fujita T, et al：DNA Res, 24：537-548, 2017
18) Fujita T, et al：Sci Rep, 6：30485, 2016

Ⅲ 応用編

3 ゲノム編集技術を用いた次世代微生物育種

寺本　潤，西田敬二

はじめに

　微生物は原核・真核を問わず目に見えない大きさの生物の総称であり，土壌や海水，大気中など環境中のあらゆる場所に存在し，古くは食品や酒の発酵などに用いられる一方で病原菌として悪影響を及ぼすものなど，人とのかかわりの深いものも含めて多種多様に富む．深海や極寒地域などの極限環境に生育するものなど，それぞれの生息環境に適応するために特別な機能や酵素を有していることも多く，生物学的な興味とともに産業的な応用の対象としても重要である．また微生物は一般に生命単位として単純であり，分子生物学や遺伝学の基盤を確立する材料としても不可欠な役割を果たしてきた．代表的な研究材料として，培養が容易で増殖も早く，遺伝子組換え技術をはじめとする分子生物学的手法が早期に確立された大腸菌や出芽酵母が，それぞれ最も理解が進んだ原核生物，真核生物の基本単位として多くの知見が蓄積されている．他方，各微生物の特異な性質を産業的に利用することも長らく進められてきた．コリネバクテリウムによるアミノ酸生産のような低コスト大量生産や，放線菌やカビなどを由来とする抗生物質や医薬品原料など分子構造が複雑で化学合成段階が困難な物質など，バイオ生産は石油代替の流れもあり今後も拡大すると予想される．

　多様な用途に利用される微生物は，環境中から分離され，さらに育種を行うことでより望ましい形質を示すものが選ばれてきた．伝統的な微生物育種は自然のバリエーションあるいは各種変異原による突然変異誘発を利用するが，有用な形質をもったものを得るには膨大なバリエーションの中から選抜する時間と労力が必要である．また微生物は掛け合わせができないものも多く，よい形質を重ね合わせていくにもくり返しの労力が要求された．またそのようにして得られる株は形質とは関係しない変異も蓄積しうるため，付随する形質との因果関係の解明が容易でないケースも多かった．

　より合理的な手段として，狙った遺伝子を改変する遺伝子ターゲティングや，その生物が本来持たない形質を与える外来遺伝子を導入する遺伝子組換えも微生物改変においてはさかんに行われてきた．一方，その課題として，一般に選抜マーカー遺伝子を付随させて用いること，また操作できる遺伝子数に限りがあること，効率が対象によって大きく異なり宿主が限られること，遺伝子組換え規制に準じた操作・培養・処理が必要であり，生産コストが高くなることである．

ゲノム編集については，動物や植物でもたらすほどのインパクトは微生物分野ではまだみられていない．それは代表的な微生物種ですでにさまざまな改変手法が利用可能である一方で，後述するようにヌクレアーゼ型ゲノム編集技術が微生物において使い勝手がよくなかったという点によるものと推察される．とはいえ，ゲノム編集技術の進歩も著しく，さまざまな派生技術とともに既存技術との組合わせや微生物に特化した改良，またゲノムワイドなアプローチも進んでいる．特に遺伝子ターゲティングの効率が低い，あるいは全くできなかった微生物種においてもゲノム編集が有効であるケースも多々あるため，これまで利用が進んでいなかった幅広いポテンシャルをもつ微生物を活用できると期待される．本編では，さまざまなゲノム編集技術について特に微生物に適用する際の手法について解説する．

ヌクレアーゼ型ゲノム編集（ノックアウト，ノックイン，精密編集）

微生物にゲノム編集を適用するにあたってはいくつかの制約があり，特に原核生物において問題となるのはDNA二重鎖切断の致死性である．多くの原核生物ではDNAの切断に際して非相同末端修復（NHEJ）機構が働いておらず，染色体の切断を修復できずに死に至る確率が高い．このため，真核生物で幅広く行われるような欠失挿入（indel）による単純な遺伝子破壊（ノックアウト）は難しい．一方で，ドナーDNAを共導入することによる相同組換え（HR）を利用すれば，逆に致死性によるネガティブ選抜が効くため，生き残ったものが高確率で改変体として得られ，選抜マーカー遺伝子の挿入を伴わない編集も可能である．この特徴を利用した大腸菌におけるゲノムワイドな編集方法として，CRISPRのgRNAライブラリと相同組換え技術（Lambda-Redシステム）を組合わせたCREATE（CRISPR-enabled trackable genome engineering）がある[1]．複数個所の多重同時編集は不可能ではないが，致死性が相乗的に上がることから難易度が高くなる．

真核微生物においてもヌクレアーゼ活性は細胞毒性を示す場合があるが，原核の場合ほどに致死的ではなく，NHEJによるindelは生じるため生き残ったものは高確率で変異を有する．相同組換えも可能だがNHEJを介したindelと混ざった結果になり，その割合は生物種また菌株によって差が大きい．NHEJにかかわる因子であるLig4やKu70/80を機能欠損させれば相同組換えが優位になる．出芽酵母はもともと相同組換え活性が高く，百塩基に満たないドナーDNAを介したマーカーレスな編集が高効率で可能であり，塩基置換のような精密な編集もゲノムワイドでシステマティックに行われている[2]．gRNAのデザインには目的に応じて種々の支援ツールが公開提供されている（表）．

デアミナーゼ型ゲノム編集（塩基編集）

デアミナーゼを利用した塩基編集技術（図1およびII-5参照）はC：G＞T：A（Target-AID, CBE）ないしA：T＞G：C（ABE）の塩基変換を可能としつつヌクレアーゼに付

表　gRNAのデザイン支援ツール

ツール名	概要	リンク
ATUM	off-targetの少ないgRNAをATUMスコアリングアルゴリズムによりデザイン．対応する微生物種は少ない	https://www.atum.bio/eCommerce/cas9/input
Breaking-Cas	ENSEMBL/ENSEMBLGENOMESに登録されている生物種を対象にしたgRNA解析ウェブサーバー	http://bioinfogp.cnb.csic.es/tools/breakingcas/
CCtop	CRISPR-Cas9の標的を予測．複数のCas9のPAMに対応	https://crispr.cos.uni-heidelberg.de/
CHOPCHOP	CRISPR-Cas9およびCRISPR-Cpf1の標的サイト選択ツール	https://chopchop.cbu.uib.no/
CRISPOR	入力した配列をデータベース，またはアルゴリズムに基づいたgRNAを抽出．また，Addgeneに登録されているプラスミドへのgRNAのクローニングを支援	http://crispor.tefor.net/
CRISPRdirect	国産のon-Target gRNAのデザインソフト．微生物種も随時追加されている（Ⅱ-1参照）	http://crispr.dbcls.jp/
CRISPR-ERA	CRISPRiとCRISPRa用のgRNAを指定してデザインすることができる．対応する微生物種は少ない	http://crispr-era.stanford.edu/
CRISPRscan	効率よくgRNAを予測するためのアルゴリズム	https://www.crisprscan.org
CRISPy-web	任意の配列からgRNAを選択・抽出するツール	https://crispy.secondarymetabolites.org/#/input

随する致死性の問題を回避することができるため微生物において特に有用である[3]．真核生物では効率のよいnCas9型を用いることが必要であるが，原核生物では多少の細胞毒性が出る場合があり，むしろdCas9型でもそれなりによい効率が得られる．ウラシル脱塩基修復阻害タンパク質であるUGIを加えれば大腸菌ではほぼ100％の効率が達成でき，多重変異も容易であるが，UGIの使用はゲノムワイドな非特異変異も無視できないレベルに上昇させるので注意が必要である．またindelは一部の微生物を除けばほぼ起こらず，大腸菌においてnCas9型によってC＞A変異が混ざる場合があるが，おおむね塩基変換としても想定通りになることが多く編集結果のばらつきが小さい．このように微生物では塩基編集のほうがヌクレアーゼ型よりも簡便であり，汎用的なツールとしての拡大が期待される．

発現調整（CRISPRi/CRISPRa）

　ゲノム配列を改変するのではなく，ヌクレアーゼ活性を失活させたCRISPRを用いて標的遺伝子の発現調節に干渉する手法がCRISPR interference（CRISPRi）である．微生物において有効なシステムはきわめて単純であり，目的とする遺伝子の転写領域にdCas9-gRNA複合体が結合して転写を阻害するものである．効果的な抑制を得るには標的部位の選択が重要であるが，真核微生物ではTATA-box，原核微生物ではPribnow-boxを標的とするのが望ましく，それより上流域あるいはUTR（untranslated region）では抑制効果が不確かである．コーディング領域内では，開始コドンの下流域近傍にデザインすると強い抑制効果が期待できる一方で，開始コドンから離れた位置にデザインするほどに抑制効果が弱くなる傾向にある[4]．CRISPRiとは逆にCRISPR activation（CRISPRa）は転写活性因子を結合させたdCas9を用いることで標的遺伝子の発現活性を上げることができ，この場合は転

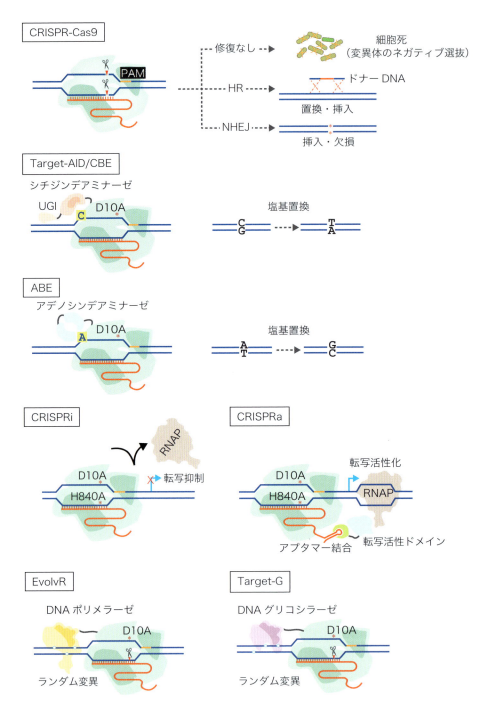

図1 微生物育種に用いられる主なゲノム編集技術

写開始点から50〜500塩基上流域を標的としてよい結果が得られている．またgRNAにアプタマー配列を付加し，アプタマー結合タンパク質を介して転写活性因子をリクルートさせるようにすることで特定の標的に対してはCRISPRaとして働きつつ，アプタマーをもたないgRNA標的はCRISPRiとして機能することから，複数の遺伝子の活性化と抑制を同時に行える．gRNA配列の設計がやや複雑であるがCRISPR-ERAなどのデザインツールも提供されている（表）．CRISPRa/iはゲノムワイドに設計したライブラリによるスクリーニングにも適しており，いくつかの微生物種ではすでに代謝経路制御や物質生産のための候補遺伝子のスクリーニングの手法として利用されている．一方で効果を持続させるためには常にCRISPRシステムを高発現しておく必要があり細胞への生理的な副作用も無視できないため，実用的な用途には別の手法での遺伝子操作がより望ましいだろう．

ランダム変異

EvolvRは2018年にerror-prone修復を介した局所的なランダム変異を導入する手法であり，ニッカーゼ型nCas9にerror-prone DNA polymerase-I（PolI3M）を融合させて用いる[5]．ニッカーゼ型nCas9により一本鎖切断が誘導される部位を起点としてPolI3Mによるerror-prone修復が実施されることによりゲノム中にランダム変異を導入するゲノム編集技術であり（図1），スクリーニングを実施して有用な変異を獲得することができる．大腸菌において抗生物質耐性変異を獲得する実施例が示されているが，真核生物に対する適用についてはDNA修復および複製の機構の違いからそのままでは難しいと推察される．一方でまだ開発途上であるが，DNA glycosylaseを用いるTarget-Gは，脱塩基反応によって変異を誘発し，出芽酵母において数百塩基の範囲に効率よくランダムな変異を誘導することができ，今後の汎用化が期待される．

内在性CRISPRの利用

CRISPRはそもそもバクテリアの獲得免疫機構であり，多くの原核微生物は，それぞれ内在性のCRISPRシステムを保持している．そのような内在性のCRISPRを利用してゲノム編集を行うことも可能である．まずはそれぞれのCRISPRシステムが同定されていることが前提であるが，PAM配列，切断様式，crRNA，tracrRNAなどの各要素を把握したうえで，標的領域にgRNAをデザインし，相同組換え用のドナーDNAとともに導入する．それぞれのバクテリアごとにCRISPRシステムは多様であり，効率や使い勝手も大きく異なりうるため普遍的なアプローチにはならないが，Casタンパク質の導入・発現が不要であり，これまで遺伝子操作手法の確立されていなかったような種においては特に有用なツールとなりうる[6]．

ゲノム編集ツールの準備

　多くの微生物においてはプラスミドベクターからのゲノム編集コンストラクトの発現による手法が一般的である．Cas9 などヌクレアーゼタンパク質の発現により細胞毒性が出やすく，また低い発現で十分な編集効率が得られる場合が多いため，必ずしも汎用的な高発現型のプロモーターがよいわけではない．gRNA のプロモーターについては高発現のものを選択するのがよいが，gRNA と Cas9 を同一のプラスミドに載せる場合には特に毒性が強く出やすく，大腸菌でのクローニングの難易度があがる．誘導制御の効くプロモーターを用いれば毒性の回避により形質転換効率がよくなる場合がある．原核生物であれば特に区別はないが，真核生物においては，通常のタンパク質コード遺伝子を発現するプロモーターでは mRNA のキャップ構造の付加が gRNA 機能に干渉するため対応が必要である．Small noncoding RNA を転写する RNA ポリメラーゼ III 依存性型の U3 や U6 などのプロモーターは高等真核生物ではよく用いられるが，酵母などではプロセッシングの違いから適用できず，代わりに SNR52 プロモーターが用いられる．また一般のタンパク質発現用の RNA ポリメラーゼ II 依存性型プロモーターであっても，5′ 側を切り離すための配列（自己切断性のリボザイム；Hammerhead，エンドヌクレアーゼ Cys4 認識配列，tRNA 配列など）を gRNA の直前に付加させることでキャップ構造を取り除くことができる．

　前述のようなプラスミドからの発現に係る諸問題を回避する手段として，*in vitro* で合成した Cas9 タンパク質と gRNA の複合体である RNP（ribonucleoprotein complex）を導入する手法も考えられ，動物細胞ではさかんに用いられておりキット化されて販売されている．ただしプラスミドと異なり導入できた細胞の選抜ができないため高効率な導入法が求められ，また各細胞を分取して評価する必要がある．微生物においては一部の糸状菌や藻類での報告があるのみでまだ例が少ないが，プラスミド DNA の残存がないこと，個別のベクター構築が不要などの有用性もあり，効率のよい RNP デリバリー手法が確立されてくれば，プラスミド法を置き換える可能性もある．

プラスミド DNA/RNP のデリバリー方法

　微生物細胞の性質は種ごとに大きく異なり，DNA や RNP の導入手法は個々に条件の最適化が求められる．大きく分けると①化学的形質転換法（ヒートショック法），②エレクトロポレーション法，③パーティクルガン法，④接合法がある．またそれ以外にも特殊な微生物では自然に DNA を取り込むような性質を利用することもある．

①化学的形質転換法は，カチオンや PEG などのバッファー条件，またヒートショックなどの刺激で細胞膜の透過性を上げて導入を行う手法である．実験を行う際に特殊な装置を必要とせず操作も簡便であるため，最低限の研究設備で行うことができるが，微生物種また種内の菌株によっても形質転換効率の差が大きく，場合によっては細胞壁を消化酵素で除去することも行われ，それぞれに最適化したプロトコールが必要であるため，モ

デル生物以外ではあまり用いられない．DNAのサイズ増大による効率の低下も顕著である．

② エレクトロポレーション法は高電圧パルスで瞬間的に細胞膜に穿孔を生じさせて導入するもので，特別な装置が必要であるが，かなり幅広い微生物に適用できる．化学的形質転換法のプロトコールが確立していない微生物種，あるいは大きなサイズのものを導入するときやライブラリ導入など高い形質転換効率を求める場合，またRNPの導入にも特に有効である．

③ パーティクルガン法はDNAやRNPをコーティングした金粒子（0.6～1.6 μm）を物理的に細胞内へ高速に打ち込む手法であり，やはり特別な導入装置が必要となる．細胞壁の厚い細胞にも有効で，特に溶液に懸濁できないような繊維化した状態の生物には向いているが，細胞のサイズが小さい微生物では細胞へのダメージも大きく，またすべての細胞に粒子が命中するわけではないため，効率としては限界がある．

④ 接合は微生物が本来持っているDNA伝達機構であり，他個体，あるいは他系統との間で，かなり大きなDNA（数十kb）でも移すことが可能である．原核微生物と一部の真核微生物において用いられる．一般にプラスミドDNAをもつドナー株（接合システムをもつ大腸菌や枯草菌）と対象生物を混合し，プラスミドDNAが伝播した対象生物のみが生育できる条件（抗生物質や栄養要求性）で選抜を行って形質転換体を得る．特に長大なDNAの伝達には有効な手段になりうる．

おわりに

近年では次世代シークエンサーの普及により，全ゲノム解析のコストは劇的に低下してきており，有用な形質をもつ生物のゲノム解析や遺伝子資源探索のためのメタゲノム解析も容易に行えるようになった．従来の育種法で得られたような無数の変異のなかから比較解析によって有用な遺伝子情報を抽出することも可能であり，ゲノム編集によって必要な変異のみを積み重ねることで，従来では何年もかかっていたプロセスを数カ月で実現し，かつ不要な変異を含まないようにもできる．このゲノム編集による合理的なゲノム改変は，特にin silico大規模解析やゲノムワイド改変および自動化技術と相まって，バイオ産業革命をもたらす必須の役割を果たすだろう（図2）．

2019年の段階でまだ未確定な部分もあるが，環境省の通知として，ゲノム編集が施された生物について，外来遺伝子の残存がないことが確認されれば，生物多様性への影響の可能性の考察結果の情報提供のもと，従来の遺伝子組換えの法的な規制対象にはならないという方針が示されている．オフターゲットを含めたリスク評価など具体的な対応はこれから求められようが，特に微生物はゲノムサイズが小さく解析も容易であり大きな障害にはならない．この流れの中で，遺伝子組換え技術の課題であった社会受容性および規制に係るコストが解決され，ゲノム編集を通じてバイオテクノロジーの幅広いメリットを社会として享受することができるようになることを期待したい．

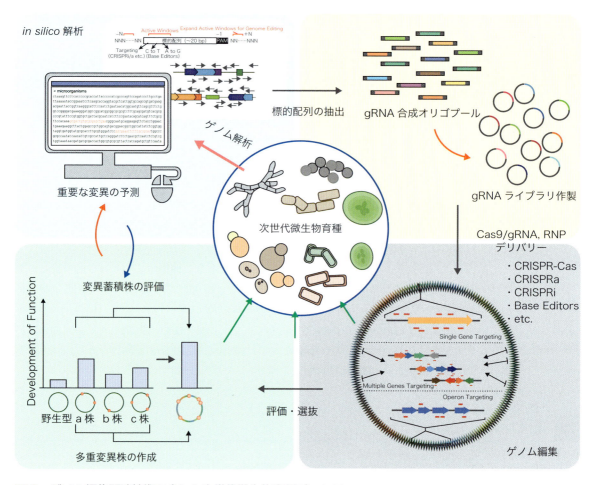

図2 ゲノム編集関連技術を介した次世代微生物育種プロセス

◆ 文献
1) Garst AD, et al：Nat Biotechnol, 35：48-55, 2017
2) Sharon E, et al：Cell, 175：544-557. e16, 2018
3) Banno S, et al：Nat Microbiol, 3：423-429, 2018
4) Qi LS, et al：Cell, 152：1173-1183, 2013
5) Halperin SO, et al：Nature, 560：248-252, 2018
6) Zhang J, et al：Metab Eng, 47：49-59, 2018

III 応用編

4 移植用臓器作製への応用

渡邊將人，長嶋比呂志

はじめに

　多能性幹細胞からの臓器作製は再生医学の究極の目標の一つであり，Organ fabrication や organoid などさまざまな方法が開発されている．固形臓器の作製を最終目標とするアプローチの一つとして，動物の体内でヒトの臓器を発生させる方策が提唱されている[1]~[4]．動物体内に異種動物の多能性幹細胞に由来する臓器を作るというコンセプトは，マウス体内にラットの膵臓を形成させることに成功した小林らの先駆的研究によって証明された[1]．小林らは，$Pdx1^{-/-}$ マウス胚にラット iPS 細胞を注入する胚盤胞補完によって，マウスとラットの種間キメラを誘導した．膵臓の形成を欠く $Pdx1^{-/-}$ マウスの発生的空間（empty developmental niche）を外来性ラット iPS 細胞が補填し，その結果，マウス体内でラット膵臓が形成されるという結果に至ったと解釈される．この胚盤胞補完のコンセプトは，腎臓にも適応可能である（図1）．後藤らは $Sall1^{-/-}$ ラットの体内に，マウス ES 細胞由来の腎臓を発達させ得ることを示している[5]．

　異種動物の体内でのヒトの臓器作製という最終目的のためには，大型動物の利用が不可欠であることから，われわれはブタにおける胚盤胞補完を開発し[4]，膵臓，腎臓はじめ，複数の臓器を標的とする研究に取り組んでいる．本稿では，腎臓欠損の表現型を現すブタの作出に対するわれわれの取り組みの一部を紹介する．

ブタ SALL1 遺伝子のノックアウト

　$Sall1/SALL1$ 遺伝子は腎臓前駆細胞の集団である後腎間葉で発現し，マウスにおいて $Sall1$ 遺伝子のノックアウト（KO）が腎臓形成不全を誘導することから，腎臓の発生に必須な遺伝子として知られている[6]．ブタ $SALL1$ 遺伝子は第6染色体上に存在し，4つのエキソンで構成されている．その遺伝子産物である SALL1 タンパク質はエキソン2からコードされている（図2）．ヒトにおいて，変異 $SALL1$ 遺伝子の産物として変異型タンパク質（truncated protein）が生産される場合には，そのドミナント・ネガティブ効果によって，種々の先天的奇形を伴うタウンズ・ブロックス（Townes–Brocks）症候群の表現型が出現することが知られている[7]．したがって，腎臓形成不全の表現型を誘導するためには，$SALL1$ 遺伝子の null 変異を誘導することが望ましい．そこでわれわれは，SALL1 タンパク質のできる限

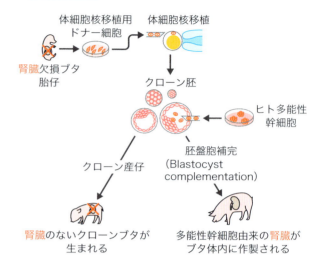

図1 ブタをプラットフォームとした臓器再生

A）臓器欠損ブタを用いた臓器再生．ブタを用いたヒト臓器再生では，臓器欠損ブタの作出とヒト間での胚盤胞補完が鍵となる．
B）胚盤胞補完．腎臓が形成されない SALL1 ノックアウトブタ胎仔より樹立した線維芽細胞を核ドナーとして，体細胞核移植（体細胞クローニング）により作出したクローン胚盤胞へ多能性幹細胞を注入することでキメラ胚を作製する．臓器が作れない特殊な環境（空間）を多能性幹細胞の増殖・分化の場として活用することにより，多能性幹細胞由来の臓器（腎臓）を形成させる．

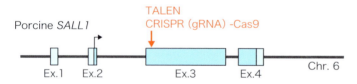

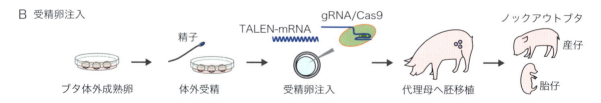

図2 SALL1 遺伝子ノックアウトブタの作出

A）ブタ SALL1 遺伝子．ブタ SALL1 遺伝子は4つのエキソンから構成されており，エキソン2から SALL1 タンパク質がコードされる．Exon 3 をゲノム編集ツールのターゲットとした．B）受精卵インジェクションによるノックアウトブタの作出．体外受精により得られた受精卵の細胞質に TALEN や CRISPR-Cas9 をインジェクション後，代理母に移植することによりノックアウト胎仔/産仔（Founder）が得られる．

りN（アミノ）末端側にPlatinum TALEN[8]あるいはCRISPR–Cas9の標的部位を設定した（図2）．まず*in vitro*試験として，ブタ*SALL1*遺伝子をターゲットとするPlatinum TALENおよびCRIPSR–Cas9を，前核期の単為発生胚の細胞質にインジェクションし，胚盤胞における変異誘導効率を調べた．その結果，Platinum TALEN–mRNA（2 ng/μL）およびCRISPR–Cas9（gRNA；5 ng/μL，Cas9 Protein；20 ng/μLをプレミックス）のインジェクションにて，良好な胚盤胞形成率（50％以上）および*SALL1*遺伝子への高効率的な変異導入（80％以上）が可能であることを確認した．なお，本稿では以降Platinum TALENを使用した結果を中心に紹介するが，CRISPR–Cas9の使用においても同様の結果が得られている[9]．

受精卵インジェクションによる*SALL1* KOブタ胎仔（Founder）の作出

*SALL1*遺伝子のKOが，ブタにおいて腎臓形成不全を誘導するか否かを確認するため，前核期のブタ体外受精卵にPlatinum TALEN–mRNAをインジェクションした（図2）．Platinum TALENをインジェクションした胚を移植した2頭のレシピエントから，胎齢36～37の胎仔を13匹得た．これらの胎仔すべてにおいて，種々の*SALL1*遺伝子変異が確認され，そのうち9匹（69.2％）に腎臓の欠損もしくは重度の腎臓低形成が観察された（図3）．遺伝子解析の結果，これらの個体の両アレルにフレームシフト変異（frameshift mutation）またはlarge deletionが検出された．得られた*SALL1*–KOブタ胎仔の痕跡的な腎組織は，ネフロン構造を欠いており，粗な間質細胞で占められ，ネフロンの顕著な発育不全が確認された．一方，片アレル変異（monoallelic mutation）および小さなインフレーム変異（6 bp deletion）を伴う両アレル変異（biallelic mutation）は，腎臓形成不全を誘導しなかった（図3）．このことから小さなインフレーム変異から産生されたtruncated SALL1タンパク質は，野生型（Wild–type：WT）のSALL1タンパク質と同等の機能を有していることが考えられる．

SALL1-KOブタ産仔（Founder）の作出

受精卵インジェクションにより得られた胎仔において，腎臓の欠損もしくは重度の腎臓低形成が確認されたことから，*SALL1*–KOブタ産仔の作出が可能かどうかを調べた．Platinum TALENをインジェクションした胚を移植した3頭のレシピエントから，合計16頭の産仔が得られた．遺伝子解析により，13頭（81.3％）に*SALL1*遺伝子の変異が検出された．この13頭中2頭（15.4％）の産仔は両アレルに変異を有していたが，いずれも小さなインフレーム変異（～15bp deletion）を含んでいた．その他の産仔はすべてWTの*SALL1*遺伝子とフレームシフト変異を有する片アレル変異の個体，もしくはWTの*SALL1*遺伝子と複数の*SALL1*遺伝子変異をもつモザイク個体であった．これらのFounder産仔は正常に成長し，剖検したすべての個体で正常な腎臓形成が認められた．このように，受精卵インジェクションにより得られたFounder産仔において，腎臓形成不全を呈する個体は誕生しなかった．

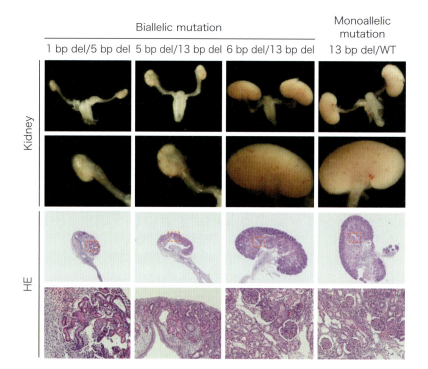

図3　*SALL1*遺伝子ノックアウトブタ胎仔（Founder）の表現型
受精卵インジェクションにより得られた胎仔（Founder）の腎臓とそのHE染色像．フレームシフトを伴うBiallelic mutationを有する胎仔は腎臓形成不全を呈する．一方，インフレームな変異が含まれるBiallelic mutationの胎仔およびMonoallelic mutationを有する胎仔では腎臓が形成される．低形成腎は，粗な間質細胞で占められ，顕著なネフロンの発育不全が確認される．

SALL1-KOブタ後代産仔（F1）の作出と表現型解析

　以上のように，受精卵インジェクションにより*SALL1*遺伝子に変異を有するFounder個体を高効率に得ることができた．しかしながら，腎臓形成不全を示す*SALL1* KOブタ産仔は1頭も得られなかった．したがって，*SALL1*$^{-/-}$変異が胎生致死となっている可能性を確かめるため，フレームシフト変異を有するFounder個体同士の交配により，*SALL1* KOブタ産仔が誕生するかどうかを調べた．合計3回の分娩により11頭の後代（F1）産仔を得たが，これらF1産仔はいずれもヘテロ変異個体であり，*SALL1*$^{-/-}$ブタ産仔は1頭も得られなかった．続いて，フレームシフト変異を有するFounder個体同士を交配し，妊娠40日齢の段階で胎仔の回収を実施した．12匹の胎仔が得られ，そのうち5匹（41.7％）が*SALL1*$^{-/-}$個体であった．これらの個体では，腎臓形成不全もしくはごく少数の糸球体や尿細管組造の破綻を伴う重度の腎臓低形成が認められた（図4）．得られた胎仔の腎組織について免疫組織学解析をしたところ，野生型（WT）の腎臓には，SALL1の発現がネフロン前駆細胞と未熟ネフロンの遠位側に，そしてSALL1同様に腎臓で発現するWT1がネフロン前駆細胞と未熟ネフロンの近位側および糸球体に認められた．これに対し*SALL1*$^{-/-}$胎仔の痕跡

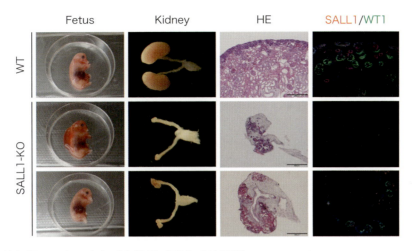

図4　SALL1遺伝子ノックアウトブタ胎仔（F1）の表現型
SALL1^{+/−} founder個体同士の交配により得られたF1胎仔（胎齢40日）と腎臓のその腎臓の組織学的解析（HE染色と免疫染色）．SALL1 KOでは重度の腎臓形成不全が誘導された．野生型（WT）の腎臓では，ネフロンにSALL1およびWT1の発現が認められるが，SALL1 KO胎仔の痕跡的な腎組織では，SALL1の発現は完全に消失しており，ネフロン構造の破綻が認められた．HE染色のスケールバー＝500 μm．文献9より引用．

的な腎組織では，SALL1の発現は消失していた（図4）．また，SALL1タンパク質のC末端側を認識する抗体を用いた免疫染色においてもSALL1タンパク質の存在は確認されなかった．さらに，SALL1^{−/−}胎仔の痕跡的な腎組織では，ネフロン前駆細胞に発現するSIX2の発現も欠いていた[9]．以上の結果から，マウスSall1 KOと同様に，ブタにおいてもSALL1 KOが腎臓形成不全を誘導することが明らかになった．

受精卵インジェクションに伴うモザイク個体の出現

　本研究では，SALL1遺伝子ノックアウトブタの作出法として受精卵インジェクションを選択した．ゲノム編集ツールの受精卵インジェクションは，齧歯類では遺伝子ノックアウト個体の作出法として実績のある方法である．しかしながら，望まない変異タイプをもった個体が生まれることや，複数の変異タイプが混在した個体いわゆるモザイク個体が出現することが報告されている[10]．本研究においても受精卵インジェクションにより得られたFounder産仔の半分以上（53.8％）がモザイクであった．このように，ゲノム編集ツールの受精卵インジェクションという方法は，モザイク個体を生じる可能性を潜在的に内包している．実際，本研究で腎臓低形成を示したSALL1ホモ変異founder胎仔の免疫組織化学的解析において，ごくわずかなSALL1陽性のシグナルが認められた．このことは未検出の変異や野生型（WT）の配列を有する細胞の存在を示唆している．したがって，受精卵インジェクションで得られるFounder個体における表現型の理解には特に注意が必要となる．
　また，モザイク個体には，複数の変異タイプの生殖細胞が作られる場合がある．そのような個体を繁殖に用いて，望んだ遺伝子型を有する個体を次世代で選抜する作業は，非常

に多くの時間，労力，費用を要する．つまり，モザイク個体の出現は妊娠期間の長い大型動物の生産において特に問題となり，効率的な変異個体作出の障害となり得る可能性もある．こうしたモザイクを引き起こす大きな要因は，受精卵へインジェクションされたゲノム編集分子が最初の卵割を越えて持続的な活性を維持しているためと考えられる．モザイクを最小限にするため，受精卵へのゲノム編集分子の導入時期を早める試みや不安定化させたゲノム編集分子の使用により，その分解を促進させる試みもある[11)][12)]．しかしながら，現時点では，受精卵インジェクションにおいてゲノム編集技術によるモザイクを排除するための明確かつ確実なストラテジーはなく，今後のさらなる研究を必要とする．受精卵インジェクションに対し，体細胞核移植（体細胞クローニング）では，あらかじめ遺伝子改変（遺伝子導入やノックアウト）した核ドナー細胞をもちいて，目的の遺伝子型をもつ遺伝子改変個体を作出することが可能であり，モザイク個体の発生を避けることができる．

　一方で，受精卵インジェクションにより生じるモザイク現象が，有用に働くこともある．胎生致死の機能喪失型変異（loss of function mutation）をもつ胎仔の構成細胞が変異型と野生型とのモザイクとなった場合，その胎仔の発達が救済されて生存個体の獲得につながったことが報告されている[13)]．このことは，本研究のブタ*SALL1*遺伝子と同様に，胎生致死を引き起こすことが予想される遺伝子変異を，有用な遺伝子資源として後代に伝達させ得る可能性を示唆している．モザイク現象が遺伝子改変動物作製において有用に働く場合の一例として興味深い．

SALL1-KO ブタの胎生致死の可能性

　Sall1 KO マウスは妊娠末期まで発達し，出生直後に死亡することが知られている[6)]．本研究では受精卵インジェクションにより得られた Founder 産仔，そしてフレームシフト変異を有する Founder 個体同士の交配で得た F1 個体いずれにおいても*SALL1*$^{-/-}$個体は得られなかった．また，*SALL1*$^{+/-}$ Founder 個体同士の交配において，母ブタ1頭当たりの産仔数が通常の分娩より少ない傾向もみられた．胎齢40日の時点では，*SALL1*$^{-/-}$胎仔の存在が確認されたことを考えると，*SALL1*$^{-/-}$ブタ胎仔は妊娠中期（second trimester）以降に致死となることが推定される．われわれは*SALL1* KO 細胞の核移植で作出したクローンブタ胎仔の解析からも，*SALL1*$^{-/-}$が胎生致死となることを示唆する結果を得ている（論文投稿中）．こうした*Sall1*-KO マウスと*SALL1*-KO ブタの致死性の相違は，両者の胎仔発生中の SALL1 の機能・役割に依るものと考えられる．ブタと比較して，比較的未熟な状態で産まれるマウスの特性も，分娩末期までの*Sall1* KO マウスの生存に関与している可能性もある．腎臓以外にも発現している SALL1 の欠損がブタの胚発生に及ぼす影響については今後のさらなる研究が必要である．

おわりに

　われわれは腎臓欠損だけでなく，膵臓を欠損するブタの作出にも成功している[4]．本稿では，ブタのSALL1-KOにより，胎仔期における腎臓形成不全の誘導が可能なことを示した．腎臓形成不全を確実に誘導できる変異が特定され，さらにその変異をもった繁殖可能な個体の系統も樹立できたことから，ブタ体内のempty developmental nicheを利用したヒト腎臓の再生に向けて，重要な基盤を構築することができた．2018年，文部科学省により動物とヒト細胞を混ぜた「動物性集合胚」の取り扱いに係る関係指針等の改正が実施され，ヒトの臓器をもつ動物を作る研究が条件付きで認められるようになった．これにより，特定の臓器を欠損したブタを利用したヒト臓器の作製に関する研究が今後大きく加速するものと思われる．

◆ 文献

1) Kobayashi T, et al : Cell, 142 : 787–799, 2010
2) Rashid T, et al : Cell Stem Cell, 15 : 406–409, 2014
3) Yamaguchi T, et al : Nature, 542 : 191–196, 2017
4) Matsunari H, et al : Proc Natl Acad Sci U S A, 110 : 4557–4562, 2013
5) Goto T, et al : Nat Commun, 10 : 451, 2019
6) Nishinakamura R, et al : Development, 128 : 3105–3115, 2001
7) Kohlhase J, et al : Nat Genet, 18 : 81–83, 1998
8) Sakuma T, et al : Sci Rep, 3 : 3379, 2013
9) Watanabe M, et al : Sci Rep, 9 : 8016, 2019
10) Li D, et al : Nat Biotechnol, 31 : 681–683, 2013
11) Kim S, et al : Genome Res, 24 : 1012–1019, 2014
12) Tu Z, et al : Sci Rep, 7 : 42081, 2017
13) Zhong H, et al : Sci Rep, 5 : 8366, 2015

Ⅲ 応用編

5 モデル霊長類でのゲノム編集

佐々木えりか，佐藤賢哉，汲田和歌子

はじめに

　近年，創薬研究における非臨床安全性と有効性を確認する非臨床試験では，マウス，ラット以外のモデル生物を使用する機会が増えている．実際，日米EU医薬品規制調和国際会議（ICH）による「医薬品の臨床試験及び製造販売承認申請のための非臨床安全性試験の実施についてのガイダンス」ICH M3（R2）では，反復投与毒性試験は，齧歯類と非齧歯類の2種の哺乳動物で実施されるべきと記載されている[1]．また，「バイオテクノロジー応用医薬品の非臨床における安全性評価」ICH S6（R1）では，種・組織特異性を伴う生物活性を利用するため，非臨床における安全性評価のガイドラインにおいて「適切な2種類の動物種を使用する必要がある（正当な理由が示されていれば，1種類の適切な動物でも可）」と記載されている[1]．このように開発中の薬品により安全性の評価には適切な動物種を選択することが重要である．

　またこれまで，哺乳類の初期発生や胎児発生は主にマウスを用いて理解されてきたが，近年マウスとヒトでは多くの点で異なることが明らかにされてきている．しかしながらヒト特有の初期発生，胎児発生を研究することは，倫理的に困難が多い．そこでヒトの初期発生，胎児発生のモデルとして非ヒト霊長類を用いることで霊長類特有の発生を理解する研究が増えてきている．このような背景の中，創薬研究，治療法開発研究のみならず生物学研究におけるモデル動物としても，よりヒトへの外挿性が高い非ヒト霊長類モデルへの注目が高まっている．

　非ヒト霊長類の中でモデル動物として使用されている種はさまざまあるが，その中でも発生工学研究が進んでおり，マウスのように遺伝子改変技術を用いて疾患モデルを作製することが可能な種は，アカゲザル，カニクイザル，コモンマーモセット（マーモセット）の3種である．アカゲザル，カニクイザルは，旧世界ザルの仲間であり，総称してマカクザルとよばれ，長年霊長類の実験動物として用いられてきた．一方，マーモセットは小型であり，採血可能な量が1週間に2 mL程度であるため，反復採血が必要なトキシコキネティクスおよび非臨床薬物動態試験に使用することが難しく，霊長類の実験動物としてはマイナーであった．しかしながら近年は，高感度な液体クロマトグラフィー質量分析法などにより，2.5 μL程度の血漿サンプルで薬物動態試験が可能となってきたことで，少量の被検物質で試験が実施できるマーモセットがモデル動物として見直されている．またマカクザルと比

較して小型であるため飼育費が安価であること，繁殖効率が高いことから複数頭を用いて対照群と実験群に分けた反復実験が可能であることも研究者にとってメリットとなっている．

遺伝子改変霊長類モデル

2001年にトランスジェニックアカゲザル作製，2009年にトランスジェニックマーモセットの導入遺伝子が次世代へ伝達することが報告されて以来，多くの研究者，特に脳科学研究者から遺伝子改変霊長類モデルに注目が集まるようになってきた．実際，ハンチントン舞踏病[2]，ポリグルタミン病[3][4]，レット症候群[5] などの疾患モデルのみならず，神経細胞のカルシウムイメージングを行うためのGCaMPトランスジェニックマーモセット[6] などが作製されてきた．これらのトランスジェニック霊長類は，レトロウイルスベクターもしくはレンチウイルスベクターを用いた方法であるが，これらの遺伝子導入法は5 kbp以上の長い遺伝子の導入が困難，マルチコピーに導入された導入遺伝子が世代ごとに分離するため必ずしも親の表現型と子孫の表現型が一致しない，標的遺伝子ノックアウト / ノックイン動物を作製することができないなどの問題点がある．

特にマウスでは，標的遺伝子ノックアウト / ノックインモデルが主流となっている．これまでマウスの標的遺伝子ノックアウト / ノックインは，生殖細胞に寄与できる胚性幹（ES）細胞がないと作製できなかった．すなわち，まずES細胞において相同的組換え法により標的遺伝子を破壊する，もしくは目的の遺伝子配列を挿入したES細胞作製する．次いで遺伝子改変したES細胞をホストとなる受精卵に注入し，レシピエントマウスの子宮に移植することで，生殖細胞を含む各組織で，注入したES細胞由来の細胞をもつキメラマウスを作製し，さらにこのキメラマウスが性成熟に至ったらES細胞と同じ遺伝的背景をもつマウスと掛け合わせ次世代個体を得て解析する必要があった．しかしながら，この方法を霊長類に応用することは2つの点から難しかった．1つは，解析開始までにかかる時間である．霊長類の性成熟はマーモセットで2年，マカクで4〜5年かかり，妊娠期間を考慮すると次世代個体の獲得が可能になるまで2年半〜5年半必要である．また1回の産仔数が1〜3頭と少ないこと，成体での解析の場合，育成にさらに2〜5年かかるため，現在マウスで行っているような多数の個体を使用した解析を開始するには，5〜10年位の年月が必要となる．2つ目は，そもそもキメラ霊長類を作製しようと思ってもマウス・ラットと霊長類を含む他の哺乳類のES/iPS細胞とでは，細胞学的性質が異なり，霊長類のES/iPS細胞からは，生殖細胞系列キメラ個体は得られないためである[7]．そのためこれらの理由により霊長類では，標的遺伝子ノックアウト / ノックインモデルを作製することができなかった．

霊長類のゲノム編集による標的遺伝子ノックアウト

ゲノム編集技術についての詳細な解説は他稿を参照されたいが，標的遺伝子ノックアウトが作製できないという問題はゲノム編集の登場によって，受精卵にゲノム編集を行うことで，キメラ形成能を有するES/iPS細胞がない生物種でも標的遺伝子ノックアウトを作製できるようになった．また，ES/iPS細胞を経る，これまでのマウスの標的遺伝子のノックアウト/ノックインのように次世代個体の獲得を待たずして始祖世代で表現型の解析が可能となったことも，次世代個体の獲得に長い時間がかかる霊長類にとって望ましいものである．

2014年に中国のグループからNr0b1（nuclear receptor subfamily 0 group B member 1）遺伝子，Ppar-γ（peroxisome proliferator–activated receptor gamma）遺伝子およびRag 1（recombination activating gene 1）遺伝子に対するsgRNA（short guide RNA）と，Cas9（clustered regularly interspaced short palindromic repeats associated protein 9）mRNAからなるCRISPR（clustered regularly interspaced short palindromic repeats）–Cas9をアカゲザルおよびカニクイザルの受精卵へ注入することにより標的遺伝子ノックアウトカニクイザルの作製が報告された[8]．また同年，MeCP2（methyl–CpG binding protein 2）遺伝子を標的としたTALEN（transcription activator–like effector nuclease）発現プラスミドを用いたノックアウトカニクイザルの作製が報告され，霊長類の受精卵でもゲノム編集が可能であることが示された[9]．しかしながら，この論文では，これらの動物は，モザイク状に標的遺伝子の変異が導入されたためか，明確な表現型は報告されていない．

次いで2016年に著者らは，初期型のHiFi–ZFN（zinc finger nuclease），高活性型のeHiFi–ZFNおよびDNA結合モジュールをアミノ酸改変することによって高活性型となったPlatinum TALENのmRNAをマーモセット受精卵に注入することにより，X染色体上に存在するIl2rg（Interleukin 2 receptor common γ）遺伝子をノックアウトしたX–SCID（X–linked severe combined immunodeficiency）免疫不全マーモセットの作製を報告した[10]．ZFNによりオス2頭，メス3頭，Platinum TALENによりオス5頭を得た．得られたオス7頭は，いずれも標的遺伝子Il2rgの変異（アミノ酸欠失3頭，トランケート型4頭）をもち，メスは，1頭が片アレルに，2頭（いずれもトランケート型）が両アレルにIl2rg遺伝子の変異をもっており，オス7頭およびメス2頭はT細胞，Natural Killer細胞を欠失するX–SCID型免疫不全を呈した．このことは，これら免疫不全を呈する個体において野生型のIl2rg遺伝子の残存がないこと，すなわちモザイク改変ではないことを示唆していた．実際，生後2週間以内に死亡した個体の各組織のゲノムを用いて，遺伝子改変の有無を検出可能なsurveyor nuclease cleavage（Cel–1）アッセイを行った結果，野生型の遺伝子の残存は認められなかった．またこれらの個体では肉眼的に胸腺は認められなかった．このX–SCIDマーモセット作製では，産仔の個体内で野生型のIl2rg遺伝子の残存がないことが始祖世代で表現型を示すために重要であったが，逆のケースもある．

自閉症スペクトラム障害であるレット症候群は，X染色体上にあるMeCP2遺伝子の変異

や発現異常が原因の疾患である．レット症候群の患者は，女児のみであり，片アレルに*MeCP2*遺伝子の変異をもつ．*MeCP2*遺伝子変異をもつ男児患者や両アレル変異をもつ女児患者がいないことから，*MeCP2*遺伝子が完全に機能しないと胚性致死になると考えられる．前述した*MeCP2*遺伝子ノックアウトサル作製と同じ手法を用いてさらなる個体獲得をめざした研究では，流産したオス胎児5例，メス胎児3例，*MeCP2*遺伝子に変異をもつメス産仔5個体を得ている．これらの生存個体のメスの標的遺伝子変異率は28〜50％であった[11]．これらの個体の*MeCP2*遺伝子はモザイク変異であったが，標的遺伝子変異率が28〜50％となっていたため，レット症候群様症状を呈したものと考えられている．これらX-SCIDマーモセットおよびレット症候群サルの結果は，標的遺伝子の改変がドミナントネガティブに作用するのか，または完全に遺伝子を欠失しないと表現型を発現しないのかという条件によって，ゲノム編集におけるモザイク改変を回避するゲノム編集条件を必要とするのか，モザイク改変となるゲノム編集条件でもよいのか考慮すべきであると示唆している．

*in vitro*における標的遺伝子改変率の検討

　前述したように，霊長類は次世代個体の獲得に非常に時間がかかるため遺伝子改変個体を作製する場合は，始祖世代で解析可能な表現型を示す個体を得ることが望ましい．レンチウイルスベクターを用いてトランスジェニック個体を作製する場合は，導入遺伝子とともに蛍光タンパク質遺伝子などを一緒に導入することで遺伝子が導入された胚のみを選択して仮親へ胚移植することにより，遺伝子改変個体のみを獲得することができる．しかしながら，ゲノム編集の場合，このような胚の選択が困難なことから，個体作製を実施する前に*in vitro*でゲノム編集ツールの遺伝子改変効率を十分に検討することで目的の遺伝子改変個体の獲得率を上げることが重要可能である．以下は，われわれが行っているゲノム編集マーモセット作製時に行う*in vitro*でのゲノム編集効率の検討法である．

　まず，標的遺伝子に対して複数のゲノム編集ツールを設計し，$1×10^5$個程度のマーモセット線維芽細胞を直径3.5 cmのペトリディッシュに播種して37℃，5％ CO_2の条件下下で16〜18時間培養することにより70〜80％コンフルエントの状態にする．ここにゲノム編集ツール発現ベクターをリポフェクション（われわれはLipofectamine® LTX with Plus™ Reagentを用いている）する．リポフェクション後，ZFNおよびTALENの場合30℃，5％ CO_2，72時間，CRISPR-Cas9の場合は，37℃，5％ CO_2で48時間培養し，培養細胞を回収してゲノム抽出する．抽出したゲノムは，変異導入部位付近をPCRで増幅後，Cel-1アッセイおよびPCR産物をサブクローニングして20〜40クローンについてシークエンス解析を行う（図1）．このPCR反応は，nested PCRなどを用いて高感度かつ単一のバンドのみが増幅される条件を検討することが重要なポイントとなる．Cel-1アッセイの結果で変異が認められ，また標的遺伝子部位の塩基配列が意図する形に改変されているゲノム編集ツールを選抜する．

　次いで選抜したゲノム編集ツールをマーモセットの前核期の体外受精胚に注入する．ゲ

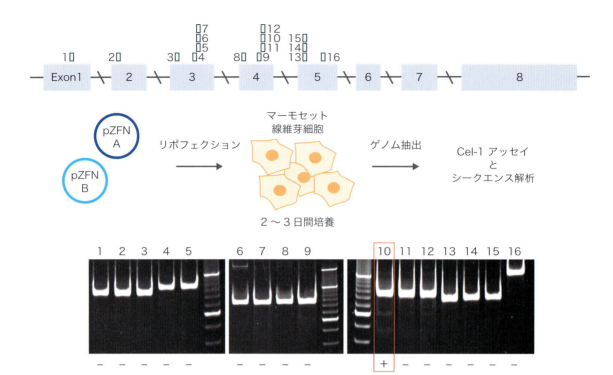

図1　線維芽細胞におけるゲノム編集ツールのスクリーニング

標的の遺伝子に対して複数のゲノム編集ツールを作製．上段：*Il2rg*遺伝子に対して作製した10種類のplatinum TALENの標的部位を示す．中段：マーモセット線維芽細胞にゲノム編集ツール発現ベクターをトランスフェクションしてCel-1アッセイを行う．下段：Cel-1アッセイの結果，No.10のゲノム編集ツールが最も効率よく標的遺伝子を改変していたため，このゲノム編集ツールを選択した．

　　ノム編集ツールを注入した胚の発生が阻害されないことを確認するため，胚盤胞期まで胚培養を行い，その後Cel-1アッセイおよびPCR産物のサブクローニングおよびシークエンス解析を行う（図2）．ここで胚盤胞期まで胚が発生しない場合標的遺伝子の改変が認められない場合は，ゲノム編集ツールの注入条件の再考が必要となる．

　　前述の検討によって注入条件が決定されたら，前述と同様にマーモセットの前核期の体外受精胚に注入し，8細胞期胚まで培養を行い，酸性タイロード液で透明帯を除去した後，Trypsinやバイオプシーメディウムなどを用いて割球を分離し，各割球を直接PCR反応液に溶解してPCRを行い，Cel-1アッセイおよびシークエンス解析を実施する．これにより，ゲノム編集ツールによる受精卵の標的遺伝子の改変がモザイク改変であるか，両アレル改変なのか，片アレル改変なのかを明らかにすることができる（図3）．これらの結果によって，作出しようとしているモデルが目的の表現型を呈するかどうかを予測することが可能となる．またこのような*in vitro*での評価を十分に行うことで，目的の遺伝子改変に失敗した個体を削減することができることから，動物実験3Rの"Reduction"，"Refinement"の遵守にも有用となる．

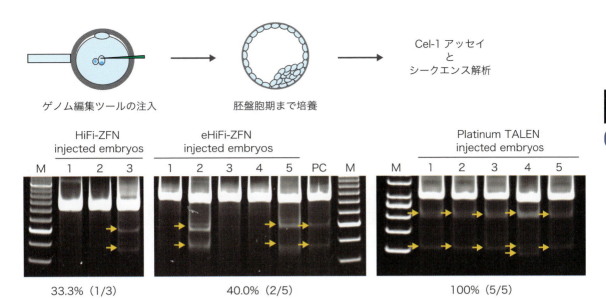

図2 マーモセット胚におけるゲノム編集効率の検討
上段：前核期のマーモセット体外授精卵に線維芽細胞におけるスクリーニングで選択されたゲノム編集ツールを注入し，胚盤胞期まで培養することにより，ゲノム編集ツールの注入によって胚発生が阻害されないことを確認し，ゲノム編集効率を明らかにする．下段：*Ilerg*遺伝子に対するplatinum TALENを注入したマーモセット胚盤胞期胚のCEL-1アッセイの結果．HiFi-ZFNは33.3%，eHiFi-ZFNを用いた場合は40.0%，Platinum TALENを使用した場合は100%のゲノム編集ツール注入胚で変異が確認された．

標的遺伝子ノックイン霊長類の開発

　ここまでゲノム編集による標的遺伝子ノックアウトについて主に述べてきたが，標的遺伝子ノックイン霊長類の開発も行われているものの，まだ研究段階である．2017年にYaoらはβ-アクチン（*Actb*）遺伝子を標的遺伝子とし，*Actb*遺伝子第5エキソン-2A-mCherryの配列の5′末端および3′末端に標的ゲノムである*Actb*遺伝子の第4イントロンを切断するgRNAの標的配列を含む約800 bpの相同性アームをもつドナーベクターと，Cas9 mRNA，gRNAをともにカニクイザルの受精卵に注入することで，HMEJ（homology-mediated end joining）により，高効率かつ正確に標的遺伝子ノックインが可能であることを見出した[12]．さらに受精卵への注入条件を検討することで，*Actb*遺伝子プロモータ下でmCherryを発現するカニクイザル5頭を得た（2頭は生後数日で死亡）が，標的遺伝子ノックインはモザイク改変であったことが示された[13]．Cuiらは，約1 kbpの相同性アームをもつIRES（internal ribosome entry site）-hrGFPの配列をコードするドナーベクターを用いて，Oct4の終止コドン近傍の3′UTR領域に相同組換え修復を起こすことにより，標的遺伝子ノックインカニクザルの作製を報告した．得られた8頭の産仔のうち2頭において標的遺伝子のノックインが認められた．これら2頭のうち1頭のゲノムの一部は正確なノックインが認められたものの，これら2頭とも標的遺伝子の挿入部位にゲノム編集時の非相同末端結合による塩基配列の挿入もしくは欠失が併せて生じていた[14]．このように，ゲノム編

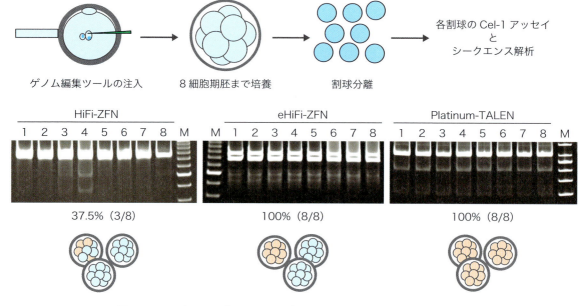

図3 マーモセット胚におけるゲノム編集によるモザイク率の検討
上段：前核期のマーモセット体外授精卵にゲノム編集ツールを注入し，8細胞期まで培養し，割球ごとにCel-1アッセイおよびシークエンス解析を行うことにより，ゲノム改変のモザイク率を明らかにする．下段：Il2rgのゲノム編集を行った際の各割球のゲノム改変を調べた結果．各レーンは，各割球におけるCel-1アッセイの結果を示し，それぞれの写真の下の数字は，1つの胚における各割球でのゲノム改変率，括弧内は，改変割球数および解析した全割球数を示す．下段：胚盤胞期における解析結果と割球ごとにおける解析結果を併せた結果を統合したゲノム編集による改変率．青い割球は未改変割球，オレンジの割球はゲノム改変された割球を示す．HiFi-ZFNでは，3個に1個程度の胚が遺伝子改変となるが，モザイクとなる．eHiFi-ZFNでは，同様に3個に1個の胚が遺伝子改変となるが，遺伝子改変が認められた胚は，すべての割球において同じ改変を示す．Platinum TALENではすべての胚において遺伝子改変が認められ，すべての割球が同じ改変となっていた．

集を用いた標的遺伝子ノックイン霊長類の作製は，モザイク改変の問題や非相同末端結合による塩基配列改変の問題など，さらなる改善が必要である．

おわりに

　前述したように，遺伝子改変霊長類モデルの作出技術は日進月歩であり，新たなモデル霊長類が次々と作製されている．霊長類モデルは，マウスでは研究が難しい認知機能の研究や，マウスとは異なる発生様式をもつヒトを含む霊長類の初期発生の知見を得る上で重要であることは間違いない．しかしながら，動物生命倫理の問題，ライフサイクルが長く個体の発達に時間がかかるという問題があるため，マウスのように多くの遺伝子改変モデルを作製して，多くの個体数を使った研究手法を踏襲することは難しいと考える．そのため，霊長類モデルを使用した研究の場合，非遺伝子改変モデルとの併用，MRI，CTスキャンなど非侵襲的イメージング技術の活用，また動物に負担のない解析の場合には，同個体を用いたくり返し実験により，統計計算を行うなどの工夫が必要と考える．

◆ 文献

1） 独立行政法人医薬品医療機器総合機構：ICH–M3 臨床試験のための非臨床試験の実施時期
   https://www.pmda.go.jp/int–activities/int–harmony/ich/0034.html
2） Yang SH, et al：Nature, 453：921–924, 2008
3） Tomioka I, et al：Biol Reprod, 97：772–780, 2017
4） Tomioka I, et al：eNeuro, 4：doi：10.1523/ENEURO. 0250–16.2017, 2017
5） Liu Z, et al：Nature, 530：98–102, 2016
6） Park JE, et al：Sci Rep, 6：34931, 2016
7） Boroviak T & Nichols J：Development, 144：175–186, 2017
8） Niu Y, et al：Cell, 156：836–843, 2014
9） Liu H, et al：Cell Stem Cell, 14：323–328, 2014
10) Sato K, et al：Cell Stem Cell, 19：127–138, 2016
11) Chen Y, et al：Cell, 169：945–955. e10, 2017
12) Yao X, et al：Cell Res, 27：801–814, 2017
13) Yao X, et al：Cell Res, 28：379–382, 2018
14) Cui Y, et al：Cell Res, 28：383–386, 2018

Ⅲ 応用編

6 遺伝子治療とゲノム編集

三谷幸之介

はじめに

　遺伝子治療は，日本でもようやく脚光を浴びはじめた．欧米初の遺伝子治療薬である2012年のGlybera〔家族性リポタンパク質リパーゼ欠損症治療用アデノ随伴ウイルス（AAV）ベクター〕から2017年のKymriahとYescartaka〔キメラ抗原受容体発現T（CAR-T）細胞〕やLuxturna（遺伝性網膜ジストロフィー治療用AAVベクター）まで，欧米そして日本においても次々と遺伝子治療薬が承認されはじめている．その背景には20～30年にわたる地道な研究の積み重ねがあるが，治療遺伝子の強発現による従来の遺伝子治療だけではなく，ゲノム編集技術を利用した治療法の開発も急速に進んでいる[1]．2019年4月の米国遺伝子細胞治療学会（ASGCT）においても，500を越える口演のうちの約20％がゲノム編集に関連する演題であった．しかし，多くのゲノム編集研究者は，実際の治療への応用に際してどのような問題が生じうるか，これまでの遺伝子治療研究が得た教訓を知らないように思われる．本稿では，そのうちのいくつかのポイントについて解説する．さらに，臨床応用する際の人工ヌクレアーゼやベクターに関する知財の問題やベクター産生に関する課題もあるが，それらについては他稿に譲りたい．

ゲノム編集を利用した遺伝子治療の臨床試験

　ゲノム編集の中でも不正確な非相同末端結合（non-homologous end-joining：NHEJ）による遺伝子ノックアウトは，遺伝子治療のストラテジーに新しい可能性を与えた．ゲノム編集を利用した相同組換え修復（homology-directed repair：HDR）を利用すれば，優性遺伝病の治療や，染色体上の調節領域による安全で安定した遺伝子発現が期待される（図1）．現在進行中の臨床応用の代表例として，AIDSの治療やユニバーサルCAR-Tの樹立があげられる．前者は，HIVの感染に必須の*CCR5*共受容体遺伝子をZFNを用いてノックアウトすることによって，これらCCR5欠失免疫細胞がHIV感染に対して抵抗性になる．ユニバーサルCAR-Tは，患者ごとにCAR-T細胞樹立が必要な従来型とは異なり，ヒト白血球型抗原に拘束されずにさまざまな患者で共通に使用可能なCAR-T細胞株である．実際には，CD19標的CAR-T細胞のT細胞受容体α鎖遺伝子がTALENによってノックアウトされた．以上の例に加え，CRISPRによりPD-1遺伝子をノックアウトしたT細胞を用いる

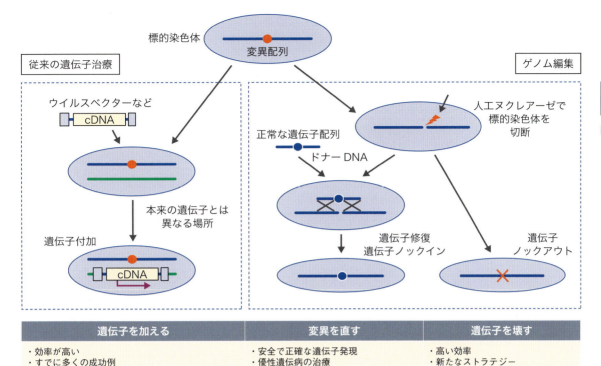

図1 従来の遺伝子治療とゲノム編集

がん免疫療法も進められているという[2]．特にがん治療でのリスクベネフィットに関しては，疾患の性質からしても後述するオフターゲット変異のリスクは問題とならない．以下に本稿で議論する内容は，小児が対象となる場合が多く長期的な治療効果と安全性に関するハードルが高い，遺伝病への治療応用に関してが中心となる．

遺伝子治療モデルにおけるゲノム編集の効率

ゲノム編集の臨床応用で考慮すべき点を表1にまとめたが，従来の遺伝子治療の課題に加えてゲノム編集技術に特有の課題が存在する．近年の遺伝子治療の成功の背景には，長年にわたる，デリバリー法（ベクター）の開発と，高効率化と安全面での改良，ならびにベクターや治療遺伝子に対する宿主の免疫応答に関する研究の進歩がある．特に，ベクター技術の改良により，さまざまな標的組織へ100％近い効率で遺伝子導入が可能になったことがキーであった．人工ヌクレアーゼも同じベクター技術を用いることで，高効率に発現できる．しかし，ゲノム編集においてはその後に高効率な染色体切断とDNA修復が必要である（表2）．ゲノム編集がより広範な疾患に応用されるためには，これらの各ステップのさらなる改良が必須だと考えられる．

前臨床研究の報告を元に，ゲノム編集の現状について紹介する（表2）．例えばヒトの

表1　ゲノム編集の医療応用に向けて考慮すべき点

1.　従来の遺伝子治療の課題

・遺伝子導入効率
・（主に）ベクターの免疫原性，細胞毒性
・ベクターの遺伝毒性（レトロウイルス，レンチウイルス）

2.　ゲノム編集に固有の課題

・人工ヌクレアーゼ（細菌由来！）の免疫原性，細胞毒性
・人工ヌクレアーゼの遺伝毒性（オフターゲット変異）
・ドナーDNAのランダムな染色体部位への組込み

表2　前臨床試験でのゲノム編集効率

	遺伝子導入 ▶ DNA切断 ➘ NHEJエラー ➝ HDR		
	遺伝子付加（デリバリー）	遺伝子ノックアウト	修復／ノックイン
ヒト血液幹前駆細胞（*in vitro*）	〜100 %	30〜90 %	15〜25 %
マウス肝臓（*in vivo*）	〜100 %	30〜50 %	〜10 %
マウス筋肉（*in vivo*）	〜100 %	筋注：3〜10 %	< 1 %

NHEJ：非相同末端結合．HDR：相同組換え修復．

CD34陽性造血幹前駆細胞における *ex vivo* ゲノム編集（体外にとり出した細胞にゲノム編集を施した後に体内に戻す）に関しては，NSG超免疫不全マウスに一次・二次移植して生じる本当の幹細胞により近い細胞集団で評価されている．遺伝子ノックアウトに関しては90 %を越える細胞で，HDRの効率についても10〜20 %の効率で可能となり，一部の遺伝病で遺伝子修復治療が期待できるレベルに達した[3]．一方，肝臓においては，マウスでの *in vivo* ゲノム編集（生体内での直接のゲノム編集）モデルにおいてHDRは〜10 %であるが，一塩基編集を用いて10〜25 %の肝細胞で変異を修復した例が報告された[4]．また，meganuclease を用いてサルの肝臓で約40 %の効率でPCSK9遺伝子ノックアウトが報告されている[5]．筋肉では筋ジストロフィーモデルイヌでの変異エキソンの切りだしなど，大型の疾患モデル動物での治療成功例が報告されるようになりはじめたが，DNAレベルでの効率はまだ低い[6]．一方，2017年，遺伝性代謝疾患であるムコ多糖症の患者の肝臓のアルブミン遺伝子座に治療遺伝子をノックインする臨床試験が開始された．HDRの低い効率をアルブミン遺伝子座からの高い遺伝子発現効率で補うストラテジーである．はじめての *in vivo* でかつHDRを利用するプロトコールということで注目されているが，2019年のASGCTでの発表によると，顕著な治療効果は認められていないようである．

人工ヌクレアーゼによるオフターゲット変異

　ゲノム編集の臨床応用を考える上で最も重要なのは，治療である以上「安全性」である．遺伝子治療全体の課題として，遺伝子導入に用いられるベクターに由来する免疫原性や細胞毒性がある．また，レトロウイルスやレンチウイルスなどの染色体に組込まれるベクターを用いる場合には，染色体挿入変異などの遺伝毒性（染色体DNAに対する悪影響）が問題となる．それに加えてゲノム編集技術に付随する問題点は，人工ヌクレアーゼの免疫原性，細胞毒性，遺伝毒性（いわゆるオフターゲット変異）があげられる．さらに，ドナーDNAを用いる場合には，ドナーDNAが染色体に組込まれることによる遺伝毒性も考慮に入れる必要がある．

　オフターゲット変異はさまざまな方法で解析される（II-3）[7]．理論的に一番正確なのは全ゲノムシークエンス（whole genome sequence：WGS）であろう．しかし，仮に全ゲノムの100倍のカバレッジで1つの変異を見つけたとしても検出感度はたかだか1％にしかならず，多くの臨床応用では対象細胞が10^8個のオーダーを越えることを考えると不十分である．一方，オフターゲット部位の予測に関しては，標的配列に類似の配列をコンピューター解析によって同定する方法が簡便であるが，実際のオフターゲット部位とはそれほど一致しないと考えられている．網羅的でありかつ偏りのない方法として，細胞の中で人工ヌクレアーゼを発現して切断場所を検出する方法（BLESS，GUIDE-seqなど）や，抽出した標的細胞のDNAを人工ヌクレアーゼによって試験管内で切断する方法がある（Dige-nome-seq，CIRCLE-seqなど）．特に後者は，個人間のゲノム配列のSNPによる違いを検出可能である．これらの方法はあくまでも潜在的オフターゲット部位のスクリーニング法であり，これらの方法を用いて，人工ヌクレアーゼとその標的配列の候補の中からオフターゲット部位の数が少なくがん関連遺伝子などに位置しないものを選ぶ．実際のゲノム編集処理後の細胞でのオフターゲット変異の頻度を調べるには，それぞれの予想部位に対してdeep sequencingを行う．しかし，次世代シークエンサーのエラー率から検出感度は〜0.1％位であり，例えば10^8の細胞にゲノム編集をした場合には10^5未満の頻度の変異は検出できないことになる．オフターゲット変異の結果で一番問題となるのは細胞のがん化であろうが，これらの解析で得られるのはDNAレベルの変異に過ぎず，がん化など細胞の形質の変化に結びつくような変異を見分けることはできない．最近，p53遺伝子とゲノム編集の関係が報告されており，p53遺伝子が正常な細胞はDNA二本鎖切断で死にやすいためゲノム編集に成功した細胞にはp53経路に異常がある可能性が高いことが示唆された[8]．しかし，少なくともヒト造血幹前駆細胞では，オフターゲット変異が少ない標的を選ぶことでこの問題を回避できる[9]．それに加えて，DNA二本鎖切断の修復エラーの際に数キロ塩基対以上のサイズの欠失が入ることが報告されたり[10]，高頻度に染色体転座が生じる可能性も示唆されている．さらに，ドナーDNA（二本鎖DNAやAAVベクター）を用いる場合には，それらが高頻度にオンターゲットならびにオフターゲット部位に組込まれることが知られている[11]．これらの染色体レベルでの変異の高感度な検出法とそれらを軽減するストラテジーの開発が，強く望まれる．

表3　ゲノム編集で考慮すべきDNA変異・多型

変異／バリアント	細胞あたりの頻度	
酵素のオフターゲット変異	< 0.001（0.1%）?	・転座，large deletion？
ドナーDNAのランダム部位への組込み	~ 0.05（5%）?	・相同組換え修復の場合 ・検出困難
DNA複製エラー	> 10（$1 \rightarrow 10^9$細胞として）	・iPS細胞などの培養
個人間のDNAバリアント	$> 10^6$	・オフターゲット変異との区別 ・標的配列に変異？

（左側に「頻度」と三角形で頻度の増加を示す）

　それ以外に考慮すべき変異として，DNA複製で生じる突然変異の方が人工ヌクレアーゼによるオフターゲット変異よりも桁違いに頻度が高い（表3）．1回のDNA複製あたり10^{10}塩基に1塩基の頻度で複製エラーが生じるとされているが，約30回の細胞分裂を経ることで（1個から10^9個への細胞増殖に相当），各細胞に平均して10カ所ほどのランダムな変異が入る計算になるため，培養は最低限にする必要がある（例えばiPS細胞を用いる再生医療は，誘導やゲノム編集の過程で*in vivo*のゲノム編集よりも桁違いに変異リスクが高いことになる）．一方，実際の患者さんの試料でのオフターゲット変異の解析を困難にする要因として，私たち個人間のゲノムDNA上の約0.1%のバリアントが存在する（表3）．

　*ex vivo*法の安全性は，ES細胞やiPS細胞を治療目的で使用する場合と同様に考えられるかもしれない．2013年に独立行政法人医薬品医療機器総合機構（PMDA）の細胞組織加工製品専門部会が「iPS細胞等をもとに製造される細胞組織加工製品の造腫瘍性に関する議論」という報告書を出したが，幹細胞の安全性の基準となるのは，ゲノム不安定性とがん関連遺伝子の変異としている[12]．一方米国FDAは，*ex vivo*のヒト造血幹前駆細胞のゲノム編集で安全性を示すデータとして，①上記のバイアスのない網羅的な解析法2種類によるDNAレベルのオフターゲット変異の詳細な解析，②核型解析と軟寒天培地による細胞レベルでの形質転換アッセイ，③患者に移植するのと同数のゲノム編集処理した細胞をNSGマウス100匹以上に分けて移植して5カ月間の観察，を求めている．結局，オフターゲット変異の問題は細胞のがん化であり，生物学意義の不明なオフターゲット候補部位を感度がそれほど高くないdeep sequencingで解析するよりも，動物への移植の方が現実的で感度の高いアッセイとなる．現在は，少なくとも米国では，慎重にデザインされた人工ヌクレアーゼ（もしくはその標的配列）を用いれば，そのオフターゲット変異のリスクはきわめて小さいと考えられている．一方，*in vivo*のゲノム編集については移植実験はほぼ不可能である上，ヒトとモデル動物とでゲノム配列が異なるが，FDAは霊長類での実験データを求めている．さらに，これまでの*in vivo*のゲノム編集の多くはウイルスベクターなどで持続的に人工ヌクレアーゼを発現しており，オフターゲット変異の蓄積の問題がある．*in vivo*ゲノム編集の安全性評価は，今後の課題である．

免疫原性

前述したように，遺伝子治療の研究で最も重要なテーマの一つは，宿主の免疫応答であった．人工ヌクレアーゼが人工的なタンパク質で，特に細菌由来のものを使う場合には，免疫原性の問題は避けて通れない．実際に正常人で抗Cas9抗体や抗Cas9T細胞の保有率を調べた研究では，対象集団によっては半数以上の正常人がCas9に対する液性ならびに細胞性免疫をすでに保有している[13]．また最近のマウスを用いた筋肉の in vivo ゲノム編集の結果によると，成獣では免疫応答が惹起されたが新生児マウスではそれは回避された[11]．これまでの遺伝子治療研究の歴史を顧みると，近交系マウスで治療を成功しても雑種である大型動物ましてやヒトが対象になると，スケールアップの問題や免疫系の複雑さの問題が顕著になり，期待するような治療結果が得られないことが多かった．ゲノム編集の臨床応用に向けても，これらのハードルは覚悟しておく必要がある．いずれにしても，何らかの免疫応答は当然出てくるので，他の治療法と比較してわざわざ強い免疫抑制剤を使ってまで行うベネフィットがゲノム編集にあるか，よく考える必要がある．

リスクベネフィットから考える対象疾患

どのような治療でも何らかのリスクは存在する．したがってゲノム編集においても，遺伝子（付加）治療を含めた既存の治療法と比較してのリスクベネフィットを考慮する必要がある．もちろん，ゲノム編集でのみ治療可能な疾患はベネフィットは大きく，優性遺伝病がそれに相当する．また，制御された遺伝子発現が必要とされる，CD40リガンド欠損症やFasリガンド欠損症等の免疫疾患も，ゲノム編集によるベネフィットが大きく有力な対象疾患である．また，現時点での遺伝子修復効率はそれほど高くないため，正常細胞（遺伝子修復細胞）が変異細胞の中で増殖優位性があることが知られている，血液系では重症複合性免疫不全症講義群や肝臓では遺伝性高チロシン血症Ⅰ型や，低い遺伝子発現でも治療レベルが期待される血友病なども対象として考えられている．しかし，これらの疾患の多くはすでに通常の遺伝子付加治療でも有効な結果が得られている．ゲノム編集ありきではなく，ゲノム編集の方が従来の遺伝子治療よりも安全で効果が高いことを示すような研究がこれからは求められる．このようにまだまだ課題はあるが，ゲノム編集がますます臨床の領域で応用されることは間違いない．特に日本からも，本稿で述べた課題を乗り越えることのできるような基盤技術が開発されることを願ってやまない．

◆ 文献

1）Dunbar CE, et al：Science, 359：doi：10.1126/science. aan4672, 2018
2）U. S. National Library of Medicine：ClinicalTrials. gov. https://clinicaltrials.gov
3）Pavel-Dinu M, et al：Nat Commun, 10：1634, 2019
4）Villiger L, et al：Nat Med, 24：1519-1525, 2018
5）Wang L, et al：Nat Biotechnol, 36：717-725, 2018
6）Amoasii L, et al：Science, 362：86-91, 2018

7) Tsai SQ & Joung JK：Nat Rev Genet, 17：300–312, 2016
8) Urnov FD：Nat Med, 24：899-900, 2018
9) Schiroli G, et al：Cell Stem Cell, 24：551–565. e8, 2019
10) Kosicki M, et al：Nat Biotechnol, 36：765–771, 2018
11) Nelson CE, et al：Nat Med, 25：427–432, 2019
12) 独立行政法人医薬品医療機器総合機構（PMDA）科学委員会細胞組織加工製品専門部会：iPS細胞等をもとに製造される細胞組織加工製品の造腫瘍性に関する議論のまとめ．https://www.pmda.go.jp/files/000155505.pdf
13) Charlesworth CT, et al：Nat Med, 25：249–254, 2019

Ⅲ 応用編

7 農作物でのゲノム編集

安本周平，村中俊哉

はじめに

　人工ヌクレアーゼを用いたゲノム編集技術の発展により，従来困難であった非モデル生物においてもゲノム中の狙った配列の改変が可能となった．農作物を含む高等植物においてゲノム編集を実施する場合，通常，人工ヌクレアーゼ発現カセットを対象とする植物へ導入し，形質転換体（遺伝子組換え体，GMO）の作出が行われる．その後，目的遺伝子へ変異が導入されたゲノム編集系統が選抜される．得られたゲノム編集体は外来遺伝子である人工ヌクレアーゼ発現カセットが染色体に挿入されたままであるため，カルタヘナ法に規定された遺伝子組換え生物等に該当する（Ⅰ-6）．そのため，当該ゲノム編集体を野外で生育させる場合，生物多様性への影響評価等を試験し，規制当局へ申請し許可を受けるために，多くの費用と時間を必要とする．ゲノム編集によって導入された変異と人工ヌクレアーゼ発現カセットが異なる遺伝子座に存在した場合，交配によって次世代を取得し，標的変異をもつが，外来遺伝子を保持しない「ヌルセグリガント」とよばれる系統を取得することが可能である．自然に起こった変異と，人工ヌクレアーゼによって誘導された変異は見分けることはできない．すなわち，外来遺伝子をもたないヌルセグリガントと，従来の変異原処理によって作出される変異体を見分けることは実質上不可能である．そのため，イネやトマト，ダイズといった自殖性の作物においてはヌルセグリガントを取得することでカルタヘナ法による規制を受けないゲノム編集農作物を作出することが容易に可能である．しかし，ジャガイモなどの栄養繁殖性の作物は，通常，高度にヘテロなゲノムをもっているため，人工ヌクレアーゼ発現カセットを取り除くために交配を行ってしまうと，ゲノム構造が大きく変化し，農業形質がもとの品種と大きく変化してしまう．そのため，交配によりヌルセグリガントを得たとしても，その系統をそのまま新品種として利用することは困難であり，あくまで育種母本としての利用に留まると予想される．そこで，現在，人工ヌクレアーゼ発現カセットを作物のゲノムへ挿入することなくゲノム編集を実施するための人工ヌクレアーゼの植物細胞への導入法の開発が進められている．

　本稿では，これまでに報告されているゲノム編集作物の研究実施例に加え，人工ヌクレアーゼの植物細胞への導入方法について概説する．

ゲノム編集農作物

人工ヌクレアーゼを用いたゲノム編集の研究例は古くから報告されており，ZFNやTALENを用いた農作物のゲノム改変も多数報告されている．しかし，他の生物と同様に植物においてもCRISPR–Cas9システムを用いたゲノム編集技術の開発後，さらに多くの研究者により幅広い作物種においてゲノム編集の実施例が報告されている．農作物におけるゲノム編集の報告例の多くは，単純に人工ヌクレアーゼを植物細胞で発現させることで標的遺伝子へ変異導入を行ったものであり，相同組換え等，外部から鋳型DNAを導入することによって正確に標的遺伝子を編集することはあまり行われていない．現在，モデル植物における相同組換えを用いた正確なゲノム編集の研究が進められており，今後，農作物においてもその適用が期待される．本項目ではこれまでに報告されている農作物におけるゲノム編集の研究実施例をいくつか示す．

1. ゲノム編集による病害抵抗性の付与

Liらはイネのスクローストランスポーター遺伝子*SWEET14*のプロモーター配列にTALENを用いて変異を導入することでイネ白葉枯病の原因となる*Xanthomonas*属細菌への病害抵抗性を付与した[1]．また，Wangらは六倍体パンコムギに対してTALENあるいはCRISPR–Cas9システムを使用し*MLO*遺伝子を破壊することで，うどんこ病耐性の系統の作出に成功した．この研究では六倍体ゲノム中の6アレルすべての標的遺伝子へ変異導入とともに，交配によるヌルセグリガントの取得にも成功している[2]．ChandrasekaranらはCRISPR–Cas9システムを利用しキュウリにおいて*eIF4E*遺伝子を破壊することでウイルスへの免疫，抵抗性の付与に成功した[3]．多くの農作物では病害抵抗性は重要な農業形質であり，他の作物においてもゲノム編集を用いた病害抵抗性付与の実施が今後期待される．

2. ゲノム編集による代謝物改変

Haunらはダイズの種子において強く発現している*FDA2*遺伝子にTALENを用いて変異を導入することでリノール酸含量を低減させ，オレイン酸含量を増強させた系統の作出を報告している[4]．また，われわれの研究グループはジャガイモの有毒な二次代謝産物であるステロイドグリコアルカロイドの生合成にかかわる*SSR2*遺伝子についてTALENを使用してゲノム編集系統を作出したところ，*SSR2*遺伝子が破壊された系統においてステロイドグリコアルカロイド含量の大幅な低減が確認された[5]．ゲノム編集による代謝改変によって有毒代謝産物の低減が可能となることで，これまで育種への利用が困難であった有毒成分の蓄積量が高い野生種についても育種素材としての利用が可能となる．

3. ゲノム編集による形態の改変

Zsögönらは野生種トマト（*Solanum pimpinellifolium*）に対してCRISPR–Cas9システムを用いて形態形成にかかわる遺伝子を含む6つの遺伝子座へ同時に変異を導入することで，形態や収量，リコペン含量の改変に成功している[6]．これは野生種トマトから栽培種ト

マト（*Solanum lycopersicum*）への栽培化過程で喪失したと言われている遺伝的多様性や病害抵抗性などを保持したまま，作物として必要とされる高い収量性を野生種へ付与した研究であり，彼らはこの過程を *de novo* 栽培化とよんでおり，トマトだけでなく，トウモロコシやコムギ，ソルガムといった重要な穀物にも適用可能な技術であると述べている．

　モデル植物であるシロイヌナズナはその形態形成にかかわる遺伝子についてもよく研究されており，RALF1（rapid alkalinization factor 1）とよばれるペプチドが根の生育を抑制していることが明らかとなっていた．Wieghausらはロシアタンポポの根の形態形成を改変するために，RALF1様ペプチドの遺伝子へCRISPR–Cas9によって変異導入を行った．その結果，主根の発達が増強され，多糖類であるイヌリンや天然ゴムの生産量が増強された系統の作出を報告している[7]．農作物の形態は農業形質の中で最も重要な収量を決定する因子であり，なおかつモデル植物における遺伝的知見が多数蓄積されており，他の農作物の形態改変についても今後ゲノム編集技術の適用が期待される．

人工ヌクレアーゼの植物細胞への導入方法

　人工ヌクレアーゼを用いて，作物のゲノム育種を行う場合，その染色体中に外来遺伝子が残存している系統は遺伝子組換え作物として扱われるため，カルタヘナ法の規制を受け，その商業利用は大きく制限される．そのため，さまざまな方法を用いることで外来遺伝子が残存しないゲノム編集法の開発が進められている．

1. 形質転換・交配によるヌルセグリガントの作出

　イネやトマト，ダイズといった，交配が容易で遺伝的に安定な系統を品種として利用する作物では，アグロバクテリウム法やパーティクルガン法によって人工ヌクレアーゼを染色体へ導入し，形質転換体を作製後，交配後の系統からヌルセグリガントを選抜することで，カルタヘナ法に抵触しないゲノム編集体の作出が行われている（図1）．これらの作物では親系統とゲノム編集ヌルセグリガント系統は改変された標的遺伝子以外のゲノム配列の構成がほぼ同じであり，親系統とよく似た農業形質を示すことが期待できる．

2. 人工ヌクレアーゼの一過的導入によるゲノム編集

　高度にヘテロなゲノムをもつ農作物の場合，染色体に挿入された人工ヌクレアーゼ発現カセットを取り除くために交配を行ってしまうと，標的遺伝子が破壊され，外来遺伝子を保持しないヌルセグリガントが確かに得られるが，他の農業形質が親系統から大きく変化した系統となってしまう（図2）．そのため，ヌルセグリガントを直接新品種として利用することは困難であり，育種母本としての利用に留まってしまう．そのため，ゲノム編集によって現在利用されている品種のある特定の農業形質を改変しようとした場合，人工ヌクレアーゼ発現カセットを染色体に挿入せず，人工ヌクレアーゼ（DNA，RNA，あるいはタンパク質）を植物細胞へ一過的に導入しゲノム編集を実施する必要がある．以下に述べるような方法を用いて一過的に導入することで，外来遺伝子を保持せず，親系統とよく似た

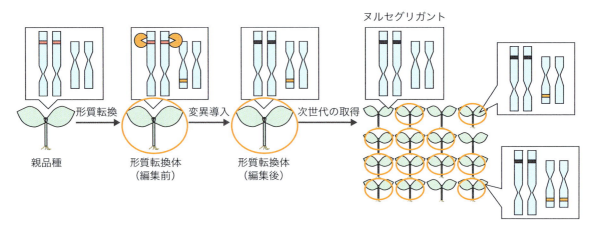

図1　形質転換・交配によるヌルセグリガントの作出
簡便のため，染色体数2の二倍体細胞で示す．形質転換によってゲノム中にランダムに挿入される人工ヌクレアーゼ発現ベクター・タンパク質をオレンジ色，ゲノム編集によって破壊したい遺伝子を桃色，ヌクレアーゼによって破壊された標的遺伝子を黒色で示す．親品種へ人工ヌクレアーゼ発現ベクターを形質転換し，染色体に人工ヌクレアーゼ発現ベクターが挿入された形質転換体を選抜する．その中から，標的遺伝子へ変異が導入された系統を選び出し，交配によって次世代系統を取得すると，ヌルセグリガントとよばれる，外来遺伝子を保持しないが標的遺伝子が破壊された個体が得られる．外来遺伝子を保持する個体をオレンジの円で示す．外来遺伝子を保持する系統はカルタヘナ法による規制を受ける．

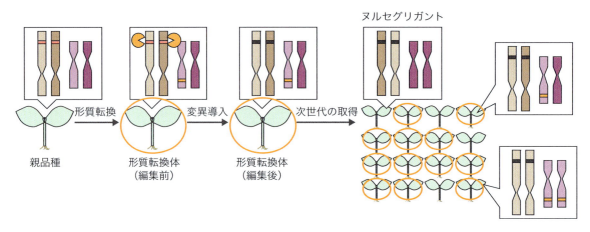

図2　ヘテロなゲノムを保持する農作物における形質転換・交配によるヌルセグリガントの作出
図1とは異なり，ヘテロなゲノムを保持する農作物を表すため，異なる染色体を異なる色で示している．図1と同様に形質転換，交配によって外来遺伝子を保持せず，標的遺伝子が破壊されたヌルセグリガント系統を得ることはできるが，その染色体の組合わせが親品種とは変化しており，ヌルセグリガントは親品種と異なる農業形質（収量や各種耐性，抵抗性など）を示すことが予想される．実際には相同染色体間の組換えも起こり，次世代系統の染色体はより複雑となるが，簡便のため示していない．

農業形質を示すゲノム編集系統の作出が可能となる．

1）プロトプラスト/PEG法による一過的導入法

植物細胞は細胞壁によって保護されているため，直接DNAやRNA，タンパク質を導入することは困難である．植物組織にセルラーゼやペクチナーゼといった加水分解酵素を作

用させることによって，細胞壁が取り除かれた裸の植物細胞，プロトプラストを調製することができる．細胞壁をもたないプロトプラストは物理的，化学的刺激によって容易に破裂する一方，ポリエチレングリコール（PEG）を使用することでDNAやRNAを取り込むことが知られている．プロトプラストは適切に培養することで植物体を再生することができる．

Clasenらはジャガイモのプロトプラストに対してTALEN発現ベクター（DNA）を導入し，再分化系統約600個体をスクリーニングすることで，インベルターゼ遺伝子に変異が導入された18系統の選抜に成功している[8]．このうち，7系統においてはPCRによって外来遺伝子の増幅がみられなかった．これは導入したTALEN発現ベクターからmRNAが転写され，TALENタンパク質がプロトプラスト内で発現し，標的遺伝子の破壊を行った後，導入DNAが染色体へ挿入されずに分解されたためと考えられる．

また，Wooらはシロイヌナズナ，タバコ，レタス，イネのプロトプラストを調製し，試験管内で調製したCas9リボヌクレオタンパク質（RNA＋タンパク質）を導入することでゲノム編集を実施した．このうち，レタスについてはプロトプラストからカルスを経た植物体の再生を報告している[9]．この研究例では組換えDNAを植物細胞へ導入しておらず，得られるゲノム編集系統は外来遺伝子残存のリスクがほとんどなくなっている．

さらに，Luoらはタバコプロトプラストに対してDNAあるいはタンパク質の形でTALENを導入し，変異導入の効率を試験した．TALEN発現ベクター（DNA）を導入した場合，18.6％のシークエンスリードにおいて変異導入が見られたが，TALENタンパク質を使用した場合，1.4％のリードにおいて変異導入が確認された．DNAと比較してタンパク質では変異導入効率は低かったが，タンパク質の形で人工ヌクレアーゼを導入することで植物細胞のゲノム編集が実施可能なことが示された[10]．この研究はプロトプラストにおいて変異導入を確認したに留まっているが，原理的にはWooらやClasenらと同様の手法でプロトプラスト細胞から植物体を再生させることで，遺伝物質である核酸（DNAあるいはRNA）を全く導入せずにヌクレアーゼタンパク質を直接植物細胞へ導入することでゲノム編集個体を作出できる可能性が示された．

このようにプロトプラストを介した人工ヌクレアーゼの導入は，外来遺伝子の挿入なくゲノム編集を実施できる一方，すべての農作物種，品種においてプロトプラストの再生系が確立されているわけではないため，本技術を幅広く活用することは困難である．そのため，プロトプラストの培養を経ずに植物細胞へ直接人工ヌクレアーゼを導入する試みが複数の研究グループによって実施されている．

2）アグロバクテリウムを用いた人工ヌクレアーゼの一過的発現

アグロバクテリウムは形質転換植物の作製に広く利用されている（Ⅱ-17）．アグロバクテリウムはバイナリーベクター上のT–DNA配列を植物細胞へ導入することができ，T–DNA配列上の選択マーカー遺伝子（カナマイシンやハイグロマイシンへの耐性遺伝子）を利用して薬剤選抜を行うことで，T–DNAが植物細胞へ導入され，なおかつ，植物細胞核の染色体へ安定的に導入された形質転換細胞のみを選抜することができる．選抜薬剤の存在下で

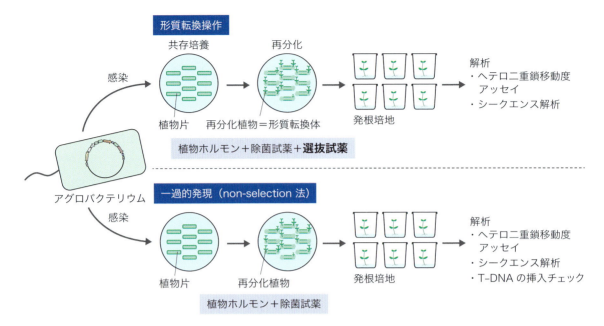

図3　アグロバクテリウムを用いた人工ヌクレアーゼ一過的発現によるゲノム編集
通常のゲノム編集操作では人工ヌクレアーゼ発現ベクターを導入したアグロバクテリウムを茎などの植物片に感染させ，植物ホルモン，アグロバクテリウムの除菌試薬（カルベニシリン，セフォタキシムなど植物の生育を阻害しないが，アグロバクテリウムの生育を阻害する試薬），形質転換体の選抜試薬（カナマイシンやハイグロマイシン）を含む培地で再分化させる．人工ヌクレアーゼ一過的発現によるゲノム編集の場合，再分化する際に選抜試薬を加えない培地上で再分化させることで，一過的に人工ヌクレアーゼが発現し，ゲノム編集が起こった細胞からも個体の再分化が起こる．再分化個体の中には，他にもアグロバクテリウムが感染していない細胞，一過的に人工ヌクレアーゼが発現したが，ゲノム編集が起こらなかった細胞，人工ヌクレアーゼ発現ベクターが安定的に染色体へ導入された細胞から再分化した系統が得られるため，ヘテロ二重鎖移動度アッセイやPCRによる外来遺伝子の挿入の確認などを経て，外来遺伝子が挿入されていないゲノム編集系統の選抜を行う．

　アグロバクテリウムを感染させた植物片から植物体を再生させることで，形質転換体を得ることができる．アグロバクテリウムが感染し，T-DNAが導入された植物細胞のうち，ほんの一部の細胞においてのみT-DNAの染色体への挿入が起こることから，形質転換体の作製時には薬剤による選抜が行われている．
　アグロバクテリムはタバコインフィルトレーション法など，植物における外来遺伝子の一過的発現にも広く利用されており，われわれはこの一過的発現に着目し，ジャガイモにおけるゲノム編集への利用を行った．*SSR2*遺伝子を標的とするTALEN発現ベクターを導入したアグロバクテリウムをジャガイモ茎切片へ感染させ，選抜試薬を加えない状態で再分化を行った（図3）．得られた再分化系統について標的遺伝子への変異導入の確認を行ったところ，再分化系統のうち数％の系統で標的遺伝子への変異導入が確認され，そのうち複数系統ではPCRによる外来遺伝子の増幅がみられなかった（安本ら，投稿中）．これは，外来遺伝子である人工ヌクレアーゼ発現カセットが染色体へ挿入されず，人工ヌクレアーゼが一過的に発現し，標的遺伝子へ変異導入を行ったためと予想される．このようにアグロバクテリムを用いた一過的発現系を用いることで，プロトプラストの培養といった煩雑

な手法を実施することなく，従来アグロバクテリウム法によって形質転換が可能であった作物種，品種において外来遺伝子の挿入を経ずにゲノム編集を実施することが可能となることが期待される．

3) パーティクルガンを用いた人工ヌクレアーゼの一過的発現

濱田らはコムギ成熟胚から取り出した茎頂分裂組織に対してパーティクルガンにより外来遺伝子を導入し，組織培養を経ずに植物体を生育させることで形質転換体を作出するiPB法を確立した[11]．さらに濱田らはCRISPR–Cas9発現ベクターをiPB法により導入し，一過的に発現させることでゲノム編集コムギの作出に成功している[12]．iPB法ではパーティクルガンを利用しており，人工ヌクレアーゼ発現ベクター（DNA）だけでなく，RNAやリボヌクレオタンパク質，タンパク質の形で人工ヌクレアーゼを導入することが可能であると予想されており，組織培養や形質転換が困難な多くの農作物においてその利用が期待されている．

4) 細胞透過ペプチドを用いた人工ヌクレアーゼの導入

Ngらは細胞膜透過配列とポリカチオン配列から構成されるペプチドと導入タンパク質を混合することで植物細胞へのタンパク質の導入に成功している[13]．このペプチドを用いた導入方法は幅広い植物種に利用できることが示唆されており，今後人工ヌクレアーゼタンパク質の導入に適用されることが期待されている．

おわりに

本稿ではゲノム編集技術を用いた農作物の改変や，人工ヌクレアーゼの植物細胞への導入方法について述べた．現在作出されているゲノム編集系統の多くは外来の核酸（DNAあるいはRNA）を一時的に導入することで作出されているが，カルタヘナ法による規制を回避するためには導入核酸が残存しないことを証明する必要がある．今後，その証明方法について標準的な方法が整備された場合，その難易度によって人工ヌクレアーゼをどのように植物細胞へ導入するべきかどうかゲノム編集作物の作出から利用まで，全体を通した戦略を立てていく必要があるだろう．例えば，安価な手法（例えばPCRレベル）で外来遺伝子の有無を確認するだけでよければ，高い効率でゲノム編集を実施できるDNAやRNAの一過的導入を，高価な手法（例えば次世代シークエンスによる全ゲノムの解析）での確認が必要となれば，変異導入の効率が低いが理論的に外来遺伝子の残存がないタンパク質の植物細胞への導入によるゲノム編集が農作物における主要なゲノム編集法となると想定される．

◆ 文献
1) Li T, et al：Nat Biotechnol, 30：390–392, 2012
2) Wang Y, et al：Nat Biotechnol, 32：947–951, 2014
3) Chandrasekaran J, et al：Mol Plant Pathol, 17：1140–1153, 2016
4) Haun W, et al：Plant Biotechnol J, 12：934–940, 2014

5 ） Sawai S, et al：Plant Cell, 26：3763–3774, 2014
6 ） Zsögön A, et al：Nat Biotechnol, 36：1211–1216, 2018
7 ） Wieghaus A, et al：PLoS One, 14：e0217454, 2019
8 ） Clasen BM, et al：Plant Biotechnol J, 14：169–176, 2016
9 ） Woo JW, et al：Nat Biotechnol, 33：1162–1164, 2015
10） Luo S, et al：Mol Plant, 8：1425–1427, 2015
11） Hamada H, et al：Sci Rep, 7：11443, 2017
12） Hamada H, et al：Sci Rep, 8：14422, 2018
13） Ng KK, et al：PLoS One, 11：e0154081, 2016

Ⅲ 応用編

8 養殖魚でのゲノム編集

岸本謙太，木下政人

はじめに

　長年にわたり多様な品種が作出されてきた作物や家畜類とは対照的に，水産業では，これまで「獲る漁業」が主流であったため，マダイやサケ・マス類を除いて「品種」がほぼ存在しない．日本の水産業はマダイ，トラフグ，クロマグロなどに代表されるように高い養殖技術を有しているが，これまで養殖魚の育種や品種改良は，作物や家畜類のようには行われてこなかった．

　近年，世界中で，健康志向の高まりから良質のタンパク質源として魚食が注目され，また，経済成長や人口増加から動物性タンパク質の需要量が増大している．加えて，乱獲による天然資源の枯渇への懸念も高まっている．そして，世界中で淡水魚および海水魚の養殖量が伸び続けており，世界漁業・養殖業白書2016年[1] によると，2021年には養殖業全体の生産量は漁業の生産量を上回ると予想され，その後も養殖量が増加していくと予測されている．

　このような状況下で，日本の水産が世界に太刀打ちするためには，「高品質な養殖品種」の作出が必須である．しかし，これまでの有用な変異体を見つけ出し継代飼育していく選抜育種法では，優良品種を樹立するまでに長い期間を必要とし，また，望む品種が得られる保証もない．魚類のゲノム操作として，1980年代に「染色体操作」，1990年代に「遺伝子導入」が行われてきた．「染色体操作」は，3倍体などの染色体の倍数性を変化させるものであり，優良特性を付与することは困難であった．また，「遺伝子導入」は，本来その生物がもち合わせない遺伝子を人工的に付与することが社会的な受容を妨げ，北米でのサーモンの1例[2] を除いては魚類では実用化されていない．

　ゲノム編集技術は，この状況を打開できる強力なツールとして注目されている．その技術の中でも，外来遺伝子を挿入しない「欠失型遺伝子破壊」を用いて作出されたものは，自然界でも起こりうる変異であることなどから食品として受け入れられる可能性がある．

　本稿では，われわれがCRISPR–Cas9を用いて作出したミオスタチン遺伝子破壊マダイの例を中心に，「欠失型遺伝子破壊」ゲノム編集養殖魚作出方法やその注意点を述べるとともに，課題について検討する．

ゲノム編集ツールの選択

われわれは簡便さからCRISPR-Cas9を用いている．ガイドRNAは，1本のsingle guide RNAでも，2本のcrRNAとtracrRNAの組合せのいずれを用いても同等の効果が得られる．Cas9は，RNAまたはタンパク質のいずれを用いても問題なく効果が得られる．これらは市販されているものを利用するのが簡便であるが，Cas9タンパク質に関してはマイクロインジェクションをスムーズに行うために粘度の高いものは避けるほうがよい．Cas9 RNAを自身で合成して用いる場合は，pCS2+を基にしたplasmidの使用をお勧めする（例えば，pCS2+hSpCas9：Addgene plasmid #51815）．理由は明白ではないが，これまでの経験上，受精卵内での翻訳効率が高く，変異導入率が高くなる．合成方法の詳細については，既報[3]を参照いただきたい．

ゲノム編集ツールの導入方法

受精直後の卵にマイクロインジェクション（MI）法によりゲノム編集ツールを導入する．海産魚の場合，受精後すばやく卵膜の硬化が進行し，約15分後にはMIに用いるガラス製の針が卵膜を貫通しなくなる．そのために，図1に示すように10～15分間隔で人工授精をくり返し受精直後の卵を再取得する必要がある．また，魚種により粘着性や透明性など受精卵の特徴が異なり，魚種ごとのMI条件の最適化を行う必要がある[4]．

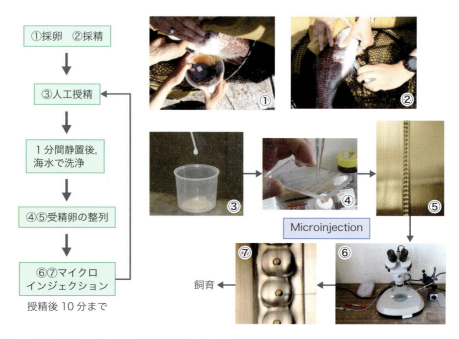

図1　マダイ受精卵へのゲノム編集ツールの導入方法
人工授精からマイクロインジェクションまでの工程を示す．

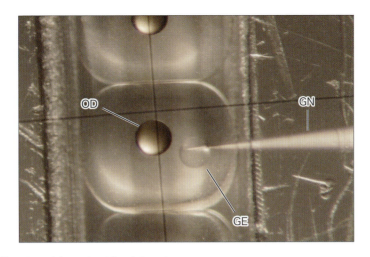

図2 マダイ受精卵へのマイクロインジェクション
微細なガラス針（GN）により，受精卵表面にゲノム編集ツール（GE）を注入する．この時期，細胞質は細胞表面に一様に広がっており，まだ原形質盤は形成されていない．中央に見える球状のものは油球（OD）であり，細胞ではない．

　メダカやゼブラフィッシュでは，原形質盤が盛り上がって形成された細胞（1細胞期）にゲノム編集ツールを導入するが，前述のように海産魚では1細胞期ではすでに卵膜が硬くMIが行えない．そのため細胞質が卵黄表面全体に薄く広がっている時期に，卵の表層にMIを行うことになる（図2）．その際に，ガラス針を深く差し込みすぎると卵黄膜を突き破ってしまい，卵を潰してしまうので注意が必要である．

　MIにより受精卵は物理的ダメージを受けるため，生残率はMIを行わない受精卵の50％以下となる．養殖魚などモデル生物ではない魚類卵の生残率は，メダカやゼブラフィッシュのように高くないため，われわれは1つのターゲットに対して2,000〜3,000粒以上の受精卵にMIを行うようにしている．

　GFP RNAや蛍光色素付きRNA（ファスマック社より販売されているtracrRNA-FAMなど）を共導入し，発生胚での緑色蛍光を指標にMIが確実に実施できたか否かを判定することも可能である．

ゲノム編集系統の樹立方法

　われわれが作出したミオスタチン遺伝子破壊マダイ系統[5]を例に述べる．概要は，図3に示す．

1. 変異導入個体の同定

　変異導入有無の検討は，メダカやゼブラフィッシュと同様にヒレの一部から調製したゲノムDNAを用いたPCRとそれに続くHMA（heteroduplex mobility assay）により検討する．同時に個体を識別する必要があるため，ヒレのサンプリング時に各個体の腹腔あるいは皮下に小型の電子タグを挿入し，個体管理を行う．

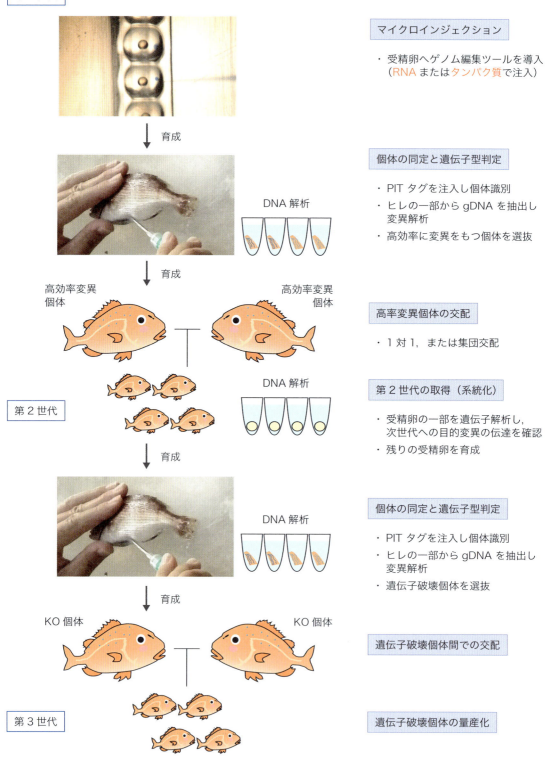

図3 ゲノム編集養殖魚系統作出行程

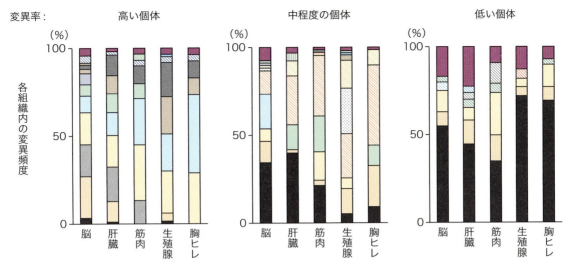

図4 各個体の臓器ごとの変異タイプと頻度
黒のバーは，野生型配列を示す．同一個体内の同色・同柄は同一変異タイプを示す．

2. モザイク性

個体は魚類の胚発生スピードはマウスなどに比べてたいへん速い（マダイは受精後2時間で16細胞，マウスは受精後20時間で2細胞）．そのため，ゲノム編集ツールによる変異パターンの固定が複数細胞期となり，個体間，および同一個体の組織間で変異導入率が異なる（図4）．また，同一組織の細胞間で変異の有無や変異のパターンが異なる．詳しくは述べないがマイクロホモロジー媒介修復を利用した導入変異の濃縮が効果的である（詳細は文献5）．

3. 親魚の選抜

ゲノム編集系統を樹立するには，生殖細胞にゲノム編集された細胞をもつ（ゲノム編集された配偶子を産生する）親魚を確保する必要がある．ゲノム編集したすべての個体を性成熟まで育成し，これらの配偶子で変異導入の有無を検討することが理想であるが，小型魚（メダカやゼブラフィッシュなど）とは異なり，個体サイズが大きな魚種では飼育スペースと維持費用の点から親魚まで育成できる個体数が限られる．このため比較的小型の未成熟魚の段階で，親魚候補として育成を続ける個体を選別する必要がある．図4に示すように，ヒレにおいて変異導入率が高い個体は，生殖腺においても変異導入率が高い傾向が示される．このことから，前述の「変異導入個体の同定」時に，ヒレに高効率で変異が導入されている個体を親魚候補として選抜するとよい．

4. ゲノム編集系統の樹立と量産化

　親魚まで育成した個体を用いて，集団産卵あるいは，採卵・採精による人工授精により第2世代（F1世代）を得る．前述のように生殖細胞内でも変異の有無およびパターンがモザイクとなっている．そのため複数（数百から千尾程度）の第2世代個体を育成し，前述のようにヒレによる変異型の解析と個体標識を行う．両アレルに目的の変異をもつ個体（ホモ変異個体）の雌雄それぞれ複数尾を選抜し，これらを親魚（第2世代親魚）まで育成する（系統化完了）．第2世代親魚を交配することにより，目的の変異をもつ第3世代を作製する（量産化）〔第1世代を野生型と交配し，同一遺伝子型であるヘテロ変異体の第2世代からホモ変異体の第3世代（メンデルの法則により出現率25%）を得て，第4世代でホモ変異体を量産する方法もあるが，その場合1世代時間を余分に必要とする．マダイの世代時間は2年であるため，量産化が2年遅れることになる〕．

ミオスタチン遺伝子機能欠失ゲノム編集養殖マダイ系統の特徴

1. 表現型

　これまでにミオスタチン遺伝子の第1エキソンに8または14塩基の欠失をもつマダイ系統を作製した[5]．いずれの系統においても，他の生物で観察されているのと同様に骨格筋肉量増加の表現型がみられ（図5），CTを用いた骨格筋体積解析の結果では，ゲノム編集マダイの方が非編集魚よりも骨格筋量が16%増加していた．一方，脊椎骨の形状を比較したところ，脊椎骨数に違いはないものの，ゲノム編集魚の方が脊椎骨が小さくなっていた．そのためゲノム編集魚は，体長が少し短く，まんまるとした外観になっている．

2. オフターゲットの検証

　今回，第1エキソンの2カ所の配列をターゲットとしたsingle guide RNAを用いた．この2種の配列との違いが2塩基以内（1塩基多型/欠失/挿入を含む）の配列をマダイゲノムデータベースから抽出し，PCRによる増幅後，塩基配列解析により変異の有無を検討した．その結果，いずれの配列にもオフターゲット変異は確認されなかった．

3. 遺伝子発現様式の比較

　背部骨格筋からRNAを抽出し，トランスクリプトーム解析を行った結果，筋肉を構成するミオシン遺伝子群やタンパク質翻訳にかかわるリボソーム関連遺伝子群，代謝にかかわる遺伝子群で編集魚群と非編集魚群の間で発現量に違いが観察された．両群間でクラスター解析を行った結果，両群は異なるクラスターを形成し，群間で差があることが示された．

4. 低分子成分の比較

　背部骨格筋から低分子代謝産物を抽出し，428種類の化合物に対してGC–MSによるメタボローム解析をおこなった．その結果，両群間で含有量が2倍以上異なる物質はほとんど

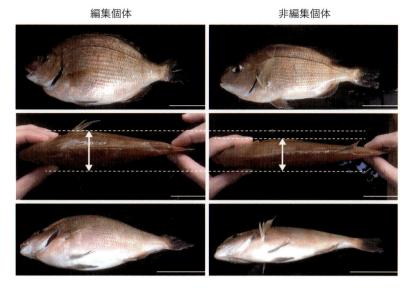

図5　ミオスタチン遺伝子破壊マダイの外観
CRISPR-Cas9によりミオスタチン遺伝子の機能を欠失させた個体（左）では，通常の個体より体高，体幅ともに大きい傾向を示す（文献5より転載）．

みられず，クラスター解析を行った結果においても，両群を区別するようなクラスターは形成されなかった．トランスクリプトーム解析とメタボローム解析の結果を総合して考察すると，骨格筋の増幅に伴う遺伝子発現レベルの相違は存在するものの，生物の体内では代謝経路の変化によってホメオスタシス（恒常性）が働く．つまり，ミオスタチン遺伝子にゲノム編集を施しても，骨格筋（可食部）含有成分に際立つ違いは観察されず，本来のマダイ肉質の特性を保持していると判断される．

ゲノム編集養殖魚の課題

1. 自然界でも起こりうる変異なのか

ゲノム編集ツールにより，数塩基を欠失させ遺伝子の機能を破壊する現象は，自然界でも起こりうると考えられている．そこで，複数の通常育種マダイ個体の全ゲノムを比較することにより，通常育種個体での塩基欠失領域とその欠失塩基数の解析をおこなった（図6）．その結果，育種個体間では，1塩基欠失が約200,000カ所あり，8塩基欠失および14塩基欠失ではそれぞれ約20,000カ所と7,000カ所存在した．また，100塩基欠失も77カ所存在した．また，これらの塩基欠失の中には遺伝子上に存在しフレームシフト変異であるものも存在した．このように，数塩基の欠失（つまりゲノム編集で誘起する「欠失型遺伝子破壊」）は自然界（通常育種）でも生じている現象（「多様性：variation」と同義）であることが示された．

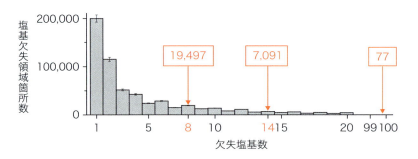

図6　野生型マダイ個体のDNA欠失数とその頻度
通常育種マダイ（非ゲノム編集）の全ゲノム塩基配列解読を行い，マダイリファレンスゲノム（育種個体の別個体）と比較を行った．

2. 食品としての安全性

　メタボローム解析の結果，ゲノム編集魚と非編集魚を区別するような変化は観察されなかったことなどから，ゲノム編集魚に新たな有害物質が産生されているとは考え難い．しかしながら，ゲノム編集によりフレームシフトが生じた部位から新たな終止コドンまでの間は，新規なアミノ酸配列（新規ペプチド）となっている．そのためこのアミノ酸配列に毒性やアレルゲン性が存在するかを検証しておくのがよいと考えられる．ゲノム編集マダイ自身が生存しているため，毒性はたいへん低いと考えられる．アレルゲン性については，web上のアレルゲン検索サイト（例，Allergen Online：http://www.allergenonline.org）により新規ペプチドのアレルゲン性の有無について検討するのがよいと考えられる．ミオスタチン遺伝子破壊マダイでは，8塩基欠失により生じる新規ペプチドのアミノ酸配列は，EAAPAQSAAAAAASRPVRRAGRRQQGCGYGGGR（アミノ酸の1文字表記で示す）となり，AAAAASがカビの仲間であるアスペルギルス（コウジカビ）のアレルゲンと一部相同性を示す（実際のアレルゲン性については，より詳細な検証が必要となる）．一方，14塩基欠失では，DYDDGHが新規ペプチドであり，アレルゲンデータベースにヒットするものはなかった．

3. 生態系への安全性

　ゲノム編集で誘発される変異は，自然界でも起こりうるものである（前述）と考えられるが，これまでに，ミオスタチン遺伝子が破壊されたマダイと同様の遺伝型・表現型をもつ個体が漁獲された報告はない．このことからミオスタチン遺伝子破壊マダイは，自然環境では不利な特性をもつと考えられる．しかし，冒頭で述べたように魚類では，品種化，つまり系統化が進んでおらず，ゲノム編集魚は野生魚と遺伝的に大きな差異がない．そのため，環境への影響評価が十分に行われるまでは，逃亡を防止した隔離施設で飼育するのがよいと考えている．私たちは，海産魚を複数の網によるトラップを設置し個体の逃亡防止対策を施した陸上の水槽で飼育しており，また，産卵期には先述の網に加え排水を紫外線処理することにより，卵のトラップと精子の不活化を行っている．

おわりに—ゲノム編集養殖魚の実用化への展望

　これまでに近畿大学でマダイの選抜育種が行われており，耐病性・成長性に優れたマダイ系統の確立に30年以上の歳月を必要とした．一方，2014年春にミオスタチン欠失マダイの作製を開始し，2016年春には，目的の表現型をもつ系統が作出できた．このように，ゲノム編集技術を活用することで，短期間に狙い通りの品種の作出が可能であることが実証された．われわれは，マダイに加えトラフグでもゲノム編集魚系統の作出に成功している．これらの魚種では，すでに完全養殖技術が確立されているため計画的な採卵や処理卵を高率に生残させ飼育することが可能である．今後，ゲノム編集をより多くの魚種に施し新品種を生み出すには，それぞれの魚種の飼育技術を高めていく必要がある．また，魚類の遺伝子機能解析を加速させ，生産者ならびに消費者に有益な品種の生み出すためのターゲット遺伝子を見出すことが必要である．

本研究は，近畿大学（家戸敬太郎，鷲尾洋平），水産研究・教育機構（吉浦康寿）との共同研究である．また，研究は，文部科学省科学研究費補助金（基盤B：26292104），総合科学技術・イノベーション会議のSIP（戦略的イノベーション創造プログラム）「次世代農林水産業創設技術」，厚生労働科学研究費補助金〔食品の安全確保推進事業（30190401）〕等により実施された．

◆ 文献

1）Food and Agriculture Organization of the United Nations：The State of World Fisheries and Aquaculture 2016（ISBN 978-92-5-109185-2）．http://www.fao.org/3/a-i5555e.pdf
2）AquaBounty Technologies：AquAdvantage® Fish．https://web.archive.org/web/20140319005401/http://www.aquabounty.com/products/products-295.aspx
3）Ansai S & Kinoshita M：Biol Open, 3：362-371, 2014
4）Kishimoto K, et al：Fisheries Sci, 85：217-226, 2019
5）Kishimoto K, et al：Aquaculture, 495：415-427, 2018

Ⅲ 応用編

9 家禽でのゲノム編集

江崎　僚, 松崎芽衣, 堀内浩幸

はじめに

　動物におけるゲノム編集技術では，1細胞期受精卵を標的に効率よく編集できることから，種々の動物種で遺伝子のノックイン・アウトが可能となった．また1細胞期受精卵を標的にすることで，マウスで行われている多能性幹細胞を標的とした遺伝子改変とは異なり，生殖細胞キメラ個体を作出する必要がなく，ノックイン・アウト個体の作出期間が短縮できることもこの技術の大きなメリットとなっている．一方，家禽であるニワトリを対象としたゲノム編集技術では，1細胞期受精卵を標的にすることが困難であり，多能性幹細胞か生殖細胞に分化可能な始原生殖細胞（primordial germ cell：PGC）などの培養細胞を標的する技術が進展した．現在のところ，ゲノム編集されたニワトリ多能性幹細胞からは，生殖細胞系列伝達は報告されておらず，培養したPGCを標的にしたものに限られている[1]~[3]．すなわち，ニワトリにおけるゲノム編集個体の作出研究は，PGCの培養技術の確立と培養したPGCが効率よく生殖細胞に分化することが実験の成否を左右していた．

　ニワトリPGCの培養技術の開発は，2000年頃からさかんに行われるようになり，いくつかのグループから異なる培養方法が報告されてきた[4]．しかし，これらの手法により培養できるのは，成功したグループのみに限られ，他のグループが再現よく培養することができなかった．ところが，2015年にWhyteらのグループが，培養用培地にサーモフィッシャーサイエンティフィック社から販売されているB-27 Supplementを添加し，ニワトリPGCの培養に成功したことで状況が一変した[5]．そもそもB-27 Supplementは，神経細胞の培養・維持のための添加物として開発されたものであったが，幹細胞をはじめとしてさまざまな細胞で活用されている添加物であり，ニワトリPGCの培養には，含有するインスリンが効果的であると報告されている[5]．

　本稿では，これまでの報告に基づいて，PGCの培養方法からゲノム編集技術の適用，さらにゲノム編集PGCから生殖細胞キメラニワトリの作出方法までを概説する．

準　備

1. TALEN，Cas9 および gRNA 発現プラスミドの入手，設計

TALEN，Cas9 および gRNA 発現プラスミドは，サーモフィッシャーサイエンティフィック社をはじめとしたさまざまな企業から販売されている．また，Addgene からも多種多様なプラスミド作製キットが入手できる．

著者らのグループでは，Addgene より入手可能な，広島大学において開発された Platinum TALEN[6] および pX330–U6–Chimeric_BB–CBh–hSpCas9（Plasmid ID：42230）を用いている．培養PGC へのトランスフェクション効率は，他の培養細胞に比べて低いため，ピューロマイシン発現カセットをもつベクターの使用により選択圧をかけることが有効である．

ゲノム編集ニワトリを作出する前に，設計した TALEN もしくは Cas9 および gRNA 発現プラスミドは，HEK293 細胞等の扱いやすい細胞株を用いたレポーターアッセイで活性評価をしておくことが望ましい．また DF1 細胞などのニワトリ細胞株で評価しておけば，より実際の標的細胞での活性を反映した評価を行うことが可能である．著者らのグループでは，SSA（single–strand annealing）修復を利用したレポーターアッセイ[7] を行っている．

- ☐ TALEN，Cas9，gRNA 発現プラスミド DNA 溶液
- ☐ HEK293 等の評価細胞株
- ☐ 細胞培養用ディッシュ（コーニングインターナショナル社）
- ☐ 培地（DMEM＋10％FBS 等）
- ☐ トリプシン–EDTA 溶液（サーモフィッシャーサイエンティフィック社）
- ☐ トランスフェクション試薬：FuGENE® HD Transfection Reagent（プロメガ社）

2. ニワトリ PGC の培養および遺伝子導入

ニワトリ PGC の培養は，著者らのグループでは Whyte らにより開発された方法[5] を改変して利用しており，種の異なるニワトリPGC の培養に成功している．PGC の胚血液からの分離方法は，Whyte らの論文[5] を参考にしてほしい．分離した PGC は以下の培地に浮遊させ，38℃，5％CO_2，3％O_2の条件で培養する．PGCへのトランスフェクションは，FuGENE® HD Transfection Reagent 等のトランスフェクション試薬を用いて導入しており，その導入効率は20〜30％程度である（図1）．

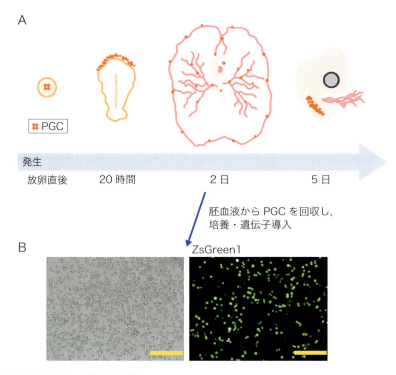

図1 PGCの回収と培養および遺伝子導入
A) 生殖細胞の初期発生の模式図．放卵直後では，胚盤葉中央に存在するPGCは，その数を増やしながら生殖三日月環を経て（20時間），胚血液中を循環し（2日），生殖隆起へ到達する（5日）．PGCの培養は，孵卵2日の胚血液ごとPGCを回収して培養する．B) 蛍光タンパク質ZsGreen1発現ベクターを導入した培養PGC．スケールバー＝200 μm．

□ PGC培養培地
- KnockOut™ DMEM（サーモフィッシャーサイエンティフィック社）
- 1×B-27™ Supplement, minus vitamin A（サーモフィッシャーサイエンティフィック社）
- 1％ chicken serum（サーモフィッシャーサイエンティフィック社）
- 2 mM GlutaMAX™ Supplement（サーモフィッシャーサイエンティフィック社）
- 1×EmbryoMax® Nucleosides（メルク社）
- 1×Antibiotic-Antimycotic Mixed Stock Solution (Stabilized)（ナカライテスク社）
- 1×StemSure® Monothioglycerol Solution（富士フイルム和光純薬社）
- 10 ng/mL FGF-Basic, Human, Recombinant, Animal Free〈FGF-2〉（PeproTech社）
- 1 IU/mL Heparin sodium salt from porcine intestinal mucosa（シグマ アルドリッチ社）

□ 培養用マルチウェルプレート（コーニングインターナショナル社）

3. 変異導入解析

　培養細胞からのDNA抽出は，Gentra Puregene Cell Kitを用いている．また，供試細胞数が少ない場合は，DNAの抽出なしに細胞を直接PCRのテンプレートとして用いてもゲノム編集領域の増幅が可能である．増幅したPCR産物は，Cel-Iアッセイ[8] によりヘテロデュプレクスの有無を評価し，最終的に塩基配列の解析を行っている．ゲノム編集した雛および成鶏の解析を行う場合は，翼下静脈より採血した血液細胞を用いて培養細胞と同様に解析できる．

☐ 標的配列を含む領域のPCR用プライマー
☐ DNA抽出キット：Gentra Puregene Cell Kit（キアゲン社）
☐ Cel-Iアッセイキット：Surveyor® Mutation Detection Kits（Integrated DNA Technologies社）
☐ PCR酵素①：TaKaRa LA Taq®（タカラバイオ社）
☐ PCR酵素②：KOD One® PCR Master Mix（東洋紡社）

4. キメラ作出のための体外培養

　各種ツールによりゲノム編集したPGCは，生殖細胞キメラニワトリ（G0）を作出するために初期胚へ移植する．PGCを移植した受精卵は，1988年に報告されたPerryの体外培養システム[9] の改変法である小野により報告された方法[10] に従い個体へと発生させる．著者らのグループは，ドナーであるPGCには黒い羽毛をもつ黄斑プリマスロック種を使用し，レシピエント胚には白色レグホーン種を使用している．こうすることで，G0の交配試験により孵化する生殖系列第一世代（G1）が移植したPGC由来かどうかを羽毛色で判断できる．

☐ 孵卵器P-008（B）型（バイオ仕様）（昭和フランキ社）
☐ インジェクション用34G注射針（リアクトシステム社）

プロトコール

1. 培養PGCへの変異導入

　ゲノム編集ツールの細胞への導入には，ベクター，mRNAもしくはタンパク質での導入がある．ゲノム編集ニワトリを作出する場合は，PGCを標的細胞としてTALENおよびCRISPR-Cas9発現ベクターを導入する．

1）遺伝子導入試薬を用いたPGCへのプラスミド導入

❶ トランスフェクション当日に60 mm細胞培養用ディッシュへ 1×10^6 cellsのPGCを播種する．

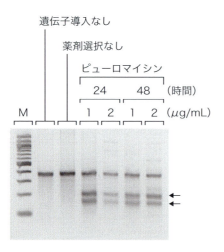

図2　PGCにおけるCel-Iアッセイによる標的遺伝子の変異導入検出法
CRISPR-Cas9により遺伝子変異が導入されたPGCを薬剤により選択することで，PCR増幅産物のCel-Iヌクレアーゼによる切断が観察される（矢印）．

- ❷ FuGENE® HD Transfection Reagentを用いて添付プロトコールに従いTALENおよびCRISPR-Cas9発現ベクターを導入する．
- ❸ 38℃，5％CO_2，3％O_2条件下で2日間培養後，薬剤選択を開始する．ピューロマイシンの場合，1〜1.5 μg/mLの濃度で24〜48時間培養した後，培地交換により薬剤を除去する．選択後，十分に解析できる細胞数まで継代，培地交換しながら1〜2週間程度培養する．
- ❹ 一部（1〜5×10^5 cellsが目安）の細胞を回収し，Gentra Puregene Cell Kitを用いて細胞からゲノムDNAを抽出する．

2）Cel-Iヌクレアーゼを用いたゲノム編集の確認

- ❶ ゲノム編集PGCから抽出したゲノムDNAは，これをテンプレートとして標的領域をPCRで増幅する．増幅産物は95℃で5分インキュベートした後，25℃まで徐冷（0.1℃/秒）する．
- ❷ アガロースゲル電気泳動により標的配列の増幅を確認し，そのうち5 μLを新しいチューブへ移す．
- ❸ Cel-Iアッセイキットに含まれている0.5 μLのヌクレアーゼSと0.5 μLのエンハンサーSを加えて42℃で1時間インキュベートする．
- ❹ 電気泳動により切断バンドを確認する（図2）．

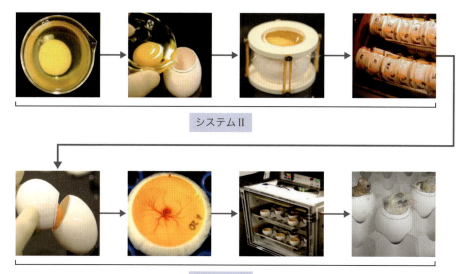

図3　ニワトリにおける体外培養システム
体外培養システムの概要．システムⅡおよびシステムⅢを経て雛が誕生する．

3）PGCのクローニング

❶ ゲノム編集が確認されたPGCは，限界希釈法を用いてクローニングする．クローニング中の細胞は38℃，5％CO_2，3％O_2条件下で2週間程度培養する．

❷ 増殖したPGCは，培地ごと50～100 μL程度をPCRチューブに回収し，300×gで5分間遠心し，上清を完全に除去する．KOD One® PCR Master Mixを用いて調製したPCR溶液を，このPCRチューブに直接加えて標的領域を増幅する．

❸ 増幅産物は**1.2**）の手法に従いCel-Iアッセイを行う．KODを使用した場合，バッファーがCel-Iアッセイキットにマッチしていないためバッファー交換後にヌクレアーゼ処理を行う必要がある．

❹ 必要なら，再クローニングを行う．

2. 生殖細胞キメラニワトリの作出

クローニングを行ったPGCは，生殖細胞キメラニワトリ（G0）の作出に使用する．受精卵の体外培養は，前述したとおり，小野により報告された方法[10]に従い行う（図3）．詳細は文献を参考にしていただき，本稿では，簡単な流れのみ紹介する．

1）体外培養システムⅡ

❶ 放卵直後の新鮮な受精卵を準備し，2,500 cells/μL に調整した変異導入 PGC を 34G 注射針で 2 μL を胚盤葉下腔へ注入する.

❷ 鋭端に卵黄が通るほどの穴をあけた代理卵殻（M サイズ卵）を準備し，PGC を注入した受精卵を入れる.

❸ 事前に回収しておいた水溶性卵白を補填し，ラップで蓋をする.この際，気泡が入らないようにする.

❹ 孵卵器に設置して 90 度の角度で 30 分おきに転卵しながら，38℃，湿度 60％程度で 3 日間孵卵する.

2）体外培養システムⅢ

❶ システムⅡの培養で生存している個体を選別し，受精卵を卵白ごと一回り大きい代理卵殻（3L サイズ卵）に移し替えを行う.鈍端に卵黄が通るほどの穴を開け，この穴とシステムⅡの M サイズ卵の穴を合わせ，緩やかに受精卵を移し替える.

❷ ラップで蓋をして封入する.卵白は補填せずに胚の上には空気の層ができるようにする.

❸ 孵卵器に設置して 30 度の角度で 15 分おきに転卵しながら，38℃で 60％程度に加湿し，さらに約 17 日間程度，孵卵する.

❹ システムⅡの開始から 20 日あたりで，雛は明確に肺呼吸をはじめる.この状態になったらラップに細かい穴（つまようじのようなもので 10 数個）を開け，転卵を停止する.

❺ 卵殻内で雛が反転し首の後ろをラップに押し付けるようにもがきだしたら，ラップをはずして頭部を引っ張り出す.自力で出てくるまで，しばらくそのまま卵を横向きにして孵卵器内に静置する.

　孵化した雛は G0 に相当し，生殖腺中の生殖細胞は野生型とゲノム編集されたものが混在した状態（キメラ状態）である.この G0 と野生型のニワトリを交配して G1（ヘテロ接合型）を作出し，G1 同士の交配により G2（ホモ接合型）を作出する.長期間を要する実験であるため，G0 の精液や G1 および G2 の血液等からゲノム DNA を抽出し，Cel-I アッセイや塩基配列の解析を行い，ゲノム編集の有無を確認しておくことが重要である.またオフターゲットの解析も他の生物種と同様に必要に応じて実施すべきである.

　PGC の移植では，本稿で紹介した以外に孵卵 50 時間の胚血流中に戻す手法もあるが，高度なテクニックが必要であり，本稿の手法の方が簡便である.また移植する PGC とレシピエント胚の性染色体の型を一致させる必要があるため，両方の性染色体の型を事前に

調べておく必要があるが，調べなくても約1/2の確率で一致するため，著者らのグループではレシピエント胚の型は調べていない．

おわりに

　以上，PGCの培養方法からゲノム編集技術の適用，ゲノム編集PGCを移植した生殖細胞キメラニワトリの作出方法までを紹介した．本稿でも述べたとおり，現時点におけるニワトリを対象としたゲノム編集は，PGCを標的としたものに限られている．1細胞期受精卵を標的としたゲノム編集操作が困難な理由としては，鳥類の卵子が直径数cmと巨大であるために，胚操作がきわめて難しい点があげられる．しかしながら，2014年に水島らのグループ[11]が排卵卵子への細胞質内精子注入法によるウズラの人工授精に成功しており，鳥類においても1細胞期受精卵の操作によるゲノム編集技術の開発が期待できる状況になってきた．ニワトリやウズラでは，胚の体外培養システムが確立されており，1細胞期受精卵へのゲノム編集が可能になれば，より効率的にゲノム編集家禽が作出できるようになると予想される．

　家禽は産業上重要な動物であり，特に産卵によるタンパク質生産能力の高さには注目すべきである．近年，大石ら[12]が卵白の主要タンパク質であるオボアルブミンの遺伝子座へヒトインターフェロンβ遺伝子をノックインすることにより，卵白中にヒトインターフェロンβを含む卵を得ることに成功している．今後，家禽におけるゲノム編集技術が発展することで，卵をバイオリアクターとして用い，ペプチドホルモンや抗体等のバイオ医薬品を大量に生産できるようになるかもしれない．鳥類ゲノム編集技術のさらなる発展が期待される．

◆ 文献

1) Park TS, et al：Proc Natl Acad Sci U S A, 111：12716–12721, 2014
2) Oishi I, et al：Sci Rep, 6：23980, 2016
3) Taylor L, et al：Development, 144：928–934, 2017
4) van de Lavoir MC, et al：Nature, 441：766–769, 2006
5) Whyte J, et al：Stem Cell Reports, 5：1171–1182, 2015
6) Sakuma T, et al：Sci Rep, 3：3379, 2013
7) Sakuma T, et al：Genes Cells, 18：315–326, 2013
8) Qiu P, et al：Biotechniques, 36：702–707, 2004
9) Perry MM：Nature, 331：70–72, 1988
10) Ono T：Methods Mol Biol, 135：39–46, 2000
11) Mizushima S, et al：Development, 141：3799–3806, 2014
12) Oishi I, et al：Sci Rep, 8：10203, 2018

タンパク質集積技術による高度ゲノム編集・転写調節

佐久間哲史，國井厚志，山本 卓

はじめに

CRISPR-Cas9をゲノム領域特異的なターゲティングプラットフォームとして利用する上で，Cas9/sgRNA複合体は，それ自体がDNA結合能とDNA切断能を有する機能性コンポーネントとして働く．一方で，これを足場として利用しつつ，さらに機能性分子を集積させれば，あたかもベースとなるソフトウェアにさまざまなアドオンを追加するかのごとく，その性能を向上させたり，機能を拡張させたりすることが可能となる．本稿では，このようなCRISPR-Cas9の高度化技術を2例紹介する．

DSB修復因子の集積によるゲノム編集の効率化

ゲノム編集において，さまざまなDSB修復機構が利用されていることは，Ⅰ基礎編で解説したとおりである．遺伝子ノックアウトであれ，遺伝子ノックインであれ，標的配列やドナーDNAの構造を適切に設計することで，目的とするゲノム編集結果につながるような修復機構をうまく利用することができる．また，特定の修復機構が働きやすくするために，細胞周期を同調させたり，任意の修復機構を促進あるいは阻害する化合物を添加したりする試みもなされてきた．さらには，任意の修復機構にかかわる内在性タンパク質を過剰発現することによっても，特定の経路に傾かせることが可能であることが示されてきた[1]．

このようにさまざまなアプローチがとられてきた中で，従来技術を俯瞰すると，ある欠点が浮かび上がってくる．これまでの手法により，確かに修復機構をある程度コントロールすることが可能となってきたものの，いずれの手法を用いた場合でも，細胞全体あるいは核内全体が統一的にその制御下に置かれることになる．しかし実際に目的の修復機構を働きやすくする必要があるのは，編集対象の標的ゲノム領域ただ一点のみである．目的外の（例えば自然に発生したDSBに対する）作用を抑える意味でも，目的の編集を効率化させる意味でも，特定の修復機構を選択させるようなしくみは，なるべく局所的に作用させるべきと言える．

そこで筆者らは，図Aに示すLoADシステムを考案した[2]．ベースとなった考え方は，内在のDSB修復因子の過剰発現であるが，それをより局所的に作用させるため，sgRNAに目印となる配列（MS2ループ）を付加し，その目印に対して特異的に結合するタンパク質ドメイン（MS2コートタンパク質；MCP）を融合させたDSB修復因子を発現させた．これにより，MS2ループとMCPの相互作用に基づいて，CRISPR-Cas9によってDSBが誘導されるちょうどその場所に，特定のDSB修復因子をリクルートさせることが可能となる．筆者らは，本法を用いることで，特定の修復機構に基づくゲノム編集を，従来の単純な過剰発現の手法以上に効率化することに成功した．

転写活性化因子の集積による強力な転写の活性化

前記のように特定の因子をCRISPR-Cas9の作用点に局所化させるシステムは，じつはゲノム編集に応用されるよりも前に，転写の調節を目的として開発されてきた．最も単純なシステムは，Cas9のヌクレアーゼ活性を不活化させたdCas9に，転写活性化因子ないし転写抑制因子を直接融合させたものであるが，この初期型のシステムでは，特に転写の活性化において，必ずしも十分な効果が得られなかった．そこで，前述のMS2システムを介して転写活性化因子をよび込むシステム（SAM）[3]や，dCas9にエピトープタグをタンデムに連結することで，ミニ抗体を融合させた転写活性化因子を集積させるシステム（SunTag）[4]などの第二世代システムが開発されてきた．ところがこれらの改良型システムを用いてもなお，遺伝子座の違いによって活性化効果の出方には相互に優劣がみられ[5]，決定版のシステムが確立されたとは言い難い状況にあった．

この状況を踏まえ，筆者らは，SAMとSunTagを階層的に組合わせた第三世代のシステム「TREE」を考案した[6]．模式図を図Bに示すが，本システムでは，従来法でdCas9に融合させていたエピトープタグアレイをMCPに融合させることで，dCas9/sgRNAという土台のもとに，複数の足場を組み上げ，転写活性化因子を多数集積させることのできる構造を作り上げている．植物に例えれば，第一世代システムは，根っこの上に葉が一つだけついている状態，第二世代システムは，根から伸びた幹に複数の葉がついている状態であった．一方筆者らの第三世代システムでは，根から幹を伸ばし，さらにそこから複数の枝を生やして，大量の葉をつけ

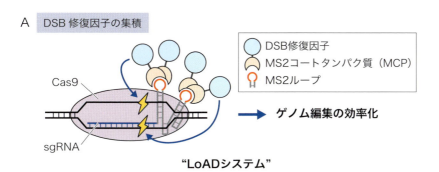

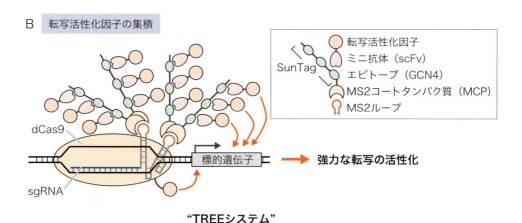

図 LoADシステムとTREEシステムの模式図
DSB修復因子を集積させることで，ゲノム編集を効率化でき（LoADシステム；A），転写活性化因子を集積させることで，強力な転写の活性化を誘導できる（TREEシステム；B）．

させた構造となっており，これぞまさに「TREE」システムというわけである．実際にTREEシステムは，第二世代システムを用いてもなお活性化が困難であった遺伝子座においてさえ，転写を強力に活性化できることが示されている．

おわりに

本稿の冒頭で，CRISPR-Cas9をソフトウェアと見立て，集積させるタンパク質をアドオンと形容した．しかしながら，もともと自然界に備わるシステムを利用する以上，ソフトウェアの仕様は完全には明らかになっておらず，その時点で解明されている範囲での取扱説明書を技術開発者が作成し，随時アップデートを加えながら利用しているに過ぎない．CRISPR-Cas9が生命科学研究において当たり前のように利用されるようになった現在でも，日々ソフトウェア内のブラックボックスの解明やアドオンの拡充が進んでいることを念頭に置き，常に最新の取扱説明書に目を通す意識をもつことが，ゲノム編集およびその関連技術を最大限かつ正しく利用する上で，最も重要であろう．

◆ 文献

1) Aida T, et al：BMC Genomics, 17：979, 2016
2) Nakade S, et al：Nat Commun, 9：3270, 2018
3) Konermann S, et al：Nature, 517：583-588, 2015
4) Tanenbaum ME, et al：Cell, 159：635-646, 2014
5) Chavez A, et al：Nat Methods, 13：563-567, 2016
6) Kunii A, et al：CRISPR J, 1：337-347, 2018

column

改変したCas9やsgRNAによる高効率相同組換え

宮岡佑一郎

はじめに

CRISPR-Cas9によるゲノム編集は，標的配列特異的なsgRNAがヌクレアーゼであるCas9を誘導し，標的ゲノムDNAが切断されることで達成される．切断されたDNAの修復反応には，相同組換え（HR），非相同末端結合（NHEJ），マイクロホモロジー媒介末端結合（MMEJ）などがある．このうち，組換えを介してドナーDNA配列通りに編集が起こるHRは，正確で自在なゲノム編集に特に有益である．しかし，その頻度はNHEJやMMEJに比べて低い場合が多い．HR頻度向上のためにさまざまな取り組みがなされているが，いまだ決定的な技術は開発されていない．その解決の糸口となる可能性として，最近われわれは改変したCas9やsgRNAが，HR頻度を亢進することを見出したので，ここで紹介したい[1]．

オフターゲット効果を抑制するためのCas9とsgRNAの改変

CRISPR-Cas9によるゲノム編集が発表された当初，その最大の懸念は正確性であり，オフターゲット効果を抑制するための取り組みがさまざまな形で進められてきた．その結果，Cas9は標的ゲノムDNAとsgRNAの正しい塩基対形成をその構造変化に変換し，ヌクレアーゼ活性を発揮することが明らかとなった[2)3)]．標的ゲノムDNAとsgRNAが正しく塩基対を形成した場合にのみ，Cas9は構造変換を起こし，ヌクレアーゼ活性をオンにするのである．この構造変換を起こすための閾値を高めることで，sgRNAとゲノムDNAとの塩基対形成をより厳密に判定するCRISPR-Cas9システムが確立された．具体的には，DNAと相互作用するいくつかのアミノ酸に変異が導入された改変型Cas9や[3)~5)]，長さや配列を変化させたsgRNAである[6)7)]．これらの改変は，Cas9-sgRNA複合体と標的DNAとの相互作用の様式を変化させるという共通点がある．このように，これらのCas9とsgRNAの改変は，本来オフターゲット効果の抑制が目的であった．しかしわれわれは，この改変したCas9-sgRNA複合体が，DNA修復因子とゲノムDNAの相互作用などにも影響し，ひいてはゲノム編集結果も変化させるのではないかと推測した．

改変したCas9とsgRNAによる一塩基置換導入効率の向上

われわれは，配列特異的な蛍光加水分解プローブと，デジタルPCRを組合わせ，ゲノム編集結果を0.1％レベルの感度で検出できる系を確立した[8)~10)]．この系を用いて，HRを介した一塩基置換による点変異の導入をモデルとして，HEK293T細胞およびHeLa細胞において各種Cas9とsgRNAのもつHR活性とNHEJ/MMEJ活性を検討した．改変型Cas9として，eSpCas9（1.1），SpCas9-HF1，HypaCas9を，改良したsgRNAとして，長さや配列を変えた一連のsgRNAを用いた．その結果，改変したCas9やsgRNAを用いた多くの条件で，通常のCas9やsgRNAよりも高いHR活性が発揮される一方，NHEJ/MMEJ活性は抑制されることが明らかとなった（図1A, B）[1)]．

改変型Cas9によるノックイン効率の向上

続いてわれわれは，改変したCas9が，数kbp単位のDNA断片のノックイン効率も向上させる可能性を検討した．そのために，HEK293T細胞を用いて，セーフハーバー遺伝子座であるAAVS1に，約4.4kbpのEGFPとピューロマイシン耐性遺伝子カセットをノックインした（図1C）．まず，前述のデジタルPCRの系を用いて，ノックインに伴ってeSpCas9（1.1），SpCas9-HF1，HypaCas9が誘発するNHEJ/MMEJの頻度を，通常のCas9のものと比較した．その結果，改変型Cas9ではNHEJ/MMEJの頻度が低下する傾向が認められた．次に，HRを介したノックイン効率を，HEK293T細胞のピューロマイシン耐性の獲得頻度として評価したところ，改変型Cas9は通常のCas9よりもノックイン効率が高いことが示された．検討した改変型Cas9の中では，HypaCas9が最もノックイン効率の向上とNHEJ/MMEJ活性の抑制に有効であることも明らかとなった（図1C）[1)]．

おわりに

CRISPR-Cas9システムが，本来細菌や古細菌の免疫機構であることを考慮すれば，通常のCas9やsgRNAが哺乳類細胞でのゲノム編集に必ずしも最適ではないと考える方が

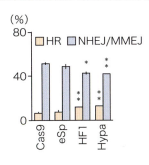
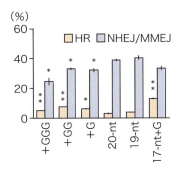
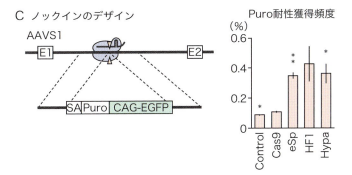

図1 改変したCas9やsgRNAによる相同組換えの亢進

A) 改変型Cas9による一塩基置換の亢進. HEK293T細胞のRBM20遺伝子におけるCからAの一塩基置換導入を例に示す. グラフの赤と青のバーが, それぞれHRとNHEJ/MMEJを示す. Cas9：野生型Cas9, eSp：eSpCas9 (1.1), HF1：SpCas9-HF1, Hypa：HypaCas9. *P＜0.05, **P＜0.01 (野生型Cas9の活性とのStudent's T-testによる比較, n=3). B) 長さを変化させたsgRNAによる一塩基置換の亢進. 塩基の追加および除去によりsgRNAの長さを調節した. 通常の20塩基のsgRNAよりも高い相同組換え効率を示すものが認められた. *P＜0.05, **P＜0.01 (通常の20塩基sgRNAの活性とのStudent's T-testによる比較, n=3). C) 改変型Cas9によるノックインの亢進. AAVS1にピューロマイシン耐性遺伝子とEGFPをノックインした例を示す. ピューロマイシン耐性獲得の頻度は, 野生型Cas9と比較して改変型Cas9で高かった. Control：野生型Cas9とゲノム中の別の部位を標的とするsgRNAとの組合せ. *P＜0.05, **P＜0.01 (野生型Cas9の活性とのStudent's T-testによる比較, n=3).

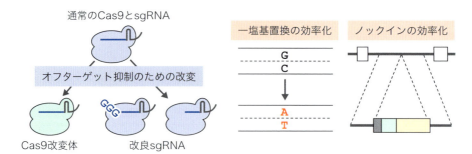

図2 オフターゲット抑制のための改変が相同組換えを亢進する
本来オフターゲットを抑制するためのCas9やsgRNAの改変が，一塩基置換やノックインなどの相同組換えの頻度を高める．

自然である．今回われわれは，Cas9やsgRNAの改変は，Cas9-sgRNA複合体がDNAに結合する様式を変化させ，HR効率を高めることを見出した（図2）．このHR活性の向上をもたらす分子機構の解明が，今後の課題である．これからも引き続き，CRISPR-Cas9システムがさまざまな形で改良され，ゲノム編集の効率性，正確性が向上していくことが期待される．

◆ 文献

1) Kato-Inui T, et al：Nucleic Acids Res, 46：4677-4688, 2018
2) Dagdas YS, et al：Sci Adv, 3：eaao0027, 2017
3) Chen JS, et al：Nature, 550：407-410, 2017
4) Slaymaker IM, et al：Science, 351：84-88, 2016
5) Kleinstiver BP, et al：Nature, 529：490-495, 2016
6) Kim D, et al：Nat Methods, 12：237-43, 1p following 243, 2015
7) Fu Y, et al：Nat Biotechnol, 32：279-284, 2014
8) Miyaoka Y, et al：Nat Methods, 11：291-293, 2014
9) Miyaoka Y, et al：Sci Rep, 6：23549, 2016
10) Miyaoka Y, et al：Methods Mol Biol, 1768：349-362, 2018

索引 INDEX

数字

2H2OP	38
3倍体	355

欧文

A〜C

AAV	23, 41, 151, 340
AAVS1	205
ABE (adenine base editor)	114, 318
AID	112
AIDS	19
αヘリックス	18
anti-CRISPR (acr) protein	297
AsCas12a	301
base editing	48, 113, 152, 318
BE (base editor)	113
Benchling	255
Bisulfite反応	123
CAPS (Cleaved Amplified Polymorphic Sequences)	292
CARGO法	137
CAR-T	340
Cas9	20, 301
Cas9D10A	64
Cas9ニッカーゼ	22, 44
Cas12a	61, 301
Cas13a	13, 61
Cas-OFFinder	89
CCR5	340
Cel-1アッセイ	291, 335, 367
ChIP-seq法	87
ChIP法	14, 315
CIRCLE-seq法	87, 343
Cpf1	20, 61, 301
CPTS	141
Cre/loxPシステム	39, 136, 139
Crispant	235
CRISPOR	89, 255, 268
CRISPRa (CRISPR activation)	319
CRISPR-Cas	17
CRISPR-Cas9	10, 119, 251
CRISPR-Cas9 Nuclease	209
CRISPR-Cas9システムの一過的な導入と発現誘導	158
CRISPRdirect	65, 115, 164, 226, 255, 285
CRISPRi (CRISPR interference)	32, 319
CRISPRpic	95
CRISPR-STOP	32
CRISPRガイドRNA (gRNA) ライブラリー	100
CRISPR診断 (CRISPR-Dx)	62
CRISTA	89
crRNA	20, 74, 251, 321

D〜F

dCas9	13, 23, 87, 113, 119, 129, 310, 319, 372
Deletion	259
DETECTR	14, 62
Digenome-seq法	87, 343
DISCOVER-seq法	87
DNA-FISH	128
DNA glycosylase	321
DNA切断活性欠損型Cas9	310
DNA脱メチル化	119
DNAバーコーディング	14
DNAメチル化	125
Dnmt3a	125
Dnmt3l	126
Doxycycline	131
DSB	10, 26, 41, 63
DSB修復因子	372
dsDNA	251
enAsCas12a	306
enChIP法	310
eSpCas9 (1.1)	304, 374

ES 細胞	263	LbCas12a	301
evoCas9	305	lncRNA 遺伝子	27
EvolvR	320	LoAD	372
ex vivo ゲノム編集	342	lsDNA	41
Flox ノックインラット	279	MAC (mouse artificial chromosome)	299
FnCas9	304	Magnet システム	139, 140
focas	164, 285	microRNA	296
FokI	17	miR–AcrllA4 スイッチ	297

G ～ I

Gateway クローニングシステム	208	miR–Cas9 スイッチ	296
GESTALT	14	miRNA	296
GGGenome	70	miRNA スイッチ	296
Golden Gate 法	76	MMEJ	27, 36, 151
GUIDE–seq 法	87, 343	MS2	128, 155, 372
heteroduplex mobility assay	221	mutation	173
HiFi Cas9	305	nCas9	113, 319
HiFi–ZFN	334	NEPA21	254
HITI	11, 38, 151	NEUROD1	145
HMA	177, 221, 245, 292, 357	NHEJ	10, 26, 37, 112, 318, 340
HMEJ (homology–mediated end joining)		NHEJ 依存的変異導入	27
	36, 151, 337	NG–Cas9	115, 303
HPLC 精製	45	NMD	265
HR	11, 35, 51, 157, 318, 374	oaHDR (one armed homology–directed repair)	153
HSF1	141	ObLiGaRe	38
HypaCas9	305, 374	one hybrid 法	19

P ～ S

ICE	197		
iChIP 法	309	p53 遺伝子	343
i–GONAD 法	47	p65	141
ImageJ	135	PA–Cas9	139
Imaris	136	PA–Cpf1	139
in–cell enChIP 法	310	PA–Cre	139
indel	51, 63, 112, 259, 318	PAGE	45
In–Fusion	80	PAM	20, 43, 61, 63, 67, 76, 114, 236, 301, 321
in planta 法	285	PCR–RFLP	291
in vitro enChIP 法	310	PCR ジェノタイピング	212
iPS 細胞	64, 145, 184, 205	PEG	158, 322, 351

K ～ O

		PGC (primordial germ cell)	364
		PiggyBac	39
KI	259	PITCh	29, 36, 151
KRAB	126	PITCh designer	31, 80
Laminin 511	132	PITCh–KIKO 法	29
		Platinum TALEN	327, 334, 365

polymorphism	173
PP7	128
PPR (pentatrico peptide repeat)	154
prime editing	16, 39, 48
Puromycin	132
pX330	74
pX330–U6–Chimeric_BB–CBh–hSpCas9	365
Rat KSOM	269
RFLP	44, 292
R–loop構造	113
RNAポリメラーゼ	129
RNP (ribonucleoprotein)	15, 192, 235, 322
ROLEXシステム	132
RVD (repeat variable diresidue)	19
SaCas9	24, 301
SALL1遺伝子	325
SAM	372
SATI	38, 152
SDN–1	51, 117
SDN–2	51
SDN–3	51
SDSA (synthesis–dependent strand annealing)	182
sgRNA (single guide RNA)	20, 42, 129, 235
sgRNA2.0	143
SHERLOCK	14, 61
SNGD	38, 63
Sniper–Cas9	305
SNP	41
SpCas9	18, 74, 86, 301
SpCas9–HF1	23, 304, 374
SpCas9–NG	115, 303
Split–CPTS2.0	139
split–dCas9	140
SSA (single–strand annealing) 修復	36, 365
ssDNA	41, 251
ssODN	41, 173, 189
SST–R	11, 38, 41
SunTag	119, 372
S化オリゴDNA	44

T〜Z

T7E1アッセイ	186

TALEN (TALE nuclease)	10, 17, 112, 209
Target–AID	113, 318
Target–G	321
TET1	119
TIDE	47, 263
tracrRNA	20, 74, 251, 321
TREE	372
TTTT配列	69
tyrosinase	248
U6核内低分子RNA	160
UGI (uracil DNA glycosylase inhibitor)	116
VIKING	38
VIVO (verification of *in vivo* off–targets)	87
VP64	141
vSLENDR法	151
WeReview	89
Xanthomonas	19
xCas9	304
ZFN	10, 17, 112
ZFアレイ	18
ZFドメイン	18

和文

あ行

青色LED	143
アカゲザル	332
アグロバクテリウム	282, 351
アデノ随伴ウイルス	23, 41, 151, 205, 340
アフリカツメガエル	235
アホロートル	235
アレルゲン性	362
アンプリコンシークエンス法	90, 247
移植用臓器	325
一塩基多型	39
一本鎖DNAドナー	41
遺伝型	99
遺伝子型解析	277
遺伝子組換え生物	50
遺伝子座特異的ChIP法	310

遺伝子ターゲティング	317
遺伝子治療	24, 340
遺伝子導入	205
遺伝子ドライブ	50
遺伝子ノックアウト	11, 26, 333
遺伝子ノックイン	11, 34, 74, 151, 337
イネ	282, 348
イベリアトゲイモリ	235
イメージング	130
エピゲノム編集	13, 32, 119
エピジェネティクス	119
エレクトロポレーション 46, 179, 186, 192, 209, 257, 270, 322	
塩基置換	32
塩基編集	113, 318
オールインワンCRISPR–Cas9ベクター	81
オフターゲット 21, 27, 35, 65, 86, 117, 143, 237, 255, 343, 360, 374	
オリゴDNA	41
オンターゲット	65, 90

か行

蚊	56
ガイドRNAの設計	65
改変型Cas9	374
科間細胞融合	51
家禽	364
核型	173
拡散防止措置	53
片アレル改変	336
カニクイザル	332
カルス	289
カルタヘナ法	50, 347
幹細胞	174
偽妊娠雌ラット	271
キメラ胚	326
逆位	12
筋ジストロフィー	342
クラスター解析	360
クローン化	47, 210
クロマチン免疫沈降法	311
蛍光タンパク質	129

形質転換	285, 349
ゲゲゲノム	70
欠失	12
欠失型遺伝子破壊	355
欠失挿入	318
ゲノム編集効率	264
ゲノム編集治療	151
ゲノム編集ツール	13
ケミカル・スクリーニング	234
限界希釈法	184, 198
抗CRISPRタンパク質	297
高次ゲノム構造	128
個体標識	360
骨格筋	360
コモンマーモセット	332
ゴールデンゲートクローニング法	287
コンディショナルノックアウト	31

さ行

細胞毒性	21, 318
サイレント変異	43, 177, 253, 261
サザンブロッティング	214
サブクローニング	198
サブクローン	185
サンガーシークエンス	46, 187, 195
サンガモ社	19
シークエンシング	213
ジェノタイピング	46, 81, 245
シグナル・ノイズ比	136
始原生殖細胞	364
糸状菌	157
次世代シークエンサー	87, 235, 309, 323, 343
自然交配	256
シチジン脱アミノ化酵素	112
疾患治療	15
疾患モデル生物	16, 234
ジャガイモ	352
受精卵	47, 239
順遺伝学的手法	99
植物	282, 347
初代培養細胞	174
シロイヌナズナ	282

シングルクロスオーバー	170
人工DNA結合分子	309
人工染色体	299
腎臓欠損	325
スクリーニング	99
制限酵素断片長多型	44
生殖細胞キメラ	369
生存・増殖	100
生態系	362
生物多様性条約	50
接合	322
セーフ・ハーバー	205
ゼブラフィッシュ	221
セルソーティング	200
セルフクローニング	51
染色体再編	12
染色体操作	355
選抜カセット	39
選抜マーカー遺伝子	317
臓器作製	325
ソーティング	100, 184
相同組換え	51, 151, 222, 318, 333, 374
相同組換え修復	182
創薬	15

た行

体外受精	256
体外培養システム	369
体細胞クローニング	326
体細胞核移植	326
代謝物改変	348
ダイズ	348
多型	173
脱アミノ化	112
多様性	361
長鎖一本鎖DNA	272
重複	12
通常育種	361
デアミナーゼ	32, 318
デアミナーゼ型ゲノム編集	318
転座	12
電子タグ	357

転写活性化ドメイン	141
転写の抑制	32
凍結融解胚	257
統合TV	70
動物実験3R	336
動物性集合胚	331
特許	24
ドナープラスミド	208
トマト	282, 348
ドミナントネガティブ	335
トラフグ	355
トランスジェニックマーモセット	333
トランスジェニックマウス	265
トランスポゾン型CRISPR	48

な行

内在性CRISPR	321
ナチュラルオカレンス	51
ナンセンス変異依存mRNA分解機構	265
二種告示	51
二種省令	51
ニッカーゼ	63, 268
ニック	22, 63
二本鎖切断	10, 26, 41
日本ゲノム編集学会	16
ニワトリ	364
ヌクレアーゼ	318
ヌクレアーゼ型ゲノム編集	318
ヌルセグリガント	53, 292, 347
ネッタイツメガエル	235
農作物	347
農水畜産作物	15
ノックイン	41, 278
ノックイン用ドナーDNA	268

は行

胚操作フリー遺伝子改変マウス	47
胚盤胞補完	325
培養細胞	46, 173
パーティクルガン	322, 353
光操作	31, 139
非侵襲的イメージング	338

ヒストンのエピゲノム編集	126
微生物	15
微生物育種	317
非相同末端結合	10, 26, 221, 337, 374
非相同末端修復	112, 318
ヒト化薬物動態モデルマウス	299
ヒト化薬物動態モデルラット	299
ヒト化ラット作製技術	299
ヒートショック	322
ヒト培養細胞	46
非分裂細胞	41, 151
病害抵抗性	348
表現型	99
表現型解析	265
標準ドライブ法	56
標的遺伝子ノックアウト	333
標的遺伝子ノックイン	337
ファージディスプレー法	19
ファウンダー（F0）変異マウス	265
不死化細胞	174
ブタ	325
プラスミドドナー	34, 74
フレームシフト	362
プローブ	215
プロトスペーサー配列	20
プロトプラスト	158, 351
ヘテロダイマー	21
ヘテロ二本鎖移動度分析	177, 221, 292, 357
変異	173
変異細胞ライブラリー	105
ホーミングエンドヌクレアーゼ	56
ホメオログ	236
ホモノックイン	48
ホモロジーアーム	35, 45
ポリエチレングリコール	158, 322, 351

ま行

マイクロインジェクション	229, 238, 257, 270, 356
マイクロホモロジー	28, 82, 221
マイクロホモロジー媒介修復	359
マイクロホモロジー媒介末端結合	11, 27, 221
マウス受精卵	47, 251

マウス人工染色体	299
マウス胚性幹細胞	130
マダイ	355
マニピュレーター	254
マーモセット	332
ミオスタチン遺伝子	355
ムコ多糖症	342
メダカ	221
メタゲノム	323
メタボローム解析	360
免疫原性	345
網羅的同定	99
モザイク	263, 329
モザイク変異	335
モデル動物	332

や行

薬剤耐性カセット	29
誘導型ノックアウト	31
養殖魚	355
抑制ドライブ法	56

ら行

ライセンス料	24
ライブラリーのカバー率	100
ラット	267
卵黄膜	357
卵管内受精卵移植	276
卵管内胚移植	259
ランダム変異	321
リポフェクション	46, 186, 335
両アレル改変	336
両生類	235
霊長類	14, 332
レポーター遺伝子	29
レンチウイルスベクター	100

執筆者一覧

◆編　集

山本　卓　　広島大学大学院統合生命科学研究科/広島大学ゲノム編集イノベーションセンター

佐久間哲史　広島大学大学院統合生命科学研究科

◆執筆者 [五十音順]

相田知海　　マサチューセッツ工科大学マクガヴァーン研究所/ブロード研究所スタンリーセンター

阿久津シルビア夏子　　広島大学原爆放射線医科学研究所放射線ゲノム疾患研究分野

荒添貴之　　東京理科大学理工学部応用生物科学科

伊川正人　　大阪大学微生物病研究所/大阪大学大学院薬学研究科

Knut Woltjen　京都大学iPS細胞研究所/京都大学白眉センター

江崎　僚　　広島大学大学院統合生命科学研究科免疫生物学研究室

大浦聖矢　　大阪大学微生物病研究所/大阪大学大学院薬学研究科

刑部敬史　　徳島大学大学院社会産業理工学研究部

刑部祐里子　徳島大学大学院社会産業理工学研究部

押村光雄　　鳥取大学染色体工学研究センター

Fabian Oceguera-Yanez
　　　　　　京都大学iPS細胞研究所

落合　博　　広島大学大学院統合生命科学研究科

香川晴信　　京都大学iPS細胞研究所（執筆時）/Institute of Molecular Biotechnology of the Austrian Academy of Sciences（現所属）

鍵田明宏　　京都大学iPS細胞研究所

香月康宏　　鳥取大学大学院医学系研究科/鳥取大学染色体工学研究センター

川原敦雄　　山梨大学大学院医学工学総合研究部

岸本謙太　　京都大学大学院農学研究科

北　悠人　　京都大学iPS細胞研究所

木下政人　　京都大学大学院農学研究科

國井厚志　　広島大学大学院理学研究科

汲田和歌子　公益財団法人実験動物中央研究所マーモセット医学生物学研究部

齊藤博英　　京都大学iPS細胞研究所

佐久間哲史　広島大学大学院統合生命科学研究科

佐々木えりか　公益財団法人実験動物中央研究所マーモセット医学生物学研究部

佐藤賢哉　　公益財団法人実験動物中央研究所マーモセット医学生物学研究部/公益財団法人実験動物中央研究所マーモセット基盤技術センター

佐藤守俊　　東京大学大学院総合文化研究科

徐　淮耕　　京都大学iPS細胞研究所

鈴木啓一郎　大阪大学高等共創研究院/大阪大学大学院基礎工学研究科

鈴木賢一　　広島大学大学院統合生命科学研究科/基礎生物学研究所

鈴木美有紀　日本学術振興会/基礎生物学研究所

田中伸和　　広島大学自然科学研究支援開発センター

寺本　潤　　神戸大学先端バイオ工学研究センター/神戸大学大学院科学技術イノベーション研究科

内藤雄樹　　ライフサイエンス統合データベースセンター（DBCLS）

中井明日也　神戸大学大学院科学技術イノベーション研究科

長嶋比呂志　明治大学バイオリソース研究国際インスティテュート/明治大学農学部生命科学科

中田慎一郎　大阪大学高等共創研究院

中出翔太　　マサチューセッツ工科大学合成生物学センター

中前和恭　　広島大学大学院理学研究科

中村崇裕　　エディットフォース株式会社/九州大学大学院農学研究院

西　光悦　　エディットフォース株式会社

西田敬二	神戸大学先端バイオ工学研究センター/神戸大学大学院科学技術イノベーション研究科	松崎芽衣	広島大学大学院統合生命科学研究科免疫生物学研究室
西増弘志	東京大学大学院理学系研究科	松本智子	京都大学iPS細胞研究所
濡木 理	東京大学大学院理学系研究科	三谷幸之介	埼玉医科大学ゲノム医学研究センター遺伝子治療部門
野田大地	大阪大学微生物病研究所	宮岡佑一郎	公益財団法人東京都医学総合研究所再生医療プロジェクト
橋本諒典	徳島大学大学院社会産業理工学研究部	宮地朋子	徳島大学大学院社会産業理工学研究部
畑田出穂	群馬大学生体調節研究所附属生体情報ゲノムリソースセンター	宮本達雄	広島大学原爆放射線医科学研究所放射線ゲノム疾患研究分野
林 利憲	広島大学大学院統合生命科学研究科	村中俊哉	大阪大学大学院工学研究科
原 千尋	徳島大学大学院社会産業理工学研究部	森田純代	群馬大学生体調節研究所附属生体情報ゲノムリソースセンター
弘澤 萌	京都大学iPS細胞研究所	八木祐介	エディットフォース株式会社/九州大学大学院農学研究院
藤井穂高	弘前大学大学院医学研究科ゲノム生化学講座	安本周平	大阪大学大学院工学研究科
藤田和将	広島大学原爆放射線医科学研究所放射線ゲノム疾患研究分野	山本 卓	広島大学大学院統合生命科学研究科/広島大学ゲノム編集イノベーションセンター
藤田敏次	弘前大学大学院医学研究科ゲノム生化学講座	遊佐宏介	京都大学ウイルス・再生医科学研究所幹細胞遺伝学分野
星島一幸	ユタ大学医学部人類遺伝学分野	吉見一人	東京大学医科学研究所先進動物ゲノム研究分野
堀田秋津	京都大学iPS細胞研究所	Ang Li	神戸大学大学院科学技術イノベーション研究科
堀居拓郎	群馬大学生体調節研究所附属生体情報ゲノムリソースセンター	Suji Lee	京都大学iPS細胞研究所
堀内浩幸	広島大学大学院統合生命科学研究科免疫生物学研究室	渡邉 啓	京都大学iPS細胞研究所
真下知士	東京大学医科学研究所先進動物ゲノム研究分野	渡邊將人	明治大学バイオリソース研究国際インスティテュート
松浦伸也	広島大学原爆放射線医科学研究所放射線ゲノム疾患研究分野		

◆ 編者プロフィール ◆

山本　卓（やまもと　たかし）

1989年，広島大学理学部動物学専攻卒業．1992年，同大学大学院理学研究科博士課程後期中退．博士（理学）．1992～2002年，熊本大学理学部助手．2002年より広島大学大学院理学研究科数理分子生命理学専攻講師．2003年，同大学助教授．2004年より同大学教授．2016年に日本ゲノム編集学会を設立し，現在同学会会長．2017年，広島大学次世代自動車技術共同研究講座，教授（併任）．2019年，広島大学ゲノム編集イノベーションセンター長（併任）．2019年，広島大学大学院統合生命科学研究科教授（組織再編）．研究テーマは，ゲノム編集技術の開発と初期発生における細胞分化メカニズムの解明．ゲノム編集で人類の様々な問題解決を目指す．

佐久間哲史（さくま　てつし）

2008年，広島大学理学部卒業．2012年，同大学大学院理学研究科博士課程後期修了．博士（理学）．2012年，日本学術振興会特別研究員PD．2013年，広島大学大学院理学研究科特任助教，2015年，同大学院特任講師，2018年，同大学院講師，2019年より広島大学大学院統合生命科学研究科講師（大学院改組による）．2018年に広島大学のDistinguished Researcherに認定．研究テーマは，ゲノム編集および関連技術の開発とさまざまな細胞・生物での応用．これまでに開発した主な技術に，高活性型TALEN「Platinum TALEN」，複数箇所のターゲティングを効率化する「マルチガイドCRISPR」，新規遺伝子ノックイン法「PITCh」，ゲノム編集の不確実性を改善する「LoAD」，高度転写活性化システム「TREE」などがある．E-mail：tetsushi-sakuma@hiroshima-u.ac.jp

実験医学別冊

完全版　ゲノム編集実験スタンダード
CRISPR–Cas9の設計・作製と各生物種でのプロトコールを徹底解説

2019年12月15日　第1刷発行	編　集	山本　卓，佐久間哲史
	発行人	一戸裕子
	発行所	株式会社　羊　土　社
		〒101-0052
		東京都千代田区神田小川町2-5-1
		TEL　　03（5282）1211
		FAX　　03（5282）1212
		E-mail　eigyo@yodosha.co.jp
		URL　　www.yodosha.co.jp/
	装　幀	日下充典
	印刷所	株式会社加藤文明社
ⓒYODOSHA CO., LTD. 2019	広告取扱	株式会社　エー・イー企画
Printed in Japan		TEL　03（3230）2744 ㈹
ISBN978-4-7581-2244-3		URL　http://www.aeplan.co.jp/

本書に掲載する著作物の複製権，上映権，譲渡権，公衆送信権（送信可能化権を含む）は（株）羊土社が保有します．
本書を無断で複製する行為（コピー，スキャン，デジタルデータ化など）は，著作権法上での限られた例外（「私的使用のための複製」など）を除き禁じられています．研究活動，診療を含み業務上使用する目的で上記の行為を行うことは大学，病院，企業などにおける内部的な利用であっても，私的使用には該当せず，違法です．また私的使用のためであっても，代行業者等の第三者に依頼して上記の行為を行うことは違法となります．

JCOPY ＜（社）出版者著作権管理機構　委託出版物＞
本書の無断複写は著作権法上での例外を除き禁じられています．複写される場合は，そのつど事前に，（社）出版者著作権管理機構（TEL 03-5244-5088，FAX 03-5244-5089，e-mail：info@jcopy.or.jp）の許諾を得てください．

In Vitro&In Vivoエレクトロポレーション

最強の遺伝子導入装置、現る

最新テクノロジーにより、超高性能・小型化・軽量化を実現
スーパーエレクトロポレーター **NEPA 21 Type II**

New!!

* 下位機種 CUY21 シリーズ（CUY21SC・CUY21Pro-Vitro 等）のアプリケーションに全て対応しております。

培養細胞 トランスフェクション　ゲノム編集の実験にも最適！

ネッパジーン社が開発した NEPA21 スーパーエレクトロポレーターは、独自の4ステップ式マルチパルス方式に減衰率設定機能が加わり、遺伝子導入が困難と言われる**プライマリー細胞（初代細胞）**や**iPS・ES 細胞**や**免疫・血液系細胞**へも驚異の高生存率・高導入効率を実現しました。また、**高価な専用試薬・バッファーは使用しない**ので、膨大なランニングコストが掛からず大変経済的です。

ゲノム編集の実験においても、リポフェクションで高い導入効率が得られない細胞について、NEPA21での導入が大変好評です。

iPS 細胞

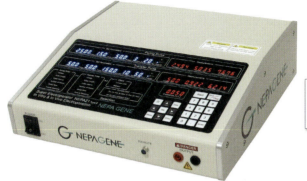

プライマリー BMMC
マウス骨髄由来肥満細胞
生存率 80%
導入効率 83%

HEK293T
ヒト胎児腎細胞
生存率 83%
導入効率 87%

オルガノイド ゲノム編集

NEPA21 とキュベット電極を組み合せることにより、**単細胞にしたオルガノイド**や**初代腸管上皮細胞**などに遺伝子導入し、オルガノイドを作製することが可能です。

ヒト胃底オルガノイド

受精卵 ゲノム編集

NEPA21 と受精卵用電極を組み合せることにより、**受精卵**に直接遺伝子導入が可能です。卵管内の受精卵に遺伝子導入する **iGONAD 法**にも最適です。簡単に遺伝子改変動物の作製が可能になりました！！

マウス・ラット・その他の遺伝子改変動物の作製

In Vivo ゲノム編集

NEPA21 と専用の in vivo 電極を組み合せることにより、**マウス筋肉**や**子宮内胎児**の脳室など、様々な部位に直接遺伝子導入が可能です。

  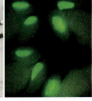

In Vivo マウス筋肉　　In Utero マウス胎児脳

ネッパジーン株式会社　〒272-0114　千葉県市川市塩焼 3-1-6
Tel:047-306-7222　Fax:047-306-7333
http://www.nepagene.jp
info@nepagene.jp

Cas9タンパク質とgRNAの導入によるゲノム編集実験に GenomONE®-GE

石原産業株式会社

1 What's GenomONE®-GE ?

GenomONE®-GE（ゲノムワン・ジーイー）は、センダイウイルス（HVJ: Hemagglutinating Virus of Japan）を完全に不活化・精製し、外膜（エンベロープ）の膜融合能だけを残したvesicle（HVJ Envelope: HVJ-E）と、Cas9タンパク質とgRNAの導入用の補助試薬をセットにしたトランスフェクションキットである。HVJ-Eは、増殖性・感染性をなくした精製粒子（直径約300nm）のため、P1実験室で使用できるユニークなデリバリーツールである。[1-3]

HVJ-Eを使用した GenomONE® シリーズは、これまでにプラスミドDNA、siRNA、アンチセンスオリゴ、デコイオリゴ、ペプチド、酵素などを培養細胞や動物組織に導入するツールとして幅広く利用されている。[4-12] 導入用途別に専用キットを用意している。

GenomONE® シリーズの製品ラインアップの詳細は（専用webサイト）⇒ https://www.iskweb.co.jp/products/hvj-e/

2 既存のトランスフェクション試薬との違い

HVJ-Eは、膜融合により目的分子を細胞質に直接導入することができるため、エンドサイトーシスによって取り込まれる既存のトランスフェクション試薬と比較して導入分子が分解を受け難いと考えられ、効率的な機能発現が期待できる。

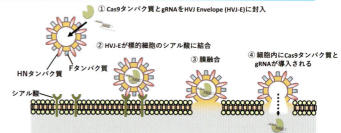

GenomONE-GEのCas9タンパク質とgRNA導入原理

3 GenomONE®-GE はゲノム編集実験の課題を解消

ゲノム編集実験を行う際に次のような課題があればぜひご検討下さい。

- オフターゲットが気になるので、Cas9はプラスミドDNAではなくタンパク質で導入したい。
- エレクトロポレーションのような機器ではなく、簡単に試薬で検討したい。
- 既存のトランスフェクション試薬では導入が困難なプライマリー細胞や免疫細胞で検討したい。
- ドナーDNAを使用したノックインの実験を検討したい。

4 GenomONE®-GEによるゲノム編集の事例

■培養細胞(HeLa, U-937)へのCas9タンパク質とgRNAの導入

Cas9タンパク質とPPIB標的gRNAを GenomONE®-GE 、他社試薬C、他社試薬Tを用いてトランスフェクションした。

2日後、T7 Endonuclease I アッセイによる評価の結果、他社試薬よりも GenomONE®-GE は高いゲノム編集効果が観られた。

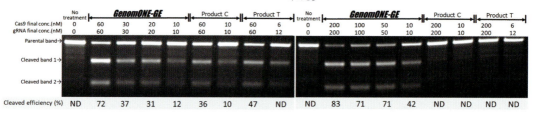

■Primary T cells へのCas9タンパク質とgRNAの導入

BALB/cマウスから採取したSplenocyteをPMA/ionomycinで1日間刺激した。翌日、T cellsを分離し、Cas9タンパク質とPPIB標的gRNAをトランスフェクションした。2日後、T7 Endonuclease I アッセイによる評価の結果、他社試薬よりも *GenomONE®-GE* は高いゲノム編集効果が観られた。

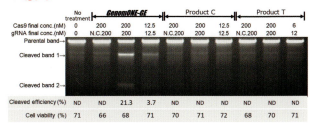

■U937へのCas9タンパク質、gRNA、ドナーDNAの導入（ノックイン）

ターゲット遺伝子を含む断片をPCR増幅後、制限酵素BamHI処理した。アガロースゲル電気泳動解析によって得られたBamHIによる切断効率をノックイン効率とした。
GenomONE®-GE は相同組換え修復（homology-directed repair: HDR）を介したssODNのノックインが可能であった。

さらにAlt-R HDR Enhancer (Integrated DNA Technologies, Inc.)を添加することでノックイン効率が向上した。

GenomONE-GE を用いたトランスフェクションによるノックイン効率

Cas9 タンパク質, gRNA	200 nM	200 nM
ssODN	400 nM	400 nM
Alt-R HDR Enhancer	0 μM	30 μM
U-937へのノックイン効率	13%	23%

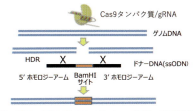

Cas9タンパク質、gRNA、ssODNトランスフェクション → 48時間 → RFLP（制限酵素断片長多型）

5 最後に

日本でも2019年にCAR-T細胞療法が承認されて、今後、遺伝子改変技術の研究開発はさらに加速すると予想される。*GenomONE®-GE* が創薬をはじめとするこれらの研究開発に貢献するものと期待している。

弊社では、ユーザーの方々からのご要望やお問い合わせに対応すべく、これまで自社主体で *GenomONE®* 製品の開発・販売を推進してきた。*GenomONE®-GE* については、2019年8月より自社販売に加えて、富士フイルム和光純薬㈱を通じた販売チャンネルを追加し普及・拡販に注力している。

6 参考文献

1) Y. Kaneda *et al*.: Hemagglutinating virus of Japan(HVJ) envelope vector as a versatile gene delivery system. Mol. Ther. 6, 219-226, 2002.
2) Y. Kaneda *et al*.: Development of HVJ envelope vector and its application to gene therapy. Adv. Genet. 53, 308-332, 2005.
3) Y. Kaneda, Y. Tabata. : Non-viral vectors for cancer therapy. Cancer Sci. 97, 348-354, 2006.
4) R. Hatano *et al*.: CD26-mediated induction of EGR2 and IL-10 as potential regulatory mechanism for CD26 costimulatory pathway. J. Immunol. 194(3), 960-972, 2015.
5) H. Tsukamoto *et al*.: Soluble IL6R Expressed by Myeloid Cells Reduces Tumor-Specific Th1 Differentiation and Drives Tumor Progression. Cancer Res. 77(9) 2279-2291, 2017.
6) F. Jafarifar *et al*.: Repression of VEGFA by CA-rich element-binding microRNAs is modulated by hnRNP L. EMBO J., 30, 1324-1334, 2011.
7) TJ. LaRocca *et al*.: Hyperglycemic Conditions Prime Cells for RIP1-dependent Necroptosis. J. Biol. Chem. 291(26) 13753-13761, 2016.
8) F. Chen *et al*.: High-efficiency generation of induced pluripotent mesenchymal stem cells from human dermal fibroblasts using recombinant proteins. Stem Cell Res. Ther. 7(1) 99, 2016.
9) R. Naono-Nakayama *et al*.: Knockdown of the tachykinin neurokinin 1 receptor by intrathecal administration of small interfering RNA in rats. Eur. J. Pharmacol. 670, 448-457, 2011.
10) M. Imajo *et al*.: Dual role of YAP and TAZ in renewal of the intestinal epithelium. Nat. Cell Biol. 17, 7-19, 2015.
11) Y. Hayano *et al*.: Dorsal horn interneuron-derived Netrin-4 contributes to spinal sensitization in chronic pain via Unc5B. J. Exp. Med. 213(13), 2949–2966, 2016.
12) K. Kato *et al*.: Structural insights into cGAMP degradation by Ecto-nucleotide pyrophosphatase phosphodiesterase 1. Nat. Commun. 9, 4424, 2018.

<お問い合せ先> **ISK 石原産業株式会社**
ライフサイエンス事業本部
医薬品開発部

0120-409-816
TEL：06-6444-7182　FAX：06-6444-7183
〒550-0002 大阪市西区江戸堀1丁目3番15号
https:// www.iskweb.co.jp/products/hvj-e

サイヤジェン株式会社
(Cyagen Japan)

カスタムマウスおよびラットモデルの世界有数のプロバイダー

Over 3,000 citations in SCI journals, Nature, Immunity, Cancer Cell, Science Advance, etc.

Cyagenはマウスモデル、ベクター及び幹細胞を扱うアメリカの企業で、これまでに3,000以上の出版物への引用経験がございます。SPF動物の健康標準、AAALAC認定とOLAWの保証付き動物施設があり、毎年数千以上の齧歯類モデルを業界最高の価格と短納期で作製しております。

当社の主な動物モデルサービス:

- **CRISPR-AIノックアウトマウス精子バンク**
  16,000種以上のKO/cKO系統マウスを所有、最短2週間で納品可能です

- **TurboKnockout:最新のES細胞を用いた遺伝子改変技術で**
  2世代分の繁殖を削減でき、最短6ヶ月で作製可能

- **CRISPR-Pro -高度なCRISPR/Cas9技術:短納期、高効率**
  15kbフラグメントのノックイン、500kbフラグメントのノックアウトも対応可能

- **ラットモデルの構築-任意系統が対応可能**
  SD、Long Evans、F344、Wistar、Brown Norwayなどの任意系統が対応可能

サイヤジェン株式会社 (Cyagen Japan)

📞 03-6304-1096　　✉ service@cyagen.jp　　🌐 www.cyagen.jp　　📍 〒170-0002 東京都豊島区巣鴨1-20-10 宝生第一ビル4階

超絶高速ゲノム配列検索
GGGenome ＜パッケージ版＞

ライフサイエンス統合データベースセンター（DBCLS）が公開する
Web 版 GGGenome と同様の結果を自社内で得ることができるパッケージを提供

協力：ライフサイエンス統合データベースセンター（DBCLS）

GGGenome の特長

核酸医薬品やゲノム編集などの
オフターゲット候補サイトの検索に最適！

ミスマッチや挿入欠失を含む短い塩基配列を
高速に漏れなく検索

デスクトップ PC 上で高速動作！
Windows/Mac/Linux に対応

発売中！

GGGenome 提供形態

パッケージ名	内容	価格（税別）
GGGenome 創薬基本パック	**GGGenome 本体** ＋検索用データ 22 種同梱 ■ゲノム（9 種） ・ヒト GRCh38/hg38 ・マウスゲノム GRCm38/mm10 ・カニクイザルゲノム macFas5 ・マーモセットゲノム WUGSC 3.2/calJac3 ・アカゲザルゲノム BCM Mmul_8.0.1/rheMac8 ・ラットゲノム RGSC 6.0/rn6 ・ウサギゲノム Broad/oryCun2 ・ブタゲノム SGSC Sscrofa11.1/susScr11 ・イヌゲノム Broad CanFam3.1/CanFam3 ■mRNA（9 種） ・ヒト RefSeq RNA ・マウス RefSeq RNA ・カニクイザル RefSeq RNA ・マーモセット RefSeq RNA ・アカゲザル RefSeq RNA ・ラット RefSeq RNA ・ウサギ RefSeq RNA ・ブタ RefSeq RNA ・イヌ RefSeq RNA ■Pre-mRNA（4 種） ・ヒト 理研 D3G unspliced mRNA ※1（準備中） ・マウス 理研 D3G unspliced mRNA ※1（準備中） ・カニクイザル 理研 D3G unspliced mRNA ※1（準備中） ・マーモセット 理研 D3G unspliced mRNA ※1（準備中）	~~200 万円~~ **20 本限定 特別価格 98 万円**

この他にもさまざまな提供形態を計画中です

※1：AMED ゲノム創薬基盤推進研究事業「核酸医薬創薬に資する霊長類 RNA データベースの構築（代表：理研・河合純先生）」による
※提供内容は変更される可能性があります

ライフサイエンス統合データベースセンター（DBCLS）が公開する
Web 版 CRISPRdirect と同様の結果を自社内で得ることができるパッケージを提供予定（計画中）

CRISPRdirect の特長

ゲノム編集に有効な特異性の高いガイド RNA を
簡便に設計できる支援ツール

デスクトップ PC 上で高速動作！
Windows/Mac/Linux に対応

2020 年 3 月
発売予定

詳しいご説明・ご相談は **株式会社レトリバ** までお問い合わせください！

株式会社レトリバ
〒163-0436 東京都新宿区西新宿 2-1-1 新宿三井ビルディング 36 階
WEB: https://retrieva.jp/　Mail: info@retrieva.jp

ゲノム編集ハンドブック
配布中！

広島大学大学院教授 山本卓先生の「ゲノム編集総説」をはじめ、コスモ・バイオがお届けするゲノム編集実験ツール、プロトコールやFAQなどの技術情報を掲載しています！

目次

総説	ゲノム編集
概論	・CRISPR/Cas9 システムガイドライン
	・商品選択用フローチャート
第1章	ノックアウト
第2章	ノックイン
第3章	CRISPR/Cas9 タンパク質と抗体
第4章	ゲノム編集効率改善
第5章	ゲノム編集受託サービス
第6章	ライブラリー / スクリーニング
第7章	CRISPR/Cas9 技術応用編 "dCas"
第8章	ゲノム編集技術情報

コスモ・バイオホームページの「カタログ請求」欄、もしくは下のQRコードからご請求いただけます。

コスモ・バイオのWebからご請求ください

ゲノム編集特集ページ（記事ID：12459）ではCRISPR/Cas9について動画でもご紹介しています！

❶ トップページの「記事ID検索」をクリック！
❷ 「記事ID」を入力し、検索をクリック！

これだけ！

お問い合わせ　TEL: (03)5632-9610
URL: https://www.cosmobio.co.jp/

IDT New Tools For Genome Editing

Alt-R™ CRISPR-Cas9 sgRNA

Alt-R CRISPR-Cas9 sgRNAは、99-100塩基のガイドRNAです。1分子内に認識配列を含むcrRNA領域と、Cas9タンパク質を呼びこむtracrRNA領域を含みます。認識配列として19塩基と20塩基を選択できます。

本sgRNAには化学修飾が付加されているため、高い分解耐性を有します。プラスミドやmRNA Cas9 とともに用いる場合や、RNase活性が高い環境で用いる場合に、対象サイトを切断できる可能性が高くなります。

CRISPR-Cas9 sgRNA	価格
Alt-R CRISPR-Cas9 sgRNA, 2 nmol	¥ 21,600
Alt-R CRISPR-Cas9 sgRNA, 10 nmol	¥ 38,300

精製グレード：脱塩＋ヌクレース耐性修飾 (2OMe+PSbond)

納期：7-12営業日

※さらに大きなスケールも合成できます。詳しくはウェブサイトをご参照下さい。

修飾もカスタマイズ可能です。詳しくはお問い合わせ下さい。

oPools Oligo Pools

oPools Oligo Pools は、大量の1本鎖DNAを1本のチューブ形式で納品するサービスです。1本のチューブに多種の1本鎖DNAを入れて納品するため、プール形式と呼ばれています。到着後、増幅せずにすぐに用いることもでき、CRISPRライブラリーやマルチプレックスPCR用プライマープールの作製など、簡単でかつ安価にお使い頂けます。

最長で350塩基まで合成でき、50 pmol合成スケールの場合だと2本からご注文頂け、同じ塩基配列でも合成可能です。価格は塩基数によってのみ計算されます。

■ 100塩基(1pmol)のオリゴを300本合成した場合
100塩基 x 300本 = 30,000塩基
¥10,970 + (30,000 - 3,300) x ¥3 = ¥91,070

■ 350塩基(50pmol)のオリゴを9本合成した場合
350塩基 x 9本 = 3,150塩基
（3,300塩基以下のため）¥10,970

スケール (pmol/オリゴ)	プール毎のオリゴ数	オリゴ (塩基数)
1	100 ～ 20,000	40 ～ 350
10	10 ～ 2,000	
50	2 ～ 384	

塩基数	価格
1 ～ 3,300	¥10,970
3,301 ～ 50,000	¥3 / 塩基
50,001 ～ 100,000	¥2 / 塩基
100,001 ～	¥1 / 塩基

※スケールによる価格の変更はありません。価格は塩基数に依存します。

■ oPoolsの品質とカップリング効率
ヌクレオチドを1塩基伸長させる時の効率をカップリング効率と呼びます。oPoolsは業界水準と比較しても高いカップリング効率を誇ります。

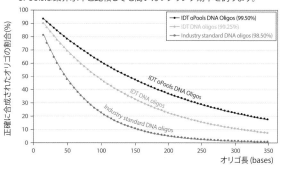

お問い合わせ
INTEGRATED DNA TECHNOLOGIES 株式会社
http://sg.idtdna.com/jp/site
japan-cc@idtdna.com
TEL 03-6865-1217

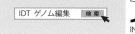

ゲノム編集関連製品

高品質、低価格なゲノム編集用「Cas9タンパク質溶液」
Guide-it™ Recombinant Cas9（Electroporation-Ready）
（製品コード 632641／632640）

Cas9タンパク質とsgRNAの複合体（RNP）の"直接"導入に最適！
オフターゲットのリスク低減、高い変異導入効率

Clontech TaKaRa cellartis

タカラバイオ株式会社
http://www.takara-bio.co.jp

JM054

Book Information

実験医学別冊

細胞・組織染色の達人

実験を正しく組む、行う、解釈する
免疫染色とISHの鉄板テクニック

監修／高橋英機
著／大久保和央，執筆協力／ジェノスタッフ株式会社

◆定価（本体 6,200 円＋税）
◆フルカラー　AB判　186頁
◆ISBN978-4-7581-2237-5

国内随一の技術者集団・ジェノスタッフ社のメンバーが総力を結集！免疫染色・*in situ* ハイブリダイゼーションで"正しい結果"を得るための研究デザインから結果の解釈まで，この1冊で達人の技が学べます

発行 羊土社

羊土社のオススメ書籍

実験医学別冊　最強のステップUPシリーズ
発光イメージング実験ガイド
機能イメージングから細胞・組織・個体まで
蛍光で観えないものを観る！

永井健治, 小澤岳昌／編

より明るく，細胞レベルの観察も可能になった発光イメージング．励起光が必要ない発光を使いこなせば，生体深部まで，定量的なイメージングが実現！がん・幹細胞・神経科学分野はじめ，蛍光ユーザー必見の一冊です．

- 定価（本体5,800円＋税）　■ B5判
- 223頁　　ISBN 978-4-7581-2240-5

決定版
阻害剤・活性化剤ハンドブック
作用点、生理機能を理解して目的の薬剤が
選べる実践的データ集

秋山　徹, 河府和義／編

ラボにあれば頼れる1冊！あらゆる実験の基本となる阻害剤・活性化剤を500＋種類，厳選して紹介．ウェブには無い，実際の使用経験豊富な達人たちのノウハウやTipsも散りばめられています．

- 定価（本体6,900円＋税）　■ A5判
- 648頁　　ISBN 978-4-7581-2099-9

実験医学別冊
脂質解析ハンドブック
脂質分子の正しい理解と取扱い・
データ取得の技術

新井洋由, 清水孝雄,
横山信治／編

多様な構造や物性があり，酸素や光など避けるべきものも多く，分野外の研究者には難しく思われがちな脂質実験．誤った解釈を避け正しくデータを導くため，生化学のスター研究者が総力執筆した，ラボ必携の実験書．

- 定価（本体6,800円＋税）　■ B5判
- 310頁　　ISBN 978-4-7581-2241-2

実験医学別冊
患者由来がんモデルを用いたがん研究実践ガイド
CDX・スフェロイド・オルガノイド・
PDX/PDOXを網羅
臨床検体の取り扱い指針から
樹立プロトコールと入手法まで

佐々木博己／編

「患者由来がんモデル」エキスパートが書き下ろした本邦初の実験プロトコール集．各種患者由来がんモデルの概要や臨床検体の取り扱い，入手法に関する情報を懇切丁寧に伝える，がんモデルの導入に必携の一冊．

- 定価（本体14,000円＋税）　■ B5判
- 294頁　　ISBN 978-4-7581-2242-9

発行　羊土社 YODOSHA
〒101-0052　東京都千代田区神田小川町2-5-1　TEL 03(5282)1211　FAX 03(5282)1212
E-mail : eigyo@yodosha.co.jp
URL : www.yodosha.co.jp/

ご注文は最寄りの書店，または小社営業部まで

羊土社のオススメ書籍

実験医学別冊
RNA-Seqデータ解析
WETラボのための鉄板レシピ

坊農秀雅／編

医学・生命科学で細胞の特性や差異の解析に汎用されるRNA-Seqは、データをどう料理するかが研究者の腕の見せどころ、PC1台から実践できる一流シェフ（データサイエンティスト）のレシピを、みんなのラボへ。

- 定価（本体4,500円＋税）　■ AB判
- 255頁　　ISBN 978-4-7581-2243-6

Rをはじめよう
生命科学のためのRStudio入門

富永大介／翻訳
Andrew P. Beckerman,
Dylan Z. Childs,
Owen L. Petchey／原著

リンゴ収量やウシ生育状況、カサガイ産卵数…イメージしやすい8つのモデルデータを元に手を動かし、堅実な作業手順を身に着けよう。行儀の悪いデータの整形からsummaryの見方まで、手取り足取り教えます

- 定価（本体3,600円＋税）　■ B5判
- 254頁　　ISBN 978-4-7581-2095-1

カエル教える
生物統計コンサルテーション
その疑問、専門家と一緒に考えてみよう

毛呂山　学／著

「p値が0.05より大きい」「サンプルが少ない」「外れ値がある」等、統計解析に関するその悩み、専門家に相談してみませんか？11の相談事例を通じて、数式を学ぶより大切な統計学的な考え方が身につきます。

- 定価（本体2,500円＋税）　■ A5判
- 196頁　　ISBN 978-4-7581-2093-7

科研費申請書の
赤ペン添削ハンドブック
第2版

児島将康／著

「誰か添削して！」「他人の申請書を参考にしたい」という声に応えたベストセラーの姉妹書改訂版！理系文系を問わず、申請書の実例をもとに審査委員の受け取り方と改良の仕方を丁寧に解説、添削に役立つチェックリスト付き！

- 定価（本体3,600円＋税）　■ A5判
- 348頁　　ISBN 978-4-7581-2097-5

発行　羊土社　YODOSHA

〒101-0052　東京都千代田区神田小川町2-5-1　TEL 03(5282)1211　FAX 03(5282)1212
E-mail：eigyo@yodosha.co.jp
URL：www.yodosha.co.jp/

ご注文は最寄りの書店、または小社営業部まで

実験医学 をご存知ですか!?

実験医学ってどんな雑誌?

ライフサイエンス研究者が知りたい情報をたっぷりと掲載!

「なるほど!こんな研究が進んでいるのか!」「こんな便利な実験法があったんだ」「こうすれば研究がうまく行くんだ」「みんなもこんなことで悩んでいるんだ!」などあなたの研究生活に役立つ有用な情報、面白い記事を毎月掲載しています!ぜひ一度、書店や図書館でお手にとってご覧になってみてください。

生命科学・医学研究の最新情報をご紹介!

今すぐ研究に役立つ情報が満載!

特集では → 腸内細菌叢、相分離など、今一番Hotな研究分野の最新レビューを掲載

連載では → 最新トピックスから実験法、読み物まで毎月多数の記事を掲載

こんな連載があります

 ### News & Hot Paper DIGEST 〔トピックス〕
世界中の最新トピックスや注目のニュースをわかりやすく、どこよりも早く紹介いたします。

 ### クローズアップ実験法 〔マニュアル〕
ゲノム編集、次世代シークエンス解析、イメージングなど有意義な最新の実験法、新たに改良された方法をいち早く紹介いたします。

 ### ラボレポート 〔読みもの〕
海外で活躍されている日本人研究者により、海外ラボの生きた情報をご紹介しています。これから海外に留学しようと考えている研究者は必見です!

その他、話題の人のインタビューや、研究の心を奮い立たせるエピソード、ユニークな研究、キャリア紹介、研究現場の声、科研費のニュース、ラボ内のコミュニケーションのコツなどさまざまなテーマを扱った連載を掲載しています!

Experimental Medicine
実験医学 生命を科学する 明日の医療を切り拓く

月刊 毎月1日発行 B5判 定価(本体2,000円+税)
増刊 年8冊発行 B5判 定価(本体5,400円+税)

詳細はWEBで!! 〔実験医学〕〔検索〕

お申し込みは最寄りの書店、または小社営業部まで!
TEL 03(5282)1211   MAIL eigyo@yodosha.co.jp
FAX 03(5282)1212   WEB www.yodosha.co.jp/

発行 **羊土社**

実験医学別冊 「もっとよくわかる！」シリーズ好評発売中！

もっとよくわかる！ 腸内細菌叢
新刊
〜健康と疾患を司る"もう1つの臓器"

福田真嗣／編

がん，糖尿病，自閉症…疾患との関連が次々報告される腸内細菌叢の全貌を，気鋭の研究者たちが書き下ろし！

- 定価（本体 4,000円＋税）
- B5判　147頁
- ISBN 978-4-7581-2206-1

もっとよくわかる！ 炎症と疾患
〜あらゆる疾患の基盤病態から治療薬までを理解する

松島綱治，上羽悟史，七野成之，中島拓弥／著

関わる免疫細胞やサイトカインが多くて複雑な【炎症】を「快刀乱麻を断つ」が如く整理しながら習得できる1冊．

- 定価（本体 4,900円＋税）
- B5判　151頁
- ISBN 978-4-7581-2205-4

もっとよくわかる！ 幹細胞と再生医療

長船健二／著

ES・iPS細胞研究はここまで進んだ！
京大iPS研にラボをもつ現役研究者の書き下ろし！

- 定価（本体 3,800円＋税）
- B5判　174頁
- ISBN 978-4-7581-2203-0

もっとよくわかる！ 感染症
〜病原因子と発症のメカニズム

阿部章夫／著

病原体のもつ巧妙さと狡猾さが豊富な図解でしっかりわかる！
基礎と臨床をつなぐ珠玉の1冊．

- 定価（本体 4,500円＋税）
- B5判　277頁
- ISBN 978-4-7581-2202-3

もっとよくわかる！ 脳神経科学
〜やっぱり脳はスゴイのだ！

工藤佳久／著・画

ユーモアあふれる描きおろしイラストに導かれ，脳研究の魅力を大発見！

- 定価（本体 4,200円＋税）
- B5判　255頁
- ISBN 978-4-7581-2201-6

もっとよくわかる！ 免疫学

河本　宏／著

複雑な分子メカニズムに迷い込む前に，押さえておきたい基本を丁寧に解説．

- 定価（本体 4,200円＋税）
- B5判　222頁
- ISBN 978-4-7581-2200-9

発行　羊土社 YODOSHA　〒101-0052　東京都千代田区神田小川町2-5-1　TEL 03(5282)1211　FAX 03(5282)1212
E-mail：eigyo@yodosha.co.jp
URL：www.yodosha.co.jp/

ご注文は最寄りの書店，または小社営業部まで

＃ゲノム編集といえばベックス　＃ベックスには選べる３機種

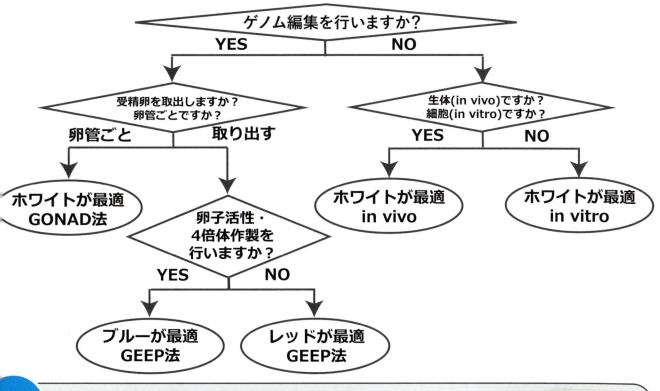

ホワイト に当てはまった方

in vivo & in vitro エレクトロポレーター CUY21EDITⅡ

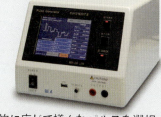

CUY21EDIT ⅡはCUY21エレクトロポレーターシリーズの最上位機種となります。実験の目的に応じて様々なパルスを選択できます。従来の定電圧パルスに加え定電流パルスを出力可能で、電流値が結果に影響を与えるGONAD法の実験では特に威力を発揮します。

レッド に当てはまった方

受精卵
ゲノム編集用
エレクトロ
ポレーター
Genome Editor

Genome EditorはCUY21EDIT Ⅱから受精卵ゲノム編集（GEEP法）に必要な機能を抜粋した機種です。波形パターンは単極性と両極性から選択できます。シンプルで直感的な操作性で、CRISPR/Cas9による受精卵ゲノム編集実験を強力にサポートします。

ブルー に当てはまった方

受精卵
ゲノム編集・
4倍体作製・
卵子活性装置
Genome Editor Plus

Genome Editor PlusはGenome Editorに細胞整列に必要な交流（AC）出力機能をプラスしました。4倍体作製や卵子活性化が可能となり、卵子や受精卵をはじめとする初期胚実験をGenome Editor Plus 1台でほぼすべてカバーできるようになりました。

製造・発売元
株式会社ベックス

〒173-0004　東京都板橋区板橋2-61-14
TEL: 03-5375-1071　　FAX: 03-5375-5636
E-mail: info@bexnet.co.jp　URL: http://www.bexnet.co.jp